GUIDE

ARCHITECTES, VÉRIFICATEURS, ENTREPRENEURS

ET DE

TOUTES LES PERSONNES QUI FONT BATIR,

OU

TRAITÉ COMPLET

DE L'ÉVALUATION DES OUVRAGES DE CONSTRUCTION.

Tout exemplaire non revêtu de la signature de l'auteur et de celle de l'éditeur, sera réputé contrefait et poursuivi conformément aux lois.

Signature de l'Editeur,   Signature de l'Auteur,

DOUAI. — ADAM D'AUBERS, IMPRIMEUR, RUE DES PROCUREURS.

GUIDE

DES

ARCHITECTES, VÉRIFICATEURS,

ENTREPRENEURS

ET DE TOUTES LES PERSONNES QUI FONT BÂTIR,

OU

TRAITÉ COMPLET

DE L'ÉVALUATION DES OUVRAGES DE CONSTRUCTION,

TELS QUE :

Terrasse et fouille des terres, maçonnerie, charpente, couverture, menuiserie,
serrurerie, plomberie et zinc, pavage et carrelage, peinture et vitrerie ;

SUIVI D'UN

TABLEAU DU POIDS SPÉCIFIQUE DE DIVERS MATÉRIAUX ET SUBSTANCES EMPLOYÉS DANS LES BATIMENTS.

Par L. LEJUSTE.

Ouvrage approuvé et publié sous le patronage de MM. PASTRY, lieute-
nant-colonel du génie en chef ; E. LAMARLE, ingénieur en chef des ponts-
et-chaussées, et MALET, architecte du département à Douai.

PARIS,

LIBRAIRIE ENCYCLOPÉDIQUE de RORET, rue Hautefeuille, n°. 10 *bis*.

DOUAI,		VALENCIENNES,
Chez { Ad. OBEZ, / ROBAUT, } libraires, rue de Bellain.		Chez { DESCAMPS, relieur, } rue du Quesnoy. { LEMAITRE, libraire, } { GIARD, id. , sur la Grand'Place. }

1848.

1849

INTRODUCTION.

§ 1ᵉʳ. — BUT ET UTILITÉ DE L'OUVRAGE.

LE TRAITÉ que j'offre au public n'est pas une de ces productions savantes et profondes qui réclament de ceux qui les lisent de graves et sérieuses réflexions, et qui demandent en même temps des connaissances spéciales assez étendues pour que l'on puisse se pénétrer des principes qui y sont exposés ; c'est un ouvrage purement élémentaire, où les propriétaires et toutes les personnes qui font bâtir trouveront des renseignements utiles et indispensables.

Cet OUVRAGE, dont le but principal est de fournir des bases lucides pour l'évaluation des diverses parties du bâtiment, est le fruit de minutieuses recherches et le résumé de nombreuses expériences. Il repose sur des principes généraux, qui, applicables à tous les cas, rendent désormais possible l'appréciation des ouvrages de construction. Ce TRAITÉ offre :

1° AUX VÉRIFICATEURS, les données nécessaires pour régler équitablement les mémoires dont ils seront chargés ;

2° AUX EXPERTS ET AUX ARBITRES, des principes sûrs pour éclairer leur religion et asseoir leurs jugements ;

3° AUX ENTREPRENEURS, toutes les notions qui leur sont indispensables pour déterminer et distinguer avec certitude et précision tout ce qui, dans les travaux soit projetés, soit exécutés, est relatif aux fournitures, main-d'œuvre, faux-frais et bénéfices à réaliser ;

4° AUX PROPRIÉTAIRES, les moyens de se rendre un compte suffisant du prix de revient du travail.

En un mot ; quoique les prix soient souvent susceptibles d'être modifiés en raison des localités , des difficultés et de la perfection du travail et des variations dans le prix des matières premières et des journées d'ouvriers, on peut néanmoins considérer ce traité comme offrant une méthode générale, d'une application simple et facile, pour tous les pays et pour tous les cas, par la distinction nouvelle et la classification raisonnée des éléments premiers sur lesquels reposent les estimations.

§ 2°. — DÉFINITION DE L'ÉVALUATION.

L'ÉVALUATION, qui a pour objet d'estimer, d'apprécier et de réduire à un prix déterminé des choses qui consistent en poids, nombre ou mesure, embrasse les trois opérations suivantes :

1° Le MÉTRAGE , qui a pour but de rechercher les dimensions réelles , le poids ou le nombre de l'ensemble et des parties d'un ouvrage , pour faire connaître les quantités de matériaux qu'il a exigées, et l'étendue sur laquelle chaque partie de main-d'œuvre a été appliquée.

2° La DÉCOMPOSITION , qui consiste à déterminer quels sont les divers éléments de prix concourant à former la valeur des ouvrages et à en disposer les détails et sous-détails.

3° La MISE A PRIX, qui est l'application à chacun de ces éléments des détails des prix fixés d'une manière précise, soit d'après le cours des matières premières , soit d'après des expériences, et à la fixation de la valeur totale de l'ouvrage par la réunion des produits partiels de ces éléments.

Ces bases une fois bien déterminées , il ne reste plus à régler que la rétribution à laquelle l'entrepreneur peut prétendre pour ses peines et ses soins, pour l'intérêt de ses avances et le salaire de son industrie.

§ 3°. — HISTORIQUE DE L'ÉVALUATION.

C'est seulement depuis le commencement de ce siècle que quelques auteurs ont commencé à constituer l'évaluation à l'état de science. Jusque-là, on n'avait, pour apprécier les ouvrages de bâtiment, que des procédés vicieux et des méthodes incohérentes. Le mode d'estimation des travaux reposait sur un toisé fictif connu sous le nom de toisé avec usage, ou toisé aux us et coutumes. Ce système se propagea jusqu'en l'an IX (1800), époque à laquelle les usages furent abolis dans tous les travaux dépendants du ministère de l'intérieur et du ministère de la marine (1). On pense qu'ils avaient déjà été

---

(1) Rondelet, *Art de bâtir*, neuvième édition, tome V, page 35.

supprimés en partie dans l'intendance des bâtiments du Roi, quelque temps avant la Révolution.

Le principal vice de cette méthode absurde consistait à prendre pour base de ses calculs des dimensions plus grandes que celles des objets mesurés, et à supposer de la matière et de la main-d'œuvre qui n'existaient pas. De là les abus les plus criants; il suffira de citer quelques exemples pour en donner une idée.

Dans la MAÇONNERIE, les murs se comptaient pleins sans déduction de vides, pour les croisées et les portes, ni même pour les portes cochères, toutes les fois qu'elles étaient garnies de seuils; et on abandonnait pour ces vides comptés pleins la taille des feuillures et des embrâsures, ainsi que les scellements et trous de portes et croisées mobiles. Rondelet (1) prouve par des détails qu'en comptant le vide d'une croisée comme plein dans un mur en pierre de taille de 0 m. 50 centimètres d'épaisseur, on accordait à l'entrepreneur 147 francs au lieu de 41 francs 40 centimes, ou trois fois et demi ce qui lui était dû.

Dans la CHARPENTE, le toisé aux us et coutumes permettait de compter une quantité de bois beaucoup plus considérable que celle fournie. En sorte qu'une pièce de bois qui avait plus de 4 mètres, ou 12 pieds et demi de longueur, mise en œuvre, était comptée pour 13 pieds et demi ou 4 mètres et demi (2).

Dans la COUVERTURE, tout était fiction et compensation; on ne diminuait rien pour la place occupée par les lucarnes, qui étaient cependant toisées à part, ni pour la place des cheminées; enfin le toisé aux us et coutumes faisait souvent monter la superficie d'un toit au-delà du double de sa surface réelle.

Les usages pratiqués pour le toisé des autres parties du bâtiment étaient peu considérables, et ne comportaient pas les mêmes inconvénients que ceux dont je viens de parler.

Il serait trop long de citer des exemples de tous les cas où l'application des us et coutumes était abusive dans l'évaluation des ouvrages de construction.

Les auteurs qui se sont occupés de l'évaluation des travaux de bâtiment jusqu'à la fin du siècle dernier sont les suivants :

1° Androuet Ducerceau, architecte de Henri III, dans son livre des *Cinquante bâtiments*, imprimé en 1611.

2° Jean Abraham, dit Launay, dans sa *Géométrie inaccessible, arpentage universel et toisé général du bâtiment*, publié en 1621.

____

(1) Rondelet, *Art de bâtir*, neuvième édition, tome V, page 38.
(2)   id.   id.   39.

3° Savot, médecin, dans son *Architecture françoise des bâtiments particuliers*, publié en 1624.

4° François Blondel, professeur et directeur de l'Académie royale d'architecture et maître de mathématiques de Monseigneur le Dauphin, dans une troisième édition de l'ouvrage de Savot publié sous le titre de *Notes sur l'architecture de Savot*, en 1673.

5° Bullet, architecte du Roi et membre de l'Académie royale d'architecture, dans son *Architecture pratique*, publiée en 1722.

6° Potain, ancien entrepreneur des bâtiments du Roi, dans son ouvrage intitulé : *Détails des ouvrages de menuiserie pour les bâtiments*, où l'on trouve les prix de chaque espèce d'ouvrage, avec les tarifs nécessaires pour le calcul de leur toisé, qu'il fit imprimer en 1749.

7° Desgodets, architecte des bâtiments du Roi, professeur de l'académie d'architecture, dans son *Traité du toisé des Bâtiments aux us et coutumes de Paris ;* ouvrage publié en 1760, à ce que l'on pense, par M. Delepé, élève de Desgodets, d'après un recueil des leçons de ce professeur.

8° Ginet, arpenteur des eaux-et-forêts, autre élève de Desgodets, dans un ouvrage qu'il publia aussi d'après les leçons de ce dernier, en 1761, et qu'il intitula : *du Toisé général des bâtiments*.

9° Watin, peintre, fabricant et marchand de couleurs et de vernis, dans un ouvrage qu'il publia en 1772, ayant pour titre : *l'Art du peintre-doreur-vernisseur*.

10° Goupil, architecte, ancien inspecteur-toiseur de bâtiments, dans la reproduction qu'il fit de Bullet, en 1774.

11° Le Camus de Mézières, architecte, dans son *Guide de ceux qui veulent bâtir*, publié en 1781.

12° Bonnot, vérificateur en serrurerie, dans un ouvrage qu'il a publié en 1782, intitulé : *Détail général des fers, fonte, serrurerie, ferrure et clouterie*.

13° Monroy, ancien appareilleur, puis inspecteur et toiseur, dans son *Traité d'architecture pratique*, imprimé en 1785.

14° Seguin, entrepreneur de bâtiments, dans une nouvelle édition de *l'Architecture pratique* de Bullet, qu'il fit en 1788.

La plupart des auteurs que je viens de citer et qui ont suivi le sentier tracé par la routine coutumière avaient reconnu les abus résultant des pratiques alors en usage ; plusieurs les avaient attaqués, mais aucun n'avait osé secouer le joug des us et coutumes.

Ce ne fut que vers le commencement de ce siècle que Morisot, architecte, vérificateur-expert des bâtiments du Roi, osa poser l'évaluation sur ses premiers fondements, dans un ouvrage qu'il publia, en 1804, sous le titre de : *Tableaux détaillés de tous les ouvrages de bâtiment.*

Enfin, Morisot, Rondelet et Toussaint, peuvent être considérés comme les seuls auteurs qui aient contribué à constituer l'évaluation à l'état de science.

Quant aux autres ouvrages relatifs à l'évaluation qui ont paru depuis une vingtaine d'années, ils ne sont guère, selon Boileau et Bellot (1), que des tarifs et des séries de prix faits pour le moment, ou des abrégés des auteurs scientifiques et même des reproductions des auteurs coutumiers.

L'évaluation, comme je l'ai déjà dit, est une science qui a pour but de mesurer, détailler et mettre à prix tous les ouvrages nécessaires à la construction. Elle procède par analyse ; les points de départ de cette science doivent être des propositions simples et des faits incontestables, afin que ces principes fondamentaux une fois admis, on puisse déterminer d'une manière constante la valeur vénale des ouvrages. L'évaluation d'un ouvrage quelconque présente généralement quatre questions à résoudre ou quatre éléments généraux.

§ 4º. — ÉLÉMENTS GÉNÉRAUX DE L'ÉVALUATION.

Les ÉLÉMENTS GÉNÉRAUX qui servent à l'estimation de la valeur des ouvrages, sont :

1º LES FOURNITURES ;
2º LA MAIN-D'ŒUVRE ;
3º LES FAUX-FRAIS ;
4º LE BÉNÉFICE.

Chacun de ces éléments se subdivise lui-même en plusieurs autres.

On entend par FOURNITURES, les matières premières, brutes ou préparées, telles que : les pierres calcaires, les sables, les argiles, les pierres de taille dures, les pierres de taille tendres, les pierres factices, les ardoises, les bois, etc., etc.

On appelle MAIN-D'ŒUVRE, le temps employé par l'ouvrier pour la confection ou l'appropriation des ouvrages vieux ou neufs.

On comprend sous le titre de FAUX-FRAIS, les dépenses occasionnées par les travaux qui n'ajoutent aux ouvrages aucune valeur matérielle, tels que l'acquisition et l'entretien des équipages, la location ou l'établissement d'ateliers et de magasins et autres dépenses.

Quant au BÉNÉFICE, c'est la quotité ajoutée aux déboursés ci-dessus, pour

____

(1) *Traité complet de l'évaluation de la menuiserie*, Introd. page 27.

la véritable rétribution de l'industrie et des talents de l'entrepreneur, en même temps qu'une indemnité pour le dédommager des intérêts de ses avances et le payer de ses soins.

§ 5e.—DIVISIONS DE L'OUVRAGE.

Cet OUVRAGE est divisé en *onze catégories*, suivies d'un tableau du *poids spécifique* de divers matériaux et substances employés dans les bâtiments, et de plusieurs *appendices*. Ces catégories sont :

    1º LA TERRASSE ET LA FOUILLE DES TERRES ;
    2º LA MAÇONNERIE ;
    3º LA CHARPENTE ;
    4º LA COUVERTURE ;
    5º LA MENUISERIE ;
    6º LA SERRURERIE ;
    7º LA PLOMBERIE ;
    8º LE PAVAGE ET LE CARRELAGE ;
    9º LA MARBRERIE ;
  10º LA PEINTURE ;
  11º LA VITRERIE.

Chacune de ces catégories est subdivisée en plusieurs parties, et chacune de ces parties est subdivisée elle-même en plusieurs sections, paragraphes, etc.

§ 6e.—OBSERVATIONS GÉNÉRALES SUR L'ENSEMBLE ET LES PRÉVISIONS DE CE TRAITÉ.

1º. De la durée de la journée.

A Paris généralement tous les ouvriers travaillent en été depuis 6 heures du matin jusqu'à 6 heures du soir ; c'est donc 12 heures de travail, sur lesquelles il faut retrancher 2 heures pour deux repas ; reste 10 heures de travail réel.

Dans plusieurs départements les mêmes ouvriers travaillent en été depuis 5 heures du matin jusqu'à 7 heures du soir ; c'est 14 heures d'ouvrage, sur lesquelles il faut diminuer environ 3 heures pour trois repas et le repos ; reste 11 heures de travail effectif.

Dans plusieurs départements du midi, les tailleurs de pierre et les maçons font cinq repas pour lesquels ils prennent 3 heures et demie, de manière qu'après avoir défalqué ce temps, la journée se trouve réduite pour les ouvriers à 10 heures et demie de travail positif.

Dans les mêmes pays, la journée des terrassiers n'est que de 9 et 10 heures de travail constant. Celle des charpentiers, scieurs de long et forgerons est de 12 heures.

Comme on le voit, le nombre des heures de travail, par chaque journée, n'est pas le même dans tous les pays ni pour toutes les classes d'ouvriers. Mais pour ne pas employer de fractions insignifiantes, qui pourraient nuire à la simplicité des opérations sans ajouter beaucoup à leur exactitude, j'ai compté la journée d'ouvrier de toute espèce, celles de voitures et de bêtes de trait ou de charge, etc., de 10 heures de travail effectif, déduction faite du temps de repos. Les parties de journée seront payées par heure ou par minute, de sorte que, quelle que soit la durée réelle du travail, elle devra toujours être rapportée à la journée de dix heures.

2°. De la valeur des journées d'ouvriers.

L'ouvrier ne pouvant suffire que par son travail aux dépenses qu'il est obligé de faire pour subvenir aux nécessités de la vie, la valeur de sa journée devra évidemment varier en raison de la cherté des céréales, des temps de chômages et de la rigueur de l'hiver. Car pour lui, le premier de tous les droits est sans contredit celui d'être assuré de ses moyens d'existence, ainsi que de ceux de sa famille qu'il soutient en vertu d'un devoir sacré. La rétribution accordée au travailleur devrait donc être en rapport avec sa position et ses besoins, et lui procurer au moins les choses indispensables à l'homme. Toutefois, ce principe a été et est encore souvent contesté et méconnu par l'oisif et l'égoïste ; des exemples de ce genre s'offrent encore tous les jours à nos yeux. Cette question est grave et demanderait un grand cadre pour être développée ; mais la nature de cet ouvrage ne me permettant pas d'entrer dans de plus grandes considérations, je n'essaierai point de dépeindre la position du travailleur, ni de le mettre en parallèle avec ceux qui souvent profitent du produit de son art, de ses forces physiques ou intellectuelles, tout en lui refusant le salaire qui lui est dû. Ces motifs m'ont déterminé à augmenter le prix des journées dans cet ouvrage, en attendant que l'on reconnaisse l'insuffisance du salaire du producteur, et que mon exemple soit suivi.

3°. De l'adoption des prix en général.

En publiant cet ouvrage, je me suis proposé de faire un *livre de principes*, plutôt qu'un *annuaire*, une *mercuriale*, un *tarif* ou un *bordereau de prix*. Aussi, je n'ai pas cru devoir adopter exclusivement pour base définitive de l'estimation des travaux, les prix de cette année ni ceux des années précédentes, qui peuvent être modifiés d'un moment à l'autre pour des causes exceptionnelles qu'on ne saurait prévoir. J'ai présenté chaque fois que je l'ai reconnu utile, un tableau du prix des matériaux, etc., à différentes époques, d'après lequel j'ai fixé les prix moyens des éléments premiers qui forment les sous-détails de ce traité, afin qu'ils soient en rapport avec la tendance d'augmentation ou de diminution dont les matériaux sont susceptibles dans le commerce.

Il serait, du reste, impossible de présenter pour toute une contrée et pour long-temps un tarif ou un bordereau exact des prix des travaux de construction, à cause de la valeur des matériaux et de la main-d'œuvre qui n'est pas la même partout. En effet, dans une localité quelconque, le prix des matériaux, notamment, peut varier sensiblement en raison de la position et de l'éloignement des chantiers, etc., par rapport au lieu de destination.

Néanmoins les prix que j'ai adoptés ne porteront jamais préjudice à l'entrepreneur ni à celui qui fait bâtir, puisqu'ils pourront tous les deux se rendre compte du prix de revient de chaque ouvrage, et allouer ou défalquer au besoin la plus ou moins-value qui reviendrait à l'un ou l'autre. Ils pourront aussi, d'après les bases posées, veiller à leurs intérêts avec une égale connaissance de cause.

En résumé, qu'un propriétaire, ou un entrepreneur, par exemple, paie ou reçoive, cinq, dix ou même quinze centimes en plus ou en moins d'un certain ouvrage soit par mètre linéaire, par mètre superficiel, par mètre cube, ou par unité de poids, etc.; eh bien ! cet excédant répété autant de fois qu'il y aurait de mètres d'ouvrages formerait à la vérité une somme préjudiciable à l'une ou à l'autre des deux parties, sans que cette somme pût pour cela ruiner le propriétaire ni l'entrepreneur. Mais au moins ils auront tous les deux leur conscience libre et la conviction qu'ils n'auront payé ni reçu des sommes considérables en plus ou en moins, comme il n'arrive malheureusement que trop souvent, lorsqu'on n'attache point toute l'importance nécessaire que réclame l'évaluation des ouvrages, qui est une des branches les plus importantes de la construction.

4°. Du bénéfice.

Du bénéfice en général. — Le bénéfice dont il a déjà été parlé, est une quotité proportionnelle ajouté à la dépense intrinsèque d'un ouvrage ; c'est la rétribution à laquelle a droit l'entrepreneur pour l'industrie, les talents et la dextérité qu'il déploie dans la direction des travaux qui lui sont

confiés , en même temps qu'une indemnité pour le dédommager des intérêts de ses avances , de ses frais d'écritures , et le payer de ses soins.

En un mot, tout homme qui consacre , suivant l'acception de Boileau et
Bellot (1), son temps , ses connaissances , ses talens , son intelligence, ses
forces physiques ou intellectuelles , à faire un travail utile à ses semblables ,
doit gagner assez , non seulement pour récupérer sa force corporelle , se
réparer et s'entretenir lui et sa famille , mais encore une réserve suffisante
pour faire face aux pertes, aux maladies, et pouvoir jouir du repos quand
les infirmités et l'âge l'empêcheront de travailler ; en d'autres termes, le
droit de vivre, en toute circonstance , sans être réduit à mendier , doit être
acquis à quiconque aura rempli le devoir du travail ; à plus forte raison celui
qui a fait une avance quelconque à ses semblables doit-il en être remboursé.

Les mêmes auteurs continuent en citant un passage de Bergery.

« Considérons , dit M. Bergery (2), le travail du porte-faix ; il consomme
» pour moi, dans une journée , toute sa force corporelle ; je lui dois donc
» les moyens de la récupérer, et j'ai à lui payer sa nourriture d'un jour et
» son gîte pour une nuit. En consommant sa force, il a exécuté un transport
» dont je vais tirer certains avantages , je lui dois donc encore le prix du
» service de cette force. Enfin, il a usé ses vêtements en faisant mon ouvrage;
» je dois donc contribuer à leur renouvellement , par une petite indemnité.
» Mais je n'ai rien à lui payer pour le service de ses vêtements , car c'est lui
» qui en jouit et non pas moi.
» Le salaire du porte-faix se compose donc de trois parties : la première
» et la dernière le font rentrer dans ses capitaux (3) ; la seconde est un
» revenu.

» Vous voyez par là que le travail du porte-faix produit un salaire , et
» qu'une portion de ce salaire est un revenu qui peut , à la rigueur, être
» journellement dépensé , tandis qu'une autre portion est destinée au renou-
» vellement des vêtements , et doit être mise en réserve. Vous devez donc
« distinguer soigneusement l'un de l'autre, le revenu et le salaire.

» Un ouvrier a droit au même salaire que le porte-faix , car il consomme
» comme lui sa force corporelle , et il use aussi des vêtements ; mais on doit
» en outre lui donner le prix de son savoir-faire , puisqu'on en profite. Ce

(1) *Traité complet de l'évaluation de la menuiserie* , p. 199.

(2) *Economie industrielle* , tome 1er , page 17.

(3) Les capitaux d'un ouvrier sont, selon l'auteur : « l'adresse qu'il a puisée dans son apprentissage , les
connaissances relatives à son métier, ses vêtements , ses meubles s'il tient ménage, ses outils si son métier
en exige, un peu d'argent ou du crédit. » Tome 1er , page 25.

» prix est un revenu que l'ouvrier tire de son adresse ou de l'argent qu'il a
» dépensé pour son apprentissage.

» Ainsi, le revenu total de l'ouvrier est plus considérable que celui du
» porte-faix, il croît même avec les difficultés du métier : on paie plus cher,
» par exemple, le savoir-faire d'un horloger que celui d'un charron.

Du bénéfice légitime dans les ouvrages. — Les différents auteurs qui se
sont occupés de l'évaluation des ouvrages de bâtiment, ne sont pas tous
d'accord sur la quotité du bénéfice légitime à accorder à l'entrepreneur.
Ainsi, Morisot a fixé le bénéfice légitime pour toutes les professions du
bâtiment indistinctement à un 6e. de la dépense intrinsèque ou à 16 ⅔ pour
cent; Boileau et Bellot démontrent que le bénéfice légitime devait être aussi
de 16 ⅔ pour cent dans la menuiserie en bâtiments, tout en n'admettant
qu'un 10e dans leurs sous-détails, sous prétexte de ne pas faire repousser
péremptoirement leurs prix, ni d'être taxés d'exagération; Rondelet et bien
d'autres auteurs se sont bornés au contraire à fixer le bénéfice dans tous les
ouvrages à un 10e, sans entrer dans aucun détail.

A l'exemple de ces derniers auteurs, j'ai accordé à l'entrepreneur un 10°.
de bénéfice dans tous les ouvrages, et je pense que ce taux est suffisant.

Dans chaque catégorie d'ouvrages, je démontrerai succinctement les
motifs qui m'ont déterminé à n'admettre qu'un 10°. au lieu d'un 6e. de
bénéfice.

Quoique je me sois arrêté à un dixième de bénéfice légitime, néanmoins
je crois qu'il n'est pas inutile de faire connaître comment les différents auteurs que j'ai cités plus haut sont arrivés à prouver que le bénéfice à
allouer à l'entrepreneur devrait être d'un 6e.

A cet effet, j'ai cru ne pouvoir mieux faire que de laisser les auteurs
eux-mêmes exposer les moyens qu'ils ont employés pour y parvenir.

Voici d'abord comment Morisot s'exprime, en traitant la question du bénéfice légitime d'un entrepreneur de maçonnerie (tome 1er, page 34).

« Lorsque j'ai fixé cette quotité (⅙), dit-il, je n'ai pas prétendu, comme
» pour tous les autres éléments, présenter une règle de laquelle on ne
» pouvait pas s'écarter sans danger d'errer; j'ai pensé au contraire que,
» selon les circonstances, la volonté des parties et leurs arrangements par-
» ticuliers, elle pouvait être modifiée; mais pourtant j'ose penser qu'en
» thèse générale, cette quotité de bénéfice n'est pas susceptible d'une aussi
» grande réduction qu'on pourrait peut-être bien se l'imaginer au premier
» aperçu ; je vais chercher à le démontrer aux personnes sans passion et à

» celles mêmes qui voudont bien, pour un moment, abandonner cette vieille
» routine, chemin de l'erreur.

» Je prendrai pour exemple l'entreprise de la maçonnerie, puisque c'est
» celle pour laquelle on prétend accorder le moins de bénéfice, si toutefois
» on doit moins en allouer à un entrepreneur qu'à un autre , ce que je ne
» pense pas.

» Il convient d'abord de reconnaître que les travaux d'une certaine impor-
» tance ne sont ordinairement soldés en entier que dans l'espace de deux
» années ; admettons cependant qu'on aura remis des à-comptes à partir de
» l'ouverture des travaux, et que ces à-comptes auront été payés régulière-
» ment à des termes fixes jusqu'à la fin de paiement qui aura eu lieu à la fin
» de la seconde année; il s'en suivra que, pour avance de fonds, on devrait au
» moins tenir compte à l'entrepreneur d'une année d'intérêts que je ne porte
» qu'à six pour cent, reste 10 $^2/_3$.

» Si l'on considère ensuite que l'entreprise a cela de commun avec tout
» autre commerce, que toutes les affaires n'ont pas des résultats heureux ,
» qu'il y a des pertes à supporter, et qu'on peut hardiment les évaluer à deux
» pour cent, on ne trouvera plus que 8 $^2/_3$.

» Presque tous les entrepreneurs de maçonnerie ont des frais de toisé à
» supporter, et comme on ne leur en tient compte dans aucun détail , il est
» juste de les déduire de ces bénéfices apparents ; or, on sait que cette dé-
» pense est fixée à un et quart pour cent du montant des mémoires réglés, il
» ne reste donc plus que 7 $^5/_{12}$.

» Enfin, un entrepreneur a non seulement un maître compagnon ou un
» commis à ses gages, mais encore assez souvent un appareilleur ; ces deux
» hommes coûtent 210 francs par mois; mais comme ils ne sont pas employés
» toute l'année, nous réduirons cette dépense à 2,200 fr. pour la campagne,
» et en supposant encore qu'on ne voulût tenir compte que de la moitié de
» cette dépense, parce que, dira-t-on, l'entrepreneur doit et peut faire les
» fonctions d'un de ces hommes, ce serait donc 1,100 fr. à répartir sur 75,000
» fr. que peut faire, terme moyen, un entrepreneur pendant chaque campa-
» gne, c'est-à-dire un et cinq douzièmes pour cent, de sorte qu'en définitif,
» tous ces faux frais déduits, il ne lui reste réellement que six pour cent.

» Ainsi, en admettant, comme je viens de le dire, qu'un entrepreneur ne
» fasse que pour 75,000 fr. d'ouvrages par an. et qu'il soit apporté dans leur
» vérification et leur réglement les connaissances et l'impartialité requises,
» ce sera 4,500 francs qu'il gagnera annuellement, et ce n'est pas trop payer
» assurément l'emploi de son temps et de son talent.

Voici maintenant comment Boileau et Bellot , dans la question du bénéfice légitime pour la menuiserie en bâtiments , sont arrivés par une autre voie à la même conclusion que Morisot pour la proportion du bénéfice.

« On peut appliquer à l'entrepreneur , disent Boileau et Bellot (1), les
» raisonnements pleins de justesse de M. Bergery , en faveur de l'ouvrier et
» du fabricant, sans craindre qu'il se trouve quelqu'un pour soutenir que le
» premier ne doit pas, comme le second , recueillir sous le nom de bénéfice,
» et de quoi subvenir à son entretien annuel, ce qui n'est , à proprement
» parler , que son salaire, et de quoi faire pour l'avenir une réserve, qui
» peut seule s'appeler bénéfice net.

» Recherchons donc quel doit être le bénéfice de l'entrepreneur ayant un
» atelier de 20 ouvriers , tel que nous l'avons pris pour base des faux-frais.

» Voici le montant des affaires que cet entrepreneur pourrait faire dans une année , en déboursés.

» 1°. Main-d'œuvre , comme ci-dessus. 20,160 00

» 2°. Fournitures, bois, clous, etc., qui sont dans la menui-
» serie en bâtiments , moitié en sus de la main-d'œuvre, ci. 30,240 00

» 3°. Les faux-frais , $\frac{1}{6}$ de la main-d'œuvre, ci. . . . 3,360 00

        » Total. 53,760 00

» Voici maintenant ce qu'il a personnellement à dépenser pour faire ces
» 53,760 fr. d'affaires.

1°. FRAIS DE MÉNAGE.

» Loyer de l'habitation , par an. 400 00
» Contributions personnelles $\frac{1}{20}$. 20 00
» Nourriture, entretien et éclairage. 2,500 00

       » Total. 2,920 00 2,920 00

2°. FRAIS DE CAPITAL CIRCULANT.

» Il est indispensable de tenir compte des avances de fonds;
» car , comme le fait observer M. Aimé Landragin (2) , un
» bénéfice de $\frac{1}{6}$ serait absorbé et deviendrait nul au bout
» de trente-deux mois environ, si on empruntait à 6 pour
» cent d'intérêt par an, ou un demi pour cent par mois.

           A reporter. . 2,920 00

---

(1) *Traité complet de l'évaluation de la menuiserie* (page 200).
(2) *La comptabilité en partie simple des Fabricants et Entrepreneurs , spécialement appliquée à la menuiserie et à l'ébénisterie.* Paris , 1835 , page 25.

Report.   .   2,920   00

» Sur le montant des déboursés ci-dessus, il faut avancer,
» terme moyen, le $1/_{10}$ pendant six mois, ou 5,376 fr. à 5
» pour cent, ci.   268   80

» Si l'entrepreneur n'avait pas de crédit, il lui faudrait des
» avances plus considérables ; il serait donc juste de lui tenir
» compte en outre de cette valeur immatérielle qui, suivant
» Bergery (1), résulte d'un état moral auquel nul ouvrier ne
» peut parvenir, sans dépenses pécuniaires.

» 3°. Frais de mémoire et devis à 14 fr. le mille. . . .   752   65
» 4°. Frais d'un commis ou correct., par an.   1,800   00
» 5°. Prime contre les chances de pertes :

» Cette éventualité, dont tous les négociants tiennent
» compte, ne peut être passée sous silence sans de graves
» inconvénients ; nous la fixons d'ailleurs à un taux très-
» modéré, ci.   980   00

Premier total. . . :   6,721   45

» A ce premier total de bénéfice, qui ne fait que remettre l'entrepreneur
» à la fin de l'année comme il était au commencement, il faut ajouter une
» somme de bénéfice net ou de réserve.

» Nous ne serons certainement pas taxés d'exagération en prenant pour
» chiffre de cette partie des bénéfices, la valeur de la rente des moyens ac-
» quis, ou rente du capital d'éducation, telle que la fixe M. Bergery, d'après
» J.-B. Say (2), car cette quotité n'est encore que le remboursement d'une
» valeur réelle acquise à l'entrepreneur.»

Ces auteurs citent encore un autre passage de Bergery, le voici :

« Le fabricant, dit-il, consacre ses forces, ses connaissances, ses talents,
» son intelligence, aux jouissances des consommateurs ; ils lui doivent
» donc d'abord le prix du service de sa personne ou le prix de ses moyens
» acquis, et de ses moyens naturels. Les premiers sont appréciables en
» argent : ils forment le capital pécuniaire absorbé par l'éducation et
» l'instruction, et pour que la fortune des familles ne s'évanouisse pas,
» chaque individu doit, avant de terminer sa carrière, rentrer dans les

---

(1) Tome 1er, page 93.
(2) Tome 2, page 199 et suiv.

» fonds dont il a été doté par ses parents, en forces, en connaissances, en
» talents. Ainsi, voilà déjà deux parties appréciables du bénéfice légitime
» d'un entrepreneur : l'intérêt et l'annuité du capital d'éducation.

   » Après avoir calculé la durée probable de la vie et les annuités du capital
» d'éducation, disent Boileau et Bellot, l'auteur fixe le prix de cette rente
» à. . . . . ; . . 2,273 85
»   En ajoutant cette réserve à notre premier total de. . . 6,716 40
» Nous aurons pour total général. 8,990 25
» Ou un peu plus du sixième des déboursés.

Plus loin, les auteurs reprennent et finissent en disant :

   » Aussi notre conviction, conforme à l'évidence, est-elle que le bénéfice
» légitime devrait être d'un 6°. ou 16 ⅔ pour cent, dans la menuiserie en
» bâtiments ; et si dans nos détails nous avons accepté le dixième qu'on
» accorde indistinctement aujourd'hui pour les grands comme pour les
» petits travaux contre toute justice, nous ne l'avons fait que pour ne pas
» faire repousser péremptoirement nos prix par ces hommes que Morisot
» appelle des *machines à calculer*, qui jugent un prix d'après les offres d'une
» concurrence désastreuse, sans se donner la peine d'étudier les nécessités
» logiques de sa formation...........

5°. De la conclusion.

Présenter une œuvre qui embrasse à la fois plusieurs natures de travaux
sous une même uniformité et avec méthode, telle est la pensée qui m'a
guidé dans la rédaction de ce travail. La marche que j'ai suivie pour chaque partie d'ouvrages est la même pour toutes ; de manière que les personnes qui consulteront ce traité, pourront, lorsqu'elles se seront pénétrées
d'une des parties qui le composent, comprendre facilement toutes les autres.

Dans la première partie de chaque catégorie d'ouvrages, j'expose les
principes, les éléments et les bases qui concourent à l'évaluation ; c'est dans
cette partie que se trouvent les fournitures, les diverses opérations de la
main-d'œuvre, les faux-frais et les bénéfices. Dans la seconde partie, je
donne l'application de ces principes, éléments et bases à tous les ouvrages de
construction. Enfin, la première partie traite de ce qui concerne la *Théorie*,
et la seconde de ce qui a rapport à la *Pratique*.

AVERTISSEMENT.

Contrairement au Prospectus, j'ai changé la disposition des matières de l'ouvrage. Mais les modifications notables que j'y ai faites tendant à présenter la plus grande clarté possible, j'ose espérer que les souscripteurs me sauront gré de ce changement (1).

Les soins que j'ai apportés dans la composition de ce travail et dans la perfection du tirage, semblent ne laisser rien à désirer sous le rapport de la correction et de l'exactitude. J'accueillerai du reste avec remercîment les observations de tout genre que les personnes qui s'intéressent aux progrès des lumières et à la diffusion des connaissances utiles, voudront bien me transmettre *franco*, observations dont je ferai usage au profit des éditions à venir.

Afin de faciliter les recherches de toute nature, je donne une table analytique et une table alphabétique des matières.

Je ne terminerai pas sans exprimer ma reconnaissance aux principaux auteurs auxquels j'ai fait des emprunts, de nature à enrichir ce travail ; j'ai cherché à m'acquitter envers eux, en les citant, lorsque l'occasion s'en est présentée.

---

(1) Pour que l'on puisse se former une idée de l'importance de ces améliorations et des nombreuses augmentations que j'ai apportées dans ce traité, j'ai cru utile de reproduire ci-après la partie du prospectus qui faisait connaître les matières que je me proposais de traiter.

PLAN DE L'OUVRAGE.

INTRODUCTION.

§ 1ᵉʳ. But et utilité de l'ouvrage. — § 2ᵉ. Eléments généraux de l'évaluation.

DIVISIONS.

PREMIÈRE PARTIE. — Principes , Éléments et Bases de l'évaluation.

1ʳᵉ SECTION. — DES FOURNITURES.

CHAP. I. Des matériaux employés dans la construction.
CHAP. II. Du déchet.

2ᵉ SECTION. — DE LA MAIN-D'ŒUVRE.

CHAP. I. De la durée de la journée.
CHAP. II. Des journées d'ouvriers et de voitures.
CHAP. III. Des diverses opérations de la main-d'œuvre.

3ᵉ SECTION.

Du transport des matériaux.

4ᵉ SECTION. — DES FAUX-FRAIS.

CHAP. I. Des déboursés.
CHAP. II. De la valeur des faux frais.

5ᵉ SECTION. — DU BÉNÉFICE.

CHAP. I. Du bénéfice en général.
CHAP. II. Du bénéfice légitime dans les ouvrages.

6ᵉ SECTION. — DE LA MAÇONNERIE.

Analyses du prix de revient des matières premières.

Art. 1ᵉʳ. Des pierres calcaires ;

Art. 2ᵉ. des sables, argiles, etc. ;
Art. 3ᵉ. des mortiers ;
Art. 4ᵉ. des pierres dures ;
Art. 5ᵉ. des pierres tendres ;
Art. 6ᵉ. des pierres factices.

7ᵉ SECTION.

DE LA CHARPENTE ET DE LA MENUISERIE.

CHAP. I. Des différentes essences des bois.
CHAP. II. Du prix des bois et des conditions du commerce.

8ᵉ SECTION. — DE LA COUVERTURE.

CHAP. I. Des ardoises de Fumay, de Rimogne, d'Angleterre.
CHAP. II. Des tuiles plates, creuses.

9ᵉ SECTION.

De la peinture et de la vitrerie.

10ᵉ SECTION. — DES MÉTAUX.

CHAP. I. Des fers.

Art. 1ᵉʳ. Du fer forgé ou fer en barre ;
Art. 2ᵉ. Du fer fondu ou fonte de fer.

CHAP. II. Du zing.
CHAP. III. Du plomb en saumon, laminé.

N. B. Cette partie comprendra environ 250 sous-détails.

DEUXIÈME PARTIE. — Bordereau ou série des prix des matières premières rendues à pied-d'œuvre ; des sections précitées.

TROISIÈME PARTIE. — Analyses ou évaluation des ouvrages d'art, divisés en plusieurs sections comprenant plus de 650 sous-détails.

QUATRIÈME PARTIE. — Bordereau ou série de prix des ouvrages d'art des sections de la 3ᵉ partie.

CINQUIÈME PARTIE. — Pesanteur spécifique de divers matériaux et substances employés dans les bâtiments.

APPENDICES.

PREMIÈRE CATÉGORIE.

TERRASSE ET FOUILLE DES TERRES.

PRÉLIMINAIRE.

On comprend sous le titre de TERRASSE, l'extraction, la levée et le mouvement des terres de différentes natures.

De toutes les parties du bâtiment, la terrasse, considérée relativement à la construction des édifices, est la seule qui n'exige pas de fournitures de matières premières.

Le prix de la terrasse ou des déblais ne peut se déterminer avec justice que lorsqu'on connaît bien la nature des couches du terrain à enlever, et la distance du chemin à parcourir du lieu d'extraction jusqu'au point de remblai.

Si les terres à déblayer étaient de même nature, si le chemin à parcourir était d'un même sol et sur un même plan, on n'aurait à considérer pour déterminer le prix du travail, que celui de la journée de l'ouvrier, suivant le taux du pays où s'exécuterait l'ouvrage. Mais cette parité de terre et de sol ne se rencontre presque jamais, et il est au contraire très-ordinaire de remarquer dans un petit espace des changements considérables dans la nature et l'épaisseur des lits de terre qui composent une masse. C'est pour cette raison qu'avant de dresser un devis estimatif de terrasse et de fouille des terres, il est indispensable de sonder le terrain, de se rendre compte de la tenacité, de la position et de la hauteur des terres à déblayer, le plus ou moins d'espace qu'on a pour y placer les ouvriers et les voitures, et l'espèce de voiture qu'on peut y employer pour le transport des terres ; remarquer ensuite le plan et le sol du chemin sur lequel on doit rouler.

Par ce moyen seulement, on peut arriver à une évaluation assez exacte pour assurer un salaire honnête à l'ouvrier.

C'est de l'ensemble de toutes ces combinaisons rapprochées les unes des autres que dépend la fixation du prix de ces sortes d'ouvrages.

Comme c'est d'après les devis qu'on a coutume de traiter avec les entrepreneurs et les ouvriers pour l'exécution de ces travaux, on ne saurait prendre trop de précautions pour les rédiger, de manière à ne pas compromettre les intérêts de celui qui fait bâtir, ni ceux de l'entrepreneur.

C'est à la précipitation avec laquelle se font ces devis, et au défaut de détails pour les bien faire, qu'il faut attribuer leur insuffisance pour parvenir à connaître la dépense précise de la terrasse et de la fouille des terres. La plupart de ceux qui les font, afin d'obvier à ces inconvénients, forgent souvent des prix qui ne sont nullement fondés, ni en rapport avec la réalité.

Un devis exact de terrasse est une chose plus difficile qu'on se l'imagine ; pour y réusir, il est indispensable d'avoir bien conçu son projet, de l'avoir examiné sous toutes les faces et d'en avoir sondé toutes les difficultés qui peuvent s'offrir, et de prévoir autant que possible les obstacles et les circonstances qui sont susceptibles d'augmenter la dépense ou d'en faire partie.

Les différences considérables que j'ai remarquées dans l'évaluation de cette partie du bâtiment, et le peu de méthode que j'ai reconnu dans la plupart des auteurs qui ont traité cette matière, m'ont déterminé à établir des bases plus évidentes et plus certaines que celles adoptés jusqu'à ce jour.

D'après ce qui vient d'être dit, j'ai divisé la terrasse et la fouille des terres en huit classes principales.

PREMIÈRE PARTIE.

Principes, éléments et bases de l'évaluation.

PREMIÈRE SECTION.

DE LA CLASSIFICATION DE L'EXTRACTION DES TERRES.

Les différentes espèces de terres que l'on rencontre dans la fouille et qui présentent des difficultés distinctes pour leur extraction, tant à cause de leur tenacité que de leur poids et de leur hétérogénéité, peuvent se classer de la manière suivante ; savoir :

1° TERRE DOUCE ET SABLONNEUSE ;
2° TERRE ORDINAIRE ;
3° TERRE FORTE GRAVELEUSE ;
4° ARGILE MÊLÉE DE TUF ;
5° TERRE GRASSE MÊLÉE DE CAILLOUX ;
6° ROC MÊLÉ DE TERRE ;
7° ROC TENDRE ;
8° ROC CALCAIRE TRÈS-DUR.

DES TERRES.

1° On entend par TERRE DOUCE ET SABLONNEUSE, toutes celles qui peuvent être fouillées à l'aide de la bêche, telles que la terre légère ou le sable de bruyère , la tourbe sèche , la tourbe humide et le terreau. Le poids moyen du mètre cube de ces différentes terres est de 693 kilog. (1)

2° La TERRE ORDINAIRE comprend les terres qui ne peuvent être enlevées qu'à la pioche , telles que la terre végétale et les terres hétérogènes rapportées. Le poids moyen du mètre cube de ces terres est de 1250 kil. (1)

3° Sous le titre de TERRE FORTE GRAVELEUSE , etc., on comprend les terres mêlées de pierrailles et autres , qui ne se détachent aussi qu'au moyen de la pioche , tels que gravier cailloutis , sable fin et sec , marne , vase , argile et glaise , sable fin et fossile argileux, sable fin humide de rivière , grosse terre mêlée de sable et de gravier , sable fin et humide et terres mêlées de petites pierres. Toutes ces terres pèsent moyennement le mètre cube 1675 kilog. (1)

4° L'ARGILE MÊLÉE DE TUF, est un mélange de terre grasse , ductile, et de roche de consistance moyenne , qui se déblaie également à l'aide de la pioche. Le poids moyen de cette terre par mètre cube est de 1990 kilog. (1)

5° On entend par la dénomination de TERRE GRASSE MÊLÉE DE CAILLOUX , une sorte d'argile dans laquelle on rencontre beaucoup de grosses pierres. Les déblais de cette nature de terre se font aussi à la pioche. Le poids moyen du mètre cube de la terre grasse mêlée de cailloux est de 2290 kilog. (1)

DES ROCS.

On appelle roc une masse de pierre qui tient à la terre. Il y en a de plusieurs espèces et de différents poids. Je n'en ai fait que trois classes distinctes.

6° Le ROC MÊLÉ DE TERRE est celui qu'on trouve quelquefois dans les déblais , il ne présente pas la même dureté ni la même tenacité que ceux des rochers. Il se déblaie à la pioche et à la pince. Le poids moyen du mètre cube est de 1650 kilog. (1)

7° Le ROC TENDRE se distingue du premier en ce qu'on l'enlève à la pince , au coin et à la masse. Son poids moyen par mètre cube est de 2022 kilog.

8° Le ROC CALCAIRE TRÈS-DUR est celui qu'on ne peut détacher du rocher qu'au moyen de la poudre. Son poids moyen par mètre cube est de 2415 kilog.

---

(1) Voir le tableau du poids spécifique de divers matériaux et substances , qui se trouve à la fin de ce volume.

DEUXIÈME SECTION.

DE LA MAIN-D'OEUVRE.

CHAPITRE Iᵉʳ.

Des diverses opérations de la main-d'œuvre.

Le taux de la main-d'œuvre ne pouvant être que celui du temps passé à l'extraction, à la levée et au mouvement des terres, le prix moyen de la journée des ouvriers et des tombereaux nécessaires à ce travail doit en être la base.

Après avoir protesté contre l'insuffisance des prix actuels des journées d'ouvriers (1), j'ai fixé ces prix et ceux des journées de voitures dans les deux tableaux suivants. Tous les éléments dont la valeur des journées est susceptible sont représentés dans ces tableaux.

Le premier de ces deux tableaux, qui donne le taux des journées d'ouvriers, comprend neuf colonnes :

La première fait connaître les noms des différentes classes d'ouvriers ;

La seconde indique le prix de la journée à payer à l'ouvrier, non compris la fourniture des outils ;

La troisième, la quatrième et la cinquième représentent les faux-frais ou une quotité proportionnelle du prix de la journée ajoutée à ce produit pour indemnité de la fourniture et de l'entretien des outils ;

La sixième, qui est le résultat du prix de la journée et de la valeur des faux-frais, est ce qu'on appelle dépense ou déboursé total ;

---

(1) Introduction § 6ᵉ. — Observations générales sur l'ensemble et les prévisions de ce traité. Titre 2. De la valeur des journées d'ouvriers, page 7.

La septième est une quotité proportionnelle du déboursé total qu'on ajoute à ce produit ; c'est ce qu'on appelle bénéfice ;

La huitième, qui est le résultat du déboursé total et du bénéfice, constitue le prix total de la journée revenant à l'entrepreneur;

La neuvième donne le prix pour une heure de travail ;

Le DEUXIÈME TABLEAU présente le prix des journées de voitures; il comprend douze colonnes :

La première fait connaître le nom des différentes espèces de voitures ;

La seconde désigne le prix de la journée à payer au charretier ;

La troisième, le prix de revient d'un cheval par jour ;

La quatrième, le prix de revient d'une voiture par jour ;

La cinquième est le résultat des colonnes précédentes ; c'est ce qu'on appelle premier déboursé.

Toutes les autres colonnes correspondent avec celles du premier tableau.

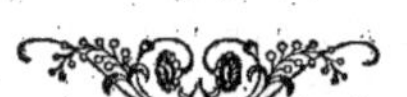

PREMIER TABLEAU.

Prix des journées d'ouvriers de 10 heures de travail effectif.

NOMS des DIFFÉRENTES CLASSES D'OUVRIERS. 1.	PRIX de la JOURNÉE de l'ouvrier. 2.	FAUX-FRAIS.			DÉBOURSÉ TOTAL. 6.	BÉNÉFICE $1/10^e$. 7.	PRIX REVENANT A L'ENTREPRENEUR.	
		$1/20^e$. 3.	$1/15^e$. 4.	$1/10^e$. 5.			par journée. 8.	par heure. 9.
	fr. m.	fr. m.	fr. m.	fr. m.	fr. m.	fr. m.	fr. m.	fr. m.
Terrassier ordinaire.	1 750	0 087	» »	» »	1 837	0 184	2 02	0 202
Taluteur, dresseur, gazonneur.	2 000	» »	0 133	» »	2 133	0 213	2 35	0 255
Manœuvre rouleur.	1 500	0 075	» »	» »	1 573	0 158	1 73	0 173
Mineur.	2 250	» »	» »	0 225	2 475	0 248	2 72	0 272

DEUXIÈME TABLEAU.

Prix des journées de voitures de 10 heures de travail effectif.

NOMS des DIFFÉRENTES ESPÈCES DE VOITURES. 1.	PRIX DE LA JOURNÉE			PREMIER déboursé. 5.	FAUX-FRAIS.			DÉBOURSÉ TOTAL. 9.	BÉNÉFICE $1/10^e$. 10.	PRIX REVENANT A L'ENTREPRENEUR.	
	du charretier 2.	du cheval. 3.	de la voiture. 4.		$1/20^e$. 6.	$1/15^e$. 7.	$1/10^e$. 8.			par journée. 11.	par heure. 12.
	fr. m.	fr. m.	fr. m.	fr. c.	fr. m.	fr. m.	fr. m.	fr. m.	fr. m.	fr. m.	fr. m.
Charretier.	1 750	» »	» »	1 750	0 087	» »	» »	1 837	0 184	2 02	0 202
Cheval garni (1).	» »	2 455	» »	2 455	» »	» »	» »	2 455	0 245	2 70	0 270
Tombereau à 1 collier, conducteur compris (1).	1 837	2 455	0 600	4 892	0 245	» »	» »	5 137	0 514	5 65	0 565
id. à 2 colliers, id. (1).	1 837	4 910	0 600	7 347	0 367	» »	» »	7 714	0 771	8 49	0 849
Voiture à 4 roues et à 2 colliers, id. (1).	1 837	4 910	1 200	7 947	0 397	» »	» »	8 344	0 834	9 18	0 918
id. et à 5 id. id. (1).	1 837	7 565	1 200	10 402	0 520	» »	» »	10 922	1 092	12 01	1 201

(1) L'expérience a démontré que le prix de revient des chevaux et des voitures en moyenne par jour, pouvait être établi comme ci-après, savoir :
1° Pour un cheval garni, y compris le prix d'acquisition de la bête et des harnais, la nourriture, le ferrage, le loyer, etc., à 2 fr. 455 mil.
2° Pour les voitures, y compris frais d'achat, entretien, loyer de remise, graissage des roues et autres dépenses à { 0 fr. 600 pour les tombereaux ; 1 200 pour les voitures à 4 roues.

Les diverses opérations dont se compose la main-d'œuvre, sont :

       1°. LA FOUILLE DE TERRE ;
       2°. L'EXTRACTION DE RÓC ;
       3°. LE MOUVEMENT DES TERRES ;
       4°. LES REMBLAIS.

L'ensemble de ces opérations embrasse tout ce qui concerne la terrasse et la fouille des terres.

On comprendra maintenant que les prix de ces diverses opérations étant fixés pour les différents cas de puissance des terrains sur lesquels elles sont appliquées, et de difficultés plus ou moins grandes de chacune d'elles, il n'est aucun travail qui ne puisse être apprécié par quiconque saura reconnaître quelles sont les opérations qu'un ouvrage aura exigées.

Les tableaux de prix des diverses opérations de main-d'œuvre qu'on trouvera plus loin, sont basés sur le taux des journées que j'ai indiquées dans les tableaux ci-dessus.

CHAPITRE II.

De la valeur des opérations simples.

§ 1ᵉʳ. — DE LA FOUILLE DE TERRE.

LA fouille de terre comprend : 1°. la fouille simple qui se fait à la bêche ; 2°. le piochage ; 3°. le pelletage ou la reprise des terres fouillées à la pioche.

1°. DE LA FOUILLE SIMPLE. — Cette opération comprend toutes les terres qui peuvent être extraites à la bêche.

L'expérience a démontré qu'un terrassier ordinaire peut, en une journée de 10 heures de travail effectif, *fouiller, jeter sur berge, charger en brouette* ou *en panier*, 10 *mètres cubes* de terre douce et sablonneuse pesant moyennement 693 kilogrammes le mètre cube.

Le premier article du premier tableau synoptique des diverses opérations de la main-d'œuvre ci-après, est fondé sur ce paragraphe.

2°. DU PIOCHAGE. — Lorsque par leur tenacité, leur liaison ou leur mixtion de petites pierrailles, les terres ne permettent pas d'en faire le déblai à la bêche ; on a recours à la pioche.

L'expérience a fait connaître qu'un piocheur, en travaillant 10 heures par jour non compris le repos, peut, dans sa journée, *détacher* 9 *mètres cubes* de terre, pesant moyennement 1800 kilog. le mètre cube (1). D'où l'on peut déduire la conséquence suivante : que trois pelleteurs peuvent suffire à cinq piocheurs, puisque, comme on le verra à l'opération du pelletage, un pelleteur peut élever à 1 m. 00 de hauteur verticale 15 mètres cubes de même terre par jour.

C'est sur ce paragraphe qu'est fondé le deuxième article du premier tableau synoptique des diverses opérations de la main-d'œuvre qui se trouve ci-après.

3°. Du Pelletage. — Le pelletage n'est autre chose que la reprise des terres jetées sur berge ou sur banquette, ou la reprise des terres déblayées à la pioche.

L'expérience a prouvé :

1° Qu'un terrassier peut, en une journée de 10 heures de travail effectif, *reprendre et charger* 15 *mètres cubes* de terre pesant moyennement 1800 kilog. le mètre cube, dans *une brouette* placée à la hauteur d'environ un mètre au-dessus de la partie en déblai (1).

Cette épreuve constitue le troisième article du premier tableau synoptique des diverses opérations de la main-d'œuvre ci-après.

2° Qu'un terrassier ordinaire ne peut *reprendre et charger dans un tombereau et élever à la hauteur de 1 m. 60, ou enfin projeter horizontalement à la distance de 4 mètres plus de 12 mètres cubes* de même terre et du même poids que celle désignée dans le paragraphe précédent (1).

Le quatrième article du premier tableau synoptique des diverses opérations de la main-d'œuvre est fondé sur cette expérience.

Observations relatives à la fouille de terre.

1°. Des terres fouillées en rigoles. — Lorsque les fouilles sont établies en rigoles, c'est-à-dire quand elles ont moins de 1 m. 50 de largeur, on accorde une plus-value de 5 centimes par mètre cube, en raison des difficultés qui se présentent pour les déblais des terres.

2°. Des banquettes. — Lorsque les fouilles ont beaucoup de profondeur, on les divise par banquettes de chacune 1 m. 60 de profondeur, pour qu'un ouvrier puisse jeter la terre de l'une à l'autre sans trop augmenter sa fatigue.

On parvient à évaluer ce genre de travail de la manière suivante, savoir :

Pour la première banquette, on compte :

Une fouille simple, lorsque les terres sont fouillées à la bêche et jetées

____

(1) Nouvelle édition de l'*Architecture hydraulique* de Bélidor, par M. Navier.

sur berge, ou chargées en brouette;

Et *une plus-value*, lorsqu'elles sont fouillées en rigoles;

ou :

Un piochage et un pelletage, quand on ne peut détacher les terres qu'à la pioche;

Et *une plus-value*, lorsqu'elles sont déblayées en rigoles.

POUR LA PREMIÈRE et LA DEUXIÈME BANQUETTES, on compte en plus de la première:

Une fouille simple et *un pelletage*, lorsque les terres de la deuxième banquette sont déblayées à la bêche;

TABLEAU INDIQUANT LES DIFFÉRENTS CAS QUE PRÉSENTENT LA FOUILLE DES

PREMIÈRE BANQUETTE.

Premier cas. Nombre d'opérations à compter lorsque les terres sont fouillées à la bêche et jetées sur berge, ou chargées en brouette, sur une largeur plus grande que 1 m. 50.				**Deuxième cas.** Nombre d'opérations à compter lorsque les terres sont fouillées à la bêche et jetées sur berge, ou chargées en brouette, sur une largeur moindre que 1 m. 50.				**Troisième cas.** Nombre d'opérations à compter lorsque les fouilles sont enlevées au moyen de la pioche, sur une largeur plus grande que 1 m. 50.			
FOUILLE SIMPLE.	PIOCHAGE.	PELLETAGE.	PLUS-VALUE.	FOUILLE SIMPLE.	PIOCHAGE.	PELLETAGE.	PLUS-VALUE.	FOUILLE SIMPLE.	PIOCHAGE.	PELLETAGE.	PLUS-VALUE.
1	»	»	»	1	»	»	1	»	1	1	»

PREMIÈRE ET DEUXIÈME

Premier cas. Nombre d'opérations à compter lorsque les terres de ces deux banquettes sont fouillées à la bêche et jetées sur berge, ou chargées en brouette, sur une largeur plus grande que 1 m. 50.				**Deuxième cas.** Nombre d'opérations à compter lorsque les terres de ces deux banquettes sont fouillées à la bêche et jetées sur berge, ou chargées en brouette sur une largeur moindre que 1 m. 50.				**Troisième cas.** Nombre d'opérations à compter lorsque les fouilles sont établies sur une plus grande largeur que 1 m. 50; que les terres de la première banquette sont faites avec la bêche et jetées sur berge, ou chargées en brouette, et que celles de la seconde sont enlevées au moyen de la pioche.			
FOUILLE SIMPLE.	PIOCHAGE.	PELLETAGE.	PLUS-VALUE.	FOUILLE SIMPLE.	PIOCHAGE.	PELLETAGE.	PLUS-VALUE.	FOUILLE SIMPLE.	PIOCHAGE.	PELLETAGE.	PLUS-VALUE.
2	»	1	»	2	»	1	1	1	1	1	»

Et *une plus-value*, si les terres sont faites en rigoles ;

ou :

Un piochage et *deux pelletages*, si les déblais de la deuxième banquette sont enlevés à la pioche ;

Et *une plus-value*, s'ils sont établis en rigoles.

Ces diverses démonstrations m'ont déterminé à composer le tableau que je donne ci-après, pour faciliter l'intelligence des personnes peu accoutumées aux travaux de terrassements. On reconnaîtra l'utilité de ce tableau dans l'application des principes de l'évaluation des ouvrages de terrasse et de fouille de terres que je traite plus loin.

BANQUETTES ET LE NOMBRE D'OPÉRATIONS A COMPTER POUR CHACUN D'EUX.

Quatrième cas.

Nombre d'opérations à compter lorsque les fouilles sont enlevées au moyen de la pioche, sur une largeur moindre que 1 m. 50.

FOUILLE SIMPLE.	PIOCHAGE.	PELLETAGE.	PLUS-VALUE.
»	1	1	1

Observations.

Si les fouilles ont plus de 3 m. 20 de profondeur ou 3 banquettes, on compte en plus de la deuxième banquette et pour chaque cas correspondant ;

SAVOIR :

Une fouille simple et 3 pelletages, si les terres de la troisième banquette sont fouillées à la bêche sur une largeur plus grande que 1 m. 50 ;

ou :

Une fouille simple, 3 pelletages et une plus-value, si les terres de la troisième banquette sont fouillées à la bêche, sur une largeur moindre que 1 m. 50 ;

ou :

Un piochage et trois pelletages, si les terres de la troisième banquette sont enlevées à la pioche sur une largeur plus grande que 1 m. 50 ;

ou :

Un piochage, 3 pelletages et une plus-value, si les fouilles de la troisième banquette sont enlevées à la pioche sur une largeur moindre que 1 m. 50.

Nota. Si les fouilles ont plus de trois banquettes ou 4 m. 80 de profondeur, ce qui arrive rarement, on observera les mêmes principes que ci-dessus.

BANQUETTES.

Quatrième cas.

Nombre d'opérations à compter lorsque les fouilles sont établies sur une largeur moindre que 1 m. 50 ; que les terres de la première banquette sont faites avec la bêche et jetées sur berge, ou chargées en brouette, et que celles de la seconde sont enlevées au moyen de la pioche.

FOUILLE SIMPLE.	PIOCHAGE.	PELLETAGE.	PLUS-VALUE.
1	1	1	1

Cinquième cas.

Nombre d'opérations à compter, lorsque les terres de ces deux banquettes sont fouillées à la pioche sur une largeur plus grande que 1 m. 50.

FOUILLE SIMPLE.	PIOCHAGE.	PELLETAGE.	PLUS-VALUE.
»	2	3	»

Sixième cas.

Nombre d'opérations à compter, lorsque les terres de ces deux banquettes sont fouillées à la pioche, sur une largeur moindre que 1 m. 50.

FOUILLE SIMPLE.	PIOCHAGE.	PELLETAGE.	PLUS-VALUE.
»	2	3	1

§ 2. — DE L'EXTRACTION DE ROC.

On entend par extraction de roc, l'exploitation d'une grande ou d'une petite masse de pierre d'une nature quelconque. Cette opération se fait de trois manières différentes, selon l'essence et la résistance du roc ; savoir : 1° à la pioche et à la pince ; 2° à la pince, au coin et à la masse ; 3° au moyen de la poudre.

1° DE L'EXPLOITATION DE ROC, A LA PIOCHE ET A LA PINCE. — On trouve quelquefois dans les fouilles de petites masses de roches mêlées de matières pulvérulentes qu'on déblaie à la pioche et à la pince.

L'expérience a fait connaître que dans une journée de 10 heures de travail effectif, un terrassier peut déblayer à la *pioche et à la pince deux mètres cubes* de roc mêlé de terre.

C'est sur ce paragraphe qu'est formé le cinquième article du premier tableau synoptique des diverses opérations de la main-d'œuvre, qu'on trouve ci-après.

2° DE L'EXPLOITATION DE ROC, A LA PINCE, AU COIN ET A LA MASSE. — Lorsque les roches, sans être mélangées de parties terreuses, ne présentent pas une excessive dureté, ni une grande résistance, on les déblaie à la pince, au coin et à la masse.

On a éprouvé que, pour déblayer un mètre cube de roc tendre, il faut moyennement 8 heures de terrassier ordinaire.

Le sixième article du premier tableau synoptique des diverses opérations de la main-d'œuvre, ci-après, est formé sur ce paragraphe.

3° DE L'EXPLOITATION DE ROC A LA POUDRE. — Si les roches sont formées d'un mélange de différents débris de pierres de diverses natures, fortement unis entr'eux et composant des masses d'une grande dureté et d'une résistance qui ne permet pas d'en faire l'extraction par les deux moyens précédens, on les fait sauter à la poudre.

L'expérience a démontré qu'un mineur et un manœuvre peuvent, en une journée, en travaillant 10 heures par jour non compris le repos, *extraire deux mètres cubes de roc calcaire très-dur* (1).

Cette démonstration forme le septième article du premier tableau synoptique des diverses opérations de la main-d'œuvre, que je donne plus loin.

____

(1) Le roc en granit ou en gré exige souvent plus de temps pour la confection des trous de mine que pour les roches calcaires très-dures; mais on saura toujours bien apprécier le degré de dureté des différentes roches.

§ 3. — DU MOUVEMENT DES TERRES.

Le mouvement des terres comprend les transports, soit à la brouette , soit au tombereau , ou de toute autre manière. Ils se composent de trois éléments distincts : 1° La charge et la décharge ; 2° le roulage ; 3° le montage au treuil.

1° DE LA CHARGE ET DE LA DÉCHARGE. — De ces deux opérations simples , il n'y a à évaluer que le temps perdu de l'équipage pendant le chargement et le déchargement (1), puisque la première de ces opérations se compte dans la fouille simple et dans le pelletage ; quant à la seconde, c'est le charretier qui l'opère presque toujours.

Ainsi , le temps perdu de l'équipage pendant le chargement sur un tombereau d'un mètre cube de terre, pesant moyennement 1800 kilog., serait de 50 minutes, durée répondant au titre 2 du pelletage, puisqu'un homme ne peut charger dans un tombereau que 12 mètres cubes de terre dans sa journée ; mais ce temps doit être réduit de moitié, attendu que le chargement est toujours fait par le charretier et un pelleteur. Donc le temps perdu de l'équipage n'est réellement que de 25 minutes pendant le chargement.

Le temps perdu de l'équipage pendant la décharge qui se fait par le charretier, est toujours de trois minutes, quel que soit le poids et le volume des déblais , puisque ce temps n'est employé uniquement qu'au dételage et à l'attelage des chevaux.

2° DU ROULAGE. — Le roulage , proprement dit transport, se fait de deux manières différentes : 1° avec des brouettes, lorsque la distance à parcourir est moindre de 300 mètres ; 2° avec des tombereaux contenant un mètre cube , menés par deux chevaux conduits par un charretier, lorsque la distance excède 300 mètres.

TRANSPORT AVEC DES BROUETTES. — L'expérience a démontré que dans une journée de 10 heures ou 600 minutes, un manœuvre rouleur pourrait, en comptant 45 mètres par minute , parcourir sur un chemin horizontal 27000 mètres avec sa brouette chargée de 60 kilog. en moyenne.

Si l'on fait les relais à 30 mètres , l'espace parcouru pour chaque voyage sera de 60 mètres , savoir : 30 pour l'aller et 30 pour le retour, ce qui fera 450 voyages par jour de 60 kilog. chacun en moyenne , ou 27000 kilog. pour toute la journée.

---

(1) Lorsque toutefois le transport des déblais n'est exécuté qu'au moyen d'un seul tombereau ; car s'il se faisait avec deux , dont l'un serait en chargement pendant que l'autre roulerait , il n'y aurait alors à compter que le temps perdu de l'équipage pour dételer et atteler les chevaux.

C'est d'après cette expérience qu'est fondé le premier article du deuxième tableau synoptique des diverses opérations de la main-d'œuvre qui se trouve à la suite.

Observations.

Pour que le transport des terres se fasse de la manière la plus avantageuse et sans interruption, il faut que le temps du chargement soit égal à celui du roulage; c'est probablement ce qui a déterminé à fixer les relais, pour les transports à la brouette, à 30 mètres de distance, parce qu'à cette distance il ne faut pas plus de temps pour le roulage que pour le chargement d'un mètre cube pesant en moyenne 1800 kilog.

Sur une rampe d'un douzième de pente, la distance des relais peut être fixée aux deux tiers de celle des relais sur un chemin horizontal, et la durée nécessaire pour parcourir cette distance, qui sera de 20 mètres, répondra à celle du temps pour le chargement.

Transport des terres au tombereau. — On a reconnu qu'un tombereau attelé de plusieurs chevaux, portant un mètre cube de terre pesant en moyenne 1800 kilog., peut parcourir sur un sol à peu près de niveau et assez ferme, environ 30,000 mètres par jour ou 10 heures de marche. C'est donc 4 minutes de temps pour chaque distance de 100 mètres, ou 200 mètres de parcours, compris l'aller et le retour. Cette distance peut varier non-seulement en raison du chemin sur lequel on roule, mais encore par rapport à la nature des déblais transportés, car les terres fortes étant d'un poids plus considérable que les terres légères, il est évident qu'à volume égal, le transport des premières demande plus de force de traction que celui des terres légères, et par conséquent plus de temps pour parcourir le même espace; mais cette différence, qui d'ailleurs n'est pas très-importante, peut être facilement appréciée par celui qui est chargé de la rédaction des devis.

On a vu plus haut que pour charger un tombereau contenant un mètre cube pesant 1800 kil., il faut moyennement 25 minutes, pendant lesquelles ce tombereau peut parcourir 1250 mètres, à raison de 50 mètres par minute; il faudrait donc, pour que deux chargeurs pussent suffire, que la distance à laquelle les terres doivent être transportées ne fût que de 625 mètres.

Le deuxième et le troisième article du deuxième tableau synoptique des diverses opérations de la main-d'œuvre, sont établis sur cette démonstration.

3° Du montage des terres au treuil. — Lorsque les fouilles, arrivées à une certaine profondeur, ne permettent plus de jeter les terres sur berge, on les élève alors au treuil ou au bourriquet.

Deux hommes faisant mouvoir un treuil à 2 manivelles , peuvent, dans une journée de 10 heures de travail consécutif, faire faire un mouvement de rotation de 6000 mètres par jour, à raison de 10 mètres par minute, à une corde à laquelle deux paniers seraient suspendus à chaque extrémité, dont l'un serait chargé de 20 kilog. environ.

C'est sur cette épreuve qu'est constitué le quatrième article du deuxième tableau synoptique des diverses opérations de la main-d'œuvre qu'on trouvera plus loin.

§ 4. — DES REMBLAIS.

On entend par remblai les terres rapportées dans un lieu pour combler un creux, ou pour élever un terrain. Ils comprennent deux éléments: 1° le remblai simple ; 2° le remblai pilonné.

Souvent les remblais ne subissent aucune opération de damage et de pilonnage; il n'y a que pour des cas tout-à-fait exceptionnels, car le tassement s'opère naturellement avec le temps par le propre poids des terres, par l'effet des pluies, et quelquefois par le roulage des voitures et des brouettes employées aux ouvrages de terrassement.

2° Du REMBLAI SIMPLE. — Le remblai simple consiste dans l'égalisation de la surface des terres transportées. Il se compose: 1° du régalement en remblai; 2° du dressement des talus en déblai.

On a reconnu que dans une journée de 10 heures de travail :

1° Un manœuvre ordinaire peut régaler 60 mètres cubes de terre en remblai, par jour ;

2° Qu'un terrassier dresseur peut dresser en talus 100 mètres superficiels de terre ordinaire, 60 mètres superficiels de terre forte graveleuse, etc., et 20 mètres de superficie de roc.

2° Du REMBLAI PILONNÉ. — On appelle remblai pilonné lorsque les terres sont tassées avec une dame ou un pilon.

Un manœuvre peut, dans sa journée, damer ou pilonner 20 mètres cubes de terre.

Les cinq articles du troisième tableau synoptique des diverses opérations de la main-d'œuvre sont formés d'après les paragraphes précédents,

Observations générales sur la valeur des opérations simples.

Pour éviter la confusion qui pourrait résulter des différentes manières d'envisager les diverses opérations simples , sous le rapport de leur appréciation , et afin que chacun puisse les appliquer à chaque cas qui lui est propre , en les plaçant au point de vue de la méthode que j'ai adoptée , je donne ci-après *trois tableaux synoptiques* qui sont le résumé de toutes les opérations dont se compose la main-d'œuvre.

Les données numériques de ces tableaux concernent uniquement les valeurs de la vitesse, de l'effort et du temps qui paraissent les plus avantageuses dans chaque cas spécial, et ces résultats ne doivent être regardés que comme des termes moyens susceptibles de s'écarter en plus ou en moins du travail effectif , selon l'âge , la vigueur des moteurs, leur genre de nourriture et le climat qu'ils habitent.

Le PREMIER DE CES TABLÉAUX présente les quantités de travail que peuvent fournir les moteurs animés dans diverses circonstances relativement à la fouille de terre et à l'extraction de roc. Il se compose de onze de colonnes :

La première , la seconde et la troisième colonnes indiquent les numéros sous lesquels les diverses opérations simples de la fouille de terre et de l'extraction de roc sont classées dans la description de la main-d'œuvre ;

La quatrième contient la désignation et la nature du travail , la manière dont il se fera, par quel moteur animé, et la distance à parcourir ou l'élévation à laquelle il faut jeter les terres;

La cinquième indique les numéros d'ordre des articles de chaque tableau;

La sixième donne la quantité moyenne de mètres cubes qu'un homme peut arracher-élever ou jeter dans une journée de dix heures;

La septième , donne le poids du mètre cube des terres remuées ;

La huitième , la durée de la journée non compris le temps de repos ;

La neuvième , la dixième et la onzième donnent la quantité de travail exprimée en kilog. qu'un homme peut faire , soit par jour , par heure ou par minute.

Le DEUXIÈME DE CES TABLEAUX, qui comprend les effets utiles exprimés en kilog. produits par les moteurs animés dans le transport horizontal des fardeaux à 1 mètre de distance , renferme treize colonnes :

La première, la deuxième et la troisième colonnes sont identiques à celles du premier tableau;

La quatrième indique la désignation et la nature du transport et de la manière dont il sera fait;

La cinquième présente les numéros d'ordre sous lesquels sont désignés les articles de ce tableau.

La sixième colonne donne le poids moyen de matière contenue dans une brouette ou dans un tombereau, que les moteurs animés peuvent transporter aisément;

La septième colonne indique la vitesse ou le chemin parcouru par seconde avec une brouette ou un tombereau ;

La huitième indique la durée de la journée ;

La neuvième et la dixième désignent l'espace que peut parcourir en une journée un homme avec sa brouette chargée , ou un cheval avec un tombereau aussi chargé , soit non compris le retour, ou y compris l'aller et le retour à vide ;

Et les trois dernières colonnes présentent les effets utiles exprimés en kilog. transportés à 1 mètre de distance, par jour, heure et minute.

Le TROISIÈME TABLEAU donne les quantités d'ouvrages que font les moteurs animés en remblais dans plusieurs circonstances. Ce tableau comprend onze colonnes:

Les trois premières sont également identiques aux colonnes correspondantes des tableaux précédents ;

La quatrième colonne donne là désignation et la nature des remblais ;

La cinquième indique les numéros d'ordre sous lesquels sont classés les articles dudit tableau ;

La sixième , la durée de la journée de l'ouvrier.

Les six dernières colonnes donnent les quantités moyennes de remblais exprimés en mètres cubes ou en mètres superficiels, selon le genre de travail, qu'un homme peut égaliser ou pilonner par jour, heure et minute.

TABLEAUX synoptiques des diverses opérations de la main-d'œuvre.

Premier Tableau.

QUANTITÉS DE TRAVAIL QUE PEUVENT FOURNIR LES MOTEURS ANIMÉS DANS DIVERSES CIRCONSTANCES.

NUMÉROS DES OPÉRATIONS composées DU TEXTE. 1.	NUMÉROS DES OPÉRATIONS simples DU TEXTE. 2.	PAGES.	NATURE DU TRAVAIL. 4.			NUMÉROS des ARTICLES. 5.	QUANTITÉS moyennes arrachées, élevées ou jetées par jour exprimées en mét. cubes. 6.	POIDS du MÈTRE cube. 7.	DURÉE du TRAVAIL journalier. 8.	QUANTITÉS DE TRAVAIL PAR JOUR. 9.	QUANTITÉS DE TRAVAIL PAR HEURE. 10.	QUANTITÉS DE TRAVAIL PAR MINUTE. 11.
							m. c.	k. g.	heures.	k. g.	k. g.	k. g.
1	1	26	FOUILLE DE TERRE.	Fouille simple. . .	Un terrassier ordinaire fouillant de la terre, la jetant sur berge ou la chargeant en brouette.	1	10,00	693,000	10	6930,000	693,000	11,550
	2			Piochage.	Un piocheur employé à déblayer de la terre au moyen de la pioche.	2	9,00	1800.000	10	16200,000	1620,000	27,000
	3			Pelletage.	Un terrassier ordinaire reprenant des terres à la pelle et les chargeant en brouette.	3	15,00	1800,000	10	27000,000	2700,000	45,000
					Un terrassier ordinaire reprenant des terres au moyen de la pelle, les chargeant dans un tombereau ou les élevant à la hauteur moyenne de 1 m. 60, ou les projetant horizontalement à la distance de 4 mètres.	4	12,00	1800,000	10	21600,000	2160,000	36,000
2	1	30	EXTRACTION DE ROC.	Exploitation de roc à la pioche et à la pince.	Un terrassier ordinaire employé à déblayer du roc mêlé de terre au moyen de la pioche et de la pince.	5	2,00	1650,000	10	3300,000	330,000	5,500
	2			Exploitation de roc à la pince, au coin et à la masse.	Un terrassier ordinaire employé à déblayer du roc tendre à la pince, au coin et à la masse.	6	1,25	2022.000	10	2527,500	252,750	4,213
	3			Exploitation de roc à la poudre. . .	Un mineur et un manœuvre employés à déblayer du roc calcaire très-dur au moyen de la poudre.	7	2,00	2415,000	10	4830,000	483,000	8,050

Deuxième Tableau.

EFFETS UTILES QUE PEUVENT PRODUIRE LES MOTEURS ANIMÉS DANS LE TRANSPORT HORIZONTAL DES FARDEAUX ET DANS DIVERSES CIRCONSTANCES.

NUMÉROS DES			NATURE DU TRANSPORT.	NUMÉRO des articles.	POIDS transporté.	Vitesse du chemin par minute.	Durée de l'action journalière.	ESPACE PARCOURU EN UNE JOURNÉE.		EFFET UTILE EXPRIMÉ en kilog. transportés à 1 mètre par		
opérations composées	opérations simples.	pages.						non compris le retour.	y compris l'aller et le retour.	jour.	heure.	minute.
EN TEXTE.												
1.	2.	3.	4.	5.	6.	7.	8.	9.	10.	11.	12.	13.
					k. g.	m. c.	heures.	m. c.	m. c.	k. g.	k. g.	k. g.
	2		Transport avec des brouettes. — Un manœuvre transportant de la terre dans une brouette et revenant à vide chercher de nouvelles charges.	1.	60,000	45,00	10	27000,00	13500,00	810000,000	81000,000	1350,000
3.	3	31	Transport avec tombereaux à 1 collier. — Un cheval transportant des fardeaux sur un tombereau au pas, et revenant à vi chercher de nouvelles charges.	2.	900,000	50,00	10	30000,00	15000,00	13500000,000	1350000,000	22500,000
	3		Transport des terres avec tombereaux à 2 colliers. — Deux chevaux transportant des fardeaux sur un tombereau au pas, et revenant à vide chercher de nouvelles charges.	3.	1800,000	50,00	10	30000,00	15000,00	27000000,000	2700000,000	45000,000
	4		Du montage au treuil. — Deux hommes élevant des terres au treuil avec deux paniers, dont l'un est chargé et l'autre vide.	4.	20,000	10,00	10	» »	6900,00	200000,000	20000,000	333,334

(Colonne de gauche : MOUVEMENT DES TERRES.)

Troisième Tableau.

QUANTITÉS D'OUVRAGES QUE FONT LES MOTEURS ANIMÉS EN REMBLAIS DANS PLUSIEURS CIRCONSTANCES.

NUMÉROS DES			NATURE DES REMBLAIS.	numéros des articles	DURÉE de l'action journalière	QUANTITÉS MOYENNES ÉGALISÉES OU PILONNÉES PAR					
OPÉRATIONS composées	OPÉRATIONS simples.	PAGES.				JOUR.		HEURE.		MINUTE.	
DU TEXTE.						exprimées en mèt. cubes.	exprimées en mèt. carrés.	exprimées en mèt. cubes.	exprimées en mèt. carrés.	exprimées en mèt. cubes.	exprimées en mèt. carrés.
1	2	3	4	5	6	7	8	9	10	11	12
					heures.	m. c.	m. c.	m. c.	m. c.	m. m.	m. m.
4	1	33	REMBLAI SIMPLE. Régalement en remblai. — Un manœuvre ordinaire employé à régaler des terres en remblai.	1	10	60,00	» »	6,00	» »	0,100	» »
			Dressement des talus en déblai. — Un terrassier occupé à faire des talus, en : terre ordinaire.	2	10	» »	100,00	» »	10,00	» »	0,166
			terre forte graveleuse.	3	10	» »	60,00	» »	6,00	» »	0,100
			roc.	4	10	» »	20,00	» »	2,00	» »	0,033
	2	33	REMBLAI PILONNÉ. — Un manœuvre employé à damer ou pilonner des terres.	5	10	20,00	» »	2,00	» »	0,033	» »

Il me reste maintenant, pour faciliter la formation des sous-détails, à faire connaître le temps qu'exigent la terrasse et la fouille des déblais pour un mètre cube de chaque espèce de terres et de rocs, et à déterminer successivement toutes les opérations distinctes que la main-d'œuvre peut subir selon la nature des déblais.

Le tableau qui se trouve à la page suivante remplira ce but. On verra que, d'après cette méthode, il ne peut y avoir d'opérations qui présentent quelque doute ou quelqu'embarras sur leur véritable acception et leur durée. Ce tableau comprend 18 colonnes :

La première colonne indique les numéros des pages, sous lesquels les différentes espèces de terres et de rocs sont énoncées dans le texte ;

La seconde, donne la désignation de ces différentes espèces de terres et de rocs ;

Les colonnes 3 à 18, désignent le temps en heure et minute qu'il faut, pour fouiller, extraire, transporter et remblayer un mètre cube ou un mètre superficiel de déblais d'une nature quelconque.

INSTRUCTION SUR LA FORMATION DU TABLEAU CI-APRÈS.

Les colonnes 3 à 9 se forment en divisant successivement le poids de chaque espèce de terres et de rocs, par la quantité de travail que peut faire un ouvrier en une minute, énoncée dans la colonne 11 du premier tableau synoptique des diverses opérations de la main-d'œuvre (page 36), suivant le cas correspondant.

Ainsi l'on verra que pour connaître le temps qu'il a fallu pour le piochage d'un mètre cube d'argile mêlée de tuf, on a opéré de la manière suivante :
$$\frac{1990^{\text{ kil.}}000}{27^{\text{ kil.}}000} = 74 \text{ minutes ou 1 heure 14 minutes,}$$
résultat que l'on obtient en divisant le poids d'un mètre cube d'argile mêlée du tuf, par celui que l'on peut piocher en une minute ;

La colonne 10, s'obtient en prenant la moitié du temps de la 6ᵉ. pour chaque ligne correspondante ;

La 11ᵉ colonne donne le temps perdu de l'équipage pendant le déchargement ; ce temps est toujours de 3 minutes (voir le 3ᵉ. paragraphe de la page 31).

La 12ᵉ colonne se forme en divisant l'espace parcouru par un homme en une journée avec une brouette, y compris l'aller et le retour, par la distance à laquelle les déblais doivent être transportés ; le quotient donne le nombre de voyages qu'on peut faire par jour à cette distance, et en multipliant ce quotient par le poids moyen du transport, on obtient le poids transporté par jour à la distance sus-désignée ; il faut ensuite multiplier le poids du mètre cube des déblais à transporter par les minutes dont se compose une journée ; en diviser le produit par le poids moyen transporté dans un jour, et le nombre trouvé donne le temps qu'exigera le transport.

Ainsi pour déterminer le temps qu'il faudra pour transporter à la brouette un mètre cube de terre douce et sablonneuse à 30 mètres de distance, on a opéré comme ci-après ; savoir :

1° $\dfrac{13500 \text{ m. } 00}{30 \text{ m. } 00}$ = 450 voyages $\times$ 60 kilog., poids moyen transporté dans une brouette = 27000 k. transportés par jour à 30 mètres de distance.

2° 693 kil. 000 $\times$ 600 minutes dans une journée = $\dfrac{415800 \text{ k. } 000}{27000 \text{ k. } 000}$ = 15 minutes.

On voit que, pour obtenir ce résultat, on divise d'abord l'espace parcouru en une journée par la distance déterminée, et l'on multiplie ensuite le quotient par le poids moyen transporté dans une brouette, pour avoir le poids que l'on peut transporter dans un jour à cette distance ;

Puis on multiplie le poids d'un mètre cube des terres à transporter par le nombre de minutes comprises dans la journée de travail, l'on divise le produit par le poids transporté dans un jour, et le quotient est le résultat demandé.

La colonne 13 s'obtient en divisant la distance du transport par la vitesse du chemin parcouru avec un tombereau en une minute. Ainsi pour connaître le temps que mettra un tombereau conduit par un cheval pour transporter un mètre cube de terre à 300 mètres de distance, il suffira de diviser la distance du transport qui est de 600$^\text{m}$,00, y compris l'aller et le retour, par la vitesse du chemin parcouru en une minute ou 50$^\text{m}$,00, et le quotient donne 12 minutes pour résultat.

La colonne 15 se forme de la même manière que la 12ᵉ.

Les colonnes 16 à 18 s'obtiennent en divisant l'unité par la quantité moyenne de mètre cube ou de mètre superficiel, égalisée ou pilonnée par minute.

Supposons que l'on veuille connaître le temps qu'a demandé le régalement en remblai d'un mètre superficiel de terre d'une nature quelconque, on obtiendra le résultat demandé, en divisant un mètre par 0,10 qui représente la quantité de remblai que peut faire un ouvrier en une minute.

TABLEAU DU TEMPS NÉCESSAIRE QU'EXIGENT LA TERRASSE ET LA FOUILLE D'UN
DANS LES TRAVAUX DE

NUMÉROS des PAGES du texte.	Espèces de Terres et de Rocs.	FOUILLE DE DÉBLAIS.			
		FOUILLE SIMPLE.	PIOCHAGE.	PELLETAGE.	
				Terres reprises et chargées en brouette, ou en panier.	Terres reprises, chargées en tombereau ou élevées à la hauteur moyenne de 1 m: 60 ou projetées à 4 m: de distance.
1.	2.	3.	4.	5.	6.
		heures. min.	heures. min.	heures. min.	heures. min.
	TERRES.				
	Terre douce et sablonneuse.	1 00	» »	0 15	0 19
	Terre ordinaire.	» »	0 46	0 28	0 35
21	Terre forte graveleuse.	» »	1 02	0 37	0 47
et	Argile mêlée de tuf.	» »	1 14	0 44	0 55
22	Terre grasse mêlée de cailloux.	» »	1 25	0 51	1 04
	ROCS.				
	Roc mêlé de terre.	» »	» »	0 37	0 46
	Roc tendre.	» »	» »	0 45	0 56
	Roc calcaire très-dur.	» »	» »	0 54	1 07

Observations.

Il est à remarquer que le temps du roulage à la brouette dépend nécessairement de la force du manœuvre rouleur et du poids du chargement. Ainsi
ce temps peut varier, soit en moins, soit en plus, lorsqu'il s'agit du transport
d'une terre fort légère ou d'une terre très compacte. Dans l'un ou l'autre
cas, le manœuvre rouleur est toujours à même d'apprécier le poids de ces
terres après avoir fait le premier voyage, pour déterminer approximativement au pelleteur le volume de la charge à mettre dans la brouette pour qu'il
puisse rouler aisément. Du reste, on sait que le poids moyen transporté dans
une brouette est presque toujours de 60 kil., d'où l'on peut conclure que le
temps du transport varie en raison de la nature des déblais ; car il est évi-

MÈTRE CUBE OU D'UN MÈTRE SUPERFICIEL DE CHAQUE ESPÈCE DE TERRES ET DE ROCS, TERRASSEMENTS,

EXTRACTION DE ROC A LA			MOUVEMENT DES TERRES						REMBLAIS		
pioche et à la pince.	pince, au coin et à la masse.	poudre.	DE LA CHARGE ET DE LA DÉCHARGE. temps perdu de l'équipage pendant le chargement.	temps perdu de l'équipage pendant le déchargement.	ROULAGE OU TRANSPORT DES TERRES. à la brouette à une distance réduite de 30 mètres.	au tombereau, à une distance réduite de 300 mèt. à 1 collier.	à 2 coll.	DU MONTAGE des terres au treuil, à 2 mèt. de PROFONDEUR	REMBLAI SIMPLE. régalement en remblai d'un mètre cube.	dressement des talus en déblai, pour un mètre superficiel.	REMBLAI pilonné.
7.	8.	9.	10.	11.	12.	13.	14.	15.	16.	17.	18.
heures. min	heures. min.	heures min.	heures. min.	heures min.	heures. min.	heures. min.	heures. min.	heures. min.	heures. min.	heures. min.	heures. min.
» »	» »	» »	0 10	0 03	0 15	0 12	0 06	0 07	0 10	0 06	0 30
» »	» »	» »	0 17	0 03	0 28	0 12	0 06	0 13	0 10	0 06	0 30
» »	» »	» »	0 23	0 03	0 37	0 12	0 06	0 17	0 10	0 10	0 30
» »	» »	» »	0 28	0 03	0 44	0 12	0 06	0 20	0 10	0 10	0 30
» »	» »	» »	0 82	0 03	0 51	0 12	0 06	0 23	0 10	0 10	0 30
5 00	» »	» »	0 23	0 03	0 37	0 12	0 06	0 17	0 10	0 30	0 30
» »	8 00	» »	0 28	0 03	0 45	0 12	0 06	0 20	0 10	0 30	0 30
» »	» »	5 00	0 34	0 03	0 54	0 12	0 06	0 24	0 10	0 30	0 30

dent qu'en transportant chaque fois un poids égal, il faudra bien moins de temps pour le roulage d'un mètre cube de terres légères que pour celui d'un mètre cube de terres fortes.

Il n'en est pas de même pour les terres transportées avec des voitures. Car la contenance d'un tombereau conduit par un cheval n'est ordinairement que d'un mètre cube ; ainsi, quelle que soit la nature des déblais, le volume étant toujours égal, le temps du transport par mètre cube n'est évidemment pas susceptible de varier comme celui qui se fait à la brouette. Ce temps n'est absolument que celui nécessaire pour faire le parcours, y compris l'aller et le retour.

On suppose généralement que deux chevaux transportent un volume double. Un tombereau à deux colliers mettrait donc la moitié moins de temps qu'un tombereau à un collier pour transporter un mètre cube.

TROISIÈME SECTION.

DES FAUX-FRAIS.

Dans les travaux de terrassements, on entend par le mot frais la main-d'œuvre employée pour la terrasse et la fouille des déblais ; dans toutes les autres parties du bâtiment, le mot frais comprend la fourniture des matériaux et la main-d'œuvre indispensable pour les mettre en place, deux choses que le métré peut facilement déterminer.

« Quant aux faux-frais, ce sont au contraire, dit Morisot(1), des dépenses
» dont, en général, il ne reste aucune trace lorsque les travaux sont termi-
» nés, et que conséquemment on ne peut toiser ; tel est le fraiement des
» outils. Le mesurage ne pouvant les comprendre comme articles de dé-
» pense, ils ne peuvent trouver de place que dans les détails que l'on fait
» pour connaître la valeur de chaque nature d'ouvrage ; et comme en géné-
» ral ces faux-frais sont occasionnés par la main-d'œuvre, il parait convena-
» ble de les prélever sur cette masse de dépense, et que la fraction de ce
» prélèvement soit fixée et proportionnelle à la main-d'œuvre que chaque
» nature de travaux exige. »

Les faux-frais occasionnés par les travaux de terrassements sont de peu d'importance ; ils comprennent seulement :

1° La fourniture, l'entretien et le renouvellement des équipages, consistant en brouettes, voitures, planches de roulage, paniers, etc. (2) ;

2° Les frais de chargement, de déchargement et transport de ces équipages du magasin au bâtiment et du bâtiment au magasin.

Encore ces frais sont-ils plutôt exigés par les travaux de maçonnerie que par ceux de terrassements. Ainsi, dans la construction des édifices, les équipages, après avoir servi à l'ouverture des fouilles, servent ensuite pour la

---

(1) *Tableaux détaillés des prix de tous les ouvrages de bâtiment*, seconde édition, 1er volume, page 26.
(2) Quant aux outils qui le plus souvent sont fournis par les ouvriers, ils sont comptés dans le prix des journées, page 25.

maçonnerie, savoir : les brouettes et les voitures, au transport des matériaux ; les planches de roulage, aux échafaudages ; et les paniers , au montage des briques.

Il serait donc difficile de pouvoir déterminer d'une manière bien précise les faux-frais de la main-d'œuvre dans les ouvrages de terrassements, puisqu'ils ne s'appliquent pas exclusivement à cette partie du bâtiment. On compte ordinairement pour le montant de tous ces frais un trentième, terme auquel je les ai fixés dans les sous-détails qui suivront.

QUATRIÈME SECTION.

DU BÉNÉFICE LÉGITIME DANS LES TRAVAUX DE TERRASSEMENTS.

Comme on peut le voir dans l'introduction (page X), les auteurs ne sont pas tous d'accord sur la quotité de bénéfice à accorder à l'entrepreneur ; les uns admettent un 6°, d'autres pensent qu'un 10° est suffisant. Quant à moi , contrairement à la pensée de Morisot et de Boileau et Bellot , je n'ai porté qu'un 10° de bénéfice dans mes sous-détails, et me suis ainsi conformé aux prévisions de Rondelet et de bien d'autres auteurs.

Loin de moi la pensée de méconnaître le salaire de l'entrepreneur, ni la prétention de vouloir détruire ce que ces savants ont émis ; cependant, il me semble que ces auteurs ont bien analysé toutes les pertes imprévues que l'entrepreneur peut éprouver , mais qu'ils n'ont pas tenu compte des avantages qu'il pouvait retirer dans certains cas ; avantage que la plupart du temps augmente le bénéfice de l'entrepreneur la dans proportion du dixième au 6°, taux auquel ils sont arrivés dans leurs recherches.

Je vais chercher à prouver qu'en accordant un 10° de bénéfice à l'entrepreneur, la quotité est suffisante pour le dédommager de son temps et de son savoir-faire , etc., etc.

Toutefois il faudra remarquer que les avantages qu'un entrepreneur peut retirer dans les travaux de terrassements ne sont pas aussi considérables que pour les autres catégories d'ouvrages du bâtiment. J'ai cependant maintenu le taux d'un dixième de bénéfice, d'abord parce que cette partie du bâtiment est de peu d'importance et qu'ensuite comparativement aux autres, un 6e de bénéfice me paraît un taux trop exagéré.

Examinons d'abord ce que dit Bergery en parlant de l'ouvrier, et partons de ce principe (1).

« Mais on doit en outre, dit M. Bergery, donner à l'ouvrier le prix de son » savoir-faire, puisqu'on en profite. Ce prix est un revenu que l'ouvrier tire » de son adresse ou de l'argent qu'il a dépensé pour son apprentissage.

» Ainsi le revenu total de l'ouvrier est plus considérable que celui du » porte-faix; il croît même avec les difficultés du métier.

Sans m'écarter des bases que M. Bergery a posées, je dirai qu'on ne doit point tenir compte à l'entrepreneur, dans les travaux de terrassements, de son adresse, puisqu'il n'a ni adresse ni dextérité à déployer dans la terrasse et la fouille des déblais ; qu'on ne doit point non plus l'indemniser de l'argent qu'il a dépensé pour son apprentissage, puisque la simplicité de cette profession ne demande aucune étude sérieuse ; enfin le revenu total ne doit point ici croître considérablement en raison des difficultés du métier, puisqu'il ne s'en présente aucune dans ces sortes de travaux.

Je conclus donc qu'en allouant un 10e de bénéfice à l'entrepreneur pour ces ouvrages, il est suffisamment rétribué.

---

(1) On observera que, d'après Boileau et Bellot, on peut appliquer à l'entrepreneur les raisonnements pleins de justesse de M. Bergery en faveur de l'ouvrier et du fabricant. A leur exemple, je n'appliquerai donc ce raisonnement de ces auteurs qu'à l'entrepreneur et à l'ouvrier, puisque j'ai augmenté le salaire de ce dernier dans le tableau du prix des journées (page 25).

DEUXIÈME PARTIE.

Applications.

———◆———

PREMIÈRE SECTION.

DE L'ANALYSE OU DE L'ÉVALUATION DES TRAVAUX DE TERRASSEMENTS.

———

CHAPITRE Iᵉʳ.

Du classement et du métrage des ouvrages.

Dans la première partie de cette catégorie d'ouvrages, j'ai fait connaître les bases qui concourent à l'évaluation, ainsi que les éléments généraux et particuliers qui servent à la formation du prix des ouvrages ; il me reste maintenant à donner l'application des principes que j'ai posés, en désignant la manière de les employer ou de les combiner pour arriver à fixer les prix de tous les ouvrages de terrassements, quels qu'ils soient.

Il me suffirait pour cela de citer un certain nombre d'exemples variés et choisis, puisque chacun a, dès à présent, à sa disposition les bases nécessaires pour former tous les prix dont il peut avoir besoin. Mais comme il se présente dans les travaux une grande quantité d'ouvrages qu'on peut appeler usuels, et que bien des personnes ne seront pas fâchées de connaître, parce

7.

qu'ils se produisent constamment dans les mêmes conditions, j'ai cru utile de donner des exemples de presque tous les cas que peut subir cette partie de bâtiment, pour en former une série de prix dont les entrepreneurs et les personnes qui font bâtir se servent journellement.

J'ai pensé que pour cette seconde partie il était rationnel d'adopter la même marche que celle que j'ai suivie pour la première, c'est-à-dire que j'ai classé les sous-détails selon l'ordre dans lequel se présentent les diverses opérations de la main-d'œuvre et suivant la nature des déblais, sans m'attacher à l'ordre de l'exécution.

Les ouvrages de terrassements se comptent de trois manières différentes ; savoir : 1° au mètre cube ; 2° au mètre superficiel ; 3° à la tâche.

§ 1ᵉʳ. — DES OUVRAGES QUI SE COMPTENT AU MÈTRE CUBE.

De toutes les opérations simples qui peuvent se présenter dans la terrasse et la fouille des déblais, toutes, à l'exception d'une seule, se comptent au mètre cube. Telles sont : 1° la fouille des terres, comprenant la fouille simple, le piochage et le pelletage ; 2° l'extraction de roc, de quelle que manière qu'elle soit faite ; 3° le mouvement des terres, soit à la brouette, soit au tombereau, soit au treuil ; 4° dans les remblais, seulement le régalement en remblai et le remblai pilonné.

§ 2ᵉ. — DES OUVRAGES QUI SE COMPTENT AU MÈTRE SUPERFICIEL.

Dans les travaux de terrassements il n'y a à compter au mètre superficiel absolument que le dressement des talus en déblai, soit en terre ordinaire, soit en terre forte graveleuse, ou en roc.

§ 3ᵉ. — DES OUVRAGES QUI SE COMPTENT A LA TACHE.

Les ouvrages exceptionnels, ou plutôt ceux qui ne seraient pas prévus dans les sous-détails, seront estimés en raison de la difficulté du travail et suivant la nature du terrain à déblayer, à la journée, d'après des attachements pris jour par jour ; sont dans ce cas : 1° les fouilles faites dans l'eau, au louchet, au draguin ou au ponton ; 2° les déblais de peu d'importance, etc.

Observations.

1° DU MESURAGE DES DÉBLAIS. — On ne tiendra pas compte du foisonnement des terres dans la reprise, dans le transport, ni dans les remblais. Les déblais étant évalués au poids, on en fera toujours le métrage d'après le vide des fouilles et d'après les solides formés par les remblais.

2° DU TRAVAIL DANS L'EAU. — Le travail dans l'eau sera payé un quart en sus du travail ordinaire ; c'est-à-dire que si les déblais sont faits à la journée, on accordera une plus-value d'un quart en plus des prix portés dans les deux tableaux des journées (page 25); si au contraire le travail est assez important pour être fait par entreprise ou marché , on accordera également une plus-value d'un quart par mètre cube, ou par mètre superficiel , pour la fouille simple et le piochage seulement. Quant aux autres opérations elles seront comptées comme déblais ordinaires, suivant les prix fixés dans les sous-détails.

3° DU TRAVAIL DE NUIT. — Le travail de nuit sera payé un tiers en sus de celui de jour et compté de la même manière que dans le cas précédent, soit à la journée, soit au mètre cube, ou au mètre superficiel, selon les conventions du travail.

4° ETRÉSILLONS ET ÉTANÇONS. — Si les terres excavées sont de nature à exiger des étrésillonnages ou des étançonnements provisoires, ces travaux seront faits à la charge de l'entrepreneur, attendu qu'ils font partie des faux-frais.

CHAPITRE II.

Des sous-détails des ouvrages.

Les sous-détails ou analyses de prix sont une annexe que l'on présente comme pièce justificative du détail estimatif des travaux; ils doivent être rédigés avec le plus grand soin, afin de ne pas compromettre les intérêts des adjudicataires, ni ceux des personnes qui font bâtir.

Les travaux entrepris à forfait ou sur série de prix, pouvant être suspendus ou arrêtés indéfiniment dans leur exécution , et par conséquent rester inachevés, les sous-détails de prix sont indispensables dans les deux cas pour établir le décompte des adjudications avec équité.

Voici comment les sous-détails sont établis :

Pour tous les ouvrages, j'ai établi les sous-détails sur un mètre cube ou sur un mètre superficiel, suivant la nature du travail, en y ajoutant les faux-frais et le bénéfice.

Nos d'ordre.	DÉSIGNATION.	TERRE					ROC		
		douce et sablonneuse.	ordinaire,	forte graveleuse.	argileuse mélée de tuf.	grasse mélée de cailloux.	mélé de terre.	tendre.	calcaire très-dur.
		fr. m.	fr. m.	fr. m.	fr. m.	fr. m.	fr. m.	fr. m.	fr. m.

§ 1er. — Fouille de Terre.

ARTICLE PREMIER.

FOUILLE SIMPLE.

1 *Sous-détail d'un mètre cube de terre fouillée à la bêche et jetée sur berge, ou chargée en brouette, ou en panier.*

Désignation	douce et sablonneuse	ordinaire	forte graveleuse	argileuse mélée de tuf	grasse mélée de cailloux	mélé de terre	tendre	calcaire très-dur
Temps pour la fouille par un terrassier ordinaire, 1 heure à 0 fr. 184 l'heure, ...	0 184	» »	» »	» »	» »	» »	» »	» »
Premier déboursé , . . .	0 184	» »	» »	» »	» »	» »	» »	» »
Faux-frais 1/30 de la main-d'œuvre, . . .	0 006	» »	» »	» »	» »	» »	» »	» »
Déboursé total, ...	0 190	» »	» »	» »	» »	» »	» »	» »
Bénéfice 1/10 de la dépense, ...	0 019	» »	» »	» »	» »	» »	» »	» »
Valeur d'un mètre cube , ...	0 209	» »	» »	» »	» »	» »	» »	» »

ARTICLE DEUXIÈME.

PIOCHAGE.

2 *Sous-détail d'un mètre cube de terre déblayée à la pioche.*

Désignation	douce et sablonneuse	ordinaire	forte graveleuse	argileuse mélée de tuf	grasse mélée de cailloux	mélé de terre	tendre	calcaire très-dur
Temps pour la fouille, par un terrassier ordinaire, 46 minutes pour la terre ordinaire ; 1 heure 02 minutes pour la terre forte graveleuse ; 1 heure 14 minutes pour l'argile mêlée de tuf ; et 1 heure 25 minutes pour la terre grasse mêlée de cailloux , lesquelles à 0 fr. 184 mil. l'heure.	» »	0 141	0 190	0 227	0 261	» »	» »	» »
Premier déboursé , . . .	» »	0 141	0 190	0 227	0 261	» »	» »	» »
Faux-frais 1/30 de la main-d'œuvre , .	» »	0 005	0 006	0 008	0 009	» »	» »	» »
Déboursé total, ...	» »	0 146	0 196	0 235	0 270	» »	» »	» »
Bénéfice 1/10 de la dépense, ...	» »	0 015	0 020	0 024	0 027	» »	» »	» »
Valeur d'un mètre cube, ...	» »	0 161	0 216	0 259	0 297	» »	» »	» »

Nᵒˢ d'ordre.	DÉSIGNATION.	TERRE					ROC		
		douce et sablonneuse.	ordinaire.	forte graveleuse.	argileuse mêlée de tuf.	grasse mêlée de cailloux.	mêlé de terre.	tendre.	calcaire très-dur.
		fr. m.	fr. m.	fr. m.	fr. m.	fr. m.	fr. m.	fr. m.	fr. m.

ARTICLE TROISIÈME.

PELLETAGE.

Sous-détail d'un mètre cube de déblais repris et chargés en brouette, ou en panier.

Nᵒˢ	DÉSIGNATION	douce et sablonneuse	ordinaire	forte graveleuse	argileuse mêlée de tuf	grasse mêlée de cailloux	mêlé de terre	tendre	calcaire très-dur
3	Temps pour la reprise, au moyen de la pelle, par un terrassier ordinaire ou pelleteur, 15 minutes pour la terre douce et sablonneuse; 28 minutes pour la terre ordinaire; 37 minutes pour la terre forte graveleuse; 44 minutes pour l'argile mêlée de tuf; 51 minutes pour la terre grasse mêlée de cailloux; 37 minutes pour le roc mêlé de terre; 45 minutes pour le roc tendre et 54 minutes pour le roc calcaire très-dur; lesquelles à 0 fr. 184 millièmes l'heure, ...	0 046	0 085	0 113	0 135	0 156	0 113	0 138	0 165
	Premier déboursé, . . .	0 046	0 085	0 113	0 135	0 156	0 113	0 138	0 165
	Faux-frais 1/30 de la main-d'œuvre, .	0 002	0 003	0 004	0 005	0 005	0 004	0 005	0 006
	Déboursé total, ...	0 048	0 088	0 117	0 140	0 161	0 117	0 143	0 171
	Bénéfice 1/10 de la dépense, ...	0 005	0 009	0 012	0 014	0 016	0 012	0 014	0 017
	Valeur d'un mètre cube, ...	0 053	0 097	0 129	0 154	0 177	0 129	0 157	0 188

Sous-détail d'un mètre cube de déblais repris et chargés en tombereau, ou élevés à la hauteur moyenne de 1 m. 60, ou projetés à 4 mètres de distance.

Nᵒˢ	DÉSIGNATION	douce et sablonneuse	ordinaire	forte graveleuse	argileuse mêlée de tuf	grasse mêlée de cailloux	mêlé de terre	tendre	calcaire très-dur
4	Temps pour la reprise à la pelle par un terrassier ordinaire, 19 minutes pour la terre douce et sablonneuse; 35 minutes pour la terre ordinaire; 47 minutes pour la terre forte graveleuse; 55 minutes pour l'argile mêlée de tuf; 1 heure 04 minutes pour la terre grasse mêlée de cailloux; 46 minutes pour le roc mêlé de terre; 56 minutes pour le roc tendre et 1 heure 07 minutes pour le roc calcaire très-dur; lesquelles à 0 fr. 184 millièmes l'heure..	0 058	0 107	0 144	0 169	0 196	0 144	0 172	0 205
	Premier déboursé, . . .	0 058	0 107	0 144	0 169	0 196	0 144	0 172	0 205
	Faux-frais 1/30 de la main-d'œuvre, .	0 002	0 004	0 005	0 006	0 007	0 005	0 006	0 007
	Déboursé total, ...	0 060	0 111	0 149	0 175	0 203	0 146	0 178	0 212
	Bénéfice 1/10 de la dépense, ...	0 006	0 011	0 015	0 018	0 020	0 015	0 018	0 021
	Valeur d'un mètre cube, ...	0 066	0 122	0 164	0 193	0 223	0 161	0 196	0 233

Nᵒˢ d'ordre.	DÉSIGNATION.	TERRE douce et sablonneuse.	ordinaire.	forte graveleuse.	argileuse mêlée de tuf.	grasse mêlée de cailloux.	ROC mêlé de terre.	tendre.	calcaire très-dur.
		fr. m.	fr. m.	fr. m.	fr. m.	fr. m.	fr. m.	fr. m.	fr. m.

ARTICLE QUATRIÈME.
FOUILLES ÉTABLIES EN RIGOLES.
Sous-détail d'un mètre cube de déblais fouillés en rigoles.

Nᵒ	DÉSIGNATION.	douce et sablonneuse.	ordinaire.	forte graveleuse.	argileuse mêlée de tuf.	grasse mêlée de cailloux.	mêlé de terre.	tendre.	calcaire très-dur.
5	Plus-value accordée en raison des difficultés qui se présentent pour déblayer les terres, . .	0 044	0 044	0 044	0 044	0 044	0 044	0 044	0 044
	Premier déboursé , . . .	0 044	0 044	0 044	0 044	0 044	0 044	0 044	0 044
	Faux-frais 1/30 de la main-d'œuvre , .	0 001	0 001	0 001	0 001	0 001	0 001	0 001	0 001
	Déboursé total , ...	0 045	0 045	0 045	0 045	0 045	0 045	0 045	0 045
	Bénéfice 1/10 de la dépense, ...	0 005	0 005	0 005	0 005	0 005	0 005	0 005	0 005
	Valeur d'un mètre cube, ...	0 050	0 050	0 050	0 050	0 050	0 050	0 050	0 050

ARTICLE CINQUIÈME.
DES BANQUETTES.

6 — PREMIÈRE BANQUETTE. — *Sous-détail d'un mètre cube de terre fouillée à la bêche et jetée sur berge, ou chargée en brouette, ou en panier; sur une largeur plus grande que 1 m. 50, et jusqu'à 1 m. 60 de profondeur.*

Nᵒ	DÉSIGNATION.	douce et sablonneuse.	ordinaire.	forte graveleuse.	argileuse mêlée de tuf.	grasse mêlée de cailloux.	mêlé de terre.	tendre.	calcaire très-dur.
6	A compter une fouille simple comme ci-dessus. (1ᵉʳ cas, tableau des banquettes, page 28.)	0 184	» »	» »	» »	» »	» »	» »	» »
	Premier déboursé , . . .	0 184	» »	» »	» »	» »	» »	» »	» »
	Faux-frais 1/30 de la main-d'œuvre , .	0 006	» »	» »	» »	» »	» »	» »	» »
	Déboursé total , ...	0 190	» »	» »	» »	» »	» »	» »	» »
	Bénéfice 1/10 de la dépense, . . .	0 019	» »	» »	» »	» »	» »	» »	» »
	Valeur d'un mètre cube, ...	0 209	» »	» »	» »	» »	» »	» »	» »

7 — *Sous-détail d'un mètre cube de terre fouillée à la bêche et jetée sur berge, ou chargée en brouette ou en panier; sur une largeur moindre que 1 m. 50.*

Nᵒ	DÉSIGNATION.	douce et sablonneuse.	ordinaire.	forte graveleuse.	argileuse mêlée de tuf.	grasse mêlée de cailloux.	mêlé de terre.	tendre.	calcaire très-dur.
7	A compter une fouille simple et une plus-value comme ci-dessus (tableau des banquettes, 2ᵉ. cas, page 28). { fouille simple.	0 184	» »	» »	» »	» »	» »	» »	» »
	{ plus-value. .	0 044	» »	» »	» »	» »	» »	» »	» »
	Premier déboursé , . . .	0 228	» »	» »	» »	» »	» »	» »	» »
	Faux-frais 1/30 de la main-d'œuvre , .	0 008	» »	» »	» »	» »	» »	» »	» »
	Déboursé total , ...	0 236	» »	» »	» »	» »	» »	» »	» »
	Bénéfice un 1/10 de la dépense, . . .	0 024	» »	» »	» »	» »	» »	» »	» »
	Valeur d'un mètre cube, ...	0 260	» »	» »	» »	» »	» »	» »	» »

N° d'ordre	DÉSIGNATION.	TERRE					ROC		
		douce et sablonneuse.	ordinaire.	forte graveleuse.	argileuse mêlée de tuf.	grasse mêlée de cailloux.	mêlé de terre.	tendre.	calcaire très-dur.
		fr. m.	fr. m.	fr. m.	fr. m.	fr. m.	fr. m.	fr. m.	fr. m.

8. *Sous-détail d'un mètre cube de terre déblayée à la pioche, reprise et jetée sur berge, ou chargée en brouette ou en panier; sur une largeur plus grande que 1 m. 50 et jusqu'à 1 m. 60 de profondeur.*

DÉSIGNATION.	douce et sablonneuse.	ordinaire.	forte graveleuse.	argileuse mêlée de tuf.	grasse mêlée de cailloux.	mêlé de terre.	tendre.	calcaire très-dur.
A compter 1 piochage et 1 pelletage comme ci-dessus (Tableau des banquettes, 3ᵉ cas, page 28), — 1 piochage,	» »	0 144	0 190	0 227	0 261	» »	» »	» »
1 pelletage,	» »	0 085	0 113	0 135	0 156	» »	» »	» »
Premier déboursé,	» »	0 226	0 303	0 362	0 417	» »	» »	» »
Faux-frais 1/30 de la main-d'œuvre,	» »	0 008	0 010	0 012	0 014	» »	» »	» »
Déboursé total,	» »	0 234	0 313	0 374	0 431	» »	» »	» »
Bénéfice 1/10 de la dépense,	» »	0 023	0 031	0 037	0 043	» »	» »	» »
Valeur d'un mètre cube,	» »	0 257	0 344	0 411	0 474	» »	» »	» »

9. *Sous-détail d'un mètre cube de terre déblayée à la pioche, reprise et jetée sur berge ou chargée en brouette ou en panier; sur une largeur moindre que 1 m. 50, et jusqu'à 1 m. 60 de profondeur.*

DÉSIGNATION.	douce et sablonneuse.	ordinaire.	forte graveleuse.	argileuse mêlée de tuf.	grasse mêlée de cailloux.	mêlé de terre.	tendre.	calcaire très-dur.
A compter 1 piochage, 1 pelletage et 1 plus-value comme ci-dessus, (tableau des banquettes, 4ᵉ cas, page 28), — 1 piochage,	» »	0 144	0 190	0 227	0 261	» »	» »	» »
1 pelletage,	» »	0 085	0 113	0 135	0 156	» »	» »	» »
1 plus-value,	» »	0 044	0 044	0 044	0 044	» »	» »	» »
Premier déboursé,	» »	0 270	0 347	0 406	0 461	» »	» »	» »
Faux-frais 1/30 de la main-d'œuvre,	» »	0 009	0 012	0 014	0 015	» »	» »	» »
Déboursé total,	» »	0 279	0 359	0 420	0 476	» »	» »	» »
Bénéfice 1/10 de la dépense,	» »	0 028	0 036	0 042	0 048	» »	» »	» »
Valeur d'un mètre cube,	» »	0 307	0 395	0 462	0 524	» »	» »	» »

10. PREMIÈRE ET DEUXIÈME BANQUETTES. — *Sous-détail d'un mètre cube de terre fouillée à la bêche et jetée sur double banquette, ou chargée en brouette ou en panier; sur une largeur plus grande que 1 m. 50.*

DÉSIGNATION.	douce et sablonneuse.	ordinaire.	forte graveleuse.	argileuse mêlée de tuf.	grasse mêlée de cailloux.	mêlé de terre.	tendre.	calcaire très-dur.
A compter 2 fouilles simples et 1 pelletage comme ci-dessus (tableau de la 1ʳᵉ et de la 2ᵉ banquettes, 1ᵉʳ cas, p. 28). — 2 fouilles simples,	0 368	» »	» »	» »	» »	» »	» »	» »
1 pelletage,	0 046	» »	» »	» »	» »	» »	» »	» »
Premier déboursé,	0 414	» »	» »	» »	» »	» »	» »	» »
Faux-frais 1/30 de la main-d'œuvre,	0 014	» »	» »	» »	» »	» »	» »	» »
Déboursé total,	0 428	» »	» »	» »	» »	» »	» »	» »
Bénéfice 1/10 de la dépense,	0 043	» »	» »	» »	» »	» »	» »	» »
Valeur d'un mètre cube,	0 471	» »	» »	» »	» »	» »	» »	» »

N° d'ordre.	DÉSIGNATION.	TERRE douce et sablonneuse.	TERRE ordinaire.	TERRE forte graveleuse.	TERRE argileuse mêlée de tuf.	TERRE grasse mêlée de cailloux.	ROC mêlé de terre.	ROC tendre.	ROC calcaire très-dur.
		fr. m.	fr. m.	fr. m.	fr. m.	fr. m.	fr. m.	fr. m.	m. c
11	*Sous-détai d'un mètre cube de terre fouillée à la bêche, et jetée sur double banquette, ou chargée en brouette ou en panier; sur une largeur moindre que 1 m. 50.*								
	A compter 2 fouilles simples, 1 pelletage et plus-value comme ci-dessus (tableau de la 1re et de la 2e banq., 2e cas, p. 28), — 2 fouilles simp.	0 368	» »	» »	» »	» »	» »	» »	» »
	1 pelletage,	0 046	» »	» »	» »	» »	» »	» »	» »
	1 plus-value,	0 044	» »	» »	» »	» »	» »	» »	» »
	Premier déboursé,	0 458	» »	» »	» »	» »	» »	» »	» »
	Faux frais 1/30 de la main-d'œuvre,	0 015	» »	» »	» »	» »	» »	» »	» »
	Déboursé total,	0 473	» »	» »	» »	» »	» »	» »	» »
	Bénéfice 1/10 de la dépense,	0 047	» »	» »	» »	» »	» »	» »	» »
	Valeur d'un mètre cube,	0 520	» »	» »	» »	» »	» »	» »	» »
12	*Sous-détail d'un mètre cube de terre jetée sur double banquette, ou chargée en brouette ou en panier; la première banquette fouillée à la bêche, et la seconde à la pioche; sur une largeur plus grande que 1 m. 50.*								
	A compter 1 fouille simple, 1 piochage, 2 pelletages comme ci-dessus (tableau de la 1re et de la 2e banquettes, 3e cas, page 28) — 1 fouille simple.	» »	0 184	0 184	0 184	0 184	» »	» »	» »
	1 piochage,	» »	0 141	0 190	0 227	0 261	» »	» »	» »
	2 pelletages,	» »	0 170	0 226	0 270	0 312	» »	» »	» »
	Premier déboursé,	» »	0 495	0 600	0 684	0 757	» »	» »	» »
	Faux-frais 1/30 de la main-d'œuvre,	» »	0 017	0 020	0 023	0 025	» »	» »	» »
	Déboursé total,	» »	0 512	0 620	0 704	0 782	» »	» »	» »
	Bénéfice 1/10 de la dépense,	» »	0 051	0 062	0 070	0 078	» »	» »	» »
	Valeur d'un mètre cube,	» »	0 563	0 682	0 774	0 860	» »	» »	» »
13	*Sous-détail d'un mètre cube de terre jetée sur double banquette comme au numéro précédent, sur une largeur moindre que 1 m. 50.*								
	A compter une fouille simple, 1 piochage, 2 pelletages, et 1 plus-value comme ci-dessus (tab. de la 1re et de la 2e banquettes, 4e cas, page 28) — 1 fouille simple,	» »	0 184	0 184	0 184	0 184	» »	» »	» »
	1 piochage,	» »	0 141	0 190	0 227	0 261	» »	» »	» »
	2 pelletages,	» »	0 170	0 226	0 270	0 312	» »	» »	» »
	1 plus-value,	» »	0 044	0 044	0 044	0 044	» »	» »	» »
	Premier déboursé,	» »	0 539	0 644	0 725	0 804	» »	» »	» »
	Faux-frais 1/30 de la main-d'œuvre,	» »	0 018	0 021	0 024	0 027	» »	» »	» »
	Déboursé total,	» »	0 557	0 665	0 749	0 828	» »	» »	» »
	Bénéfice 1/10 de la dépense,	» »	0 056	0 067	0 075	0 083	» »	» »	» »
	Valeur d'un mètre cube,	» »	0 613	0 732	0 824	0 911	» »	» »	» »

Tableau — colonnes : **TERRE** (douce et sablonneuse · ordinaire · forte graveleuse · argileuse mélée de tuf · grasse mélée de cailloux) et **ROC** (mêlé de terre · tendre · calcaire très-dur). Chaque colonne donne *fr.* et *m.*

N° 14 — *Sous-détail d'un mètre cube de terre fouillée à la pioche et jetée sur double banquette, ou chargée en brouette ou en panier ; sur une largeur plus grande que 1 m. 50.*

Nombre d'opérations à compter, 2 piochages et 3 pelletages ci-dessus (tab. de la 1re et de la 2e banquettes, 5e cas, page 29).

DÉSIGNATION	douce et sablonneuse	ordinaire	forte graveleuse	argileuse mélée de tuf	grasse mélée de cailloux	mêlé de terre	tendre	calcaire très-dur
2 piochages,	» »	0 282	0 380	0 454	0 522	» »	» »	» »
3 pelletages,	» »	0 255	0 339	0 405	0 468	» »	» »	» »
Premier déboursé,	» »	0 537	0 719	0 859	0 990	» »	» »	» »
Faux-frais 1/30 de la main-d'œuvre,	» »	0 018	0 024	0 029	0 033	» »	» »	• »
Déboursé total,	» »	0 555	0 743	0 888	1 023	» »	» »	» »
Bénéfice 1/10 de la dépense,	» »	0 056	0 074	0 089	0 102	» »	» »	» »
Valeur d'un mètre cube,	» »	0 611	0 817	0 977	1 125	» »	» »	» »

N° 15 — *Sous-détail d'un mètre cube de terre fouillée à la pioche comme au numéro précédent, sur une largeur moindre que 1 m. 50.*

Nombre d'opérations à compter, 2 piochages, 3 pelletages et 1 plus-value comme ci-dessus (tab. de la 1re et de la 2e banquettes, 6e cas, page 29.)

DÉSIGNATION	douce et sablonneuse	ordinaire	forte graveleuse	argileuse mélée de tuf	grasse mélée de cailloux	mêlé de terre	tendre	calcaire très-dur
2 piochages,	» »	0 282	0 380	0 454	0 522	» »	» »	» »
3 pelletages,	» »	0 255	0 339	0 405	0 468	» »	» »	» »
1 plus-value.	» »	0 044	0 044	0 044	0 044	» »	» »	» »
Premier déboursé,	» »	0 581	0 763	0 903	1 034	» »	» »	» »
Faux-frais 1/30 de la main-d'œuvre,	» »	0 019	0 025	0 030	0 034	» »	» »	» »
Déboursé total,	» »	0 600	0 788	0 933	1 068	» »	» »	» »
Bénéfice 1/10 de la dépense,	» »	0 060	0 079	0 093	0 107	» »	» »	» »
Valeur d'un mètre cube,	» »	0 666	0 867	1 026	1 175	» »	» »	» »

§ 2. — De l'extraction de roc.

ARTICLE PREMIER.

EXPLOITATION DE ROC, A LA PIOCHE ET A LA PINCE.

N° 16 — *Sous-détail d'un mètre cube mélé de terre déblayé à la pioche et à la pince, et jeté sur berge, ou chargé en brouette ou en panier.*

DÉSIGNATION	douce et sablonneuse	ordinaire	forte graveleuse	argileuse mélée de tuf	grasse mélée de cailloux	mêlé de terre	tendre	calcaire très-dur
Temps pour l'extraction, 5 heures de terrassier ordinaires, lesquelles à 0 fr. 184 millièmes l'heure,	» »	» »	» »	» »	» »	0 920	» »	» »
Premier déboursé,	» »	» »	» »	» »	» »	0 920	» »	» »
Faux-frais 1/30 de la main-d'œuvre,	» »	» »	» »	» »	» »	0 031	» »	» »
Déboursé total,	» »	» »	» »	» »	» »	0 951	» »	» »
Bénéfice 1/10 de la dépense,	» »	» »	» »	» »	» »	0 095	» »	» »
Valeur d'un mètre cube,	» »	» »	» »	» »	» »	1 046	» »	» »

N° d'ordre	DÉSIGNATION	TERRE					ROC		
		douce et sablonneuse.	ordinaire.	forte graveleuse.	argileuse mêlée de tuf.	grasse mêlée de cailloux.	mêlé de terre.	tendre.	calcaire très-dur.
		fr. m.	fr. m.	fr. m.	fr. m.	fr. m.	fr. m.	fr. m.	fr. m.

ARTICLE DEUXIÈME.

EXPLOITATION DE ROC A LA PINCE, AU COIN ET A LA MASSE.

Sous-détail d'un mètre cube de roc tendre déblayé à la pince, au coin et à la masse, et jeté sur berge ou chargé en brouette, ou en panier.

N°	Désignation	douce et sablonneuse	ordinaire	forte graveleuse	argileuse mêlée de tuf	grasse mêlée de cailloux	mêlé de terre	tendre	calcaire très-dur
17	Temps pour l'extraction du rocher, 8 heures de terrassier ordinaire, lesquelles à 0 fr. 184 millièmes l'heure,	» »	» »	» »	» »	» »	» »	1 472	» »
	Premier déboursé,	» »	» »	» »	» »	» »	» »	1 472	» »
	Faux-frais 1|30 de la main-d'œuvre,	» »	» »	» »	» »	» »	» »	0 049	» »
	Déboursé total,	» »	» »	» »	» »	» »	» »	1 521	» »
	Bénéfice 1|10 de la dépense,	» »	» »	» »	» »	» »	» »	0 152	» »
	Valeur d'un mètre cube,	» »	» »	» »	» »	» »	» »	1 673	» »

ARTICLE TROISIÈME.

EXPLOITATION DE ROC A LA POUDRE.

Sous-détail d'un mètre cube de roc calcaire très-dur extrait à la poudre et jeté sur berge, ou chargé en brouette ou en panier.

N°	Désignation	douce et sablonneuse	ordinaire	forte graveleuse	argileuse mêlée de tuf	grasse mêlée de cailloux	mêlé de terre	tendre	calcaire très-dur
18	Main-d'œuvre. { Temps pour la confection des trous de mine et les charger de poudre, 5 h. de mineur à 0 f. 248 mill. l'heure.	» »	» »	» »	» »	» »	» »	» »	1 240
	Temps pour l'exploitation du roc après l'explosion, 5 heures de manœuvre, à 0 fr. 158 millièmes l'heure,	» »	» »	» »	» »	» »	» »	» »	0 790
	Fourniture, 0 h. 150 grammes de poudre de mine, à 2 fr. 25 le kilogramme,	» »	» »	» »	» »	» »	» »	» »	0 338
	Premier déboursé,	» »	» »	» »	» »	» »	» »	» »	2 368
	Faux-frais 1|30 de la main-d'œuvre,	» »	» »	» »	» »	» »	» »	» »	0 068
	Déboursé total,	» »	» »	» »	» »	» »	» »	» »	2 436
	Bénéfice 1|10 de la dépense,	» »	» »	» »	» »	» »	» »	» »	0 244
	Valeur d'un mètre cube,	» »	» »	» »	» »	» »	» »	» »	2 680

NOTA. La reprise et la charge sont comprises dans les 3 numéros précédents.

Nos d'ordre	DÉSIGNATION.	TERRE douce et sablonneuse.	TERRE ordinaire.	TERRE forte graveleuse.	TERRE argileuse mêlée de tuf.	TERRE grasse mêlée de cailloux.	ROC mêlé de terre.	ROC tendre.	ROC calcaire très-dur.
		fr. m.	fr. m.	fr. m.	fr. m.	fr. m.	fr. m.	fr. m.	fr. m.

ARTICLE QUATRIÈME.

DES BANQUETTES.

19 — PREMIÈRE BANQUETTE. — *Sous-détail d'un mètre cube de roc jeté sur berge, ou chargé en brouette, ou en panier ; sur une largeur plus grande que 1 m. 50 et jusqu'à 1 m. 60 de profondeur.*

DÉSIGNATION.	douce et sablonneuse.	ordinaire.	forte graveleuse.	argileuse mêlée de tuf.	grasse mêlée de cailloux.	mêlé de terre.	tendre.	calcaire très-dur.
Opérations à compter comme ci-dessus, numéros 16, 17 et 18,	» »	» »	» »	» »	» »	0 920	1 472	2 030
Fourniture de poudre comme au n° 18,	» »	» »	» »	» »	» »	» »	» »	0 338
Premier déboursé,	» »	» »	» »	» »	» »	0 920	1 472	2 368
Faux-frais 1/30 de la main-d'œuvre,	» »	» »	» »	» »	» »	0 031	0 049	0 068
Déboursé total,	» »	» »	» »	» »	» »	0 951	1 521	2 436
Bénéfice 1/10 de la dépense,	» »	» »	» »	» »	» »	0 095	0 152	0 244
Valeur d'un mètre cube,	» »	» »	» »	» »	» »	1 046	1 673	2 680

20 — *Sous-détail d'un mètre cube de roc jeté sur berge, ou chargé en brouette, ou en panier ; sur une largeur moindre que 1 m. 50 et jusqu'à 1 m. 60 de profondeur.*

DÉSIGNATION.	douce et sablonneuse.	ordinaire.	forte graveleuse.	argileuse mêlée de tuf.	grasse mêlée de cailloux.	mêlé de terre.	tendre.	calcaire très-dur.
Opérations à compter pour l'extraction, n°* 16, 17 et 18,	» »	» »	» »	» »	» »	0 920	1 472	2 030
Fourniture de poudre comme n° 18,	» »	» »	» »	» »	» »	» »	» »	0 338
Plus-value pour terre fouillée en rigoles, comme au numéro 5.	» »	» »	» »	» »	» »	0 044	0 044	0 044
Premier déboursé ;	» »	» »	» »	» »	» »	0 964	1 516	2 412
Faux-frais 1/30 de la main-d'œuvre,	» »	» »	» »	» »	» »	0 032	0 051	0 069
Déboursé total,	» »	» »	» »	» »	» »	0 996	1 567	2 481
Bénéfice 1/10 de la dépense,	» »	» »	» »	» »	» »	0 100	0 157	0 248
Valeur d'un mètre cube,	» »	» »	» »	» »	» »	1 096	1 724	2 729

21 — PREMIÈRE ET DEUXIÈME BANQUETTES. — *Sous-détail d'un mètre cube de roc jeté sur double banquette, ou chargé en brouette, ou en panier ; sur une largeur plus grande que 1 m. 50.*

DÉSIGNATION.	douce et sablonneuse.	ordinaire.	forte graveleuse.	argileuse mêlée de tuf.	grasse mêlée de cailloux.	mêlé de terre.	tendre.	calcaire très-dur.
2 opérations à compter comme ci-dessus, n°* 16, 17 et 18,	» »	» »	» »	» »	» »	1 840	2 944	4 060
Double fourniture de poudre comme au n° 18,	» »	» »	» »	» »	» »	» »	» »	0 676
1 pelletage comme au n° 3,	» »	» »	» »	» »	» »	0 113	0 138	0 165
Premier déboursé,	» »	» »	» »	» »	» »	1 953	3 082	4 901
Faux-frais 1/30 de la main d'œuvre,	» »	» »	» »	» »	» »	0 065	0 103	0 141
Déboursé total,	» »	» »	» »	» »	» »	2 018	3 185	5 042
Bénéfice 1/10 de la dépense,	» »	» »	» »	» »	» »	0 202	0 319	0 504
Valeur d'un mètre cube,	» »	» »	» »	» »	» »	2 220	3 504	5 546

N°s d'ordre.	DÉSIGNATION.	TERRE					ROC		
		douce et sablonneuse.	ordinaire,	forte graveleuse,	argileuse mêlée de tuf.	grasse mêlée de cailloux.	mêlé de terre.	tendre.	calcaire très-dur.
		fr. m.	fr. m.	fr. m.	fr. m.	fr. m.	fr. m.	fr. m.	fr. m.

22 — *Sous-détail d'un mètre cube de roc jeté sur double banquette, comme au numéro précédent, sur une largeur moindre que 1 m. 50.*

DÉSIGNATION	douce et sablonneuse	ordinaire	forte graveleuse	argileuse mêlée de tuf	grasse mêlée de cailloux	mêlé de terre	tendre	calcaire très-dur
2 opérations comme ci-dessus, n°s 16, 17 et 18,	» »	» »	» »	» »	» »	1 840	2 944	4 060
Double fourniture de poudre comme au n° 18,	» »	» »	» »	» »	» »	» »	» »	0 676
1 pelletage comme au n° 3,	» »	» »	» »	» »	» »	0 113	0 138	0 165
1 plus-value comme au n° 5,	» »	» »	» »	» »	» »	0 044	0 044	0 044
Premier déboursé,	» »	» »	» »	» »	» »	1 997	3 126	4 945
Faux-frais 1|30 de la main-d'œuvre,	» »	» »	» »	» »	» »	0 067	0 104	0 142
Déboursé total,	» »	» »	» »	» »	» »	2 064	3 230	5 087
Bénéfice 1|10 de la dépense,	» »	» »	» »	» »	» »	0 206	0 323	0 509
Valeur d'un mètre cube,	» »	» »	» »	» »	» »	2 270	3 553	5 596

§ 3e. — Du mouvement des Terres.

ARTICLE PREMIER.

DE LA CHARGE ET DE LA DÉCHARGE.

23 — *Sous-détail de la charge d'un mètre cube de déblais par 2 hommes sur un tombereau à 1 collier.*

DÉSIGNATION	douce et sablonneuse	ordinaire	forte graveleuse	argileuse mêlée de tuf	grasse mêlée de cailloux	mêlé de terre	tendre	calcaire très-dur
Temps pour charger le tombereau, par le pelletier et le charretier : 10 minutes pour la terre douce et sablonneuse ; 17 minutes pour la terre ordinaire ; 23 minutes pour la terre graveleuse ; 28 minutes pour la terre argileuse mêlée de tuf ; 32 minutes pour la terre grasse mêlée de cailloux ; 23 minutes pour le roc mêlé de terre ; 28 pour le roc tendre et 34 minutes pour le roc calcaire très-dur ; lesquelles à 0 fr. 184 millièmes l'heure (1),	0 031	0 052	0 071	0 086	0 098	0 071	0 086	0 104
Temps perdu de l'équipage pendant le chargement, comme au paragraphe précédent, lequel à 0 fr. 514 millièmes l'heure,	0 086	0 146	0 197	0 240	0 274	0 197	0 240	0 291
Premier déboursé,	0 117	0 198	0 268	0 326	0 372	0 268	0 326	0 395
Faux-frais 1|30 de la main-d'œuvre,	0 004	0 007	0 009	0 011	0 012	0 009	0 011	0 013
Déboursé total,	0 121	0 205	0 277	0 337	0 384	0 277	0 337	0 408
Bénéfice 1|10 de la dépense,	0 012	0 021	0 028	0 034	0 038	0 028	0 034	0 041
Valeur d'un mètre cube,	0 133	0 226	0 305	0 371	0 422	0 305	0 371	0 449

(1) On ne tient pas compte ici du temps que passe le charretier au chargement, parce qu'il se trouve compris dans les journées de voitures.

N° d'ordre.	DÉSIGNATION.	TERRE					ROC		
		douce et sablon-neuse.	ordinaire.	forte grave-leuse.	argileuse mêlée de tuf.	grasse mêlée de cailloux.	mêlé de terre.	tendre.	calcaire très-dur.
		fr.	fr. m.	fr. m.	fr. m.	fr. m.	fr. m.	fr. m.	fr. m.
24	*Sous-détail de la charge d'un mètre cube de déblais par 2 hommes sur un tombereau à 2 colliers.*								
	Temps pour charger le tombereau par un terrassier ordinaire et le charretier : comme au n° 23.	0 031	0 052	0 071	0 086	0 098	0 071	0 086	0 104
	Temps perdu de l'équipage pendant le chargement, comme au n° 23, lequel à 0 fr. 771 millièmes l'heure,	0 129	0 218	0 296	0 360	0 411	0 296	0 360	0 437
	Premier déboursé,	0 160	0 270	0 367	0 446	0 509	0 367	0 446	0 541
	Faux-frais 1|30 de la main-d'œuvre,	0 005	0 009	0 012	0 015	0 017	0 012	0 015	0 018
	Déboursé total,	0 165	0 279	0 379	0 461	0 526	0 379	0 461	0 559
	Bénéfice 1|10 de la dépense,	0 017	0 028	0 038	0 046	0 053	0 038	0 046	0 056
	Valeur d'un mètre cube,	0 182	0 307	0 417	0 507	0 579	0 417	0 507	0 645
25	*Sous-détail de la décharge d'un mètre cube de déblais d'un tombereau à 1 collier.*								
	Temps perdu de l'équipage pendant le déchargement, 3 minutes d'un tombereau à 1 cheval, lesquelles à 0 fr. 514 millièmes l'heure,	0 026	0 026	0 026	0 026	0 026	0 026	0 026	0 026
	Premier déboursé,	0 026	0 026	0 026	0 026	0 026	0 026	0 026	0 026
	Faux-frais 1|30 de la main-d'œuvre,	0 001	0 001	0 001	0 001	0 001	0 001	0 001	0 001
	Déboursé total,	0 027	0 027	0 027	0 027	0 027	0 027	0 027	0 027
	Bénéfice 1|10 de la dépense,	0 003	0 003	0 003	0 003	0 003	0 003	0 003	0 003
	Valeur d'un mètre cube,	0 030	0 030	0 030	0 030	0 030	0 030	0 030	0 030
26	*Sous-détail de la décharge d'un mètre cube de déblais d'un tombereau à 2 colliers.*								
	Temps perdu de l'équipage pendant le déchargement, la moitié du temps du n° 25, ou 1 minute 1|2 ; puisque la charge d'un tombereau à 2 colliers est supposée double de celle d'un tombereau à 1 cheval ; laquelle à 0 fr. 771 millièmes l'heure.	0 019	0 019	0 019	0 019	0 019	0 019	0 019	0 019
	Premier déboursé,	0 019	0 019	0 019	0 019	0 019	0 019	0 019	0 019
	Faux-frais 1|30 de la main-d'œuvre,	0 001	0 001	0 001	0 001	0 001	0 001	0 001	0 001
	Déboursé total,	0 020	0 020	0 020	0 020	0 020	0 020	0 020	0 020
	Bénéfice 1|10 de la dépense,	0 002	0 002	0 002	0 002	0 002	0 002	0 002	0 002
	Valeur d'un mètre cube,	0 022	0 022	0 022	0 022	0 022	0 022	0 022	0 022

N⁰ˢ d'ordre.	DÉSIGNATION.	TERRE					ROC		
		douce et sablon-neuse.	ordinaire.	forte grave-leuse.	argileuse mêlée de tuf.	grasse mêlée de cailloux.	mêlé de terre.	tendre.	calcaire très-dur.
		fr. m.	fr. m.	fr. m.	fr. m.	fr. m.	fr. m.	fr. m.	m. c

ARTICLE DEUXIÈME.

DU ROULAGE OU TRANSPORT DES TERRES.

27

Sous-détail d'un mètre cube de déblais transportés à la brouette à une distance réduite de 30 mètres.

	douce et sablonneuse	ordinaire	forte graveleuse	argileuse mêlée de tuf	grasse mêlée de cailloux	mêlé de terre	tendre	calcaire très-dur
Temps pour parcourir cette distance, y compris l'aller et le retour par un manœuvre rouleur : 15 minutes pour la terre douce et sablonneuse ; 28 minutes pour la terre ordinaire ; 37 pour la terre forte graveleuse ; 44 minutes pour l'argile mêlée de tuf ; 51 minutes pour la terre grasse mêlée de cailloux ; 37 minutes pour le roc mêlé de terre ; 45 minutes pour le roc tendre, et 54 minutes pour le roc calcaire très-dur ; lesquelles à 0 fr. 158 millièmes l'heure, . . .	0 040	0 074	0 097	0 116	0 134	0 097	0 119	0 142
Premier déboursé, . .	0 040	0 074	0 097	0 116	0 134	0 097	0 119	0 142
Faux-frais 1|30 de la dépense , . . .	0 001	0 002	0 003	0 004	0 004	0 003	0 004	0 005
Déboursé total, ...	0 041	0 076	0 100	0 120	0 138	0 100	0 123	0 147
Bénéfice 1|10 de la dépense, ...	0 004	0 008	0 010	0 012	0 014	0 010	0 012	0 015
Valeur d'un mètre cube, ... ;	0 045	0 084	0 110	0 132	0 152	0 110	0 135	0 162

28

Pour avoir le prix pour chaque distance de 30 mètres en sus de celle du numéro 27, il suffira d'ajouter successivement à elle-même la valeur d'un mètre cube.

29

Sous-détail d'un mètre cube de déblais transportés au tombereau, à un collier, à une distance réduite de 300 mètres.

	douce et sablonneuse	ordinaire	forte graveleuse	argileuse mêlée de tuf	grasse mêlée de cailloux	mêlé de terre	tendre	calcaire très-dur
Temps pour parcourir cette distance, y compris l'aller et le retour, 12 minutes d'un tombereau à 1 collier, lesquelles, à 0 fr. 514 mil. l'heure,	0 103	0 103	0 103	0 103	0 103	0 103	0 103	0 103
Premier déboursé, . . .	0 103	0 103	0 103	0 103	0 103	0 103	0 103	0 103
Faux-frais 1|30 de la main-d'œuvre , .	0 003	0 003	0 003	0 003	0 003	0 003	0 003	0 003
Déboursé total, ...	0 106	0 106	0 106	0 106	0 106	0 106	0 106	0 106
Bénéfice 1|10 de la dépense, ...	0 011	0 011	0 011	0 011	0 011	0 011	0 011	0 011
Valeur d'un mètre cube , ...	0 117	0 117	0 117	0 117	0 117	0 117	0 117	0 117

N°s d'ordre.	DÉSIGNATION.	TERRE					ROC		
		douce et sablonneuse.	ordinaire.	forte graveleuse.	argileuse mélée de tuf.	grasse mélée de cailloux.	mélé de terre.	tendre.	calcaire très-dur.
		fr. m.	fr. m.	fr. m.	fr. m.	fr. m.	fr. m.	fr. m.	fr. m.

30. Le prix à ajouter au numéro précédent pour chaque distance de 100 mètres en sus de celle de 300, sera le ⅓ de la valeur d'un mètre cube, ou 0 fr. 039 millièmes, à 0 fr. 117 mill., ce qui donnera 0 fr. 156 mill. pour un mètre cube de déblais transportés au tombereau à un collier, à 400 mètres de distance, et en ajoutant successivement 0 m. 039 mill. au dernier résultat on aura le prix pour chaque 100 mètres en plus.

31. *Sous-détail d'un mètre cube de déblais transportés au tombereau à 2 colliers à une distance réduite de 300 mètres.*

DÉSIGNATION	douce et sablonneuse	ordinaire	forte graveleuse	argileuse mélée de tuf	grasse mélée de cailloux	mélé de terre	tendre	calcaire très-dur
Temps pour parcourir cette distance y compris l'aller et le retour, 6 minutes d'un tombereau à 2 chevaux, lesquelles à 0 fr. 771 millièmes l'heure,	0 077	0 077	0 077	0 077	0 077	0 077	0 077	0 077
Premier déboursé,	0 077	0 077	0 077	0 077	0 077	0 077	0 077	0 077
Faux-frais 1|30 de la main-d'œuvre,	0 003	0 003	0 003	0 003	0 003	0 003	0 003	0 003
Déboursé total,	0 080	0 080	0 080	0 080	0 080	0 080	0 080	0 080
Bénéfice 1|10 de la dépense.	0 008	0 008	0 008	0 008	0 008	0 008	0 008	0 008
Valeur d'un mètre cube,	0 088	0 088	0 088	0 088	0 088	0 088	0 088	0 088

32. Le prix à ajouter au numéro précédent pour chaque distance de 100 mètres en sus de celle du numéro 31, est aussi le ⅓ de la valeur d'un mètre cube, ou 0 fr. 029 millièmes.

33. *Sous-détail d'un mètre cube de déblais, repris et chargés dans un tombereau à 1 collier, et transportés à une distance réduite de 300 m.*

DÉSIGNATION	douce et sablonneuse	ordinaire	forte graveleuse	argileuse mélée de tuf	grasse mélée de cailloux	mélé de terre	tendre	calcaire très-dur
Chargement du tombereau et temps perdu de l'équipage pendant le chargement, comme au n° 23.	0 117	0 198	0 268	0 326	0 372	0 268	0 326	0 395
Temps perdu de l'équipage pendant le déchargement, comme au n° 25,	0 026	0 026	0 026	0 026	0 026	0 026	0 026	0 026
Transport des terres à la distance déterminée, comme au n° 29,	0 103	0 103	0 103	0 103	0 103	0 103	0 103	0 103
Premier déboursé,	0 246	0 327	0 397	0 455	0 504	0 397	0 455	0 524
Faux-frais 1|30 de la main-d'œuvre,	0 008	0 011	0 013	0 015	0 017	0 013	0 015	0 017
Déboursé total,	0 254	0 338	0 440	0 470	0 518	0 440	0 470	0 541
Bénéfice 1|10 de la dépense,	0 025	0 034	0 044	0 047	0 052	0 044	0 047	0 054
Valeur d'un mètre cube,	0 279	0 372	0 451	0 517	0 570	0 451	0 517	0 595

N°s d'ordre.	DÉSIGNATION.	TERRE					ROC		
		douce et sablon-neuse.	ordinaire.	forte grave-leuse.	argileuse mêlée de tuf.	grasse mêlée de cailloux.	mêlé de terre.	tendre.	calcaire très-dur.
		fr. m.	fr. m.	fr. m.	fr. m.	fr. m.	fr. m.	fr. m.	fr. m.

34 — Pour obtenir la valeur d'un mètre cube pour chaque distance de 100 mètres en sus de celle du numéro 33, il faudra ajouter 0 fr. 039 millièmes à la valeur d'un mètre cube, selon la nature des déblais transportés.

---

35 —

Sous-détail d'un mètre cube de déblais repris et chargés dans un tombereau à 2 colliers, et transportés à une distance réduite de 300 m.

DÉSIGNATION	douce et sablon-neuse.	ordinaire.	forte grave-leuse.	argileuse mêlée de tuf.	grasse mêlée de cailloux.	mêlé de terre.	tendre.	calcaire très-dur.
Chargement du tombereau et temps perdu de l'équipage pendant le chargement, comme au numéro 24,	0 160	0 270	0 367	0 446	0 509	0 367	0 446	0 541
Temps perdu de l'équipage pendant le déchargement, comme au n° 26,	0 019	0 019	0 019	0 019	0 019	0 019	0 019	0 019
Transport des déblais à la distance déterminée, comme au n° 31,	0 077	0 077	0 077	0 077	0 077	0 077	0 077	0 077
Premier déboursé,	0 256	0 366	0 463	0 542	0 605	0 463	0 542	0 637
Faux-frais 1|30 de la main-d'œuvre,	0 009	0 012	0 015	0 018	0 020	0 015	0 018	0 021
Déboursé total,	0 265	0 378	0 478	0 560	0 625	0 478	0 560	0 658
Bénéfice 1|10 de la dépense,	0 027	0 038	0 048	0 056	0 063	0 048	0 056	0 066
Valeur d'un mètre cube,	0 292	0 416	0 526	0 616	0 588	0 526	0 616	0 724

36 — Pour obtenir la valeur d'un mètre cube pour chaque distance de 100 mètres en sus de celle désignée au numéro précédent, il faudra ajouter 0 fr. 029 millièmes à la valeur d'un mètre cube selon la nature des déblais à transporter.

ARTICLE TROISIÈME.

DU MONTAGE DES TERRES AU TREUIL.

37 — *Sous-détail d'un mètre cube de déblais élevés au treuil à 2 mètres de profondeur (non compris la fouille ni la charge.)*

Temps pour élever les terres par 2 manœuvres, ensemble : 14 minutes pour la terre douce ; 26 minutes pour la terre ordinaire ; 34 minutes pour la terre forte graveleuse ; 40 minutes pour la terre argileuse mêlée de tuf ; 46 minutes pour la terre grasse mêlée de cailloux ; 34 minutes pour le roc mêlé de terre ; 40 minutes pour le roc tendre ; 48 minutes pour le roc cal-

Nº d'ordre.	DÉSIGNATION.	TERRE					ROC		
		douce et sablon-neuse.	ordinaire.	forte grave-leuse.	argileuse mêlée de tuf.	grasse mêlée de cailloux.	mêlé de terre.	tendre.	calcaire très-dur.
		fr. m.	fr. m.	fr. m.	fr. m.	fr. m.	fr. m.	fr. m.	fr. m.
	caire très-dur ; lesquelles à 0 fr. 158 millièmes l'heure, ...	0 037	0 068	0 090	0 105	0 121	0 090	0 105	0 126
	Premier déboursé, . . .	0 037	0 068	0 090	0 105	0 121	0 090	0 105	0 126
	Faux-frais 1|30 de la main-d'œuvre , .	0 001	0 002	0 003	0 004	0 004	0 003	0 004	0 004
	Déboursé total, ...	0 038	0 070	0 093	0 109	0 125	0 093	0 109	0 130
	Bénéfice 1|10 de la dépense, ...	0 004	0 007	0 009	0 011	0 013	0 009	0 011	0 013
	Valeur d'un mètre cube , ...	0 042	0 077	0 102	0 120	0 138	0 102	0 120	0 143

38. Le prix à ajouter au numéro 37 pour chaque profondeur de un mètre en sus de celle de 2 mètres , sera la moitié de la valeur d'un mètre cube , suivant la nature des déblais à élever.

---

39. *Sous-détail d'un mètre cube de terre fouillée à la bêche, chargée en panier et élevée au treuil à 2 mètres de profondeur.*

DÉSIGNATION.	douce et sablon-neuse.	ordinaire.	forte grave-leuse.	argileuse mêlée de tuf.	grasse mêlée de cailloux.	mêlé de terre.	tendre.	calcaire très-dur.
Temps pour la fouille et la charge pour un terras-sier ordinaire , comme au nº 1er , ...	0 184	» »	» »	» »	» »	» »	» »	» »
Temps perdu du treuil pendant la fouille et la charge , une heure de 2 manœuvres, ensemble 2 heures ; lesquelles à 0 fr. 158 mil. l'heure ,	0 316	» »	» »	» »	» »	» »	» »	» »
Temps pour l'élévation de ces terres, comme au numéro 37 , ...	0 037	» »	» »	» »	» »	» »	» »	» »
Premier déboursé, . . .	0 537	» »	» »	» »	» »	» »	» »	» »
Faux-frais 1|30 de la main-d'œuvre , .	0 018	» »	» »	» »	» »	» »	» »	» »
Déboursé total, ...	0 555	» »	» »	» »	» »	» »	» »	» »
Bénéfice 1|10 de la dépense, ...	0 056	» »	» »	» »	» »	» »	» »	» »
Valeur d'un mètre cube , , ...	0 611	» »	» »	» »	» »	» »	» »	» »

9.

Nᵒˢ d'ordre.	DÉSIGNATION.	TERRE										ROC					
		douce et sablonneuse.		ordinaire.		forte graveleuse.		argileuse mêlée de tuf.		grasse mêlée de cailloux.		mêlé de terre.		tendre.		calcaire très-dur.	
		fr.	m.	fr.	m.	fr.	m.	fr.	m.	fr.	m.	fr.	m.	fr.	m.	fr.	m.
40	*Sous-détail d'un mètre cube de terre déblayée à la pioche, reprise et chargée en panier, et élevéé au treuil à 2 mètres de profondeur.*																
	Temps pour la fouille, par un terrassier ordinaire, comme au nᵒ 2, ...	»	»	0	141	0	190	0	227	0	261	»	»	»	»	»	»
	Temps pour la reprise et la charge, comme au numéro 3 , . . . :	»	»	0	085	0	113	0	135	0	156	»	»	»	»	»	»
	Temps perdu du treuil à 2 hommes pendant la reprise et la charge, double de celui du nᵒ 3 , savoir : 56 minutes pour la terre ordinaire ; 1 heure 14 minutes pour la terre forte graveleuse ; 1 heure 28 minutes pour l'argile mêlée de tuf ; et 1 heure 42 minutes pour la terre grasse mêlée de cailloux ; lesquelles à 0 fr. 158 mil. l'heure,	»	»	0	147	0	195	0	232	0	269	»	»	»	»	»	»
	Temps pour l'élévation de ces terres, comme au numéro 37, ...	»	»	0	068	0	090	0	105	0	121	»	»	»	»	»	»
	Premier déboursé, . . .	»	»	0	441	0	588	0	699	0	807	»	»	»	»	»	»
	Faux-frais 1|30 de la main-d'œuvre , .	»	»	0	045	0	020	0	023	0	027	»	»	»	»	»	»
	Déboursé total, ...	»	»	0	456	0	608	0	722	0	834	»	»	»	»	»	»
	Bénéfice 1|10 de la dépense, ...	»	»	0	046	0	061	0	072	0	083	»	»	»	»	»	»
	Valeur d'un mètre cube, ...	»	»	0	502	0	669	0	794	0	917	»	»	»	»	»	»
41	*Sous-détail d'un mètre cube de roc déblayé, repris et chargé en panier, et élevé au treuil à 2 m. de profondeur.*																
	Temps pour l'extraction et la charge, comme aux nᵒˢ 16, 17 et 18 , ...	»	»	»	»	»	»	»	»	»	»	0	920	1	472	2	030
	Fourniture de poudre, comme au nᵒ 18, . . .	»	»	»	»	»	»	»	»	»	»	»	»	»	»	0	338
	Temps perdu du treuil pendant la charge à 2 hommes, le double de celui du nᵒ 3, savoir : une heure 14 minutes pour le roc mêlé de terre ; une heure 30 minutes pour le roc tendre, et une heure 48 minutes pour le roc calcaire très-dur ; lesquelles à 0 fr. 158 mil. l'heure, ...	»	»	»	»	»	»	»	»	»	»	0	195	0	237	0	284
	Temps pour l'élévation de ces terres, comme au nᵒ 37, ...	»	»	»	»	»	»	»	»	»	»	0	090	0	105	0	126
	Premier déboursé, . . .	»	»	»	»	»	»	»	»	»	»	1	205	1	814	2	778
	Faux-frais 1|30 de la main-d'œuvre , .	»	»	»	»	»	»	»	»	»	»	0	040	0	060	0	081
	Déboursé total, ...	»	»	»	»	»	»	»	»	»	»	1	245	1	874	2	859
	Bénéfice 1|10 de la dépense , ...	»	»	»	»	»	»	»	»	»	»	0	125	0	187	0	286
	Valeur d'un mètre cube , ...	»	»	»	»	»	»	»	»	»	»	1	370	2	061	3	145

Nᵒˢ d'ordre	DÉSIGNATION.	TERRE					ROC		
		douce et sablon-neuse.	ordinaire.	forte grave-leuse.	argileuse mêlée de tuf.	grasse mêlée de cailloux.	mêlé de terre.	tendre.	calcaire très-dur.
		fr. m.	fr. m.	fr. m.	fr. m.	fr. m.	fr. m.	fr. m.	fr. m.

42 — Les prix à ajouter aux numéros 39, 40 et 41 pour chaque profondeur de un mètre en sus de celle de 2 mètres, sont les mêmes que pour ceux du numéro 38.

§ 4ᵉ. — Des remblais.

ARTICLE PREMIER.

DU REMBLAI SIMPLE.

Sous-détail d'un mètre cube de régalement en remblai.

43

	douce et sablon-neuse.	ordinaire.	forte grave-leuse.	argileuse mêlée de tuf.	grasse mêlée de cailloux.	mêlé de terre.	tendre.	calcaire très-dur.
Temps pour l'égalisation du remblai par un manœuvre ordinaire, 10 minutes; lesquelles à 0 f. 158 mil. l'heure, ...	0 026	0 026	0 026	0 026	0 026	0 026	0 026	0 026
Premier déboursé, . . .	0 026	0 026	0 026	0 026	0 026	0 026	0 026	0 026
Faux-frais 1|30 de la main-d'œuvre , .	0 001	0 001	0 001	0 001	0 001	0 001	0 001	0 001
Déboursé total, ...	0 027	0 027	0 027	0 027	0 027	0 027	0 027	0 027
Bénéfice 1|10 de la dépense , ...	0 003	0 003	0 003	0 003	0 003	0 003	0 003	0 003
Valeur d'un mètre cube , ...	0 030	0 030	0 030	0 030	0 030	0 030	0 030	0 030

44

Sous-détail d'un mètre superficiel de dressement de talus en déblai.

	douce et sablon-neuse.	ordinaire.	forte grave-leuse.	argileuse mêlée de tuf.	grasse mêlée de cailloux.	mêlé de terre.	tendre.	calcaire très-dur.
Temps pour le régalement par un taluteur dresseur ; 6 minutes pour la terre douce et sablonneuse et la terre ordinaire ; 10 minutes pour les autres natures de terre , et 30 minutes pour les différentes espèces de roc ; lesquelles à 0 fr. 213 millièmes l'heure , ...	0 021	0 021	0 035	0 035	0 035	0 107	0 107	0 107
Premier déboursé, . . .	0 021	0 021	0 035	0 035	0 035	0 107	0 107	0 107
Faux-frais 1|30 de la main-d'œuvre , .	0 001	0 001	0 001	0 001	0 001	0 004	0 004	0 004
Déboursé total, ...	0 022	0 022	0 036	0 036	0 036	0 111	0 111	0 111
Bénéfice 1|10 de la dépense, ...	0 002	0 002	0 004	0 004	0 004	0 011	0 011	0 011
Valeur d'un mètre superficiel , . . .	0 024	0 024	0 040	0 040	0 040	0 122	0 122	0 122

N^{os} d'ordre.	DÉSIGNATION.	TERRE					ROC		
		douce et sablonneuse.	ordinaire.	forte graveleuse.	argileuse mêlée de tuf.	grasse mêlée de cailloux.	mêlé de terre.	tendre.	calcaire très-dur.
		fr. m.	fr. m.	fr. m.	fr. m.	fr. m.	fr. m.	fr. m.	fr. m.

ARTICLE DEUXIÈME.

DU REMBLAI PILONNÉ.

Sous-détail d'un mètre cube de déblai pilonné.

N^{os} d'ordre.	DÉSIGNATION.	douce et sablonneuse.	ordinaire.	forte graveleuse.	argileuse mêlée de tuf.	grasse mêlée de cailloux.	mêlé de terre.	tendre.	calcaire très-dur.
45	Temps pour le damage et le pilonnage par un manœuvre, 30 minutes, lesquelles à 0 fr. 158 millièmes l'heure, ...	0 079	0 079	0 079	0 079	0 079	0 079	0 079	0 079
	Premier déboursé, . . .	0 079	0 079	0 079	0 079	0 079	0 079	0 079	0 079
	Faux-frais 1|30 de la main-d'œuvre, .	0 003	0 003	0 003	0 003	0 003	0 003	0 003	0 003
	Déboursé total, . . .	0 082	0 082	0 082	0 082	0 082	0 082	0 082	0 082
	Bénéfice 1|10 de la dépense, ...	0 008	0 008	0 008	0 008	0 008	0 008	0 008	0 008
	Valeur d'un mètre cube, ...	0 090	0 090	0 090	0 090	0 090	0 090	0 090	0 090

DEUXIÈME SECTION.

PRIX DES OUVRAGES.

CHAPITRE Ier.

Bordereau des prix des ouvrages.

Les prix qui composent le chapitre suivant sont un extrait des sous-détails de la section précédente. Ce chapitre forme une série complète des ouvrages qui se présentent dans les travaux de terrassements ; il contient à lui seul la matière des tarifs ordinaires, et de plus, il offre le prix de chaque espèce de terres et de rocs ; de telle sorte que, quelle que soit la personne qui fasse le métrage, elle pourra estimer les déblais par nature de couches du terrain, ou prendre un prix moyen pour toutes les terres, selon l'importance des déblais et les conventions de l'entreprise.

Les exemples contenus dans ce nouveau chapitre sont rangés de la même manière que les sous-détails du deuxième chapitre de la section précitée. Chaque page est divisée en onze colonnes :

La première indique les numéros d'ordre des ouvrages correspondant aux sous-détails ; il sera donc facile de vérifier les prix faits en recourant aux exemples de sous-détails ;

La deuxième indique la nature des ouvrages ;

La troisisième désigne l'espèce d'unité sous laquelle ces ouvrages sont évalués ;

Les colonnes 4 à 8 donnent le prix d'un mètre cube ou d'un mètre superficiel de chaque espèce de terres, suivant la nature de l'ouvrage ;

Celles de 9 à 11 présentent aussi le prix d'un mètre cube ou d'un mètre superficiel de chaque espèce de rocs, selon la nature du travail.

Nos d'ordre. 1.	DÉSIGNATION. 2.	Espèce d'unité. 3.	TERRE — douce et sablonneuse. 4.	ordinaire, 5.	forte graveleuse. 6.	argileuse mélée de tuf. 7.	grasse mélée de cailloux. 8.	ROC — mélé de terre. 9.	tendre. 10.	calcaire très-dur. 11.
			fr. c.	fr. c.	fr. c.	fr. c.	fr. c.	fr. c.	fr. c.	fr. c.
	§ 1er. — Fouille de terre.									
	ARTICLE PREMIER. FOUILLE SIMPLE.									
1	Terre fouillée à la bèche, jetée sur berge ou chargée en brouette, ou en panier.	le mètre cube.	0 21	» »	» »	» »	» »	» »	» »	» »
	ARTICLE DEUXIÈME. PIOCHAGE.									
2	Terre déblayée à la pioche.	id.	» »	0 16	0 22	0 26	0 30	» »	» »	» »
	ARTICLE TROISIÈME. PELLETAGE.									
3	Déblais repris et chargés en brouette ou en panier.	id.	0 05	0 10	0 13	0 15	0 18	0 13	0 16	0 19
4	Déblais repris et chargés en tombereau, ou élevés à la hauteur moyenne de 1 m. 60, ou projetés horizontalement à 4 mètres de distance.	id.	0 07	0 12	0 16	0 19	0 22	0 16	0 20	0 23
	ARTICLE QUATRIÈME. FOUILLES ÉTABLIES EN RIGOLES.									
5	Plus-value pour terre fouillée en rigoles.	id.	0 05	0 05	0 05	0 05	0 05	0 05	0 05	0 05
	ARTICLE CINQUIÈME. DES BANQUETTES. *Première banquette.*									
6	Terre fouillée à la bèche, jetée sur berge, chargée en brouette ou en panier, jusqu'à 1 m. 60 de profondeur et sur une largeur plus grande que 1 m. 50.	id.	0 21	» »	» »	» »	» »	» »	» »	» »
7	Terre fouillée à la bèche, jetée sur berge, chargée en brouette ou en panier, jusqu'à 1 m. 60 de profondeur et sur une largeur moindre que 1 m. 50.	id.	0 26	» »	» »	» »	» »	» »	» »	» »
8	Terre déblayée à la pioche, reprise et jetée sur berge, ou chargée en brouette ou en panier, jusqu'à 1 m. 60 de profondeur et sur une largeur plus grande que 1 m. 50.	id.	» »	0 26	0 35	0 44	0 47	» »	» »	» »

Nos d'ordre	DÉSIGNATION	Espèce d'unité	TERRE					ROC		
			douce et sablonneuse.	ordinaire.	forte graveleuse.	argileuse mêlée de tuf.	grasse mêlée de cailloux.	mêlé de terre.	tendre.	calcaire très-dur.
1.	2.	3.	4.	5.	6.	7.	8.	9.	10.	11.
			fr. c.	fr. c.	fr. c.	fr. c.	fr. c.	fr. c.	fr. c.	fr. c.
9	Terre déblayée à la pioche, reprise et jetée sur berge, ou chargée en brouette, ou en panier, sur une largeur moindre que 1 m. 50, et jusqu'à 1 m. 60 de profondeur.	le mètre cube.	» »	0 34	0 40	0 46	0 52	» »	» »	» »
	Première et deuxième banquettes.									
10	Terre fouillée à la bêche et jetée sur double banquette, ou chargée en brouette, ou en panier, sur une largeur plus grande que 1 m. 50.	id.	0 47	» »	» »	» »	» »	» »	» »	» »
11	Terre fouillée à la bêche et jetée sur double banquette, ou chargée en brouette, ou en panier, sur une largeur moindre que 1 m. 50.	id.	0 52	» »	» »	» »	» »	» »	» »	» »
12	Terre jetée sur double banquette, ou chargée en brouette, ou en panier, la première banquette fouillée à la bêche et la seconde à la pioche, sur une largeur plus grande que 1 m. 50.	id.	» »	0 56	0 68	0 77	0 86	» »	» »	» »
13	Terre jetée sur double banquette, comme au numéro précédent, sur une largeur moindre que 1 m. 50.	id.	» »	0 61	0 73	0 82	0 91	» »	» »	» »
14	Terre fouillée à la pioche et jetée sur double banquette, ou chargée en brouette, ou en panier, sur une largeur plus grande que 1 m. 50.	id.	» »	0 61	0 82	0 98	1 13	» »	» »	» »
15	Terre fouillée à la pioche, comme au numéro précédent, sur une largeur moindre que 1 m. 50.	id.	» »	0 66	0 87	1 03	1 18	» »	» »	» »

§ 2º. — De l'extraction de roc.

ARTICLE PREMIER.

EXPLOITATION DE ROC A LA PIOCHE ET A LA PINCE.

Nos d'ordre	DÉSIGNATION	Espèce d'unité	TERRE					ROC		
16	Roc mêlé de terre, déblayé à la pioche et à la pince, repris et jeté sur berge, ou chargé en brouette, ou en panier.	id.	» »	» »	» »	» »	» »	1 05	» »	» »

Nº d'ordre.	DÉSIGNATION.	Espèce d'unité.	TERRE					ROC		
			douce et sablon- neuse.	ordinaire.	forte grave- leuse.	argileuse mêlée de tuf.	grasse mêlée de cailloux.	mêlé de terre.	tendre.	calcaire très-dur.
1.	2.	3.	4.	5.	6.	7.	8.	9.	10.	11.
			fr. c.	fr. c.	fr. c.	fr. c.	fr. c.	fr. c.	fr. c.	fr. c.
	ARTICLE DEUXIÈME. EXPLOITATION DE ROC, A LA PINCE, AU COIN ET A LA MASSE.									
17	Roc tendre, déblayé à la pince, au coin et à la masse, repris et jeté sur berge, ou chargé en brouette, ou en panier. . .	le mètre cube.	» »	» »	» »	» »	» »	» »	1 67	» »
	ARTICLE TROISIÈME. EXPLOITATION DE ROC A LA POUDRE.									
18	Roc calcaire très-dur, extrait à la poudre, repris et jeté sur berge, chargé en brouette, ou en panier.	id.	» »	» »	» »	» »	» »	» »	» »	2 68
	ARTICLE QUATRIÈME. DES BANQUETTES. *Première banquette.*									
19	Roc jeté sur berge, ou chargé en brouette, ou en panier, sur une largeur plus grande que 1 m. 50, et jusqu'à 1 m. 60 de pro- fondeur.	id.	» »	» »	» »	» »	» »	1 05	1 67	2 68
20	Roc jeté sur berge, ou chargé en brouette, ou en panier, sur une largeur moindre que 1 m. 50, et jusqu'à 1 m. 60 de pro- fondeur.	id.	» »	» »	» »	» »	» »	1 10	1 72	2 73
	Première et deuxième banquettes.									
21	Roc jeté sur double banquette, ou chargé en brouette, ou en panier, sur une largeur plus grande que 1 m. 50.	id.	» »	» »	» »	» »	» »	2 22	3 50	5 55
22	Roc jeté sur double banquette, ou chargé en brouette, ou en panier, sur une lar- geur moindre que 1 m. 50.	id.	» »	» »	» »	» »	» »	2 27	3 55	5 60

N° d'ordre. 1.	DÉSIGNATION. 2.	Espèce d'unité. 3.	TERRE					ROC		
			douce et sablonneuse. 4.	ordinaire. 5.	forte graveleuse. 6.	argileuse mêlée de tuf. 7.	grasse mêlée de cailloux. 8.	mêlé de terre. 9.	tendre. 10.	calcaire très-dur. 11.
			fr. c.	fr. c.	fr. c.	fr. c.	fr. c.	fr. c.	fr. c.	fr. c.

§ 3e. — Du mouvement des terres.

ARTICLE PREMIER.

DE LA CHARGE ET DE LA DÉCHARGE.

N°	Désignation	Unité	4	5	6	7	8	9	10	11
23	Chargement de déblais sur un tombereau à un collier, par le pelleteur et le charretier.	le mètre cube.	0 13	0 23	0 31	0 37	0 42	0 31	0 37	0 45
24	Chargement de déblais sur un tombereau à 2 colliers, par le pelleteur et le charretier.	id.	0 18	0 31	0 42	0 51	0 58	0 42	0 51	0 62
25	Déchargement de déblais d'un tombereau à un collier, par le charretier.	id.	0 03	0 03	0 03	0 03	0 03	0 03	0 03	0 03
26	Déchargement de déblais d'un tombereau à 2 colliers, par le charretier.	id.	0 02	0 02	0 02	0 02	0 02	0 02	0 02	0 02

ARTICLE DEUXIÈME.

DU ROULAGE OU DU TRANSPORT DES TERRES.

N°	Désignation	Unité	4	5	6	7	8	9	10	11
27	Transport de déblais à la brouette à une distance réduite de 30 mètres. . . .	id.	0 05	0 08	0 11	0 13	0 15	0 11	0 14	0 16
28	Prix à ajouter au n° 27 pour chaque distance de 30 mètres en sus de la précédente. .	id.	0 05	0 08	0 11	0 13	0 15	0 11	0 14	0 16
29	Transport de déblais au tombereau à un collier, à une distance réduite de 300 m.	id.	0 12	0 12	0 12	0 12	0 12	0 12	0 12	0 12
30	Prix à ajouter au n° 29 pour chaque distance de 100 mètres en sus de la précédente. .	id.	0 04	0 04	0 04	0 04	0 04	0 04	0 04	0 04
31	Transport de déblais au tombereau à 2 colliers, à une distance réduite de 300 mèt.	id.	0 09	0 09	0 09	0 09	0 09	0 09	0 09	0 09
32	Prix à ajouter au n° 31 pour chaque distance de 100 mètres en sus de la précédente.	id.	0 03	0 03	0 03	0 03	0 03	0 03	0 03	0 03
33	Déblais repris et chargés dans un tombereau à 1 collier et transportés à une distance réduite de 300 mètres.	id.	0 28	0 37	0 45	0 52	0 57	0 45	0 52	0 60
34	Prix à ajouter au n° 33 pour chaque distance de 100 mètres en sus de la précédente. .	id.	0 04	0 04	0 04	0 04	0 04	0 04	0 04	0 04

Nᵒˢ d'ordre. 1.	DÉSIGNATION. 2.	Espèce d'unité. 3.	TERRE douce et sablon-neuse. 4.	ordinaire, 5.	forte grave-leuse. 6.	argileuse mêlée de tuf. 7.	grasse mêlée de cailloux. 8.	ROC mêlé de terre. 9.	tendre. 10.	calcaire très-dur. 11.
			fr. c.	fr. c.	fr. c.	fr. c.	fr. c.	fr. c.	fr. c.	fr. c.
35	Déblais repris et chargés dans un tombereau à 2 colliers et transportés à une distance réduite de 300 mètres.	le mètre cube.	0 29	0 42	0 53	0 62	0 69	0 53	0 62	0 72
36	Prix à ajouter au nᵒ précédent pour chaque distance de 100 mètres en sus de celle de 300 mètres.	id.	0 03	0 03	0 03	0 03	0 03	0 03	0 03	0 03
	ARTICLE TROISIÈME. DU MONTAGE DES TERRES AU TREUIL.									
37	Déblais élevés au treuil à 2 mètres de profondeur (non compris la fouille ni la charge).	id.	0 04	0 08	0 10	0 12	0 14	0 10	0 12	0 14
38	Prix à ajouter au nᵒ 37 pour chaque profondeur d'un mètre en sus de la précédente.	id.	0 02	0 04	0 05	0 06	0 07	0 05	0 06	0 07
39	Terre fouillée à la bêche, chargée en panier et élevée au treuil à 2 mèt. de profondeur.	id.	0 64	» »	» »	» »	» »	» »	» »	» »
40	Terre déblayée à la pioche, reprise et chargée en panier, et élevée au treuil à 2 mètres de profondeur.	id.	0 50	0 67	0 79	0 92	» »	» »	» »	« »
41	Roc déblayé, repris et chargé en panier, et élevé au treuil à 2 mètres de profondeur.	id.	» »	» »	» »	» »	» »	4 37	2 06	3 45
42	Prix à ajouter aux nᵒˢ 39, 40 et 41 pour chaque profondeur d'un mètre en sus de celle de 2 mètres,	id.	0 02	0 04	0 05	0 06	0 07	0 05	0 06	0 07
	§ 4ᵉ. — Des remblais.									
	ARTICLE PREMIER. DU REMBLAI SIMPLE.									
43	Régalement en remblai.	id.	0 03	0 03	0 03	0 03	0 03	0 03	0 03	0 03
44	Dressement des talus en déblai.	le mètre carré.	0 02	0 02	0 04	0 04	0 04	0 12	0 12	0 12
	ARTICLE DEUXIÈME. DU REMBLAI PILONNÉ.									
45	Déblais damés ou pilonnés.	le mètre cube.	0 09	0 09	0 09	0 09	0 09	0 09	0 09	0 09

CHAPITRE II.

Prix élémentaires et d'application.

En donnant les principes, les éléments et les bases de l'évaluation des travaux de terrassements , et en traitant complètement de leur application subdivisée en analyses ou sous-détails , et en bordereau de prix , j'avais rempli la tâche que je m'étais imposée. Néanmoins, comme il pourrait se faire que les personnes étrangères à cette catégorie du bâtiment eussent encore quelque doute sur l'assignation et sur la valeur des ouvrages, j'ai cherché à aplanir ou plutôt à prévenir ces inconvénients , en présentant des tableaux des prix élémentaires et d'application des ouvrages de terrassements.

Au moyen de ces tableaux, les personnes qui n'ont aucune connaissance, ni pratique des travaux de construction , ou qui n'auraient pas le temps de se livrer aux recherches qu'exigent la combinaison et la distinction des prix applicables à tel ou tel ouvrage , pourront au premier coup d'œil et sans aucun calcul connaître les différents prix qui concourent à l'appréciation des ouvrages.

Le PREMIER DE CES TABLEAUX , qui est le résumé du bordereau des prix qui précède , présente tous les prix élémentaires des ouvrages de terrassements, pour un mètre cube ou pour un mètre superficiel. Ce tableau sert de base à la formation de ceux qui suivent.

Les autres TABLEAUX donnent les prix applicables à toutes les opérations que peut subir un mètre cube de déblais. Les prix du PREMIER DE CES TABLEAUX sont applicables à la fouille , la charge et le transport des déblais , soit à la brouette jusqu'à 270 mètres de distance , soit au tombereau à un ou à 2 colliers jusqu'à 1100 mètres de parcours. Le SECOND TABLEAU donne les prix de la fouille , charge , élévation au treuil jusqu'à 5 mètres de profondeur , et transport des déblais comme ci-dessus.

TABLEAU DES PRIX ÉLÉMENTAIRES.

FOUILLE, CHARGE ET TRANSPORT DES DÉBLAIS.

FOUILLE, CHARGE (pages 72)

ESPÈCES DE TERRES et DE ROCS.	FOUILLE DES DÉBLAIS — A la bêche, jetée sur berge, ou chargée en brouette, ou en panier.	À la pioche.	repris et chargés en brouette ou en panier.	repris et chargés en tombereaux ou élevés à la hauteur moyenne de 1 m. 60, ou en projetés horizontalement à 4 m. de distance.	plus-value pour déblais fouillés en rigoles.	FOUILLE DES BANQUETTES (déblais fouillés, jetés sur berge, ou chargés en brouette, ou en panier, jusqu'à une profondeur) — de 1 m. 60, sur une largeur plus grande que 1 m. 50.	moindre que 1 m. 50.	de 3 m. 20, sur une largeur plus grande que 1 m. 50.	moindre que 1 m. 50.	déblais jetés sur cette banquette, la première fouillée à la bêche et la seconde à la pioche, jusqu'à une profondeur de 3 m. 20, sur une largeur plus grande que 1 m. 50.	moindre que 1 m. 50.
	fr. c.	fr. c.	fr. c.	fr. c.	fr. c.	fr. c.	fr. c.	fr. c.	fr. c.	fr. c.	fr. c.
TERRES.											
Terre douce et sablonneuse.	0 21	» »	0 05	0 07	0 05	0 24	0 26	0 47	0 52	» »	» »
Terre ordinaire.	» »	0 16	0 10	0 12	0 05	0 26	0 31	0 61	0 67	0 56	0 61
Terre forte graveleuse.	» »	0 22	0 13	0 16	0 05	0 35	0 40	0 82	0 87	0 68	0 73
Argile mêlée de tuf.	» »	0 20	0 15	0 19	0 05	0 41	0 46	0 98	1 03	0 77	0 82
Terre grasse mêlée de cailloux	» »	0 30	0 18	0 22	0 05	0 47	0 52	1 13	1 18	0 86	0 91
ROCS.											
Roc mêlé de terre.	» »	» »	0 13	0 16	0 05	1 05	1 10	2 22	2 27	» »	» »
Roc tendre.	» »	» »	0 15	0 20	0 05	1 67	1 72	3 50	3 55	» »	» »
Roc calcaire très-dur.	»	» »	0 19	0 23	0 05	2 68	2 73	5 55	5 60	» »	» »

TRANSPORT DES DÉBLAIS (page 73)

ESPÈCES DE TERRES et DE ROCS.	MOUVEMENT DES TERRES — CHARGEMENT sur un tombereau à un collier.	à deux colliers.	DÉCHARGEMENT sur un tombereau à un collier.	à deux colliers.	TRANSPORT à la brouette à une distance de 20 mét.	Plus-value pour chaque distance de 20 mèt. en sus de la précédente.	TRANSPORT au tombereau (1) à un collier à une distance de 200 mèt.	Plus-value pour chaque distance de 100 m. en sus de la précédente.	à deux colliers à une distance de 300 mét.	Plus-value pour chaque distance de 100 m. en sus de la précédente.	DÉBLAIS FOUILLÉS, chargés et élevés au treuil à 2 mètres de profondeur.	Plus-value pour chaque profondeur de 1 m. en sus de la précédente.	REMBLAIS — Régalement en remblai d'un mètre cube de déblais.	Dressement d'un mètre superficiel de talus en déblais.	Pilonnage d'un mètre cube de déblais.
	fr. c.	fr. c.	fr. c.	fr. c.	fr. c.	fr. c.	fr. c.	fr. c.	fr. c.	fr. c.	fr. c.	fr. c.	fr. c.	fr. c.	fr. c.
TERRES.															
Terre douce et sablonneuse.	0 13	0 18	0 03	0 02	0 05	0 05	0 12	0 04	0 09	0 03	0 61	0 02	0 03	0 02	0 02
Terre ordinaire.	0 23	0 31	0 03	0 02	0 08	0 08	0 12	0 04	0 09	0 03	0 50	0 04	0 03	0 02	0 09
Terre forte graveleuse.	0 31	0 42	0 03	0 02	0 11	0 11	0 12	0 04	0 09	0 03	0 67	0 06	0 03	0 04	0 09
Argile mêlée de tuf.	0 37	0 51	0 03	0 02	0 13	0 13	0 12	0 04	0 09	0 03	0 79	0 06	0 03	0 04	0 09
Terre grasse mêlée de cailloux	0 42	0 58	0 03	0 02	0 15	0 15	0 12	0 04	0 09	0 03	0 92	0 07	0 03	0 04	0 09
ROCS.															
Roc mêlé de terre.	0 31	0 42	0 03	0 02	0 11	0 11	0 12	0 04	0 09	0 03	1 37	0 05	0 03	0 12	0 09
Roc tendre.	0 37	0 51	0 03	0 02	0 14	0 14	0 12	0 04	0 00	0 03	2 00	0 06	0 03	0 12	0 00
Roc calcaire très-dur.	0 45	0 62	0 03	0 02	0 16	0 16	0 12	0 04	0 09	0 03	3 15	0 07	0 03	0 12	0 09

(1) Non compris la charge ni la décharge.

PREMIER TABLEAU DES PRIX D'APPLICATION.

FOUILLE, CHARGE ET TRANSPORT DES DÉBLAIS.

VALEUR DU TRANSPORT A LA BROUETTE, chargement et fouille d'un mètre cube de déblais

ESPÈCES DE TERRES ET DE ROCS	Distance du transport en mètres	jusqu'à une profondeur de 1 m. 60 sur une largeur — plus grande que 1m.50	— moindre que 1m.50	3 m. 20 sur une largeur — plus grande que 1m.50	— moindre que 1m.50	jeté sur double banquette, la première fouillée à la bêche et la seconde à la pioche, jusqu'à une profondeur de 3 m. 20, sur une largeur — plus grande que 1m.30	— moindre que 1m.50
		fr. c.	fr. c.	fr. c.	fr. c.	fr. c.	fr. c.
TERRES.							
Terre douce et sablonneuse.	50	0 26	0 31	0 52	0 57	»	»
	60	0 31	0 36	0 57	0 62	»	»
	90	0 36	0 41	0 62	0 67	»	»
	120	0 41	0 46	0 67	0 72	»	»
	150	0 46	0 51	0 72	0 77	»	»
	180	0 51	0 56	0 77	0 82	»	»
	210	0 56	0 61	0 82	0 87	»	»
	240	0 61	0 66	0 87	0 92	»	»
	270	0 66	0 71	0 92	0 97	»	»
Terre ordinaire.	50	0 34	0 39	0 69	0 74	0 64	0 69
	60	0 42	0 47	0 77	0 82	0 72	0 77
	90	0 50	0 55	0 85	0 90	0 80	0 85
	120	0 58	0 63	0 93	0 98	0 88	0 93
	150	0 66	0 71	1 01	1 06	0 96	1 01
	180	0 74	0 79	1 09	1 14	1 04	1 09
	210	0 82	0 87	1 17	1 22	1 12	1 17
	240	0 90	0 95	1 25	1 30	1 20	1 25
	270	0 98	1 03	1 33	1 38	1 28	1 33
Terre forte graveleuse.	50	0 46	0 51	0 93	0 98	0 79	0 84
	60	0 57	0 62	1 04	1 09	0 90	0 95
	90	0 68	0 73	1 15	1 20	1 01	1 06
	120	0 79	0 84	1 26	1 31	1 12	1 17
	150	0 90	0 95	1 37	1 42	1 23	1 28
	180	1 01	1 06	1 48	1 53	1 34	1 39
	210	1 12	1 17	1 59	1 64	1 45	1 50
	240	1 23	1 28	1 70	1 75	1 56	1 61
	270	1 34	1 39	1 81	1 86	1 67	1 72

VALEUR DU TRANSPORT AU TOMBEREAU à un collier, chargement et fouille d'un mètre cube de déblais

ESPÈCES DE TERRES ET DE ROCS	Distance du transport en mètres	jusqu'à une profondeur de 1 m. 60 sur une largeur — plus grande que 1m.50	— moindre que 1m.50	3 m. 20 sur une largeur — plus grande que 1m.50	— moindre que 1m.50	jeté sur double banquette, la première fouillée à la bêche et la seconde à la pioche, jusqu'à une profondeur de 3 m. 20, sur une largeur — plus grande que 1m.50	— moindre que 1m.50
		fr. c.	fr. c.	fr. c.	fr. c.	fr. c.	fr. c.
Terre douce et sablonneuse.	300	0 49	0 54	0 75	0 80	»	»
	400	0 53	0 58	0 79	0 84	»	»
	500	0 57	0 62	0 83	0 88	»	»
	600	0 61	0 66	0 87	0 92	»	»
	700	0 63	0 70	0 91	0 96	»	»
	800	0 69	0 74	0 95	1 00	»	»
	900	0 73	0 78	0 99	1 04	»	»
	1000	0 77	0 82	1 03	1 08	»	»
	1100	0 81	0 86	1 07	1 12	»	»
Terre ordinaire.	300	0 64	0 69	0 99	1 04	0 94	0 99
	400	0 68	0 73	1 03	1 08	0 98	1 03
	500	0 72	0 77	1 07	1 12	1 02	1 07
	600	0 76	0 81	1 11	1 16	1 06	1 11
	700	0 80	0 85	1 15	1 20	1 10	1 15
	800	0 84	0 89	1 19	1 24	1 14	1 19
	900	0 88	0 93	1 23	1 28	1 18	1 23
	1000	0 92	0 97	1 27	1 32	1 22	1 27
	1100	0 96	1 01	1 31	1 36	1 26	1 31
Terre forte graveleuse.	300	0 81	0 86	1 28	1 33	1 14	1 19
	400	0 85	0 90	1 32	1 37	1 18	1 23
	500	0 89	0 94	1 36	1 41	1 22	1 27
	600	0 93	0 98	1 40	1 45	1 26	1 31
	700	0 97	1 02	1 44	1 49	1 30	1 35
	800	1 01	1 06	1 48	1 53	1 34	1 39
	900	1 05	1 10	1 52	1 57	1 38	1 43
	1000	1 09	1 14	1 56	1 61	1 42	1 47
	1100	1 13	1 18	1 60	1 65	1 46	1 51

VALEUR DU TRANSPORT AU TOMBEREAU à 2 colliers, chargement et fouille d'un mètre cube de déblais

ESPÈCES DE TERRES ET DE ROCS	Distance du transport en mètres	jusqu'à une profondeur de 1 m. 60 sur une largeur — plus grande que 1m.50	— moindre que 1m.50	3 m. 20 sur une largeur — plus grande que 1m.50	— moindre que 1m.50	jeté sur double banquette, la première fouillée à la bêche et la seconde à la pioche, jusqu'à une profondeur de 3 m. 20, sur une largeur — plus grande que 1m.50	— moindre que 1m.50
		fr. c.	fr. c.	fr. c.	fr. c.	fr. c.	fr. c.
Terre douce et sablonneuse.	300	0 50	0 55	0 76	0 81	»	»
	400	0 53	0 58	0 79	0 84	»	»
	500	0 56	0 61	0 82	0 87	»	»
	600	0 59	0 64	0 85	0 90	»	»
	700	0 62	0 67	0 88	0 93	»	»
	800	0 65	0 70	0 91	0 96	»	»
	900	0 68	0 73	0 94	0 99	»	»
	1000	0 71	0 76	0 97	1 02	»	»
	1100	0 74	0 79	1 00	1 05	»	»
Terre ordinaire.	300	0 68	0 73	1 03	1 08	0 98	1 03
	400	0 71	0 76	1 06	1 11	1 01	1 06
	500	0 74	0 79	1 09	1 14	1 04	1 09
	600	0 77	0 82	1 12	1 17	1 07	1 12
	700	0 80	0 85	1 15	1 20	1 10	1 15
	800	0 83	0 88	1 18	1 23	1 13	1 18
	900	0 86	0 91	1 21	1 26	1 16	1 21
	1000	0 89	0 94	1 24	1 29	1 19	1 24
	1100	0 92	0 97	1 27	1 32	1 22	1 27
Terre forte graveleuse.	300	0 88	0 93	1 35	1 40	1 21	1 26
	400	0 91	0 96	1 38	1 43	1 24	1 29
	500	0 94	0 99	1 41	1 46	1 27	1 32
	600	0 97	1 02	1 44	1 49	1 30	1 35
	700	1 00	1 05	1 47	1 52	1 33	1 38
	800	1 03	1 08	1 50	1 55	1 36	1 41
	900	1 06	1 11	1 53	1 58	1 39	1 44
	1000	1 09	1 14	1 56	1 61	1 42	1 47
	1100	1 12	1 17	1 59	1 64	1 45	1 50

Argile mêlée de tuf. . . .	50	0 54	0 59	1 11	1 16	0 90	0 95	300	0 93	0 98	1 50	1 55	1 29	1 34	300	1 03	1 08	1 60	1 65	1 39	1 44
	60	0 67	0 72	1 24	1 29	1 03	1 08	400	0 97	1 02	1 54	1 59	1 33	1 38	400	1 06	1 11	1 63	1 68	1 42	1 47
	90	0 80	0 85	1 37	1 42	1 16	1 21	500	1 01	1 06	1 58	1 63	1 37	1 42	500	1 09	1 14	1 66	1 71	1 45	1 50
	120	0 93	0 98	1 50	1 55	1 29	1 34	600	1 05	1 10	1 62	1 67	1 41	1 46	600	1 12	1 17	1 69	1 74	1 48	1 53
	150	1 06	1 11	1 63	1 68	1 42	1 47	700	1 09	1 14	1 66	1 71	1 45	1 50	700	1 15	1 20	1 72	1 77	1 51	1 56
	180	1 19	1 24	1 76	1 81	1 55	1 60	800	1 13	1 18	1 70	1 75	1 49	1 54	800	1 18	1 23	1 75	1 80	1 54	1 59
	210	1 32	1 37	1 89	1 94	1 68	1 73	900	1 17	1 22	1 74	1 79	1 53	1 58	900	1 21	1 26	1 78	1 83	1 57	1 62
	240	1 45	1 50	2 02	2 07	1 81	1 86	1000	1 21	1 26	1 78	1 83	1 57	1 62	1000	1 24	1 29	1 81	1 86	1 60	1 65
	270	1 58	1 63	2 15	2 20	1 94	1 99	1100	1 25	1 30	1 82	1 87	1 61	1 66	1100	1 27	1 32	1 84	1 89	1 63	1 68
Terre grasse mêlée de cailloux.	50	0 62	0 67	1 28	1 33	1 01	1 06	300	1 04	1 09	1 70	1 75	1 43	1 48	300	1 16	1 21	1 82	1 87	1 55	1 60
	60	0 77	0 82	1 43	1 48	1 16	1 21	400	1 08	1 13	1 74	1 79	1 47	1 52	400	1 19	1 24	1 85	1 90	1 58	1 63
	90	0 92	0 97	1 58	1 63	1 31	1 36	500	1 12	1 17	1 78	1 83	1 51	1 56	500	1 22	1 27	1 88	1 93	1 61	1 66
	120	1 07	1 12	1 73	1 78	1 46	1 51	600	1 16	1 21	1 82	1 87	1 55	1 60	600	1 25	1 30	1 91	1 96	1 64	1 69
	150	1 22	1 27	1 88	1 93	1 61	1 66	700	1 20	1 25	1 86	1 91	1 59	1 64	700	1 28	1 33	1 94	1 99	1 67	1 72
	180	1 37	1 42	2 03	2 08	1 76	1 81	800	1 24	1 29	1 90	1 95	1 63	1 68	800	1 31	1 36	1 97	2 02	1 70	1 75
	210	1 52	1 57	2 18	2 23	1 91	1 96	900	1 28	1 33	1 94	1 99	1 67	1 72	900	1 34	1 39	2 00	2 05	1 73	1 78
	240	1 67	1 72	2 33	2 38	2 06	2 11	1000	1 32	1 37	1 98	2 03	1 71	1 76	1000	1 37	1 42	2 03	2 08	1 76	1 81
	270	1 82	1 87	2 48	2 53	2 21	2 26	1100	1 36	1 41	2 02	2 07	1 75	1 80	1100	1 40	1 45	2 06	2 11	1 79	1 84
ROCS.																					
Roc mêlé de terre.	50	1 16	1 21	2 33	2 83	» »	» »	300	1 51	1 56	2 68	2 73	» »	» »	300	1 58	1 63	2 75	2 80	» »	» »
	60	1 27	1 32	2 44	2 49	» »	» »	400	1 55	1 60	2 72	2 77	» »	» »	400	1 61	1 66	2 78	2 83	» »	» »
	90	1 38	1 43	2 55	2 60	» »	» »	500	1 59	1 64	2 76	2 81	» »	» »	500	1 64	1 69	2 81	2 86	» »	» »
	120	1 49	1 54	2 66	2 71	» »	» »	600	1 63	1 68	2 80	2 85	» »	» »	600	1 67	1 72	2 84	2 89	» »	» »
	150	1 60	1 65	2 77	2 82	» »	» »	700	1 67	1 72	2 84	2 89	» »	» »	700	1 70	1 75	2 87	2 92	» »	» »
	180	1 71	1 76	2 88	2 93	» »	» »	800	1 71	1 76	2 88	2 93	» »	» »	800	1 73	1 78	2 90	2 95	» »	» »
	210	1 82	1 87	2 99	3 04	» »	» »	900	1 75	1 80	2 92	2 97	» »	» »	900	1 76	1 81	2 93	2 98	» »	» »
	240	1 93	1 98	3 10	3 15	» »	» »	1000	1 79	1 84	2 96	3 01	» »	» »	1000	1 79	1 84	2 96	3 01	» »	» »
	270	2 04	2 09	3 21	3 26	» »	» »	1100	1 83	1 88	3 00	3 05	» »	» »	1100	1 82	1 87	2 99	3 04	» »	» »
Roc tendre, ...	50	1 81	1 86	3 64	3 69	» »	» »	300	2 19	2 24	4 02	4 07	» »	» »	300	2 29	2 34	4 12	4 17	» »	» »
	60	1 95	2 00	3 78	3 83	» »	» »	400	2 23	2 28	4 06	4 11	» »	» »	400	2 32	2 37	4 15	4 20	» »	» »
	90	2 09	2 14	3 92	3 97	» »	» »	500	2 27	2 32	4 10	4 15	» »	» »	500	2 35	2 40	4 18	4 23	» »	» »
	120	2 23	2 28	4 06	4 11	» »	» »	600	2 31	2 36	4 14	4 19	» »	» »	600	2 38	2 43	4 21	4 26	» »	» »
	150	2 37	2 42	4 20	4 25	» »	» »	700	2 35	2 40	4 18	4 23	» »	» »	700	2 41	2 46	4 24	4 29	» »	» »
	180	2 51	2 56	4 34	4 39	» »	» »	800	2 39	2 44	4 22	4 27	» »	» »	800	2 44	2 49	4 27	4 32	» »	» »
	210	2 65	2 70	4 48	4 53	» »	» »	900	2 43	2 48	4 26	4 31	» »	» »	900	2 47	2 52	4 30	4 35	» »	» »
	240	2 79	2 84	4 62	4 67	» »	» »	1000	2 47	2 52	4 30	4 35	» »	» »	1000	2 50	2 55	4 33	4 38	» »	» »
	270	2 93	2 98	4 76	4 81	» »	» »	1100	2 51	2 56	4 34	4 39	» »	» »	1100	2 53	2 58	4 36	4 41	» »	» »
Roc calcaire très-dur, . .	50	2 84	2 89	5 71	5 76	» »	» »	300	3 28	3 33	6 15	6 20	» »	» »	300	3 41	3 46	6 28	6 33	» »	» »
	60	3 00	3 05	5 87	5 92	» »	» »	400	3 32	3 37	6 19	6 24	» »	» »	400	3 44	3 49	6 31	6 36	» »	» »
	90	3 16	3 21	6 03	6 08	» »	» 0	500	3 36	3 41	6 23	6 28	» »	» »	500	3 47	3 52	6 34	6 39	» »	» »
	120	3 32	3 37	6 19	6 24	» »	» 0	600	3 40	3 45	6 27	6 32	» »	» »	600	3 50	3 55	6 37	6 42	» »	» »
	150	3 48	3 53	6 35	6 40	» »	» 0	700	3 44	3 49	6 31	6 36	» »	» »	700	3 53	3 58	6 40	6 45	» »	» »
	180	3 64	3 69	6 51	6 56	» »	» 0	800	3 48	3 53	6 35	6 40	» »	» »	800	3 56	3 61	6 43	6 48	» »	» »
	210	3 80	3 85	6 67	6 72	» »	» 0	900	3 52	3 57	6 39	6 44	» »	» »	900	3 59	3 64	6 46	6 51	» »	» »
	240	3 96	4 01	6 83	6 88	» »	» 0	1000	3 56	3 61	6 43	6 48	» »	» »	1000	3 62	3 67	6 49	6 54	» »	» »
	270	4 12	4 17	6 99	7 04	» »	» »	1100	3 60	3 65	6 47	6 52	» »	» »	1100	3 65	3 70	6 52	6 57	» »	» »

DEUXIÈME TABLEAU DES PRIX D'APPLICATION.

FOUILLE, CHARGE, ÉLÉVATION AU TREUIL ET TRANSPORT DES DÉBLAIS.

ESPÈCES DE TERRES ET DE ROCS.	DISTANCE du TRANSPORT en mètres.	VALEUR DU TRANSPORT A LA BROUETTE, chargement, élévation et fouille.				DISTANCE du TRANSPORT en mètres.	VALEUR DU TRANSPORT AU TOMBEREAU A UN COLLIER, chargement, élévation et fouille.				DISTANCE du TRANSPORT en mètres.	VALEUR DU TRANSPORT AU TOMBEREAU A DEUX COLLIERS, chargement, élévation et fouille.			
		à 2 mètres de profondeur.	à 3 mètres de profondeur.	à 4 mètres de profondeur.	à 5 mètres de profondeur.		à 2 mètres de profondeur.	à 3 mètres de profondeur.	à 4 mètres de profondeur.	à 5 mètres de profondeur.		à 2 mètres de profondeur.	à 3 mètres de profondeur.	à 4 mètres de profondeur.	à 5 mètres de profondeur
		fr. c.	fr. c.	fr. c.	fr. c.		fr. c.	fr. c.	fr. c.	fr. c.		fr. c.	fr. c.	fr. c.	fr. c.
TERRES.	30	0 71	0 73	0 75	0 77	300	0 89	0 91	0 93	0 95	300	0 90	0 92	0 94	0 96
	60	0 76	0 78	0 80	0 82	400	0 93	0 95	0 97	0 99	400	0 93	0 95	0 97	0 99
	90	0 81	0 83	0 85	0 87	500	0 97	0 99	1 01	1 03	500	0 96	0 98	1 00	1 02
	120	0 86	0 88	0 90	0 92	600	1 01	1 03	1 05	1 07	600	0 99	1 01	1 03	1 05
Terre douce et sablonneuse.	150	0 91	0 93	0 95	0 97	700	1 05	1 07	1 09	1 11	700	1 02	1 04	1 06	1 08
	180	0 96	0 98	1 00	1 02	800	1 09	1 11	1 13	1 15	800	1 05	1 07	1 09	1 11
	210	1 01	1 03	1 05	1 07	900	1 13	1 15	1 17	1 19	900	1 08	1 10	1 12	1 14
	240	1 06	1 08	1 10	1 12	1000	1 17	1 19	1 21	1 23	1000	1 11	1 13	1 15	1 17
	270	1 11	1 13	1 15	1 17	1100	1 21	1 23	1 25	1 27	1100	1 14	1 16	1 18	1 20
	30	0 68	0 72	0 76	0 80	300	0 88	0 92	0 96	1 00	300	0 92	0 96	1 00	1 04
	60	0 76	0 80	0 84	0 88	400	0 92	0 96	1 00	1 04	400	0 95	0 99	1 03	1 07
	90	0 84	0 88	0 92	0 96	500	0 96	1 00	1 04	1 08	500	0 98	1 02	1 06	1 10
	120	0 92	0 96	1 00	1 04	600	1 00	1 04	1 08	1 12	600	1 01	1 05	1 09	1 13
Terre ordinaire.	150	1 00	1 04	1 08	1 12	700	1 04	1 08	1 12	1 16	700	1 04	1 08	1 12	1 16
	180	1 08	1 12	1 16	1 20	800	1 08	1 12	1 16	1 20	800	1 07	1 11	1 15	1 19
	210	1 16	1 20	1 24	1 28	900	1 12	1 16	1 20	1 24	900	1 10	1 14	1 18	1 22
	240	1 24	1 28	1 32	1 36	1000	1 16	1 20	1 24	1 28	1000	1 13	1 17	1 21	1 25
	270	1 32	1 36	1 40	1 44	1100	1 20	1 24	1 28	1 32	1100	1 16	1 20	1 24	1 28
	30	0 91	0 96	1 01	1 06	300	1 13	1 18	1 23	1 28	300	1 20	1 25	1 30	1 35
	60	1 02	1 07	1 12	1 17	400	1 17	1 22	1 27	1 32	400	1 23	1 28	1 33	1 38
	90	1 13	1 18	1 23	1 28	500	1 21	1 26	1 31	1 36	500	1 26	1 31	1 36	1 41
	120	1 24	1 29	1 34	1 39	600	1 25	1 30	1 35	1 40	600	1 29	1 34	1 39	1 44
Terre forte graveleuse. . .	150	1 35	1 40	1 45	1 50	700	1 29	1 34	1 39	1 44	700	1 32	1 37	1 42	1 47
	180	1 46	1 51	1 56	1 61	800	1 33	1 38	1 43	1 48	800	1 35	1 40	1 45	1 50
	210	1 57	1 62	1 67	1 72	900	1 37	1 42	1 47	1 52	900	1 38	1 43	1 48	1 53
	240	1 68	1 73	1 78	1 83	1000	1 41	1 46	1 51	1 56	1000	1 41	1 46	1 51	1 56
	270	1 79	1 84	1 89	1 94	1100	1 45	1 50	1 55	1 60	1100	1 44	1 49	1 54	1 59

Argile mêlée de tuf. . . .	30	1 07	1 13	1 19	1 25	300	1 31	1 37	1 43	1 49	300	1 41	1 47	1 53	1 59
	60	1 20	1 26	1 32	1 38	400	1 35	1 41	1 47	1 53	400	1 44	1 50	1 56	1 62
	90	1 33	1 39	1 45	1 51	500	1 39	1 45	1 51	1 57	500	1 47	1 53	1 59	1 65
	120	1 46	1 52	1 58	1 64	600	1 43	1 49	1 55	1 61	600	1 50	1 56	1 62	1 68
	150	1 59	1 65	1 71	1 77	700	1 47	1 53	1 59	1 65	700	1 53	1 59	1 65	1 71
	180	1 72	1 78	1 84	1 90	800	1 51	1 57	1 63	1 69	800	1 56	1 62	1 68	1 74
	210	1 85	1 91	1 97	2 03	900	1 55	1 61	1 67	1 73	900	1 59	1 65	1 71	1 77
	240	1 98	2 04	2 10	2 16	1000	1 59	1 65	1 71	1 77	1000	1 62	1 68	1 74	1 80
	270	2 11	2 17	2 23	2 29	1100	1 63	1 69	1 75	1 81	1100	1 65	1 71	1 77	1 83
Terre grasse mêlée de cailloux.	30	1 25	1 32	1 39	1 46	300	1 49	1 56	1 63	1 70	300	1 61	1 68	1 75	1 82
	60	1 40	1 47	1 54	1 61	400	1 53	1 60	1 67	1 74	400	1 64	1 71	1 78	1 85
	90	1 55	1 62	1 69	1 76	500	1 57	1 64	1 71	1 78	500	1 67	1 74	1 81	1 88
	120	1 70	1 77	1 84	1 91	600	1 61	1 68	1 75	1 82	600	1 70	1 77	1 84	1 91
	150	1 85	1 92	1 99	2 06	700	1 65	1 72	1 79	1 86	700	1 73	1 80	1 87	1 94
	180	2 00	2 07	2 14	2 21	800	1 69	1 76	1 83	1 90	800	1 76	1 83	1 90	1 97
	210	2 15	2 22	2 29	2 36	900	1 73	1 80	1 87	1 94	900	1 79	1 86	1 93	2 00
	240	2 30	2 37	2 44	2 51	1000	1 77	1 84	1 91	1 98	1000	1 82	1 89	1 96	2 03
	270	2 45	2 52	2 59	2 66	1100	1 81	1 88	1 95	2 02	1100	1 85	1 92	1 99	2 06
ROCS. — Roc mêlé de terre.	30	1 61	1 66	1 71	1 76	300	1 83	1 88	1 93	1 98	300	1 90	1 95	2 00	2 05
	60	1 72	1 77	1 82	1 87	400	1 87	1 92	1 97	2 02	400	1 93	1 98	2 03	2 08
	90	1 83	1 88	1 93	1 98	500	1 91	1 96	2 01	2 06	500	1 96	2 01	2 06	2 11
	120	1 94	1 99	2 04	2 09	600	1 95	2 00	2 05	2 10	600	1 99	2 04	2 09	2 14
	150	2 05	2 10	2 15	2 20	700	1 99	2 04	2 09	2 14	700	2 02	2 07	2 12	2 17
	180	2 16	2 21	2 26	2 31	800	2 03	2 08	2 13	2 18	800	2 05	2 10	2 15	2 20
	210	2 27	2 32	2 37	2 42	900	2 07	2 12	2 17	2 22	900	2 08	2 13	2 18	2 23
	240	2 38	2 43	2 48	2 53	1000	2 11	2 16	2 21	2 26	1000	2 11	2 16	2 21	2 26
	270	2 49	2 54	2 59	2 64	1100	2 15	2 20	2 25	2 30	1100	2 14	2 19	2 24	2 29
Roc tendre, ...	30	2 36	2 42	2 48	2 54	300	2 58	2 64	2 70	2 76	300	2 68	2 74	2 80	2 86
	60	2 50	2 56	2 62	2 68	400	2 62	2 68	2 74	2 80	400	2 71	2 77	2 83	2 89
	90	2 64	2 70	2 76	2 82	500	2 66	2 72	2 78	2 84	500	2 74	2 80	2 86	2 92
	120	2 78	2 84	2 90	2 96	600	2 70	2 76	2 82	2 88	600	2 77	2 83	2 89	2 95
	150	2 92	2 98	3 04	3 10	700	2 74	2 80	2 86	2 92	700	2 80	2 86	2 92	2 98
	180	3 06	3 12	3 18	3 24	800	2 78	2 84	2 90	2 96	800	2 83	2 89	2 95	3 01
	210	3 20	3 26	3 32	3 38	900	2 82	2 88	2 94	3 00	900	2 86	2 92	2 98	3 04
	240	3 34	3 40	3 46	3 52	1000	2 86	2 92	2 98	3 04	1000	2 89	2 95	3 01	3 07
	270	3 48	3 54	3 60	3 66	1100	2 90	2 96	3 02	3 08	1100	2 92	2 98	3 04	3 10
Roc calcaire très-dur, . .	30	3 50	3 57	3 64	3 71	300	3 75	3 82	3 89	3 96	300	3 88	3 95	4 02	4 09
	60	3 66	3 73	3 80	3 87	400	3 79	3 86	3 93	4 00	400	3 91	3 98	4 05	4 12
	90	3 82	3 89	3 96	4 03	500	3 83	3 90	3 97	4 04	500	3 94	4 01	4 08	4 15
	120	3 98	4 05	4 12	4 19	600	3 87	3 94	4 01	4 08	600	3 97	4 04	4 11	4 18
	150	4 14	4 21	4 28	4 35	700	3 91	3 98	4 05	4 12	700	4 00	4 07	4 14	4 21
	180	4 30	4 37	4 44	4 51	800	3 95	4 02	4 09	4 16	800	4 03	4 10	4 17	4 24
	210	4 46	4 53	4 60	4 67	900	3 99	4 06	4 13	4 20	900	4 06	4 13	4 20	4 27
	240	4 62	4 69	4 76	4 83	1000	4 03	4 10	4 17	4 24	1000	4 09	4 16	4 23	4 30
	270	4 78	4 85	4 92	4 99	1100	4 07	4 14	4 21	4 28	1100	4 12	4 19	4 26	4 33

FIN DE L'ÉVALUATION DE LA TERRASSE.

DEUXIÈME CATÉGORIE.

MAÇONNERIE.

PRÉLIMINAIRE.

DÉFINITION DE LA MAÇONNERIE.

On entend par maçonnerie , la combinaison de matériaux au moyen de mortier pour former un corps solide , ou au moyen de tout autre agent susceptible de produire le même effet.

DE L'EMPLOI DES MATÉRIAUX EN GÉNÉRAL.

Les matériaux les plus durs et les plus résistants sont sans contredit les plus propres à la confection des ouvrages de construction ; aussi leur choix captive-t-il toute l'attention des personnes qui font bâtir ; mais comme ils sont inégalement répandus sur toute la surface du globe , on est presque toujours obligé de n'employer que des matières exploitées dans le pays où les bâtisses se font. Ainsi , dans plusieurs contrées où les pierres de taille sont en abondance , les constructions sont généralement faites avec ces matériaux ; dans d'autres , où les pierres de taille sont plus rares , on les exécute en maçonnerie de moellons ; ailleurs enfin , et c'est dans beaucoup de localités , la maçonnerie de briques est la seule en usage.

L'analyse raisonnée des matières tenant le premier rang dans l'art de la construction en général , il est donc de toute nécessité que les personnes qui font bâtir connaissent parfaitement les matériaux qu'elles emploient.

DE LA CONNAISSANCE DES MATÉRIAUX.

La connaissance des matériaux consiste dans leur choix et l'appréciation précise de leurs qualités et de leurs défectuosités.

Le bon constructeur doit apporter une attention scrupuleuse dans le choix des matériaux , afin de les employer convenablement , soit en raison de leur densité, soit par rapport à leurs qualités, afin de rejeter ceux qu'il ne reconnaîtrait pas propres à braver les efforts du temps et l'intempérie des saisons, lorsqu'ils y sont exposés ; ceux enfin qui ne seraient pas reconnus avoir assez de consistance pour supporter le poids dont ils doivent être chargés.

DIVISION DE LA MAÇONNERIE.

Les ouvrages de maçonnerie sont , en général, les plus étendus , les plus variés et ceux qui exigent après la menuiserie le plus de détails pour parvenir à les évaluer à leur juste valeur. On peut diviser la maçonnerie en OUVRAGES DE CONSTRUCTION et en OUVRAGES DE DÉMOLITION. Ces deux parties sont elles-mêmes subdivisées en plusieurs autres, savoir :

1°. — LES GROS OUVRAGES DE MAÇONNERIE EN PIERRE ;

2°. — LES GROS OUVRAGES DE MAÇONNERIE AUTRES QUE CEUX EN PIERRE ;

3°. — LES LÉGERS OUVRAGES DE MAÇONNERIE.

PREMIÈRE PARTIE.

Principes, éléments et bases de l'évaluation.

—————◦—————

PREMIÈRE SECTION.

DES FOURNITURES.

—————

CHAPITRE Iᵉʳ.

Des Matériaux.

—————

§ Iᵉʳ. — DES DIFFÉRENTES ESPÈCES ET DE LA NATURE DES MATÉRIAUX.

1° Des pierres de taille.

Dans la construction les pierres se divisent généralement en deux classes : la première comprend les pierres dures qu'on ne peut débiter qu'avec une scie sans dents et au moyen de l'eau et du grès comme les marbres ; la seconde comprend les pierres tendres, qui se débitent à sec avec la scie à dents, comme les pierres d'Hordaing, d'Avesnes-le-Sec, d'Estreux (Valenciennes), et celles des environs d'Arras, dont on fait beaucoup usage dans les départements du Nord et du Pas-de-Calais.

Les qualités essentielles des pierres, tant dures que tendres, sont d'avoir le grain fin et homogène, la texture compacte et uniforme ; de résister à toutes les intempéries de l'air et de ne pas éclater à l'action du feu.

Au moment où les pierres sortent de leur carrière, elles sont généralement plus tendres que lorsqu'elles ont séjourné quelques années en plein air. C'est pour cette raison qu'on évite de les employer avant qu'elles aient perdu leur eau de carrière : sans cette précaution, la gelée les fait éclater.

Voici comment Rondelet (1), s'exprime à ce sujet :

« On remarque, en général, dans les pierres de même espèce, que celles » dont la couleur est moins foncée sont ordinairement plus tendres.

» Les pierres dont la cassure est remplie d'aspérités et de points brillans, » se travaillent plus difficilement que celles qui ont la cassure lisse et le » grain uniforme.

» Lorsqu'on mouille une pierre, si elle absorbe l'eau promptement et » qu'elle augmente de poids, elle est peu propre à résister à l'humidité.

» Les pierres qui rendent un son plein lorsqu'on les frappe ou qu'on les » taille, ont ordinairement le grain fin et la texture uniforme.

» Celles qui exhalent une odeur de soufre lorsqu'on les taille, ont beau- » coup de consistance.

» Enfin, dans les pierres de même espèce, plus elles sont pesantes, plus » elles sont dures et fortes. »

DES PIERRES DURES.

Les pierres dures propres à être employées comme pierres de taille dans la construction des édifices publics et des bâtiments particuliers, sont les grès et les pierres calcaires proprement dites. Cette dernière espèce est plus répandue dans la nature que les autres roches, c'est celle qui est préférée partout.

Presque toutes les contrées de la France possèdent des pierres calcaires propres à la construction, et l'on distingue parmi celles qui fournissent les carrières les plus abondantes, les départements de la Seine, de Seine-et-Oise, d'Yonne, de la Moselle, du Nord, de la Haute-Marne, de l'Oise, du Doubs, de la Côte-d'Or, de Vaucluse, de la Dordogne, du Lot, de la Meuse, du Calvados, du Gard et des Hautes-Pyrénées. Ces pierres diffèrent toutes de qualité, de couleur et de densité.

(1) *Traité de l'Art de bâtir*, neuvième édition, tome 1er, page 59.

Il serait trop long de faire une description dans cet ouvrage des différentes espèces de pierres qui se trouvent dans chacune de nos contrées (1).

Je ne parlerai que de celles dont on se sert pour bâtir dans nos départements : mes sous-détails ne s'appliquent qu'à ces pierres. Ceux qui voudront avoir le prix de revient pour toute autre, il leur suffira d'employer les mêmes procédés que pour celles dont je vais traiter.

On trouve une espèce de pierre bleue dans le département du Nord , à Ghissignies, près le Quesnoy.

Dans le même département et dans celui du Pas-de-Calais , on trouve en plusieurs endroits des grès.

Les plus belles pierres se tirent de la Belgique. Elles sont d'une couleur bleuâtre , leur grain est fin , elles se taillent bien et sont même susceptibles d'être polies ; elles résistent aux intempéries de l'air ; on peut extraire des blocs assez volumineux pour en faire des colonnes d'une seule pièce de sept à huit mètres de haut. Cette pierre, qui est d'une excellente qualité, est assez en usage dans tous les pays voisins.

Les carrières d'où l'on tire ces pierres sont celles de Soignies, Maffles, etc.

On en tire aussi de Basècles , près Péruwelz (Belgique) ; elles ne sont pas aussi estimées que ces dernières , et sont peu en usage dans nos départements:

DES PIERRES TENDRES.

Les pierres tendres les plus communément employées dans nos contrées , sont :

1° Dans le département du Nord, aux environs de Valenciennes , la pierre blanche et tendre que l'on extrait des carrières d'Hordaing , d'Avesnes-le-Sec et d'Estreux ;

2° Dans le département du Pas-de-Calais , celles qué l'on tire des environs d'Arras : elles sont d'une qualité médiocre.

2° Du Moellon.

Le moellon se tire des mêmes carrières que celles d'où l'on exploite la pierre de taille ; il provient des bancs supérieurs ou intermédiaires qui n'ont point encore acquis toute la pétrification nécessaire pour être propres à la taille. On appelle aussi moellon les éclats de pierre et de rebuts des

(1) La table lithologique publiée par M. Lesage, ingénieur en chef des Ponts-et-Chaussées, contient sept cent quarante-cinq espèces de pierres calcaires , connues en Europe,

blocs. On l'emploie principalement dans les fondations et aux murs en élévation de clôtures , et pour le remplissage des murs en pierre.

3° Des Libages.

Les libages sont une sorte de gros moellons ou quartier de pierre mal fait ou rustique , équarris à parements bruts , et qu'on emploie dans les fondations. C'est aussi toute pierre de taille qu'on ne peut employer que dans des ouvrages semblables , parce qu'il s'y trouve quelque fil ou moie.

4° De la Meulière.

On entend par meulière , une sorte de moellon très-dur et rocailleux et quelquefois très poreux ; cette pierre est un composé de concrétions vitreuses et quartzeuses. Cette matière, qui est indestructible, est très commune; il s'en trouve dans toutes les contrées de France. Lorsqu'elle est de bonne qualité , son tissu est criblé de trous; cette espèce est celle qu'on trouve le plus communément dans la plupart des départements et qui forme la construction la plus solide et presque partout la moins dispendieuse.

Cette pierre se trouve le plus souvent à fleur du sol et dans les bancs sablonneux et repose presque toujours sur un banc de glaise.

La meilleure n'est pas très en usage dans nos départements , on ne l'emploie que dans une partie des frontières limitrophes du département du Nord , vers l'arrondissement de Valenciennes.

Je ne parle ici de cette nature de pierre qu'à titre de renseignements , parce que le prix , qui n'est que très minime, deviendrait cependant très-élevé dans nos départements à cause des frais de transport. Il n'en sera donc pas fait de sous-détails dans l'évaluation.

5° Des pierres artificielles ou factices.

DES BRIQUES.

Les briques que l'on emploie dans les bâtiments sont de deux espèces : les briques rouges ordinaires dites du pays, et les briques blanches dites réfractaires.

DES BRIQUES DU PAYS.

Cette espèce de briques s'emploie pour les murs, les revêtements, les voûtes, les cloisons, les languettes des cheminées, et quelquefois même pour les pavages de caves et autres.

Ces briques, qui sont en usage dans presque toutes les contrées de

France, diffèrent de couleur, de forme et de dimensions, suivant l'espèce et la nature des terres avec lesquelles elles sont fabriquées, et suivant le degré de cuisson qu'on leur donne et les coutumes du pays.

Celles des départements du Nord et du Pas-de-Calais sont généralement d'un rouge très foncé et d'une forme rectangulaire ; elles ont de 22 à 24 centimètres de longueur, sur 11 à 12 centimètres de largeur et 55 millimètres à 6 centimètres d'épaisseur. Comme on le voit, leurs dimensions sont telles, que leur longueur est ordinairement double de leur largeur, et leur épaisseur est égale à la moitié de leur largeur.

La mauvaise brique se reconnaît facilement, d'abord à sa couleur rouge jaunâtre, mais plus encore au son sourd qu'elle rend et au grain mollasse que présente sa surface : dans cet état, elle absorbe l'eau avec avidité et se rompt assez facilement. La bonne brique est sonore, dure, compacte et ordinairement d'un rouge très foncé ; elle présente aussi quelquefois à sa surface des parties vitrifiées, ce qui la fait appeler dans certains pays brique cuite en fer. Du reste, il ne faut pas trop se fier à cette dernière apparence, parce que souvent c'est au degré de cuisson seul que les briques doivent ce commencement de vitrification, quoique l'argile dont elles sont composées soit impure, et amalgamée sans les précautions exigées. On remarquera aussi que souvent les briques d'entourage et de recouvrement des briqueteries présentent ce caractère ; cependant, elles ne sont pas d'une bonne qualité.

DES BRIQUES RÉFRACTAIRES.

Cette espèce de brique, qui est d'une dureté excessive, s'emploie pour les pavages de fours, soit de boulangerie, soit d'usine, et pour toute espèce de pavages et autres ouvrages exposés à l'ardeur du feu, parce qu'elle n'est pas fusible, comme le fait assez comprendre la détermination qui lui est propre.

Ces briques, qui sont beaucoup en usage actuellement dans nos pays, viennent de France ou d'Angleterre. Ces dernières diffèrent des premières sous le rapport de la couleur : elles sont blanches, tandis que celles de France sont d'une teinte rose très pâle. Quant à leurs formes et leurs dimensions, elles sont identiques. Les principales briques de nos départements viennent de Fresnes-sur-l'Escaut, Douchy, etc. (Nord).

Ces briques ne se taillant pas aussi facilement que les briques rouges, on a dû nécessairement en faire deux modèles, dont l'un sert pour les aires et les piédroits, l'autre pour les voûtes. Les dimensions de ces briques et de ces modules sont les mêmes que celles des briques rouges du pays ; seulement celles destinées pour les voûtes, ou du second module, présentent un trapèze isocèle avec un fruit sur son épaisseur de 1 centimètre.

Quant aux caractères distinctifs de ces briques, ils doivent remplir les mêmes conditions que pour les briques du pays, sauf leur couleur.

6° Du plâtre.

Le plâtre provient des pierres gypseuses que l'on soumet à un four modéré, qu'on pulvérise ensuite, et qui, étant détrempé avec de l'eau, sert de liaison aux ouvrages de construction.

« Le plâtre, dit Rondelet (1), peut être considéré comme une espèce de
» chaux qui n'a besoin du mélange d'aucune autre matière que de l'eau,
» pour former un corps solide, d'une dureté moyenne. Par cette seule raison,
» le plâtre serait préférable au mortier, s'il pouvait résister plus long-temps
» aux intempéries de l'air et à l'humidité..... »

Pour que le plâtre soit de bonne qualité, il faut qu'au toucher il soit onctueux ; lorsqu'il est sec et aride, il est susceptible de tomber ou de se lézarder. Le plâtre de bonne qualité peut se détériorer beaucoup lorsqu'on attend trop long-temps pour l'employer, il peut même devenir mauvais.

7° De la chaux.

La chaux est une pierre calcaire cuite dans un four que l'on éteint dans l'eau, et qui, mélangée avec du sable ou de la pouzzolane, et autres matières de ce genre, produit le mortier.

Les pierres calcaires qui font la meilleure chaux, sont ordinairement les plus dures, les plus pesantes, celles dont le grain est fin, homogène, et dont la texture est la plus compacte ; c'est pourquoi les cailloux calcaires et les marbres font d'excellentes chaux. La meilleure pierre à chaux qui existe en France est grise et pesante.

On distingue trois sortes de chaux de construction, savoir : la chaux grasse ou commune, la chaux hydraulique et la chaux maigre.

La chaux grasse ne durcit jamais dans l'eau; lorsqu'on l'y place seule, elle augmente considérablement de masse par l'extinction ; elle absorbe jusqu'à deux fois et demie son volume d'eau, et a ordinairement la couleur du blanc le plus pur ; c'est celle qui foisonne le plus, qui supporte la plus grande quantité de sable, et qui est par conséquent la plus économique, mais par contre la plus mauvaise ; on doit éviter de l'employer dans les travaux

---

(1) *Traité théorique et pratique de l'Art de bâtir*, neuvième édition, tome 1er, page 156.

souterrains , dans ceux de fondations et surtout dans les travaux hydrauliques.

La chaux hydraulique se distingue par la faculté de se durcir dans l'eau ,
sans l'addition d'aucun mélange ; sa couleur est fauve, verdâtre ou grisâtre.

Cette chaux est la meilleure de toutes, elle compose les mortiers les plus
solides et les plus durables , c'est aussi la seule qui puisse être employée,
sans aucune crainte, dans les travaux de maçonnerie submergée.

La chaux maigre forme le terme moyen entre les qualités précédentes ;
elle augmente peu de volume lors de son extinction ; elle ne supporte pas
beaucoup de sable, et produit un mortier qui durcit promptement à l'air , et
qui finit par prendre une certaine consistance dans des endroits humides.

On remarquera en général que la chaux qui provient des pierres les plus
dures et les plus compactes, vaut mieux pour la maçonnerie ; et que celles
que l'on obtient des pierres poreuses est préférable pour les enduits (1).

L'endroit où l'on trouve la meilleure chaux et dont on fait le plus d'usage
dans nos départements, est Tournai (Belgique).

Le rendement de la chaux augmentant ou diminuant le volume de la pâte,
en raison des procédés d'extinction , j'ai cru qu'il était de la plus grande
nécessité de faire connaître les différents procédés que l'on peut employer
pour chaque espèce de chaux , attendu que les sous-détails peuvent varier
sensiblement, selon le plus ou le moins de pâte que l'on aura obtenu après
l'extinction. A cet effet , je ne crois pouvoir mieux faire que de citer F. M.
Lebrun jeune, architecte à Montauban, qui a fait de nombreuses expériences
sur cette matière (2).

« On emploie communément, dit M. Lebrun, trois procédés pour l'extinc-
» tion de la chaux : extinction ordinaire, extinction par immersion, extinc-
» tion spontanée.

» Pour les chaux hydrauliques , le premier procédé est le meilleur , et le
» deuxième supérieur au troisième ; pour les chaux grasses au contraire, le
» dernier procédé est préférable au deuxième , et celui-ci au premier. De
» telle manière que l'ordre d'extinction à suivre pour les chaux hydrauli-
» ques et pour les chaux grasses , d'après les procédés indiqués , est , pour
» les deux chaux grasses, inverse de celui pour les chaux hydrauliques.

» Dans l'objet qui m'occupe, n'ayant à traiter que des chaux hydrauliques,

---

(1) *Traité de l'Art de bâtir*, par Rondelet , tome 1ᵉʳ , page 120.

(2) Méthode pratique pour l'emploi du béton en remplacement de toute autre espèce de maçonneries dans
les constructions en général , page 37.

» je vais développer ces trois procédés d'extinction dans l'ordre de préfé-
» rence.

§ I.—PREMIER PROCÉDÉ.

Extinction ordinaire.—» Pour éteindre la chaux par le procédé ordinaire,
» il faudra la prendre au sortir du four, et la jeter sous une quantité d'eau
» convenable, dans un bassin préférablement rendu imperméable au moyen
» de murs bâtis contre les parois, et d'un carellement en briques posées sur
» mortier, au fond du bassin. Aussitôt après l'immersion de la chaux, elle
» se fend avec bruit, se boursouffle, répand des vapeurs brûlantes, et forme
» une bouillie épaisse ; réduite en cet état, on la nomme chaux fondue ou
» chaux coulée. Il faut avoir le soin de ne couler instantanément dans le
» bassin qu'à peu près l'eau nécessaire, pour ne pas être obligé d'en ajouter
» au moment de l'effervescence de la chaux, car alors elle demeure grenue
» et se divise fort mal (1) ; si l'on était dans la nécessité d'ajouter de l'eau, il
» faudrait attendre le refroidissement de la chaux déjà fusée.

» Il importe, d'après ce qui précède, de déterminer la quantité d'eau né-
» cessaire à l'extinction de la chaux ; à cet effet, on prendra une pierre à
» chaux vive, que l'on pèsera exactement, et que l'on placera dans un vase
» quelconque ; on versera dessus une quantité d'eau indéterminée ; mais
» plus que suffisante pour éteindre la chaux. Après l'extinction complète de
» la chaux, on décantera l'eau avec soin, et l'on pèsera la bouillie ou chaux
» éteinte qui se trouvera au fond du vase. La différence de poids qui existera
» entre la chaux éteinte et la chaux vive, fera connaître le poids de l'eau qui
» aura été absorbée ; cette quantité pourra être facilement réduite en volu-
» me, au moyen du calcul ou d'une expérience directe, et alors on sera fixé
» sur les proportions qui devront être observées.

» Pour avoir la mesure de l'augmentation de volume de la chaux vive
» après son extinction, on l'obtiendra aisément, en plaçant la pierre à chaux
» dans un vase, sur laquelle on jettera du sable, de manière à la combler.
» Ensuite, on reprendra la chaux pour l'éteindre séparément dans le même
» vase ; on rejettera de nouveau le sable employé par-dessus ; la partie du

---

(1) « 1°. J'ai assisté à l'extinction de chaux hydraulique sur un grand atelier de construction. Quelques
» parties de chaux vive étaient d'abord jetées à sec, et ensuite au moyen d'une pompe l'eau était amenée
» dans le bassin ; on ajoutait successivement de la chaux à mesure que l'eau était en excès. Lorsqu'arrivait
» le moment de l'emploi de la chaux ainsi éteinte, le directeur des travaux remarquait presque toujours
» que la chaux était mal divisée et demeurée grenue. Il ignorait sans doute qu'on doit se garder d'ajouter de
» l'eau pendant l'effervescence de la chaux, et qu'il faut tout d'un coup mettre dans le bassin toute l'eau
» nécessaire, avant d'y déposer la chaux vive. »

» sable que le vase ne pourra plus contenir sera la mesure du foisonne-
» ment de la chaux.

» Pour conserver à la chaux ainsi éteinte toutes ses qualités ferrumen-
» taires, on doit faire en sorte de ne pas la réduire à consistance laiteuse ,
» selon la mauvaise habitude des maçons, mais de la conserver en pâte forte ;
» car vaut-il mieux encore être obligé d'ajouter de l'eau pour la fabrication
» du mortier , que d'employer la chaux trop liquide.

» Il est très important que toutes les parties de la chaux soumise à
» l'extinction, aient le temps de bien se diviser; pour cela, on construira deux
» ou plusieurs bassins , selon l'importance des travaux , afin que la chaux
» ne soit employée que douze heures au moins , et vingt-quatre heures au
» plus après son extinction. S'il se trouve dans le bassin quelques parties de
» chaux qui fussent à sec, on dirigera l'eau par des rigoles tracées légère-
» ment dans la pâte , avec un bâton ; mais on évitera autant que possible d'y
» jeter de l'eau froide.

» La chaux ainsi éteinte ne doit être employée qu'après son entier refroi-
» dissement, car son existence ne peut être considérée comme complète tant
» qu'il y a manifestation de chaleur , ce qui provient presque toujours d'un
» développement successif d'une chaux paresseuse.

» Si au sortir du bassin la chaux conservait encore un peu de chaleur , on
» pourra néanmoins l'employer à la fabrication du béton , en observant que
» cette chaleur ait entièrement disparu après la manipulation , et avant son
» emploi par immersion ou de toute autre manière.

» La chaux hydraulique ne foisonne que très peu , et quelquefois pas du
» tout , selon qu'elle est plus ou moins maigre. Ainsi , une comporte de
» chaux-vive, éteinte dans un bassin , produira en pâte une comporte , une
» comporte et quart ou une comporte et demie. La chaux dont le volume
» sera le moins augmenté par le foisonnement sera nécessairement la plus
» maigre , et par conséquent celle qui sera la meilleure pour les construc-
» tions hydrauliques. »

§ II.—DEUXIÈME PROCÉDÉ.

Extinction par immersion.— « On procédera de la même manière pour
» éteindre la chaux par immersion : on placera dans un panier les pierres à
» chaux , réduites à la grosseur d'un œuf ou d'une noix , on plongera pen-
» dant quelques secondes le panier dans l'eau , et on le retirera avant le
» commencement de la fusion. Après cette opération, la chaux siffle, se fend
» avec bruit, produit un dégagement considérable de vapeurs brûlantes , et

» tombe en poudre ; placée en cet état dans des caisses ou futailles , la cha-
» leur se trouve concentrée et une grande partie de l'eau réduite en vapeurs
» ne pouvant s'échapper , sera reprise par la chaux même , qui alors se ré-
» duira plus facilement en poudre. Si l'on veut conserver cette chaux , on
» aura soin de couvrir avec de la paille les caisses ou futailles dans lesquel-
» les on pourra la conserver long-temps avant son emploi , pourvu qu'elle
» soit déposée dans un lieu sec et à l'abri de l'humidité ; elle ne s'échauffera
» plus lorsqu'on la détrempera pour en faire du mortier.

» Beaucoup de constructeurs ont employé ce procédé d'extinction pour
» les chaux éminemment hydrauliques, et l'expérience a dû leur montrer
» que cette méthode était vicieuse. J'ai été témoin de la construction de
» plusieurs parties d'ouvrages construits avec de la chaux ainsi éteinte,
» parce que n'ayant pu être complétement dissoutes , les parties de chaux ,
» éteintes imparfaitement, opéraient des efforts et des soulèvements dans
» l'intérieur des maçonneries , qui détruisaient les principes de stabilité si
» nécessaires à la solidité des ouvrages.

» Le foisonnement de la chaux éteinte par ce procédé sera plus avanta-
» geux que par le procédé ordinaire ; il produit assez ordinairement de 1,10
» à 1,60 pour un. Pour obtenir la mesure de l'augmentation de volume de
» la chaux éteinte , on agira comme on l'a dit au premier procédé.

» Ce procédé d'extinction par immersion convient principalement aux
» chaux mélangées par égales parties de chaux grasses et de chaux mai-
» gres. On ne doit pas en faire usage pour les chaux éminemment hydrau-
» liques.

§ III.—TROISIÈME PROCÉDÉ.

» EXTINCTION SPONTANÉE.— Ce troisième moyen d'éteindre la chaux, qui
» peut être employée avec avantage pour les chaux grasses, ne convient
» guère aux chaux hydrauliques.

» La chaux vive, dit M. Vicat (1), soumise à l'action lente et continue de
» l'atmosphère , se réduit en poussière très-fine. Pendant cette extinction
» naturelle, il y a un léger dégagement de chaleur, mais sans vapeurs
» visibles.

» Les chaux grasses augmentent des $\frac{2}{5}$ de leur poids , et rendent en
» volume jusqu'à 3,52 pour un (mesuré en poudre vive). Les chaux hydrau-
» liques ne prennent moyennement que $\frac{1}{8}$ d'eau, et rendent en volume

---

(1) *Résumé sur les Mortiers* , page 16. Paris , 1828.

» depuis 1 m. 75 , jusqu'à 2 m. 55 (les poussières sont mesurées sans tas-
» sement). Pour obtenir ces résultats, il faut saisir l'époque où la réduction
» est complète, et ne point opérer dans une atmosphère trop humide.

» L'extinction ordinaire est celle des trois qui divise le mieux les chaux
» grasses et les chaux hydrauliques de tous les degrès , et qui par consé-
» quent, en porte le foisonnement au plus haut terme ; en seconde ligne,
» et sous le même rapport, l'extinction spontanée convient mieux aux
» chaux grasses qu'aux chaux hydrauliques et éminemment hydrauliques ,
» et *vice versa* pour l'extinction par immersion.

	EAU ABSORBÉE.	VOLUME DE LA PATE.
» (1) 100 kilogrammes de chaux grasse , réduite en pâte molle par le premier procédé, donnent	291 kil.	350 vol.
» Idem, éteinte préalablement par immersion , ...	172 —	234 —
» Idem, éteinte d'abord spontanément , ...	188 —	258 —
» 100 kilogrammes de chaux hydraulique, réduite en pâte molle par le premier procédé, donnent	105 —	137 —
» Idem, éteinte par immersion , ...	71 —	127 —
» Idem, éteinte spontanément , ...	68 —	100 —

» De ces différences, il résulte que trois volumes égaux d'une chaux quel-
» conque en pâte d'égale consistance, mais éteinte par des procédés diffé-
» rents, ne contiennent ni la même quantité de chaux, ni la même quantité
» d'eau. »

8° Du ciment.

Le ciment est le débris de tuiles, briques, carreaux, poteries de terre
cuite et autres substances concassées ou pulvérisées, qui , mélangé dans cet
état avec la chaux , forme une des premières qualités de mortier.

Le mortier fait avec du ciment résiste à l'eau et à l'humidité. On emploie
le ciment pour les enduits intérieurs des bassins , citernes , réservoirs et
aqueducs.

---

(1) Ce tableau comparatif est extrait des notes de M. Vicat , même livre , page 86.

Il y a peu d'endroits où l'on ne puisse se procurer du ciment, puisqu'il suffit de broyer ensemble des tuileaux et autres matières dont je parle ci-dessus.

9° De la cendrée de Tournay.

On appelle cendrée de Tournay une poudre formée des débris à demi-calcinés d'une pierre bleue fort dure dont on fait de la chaux, et qui, en tombant pendant la cuisson, sous la grille du fourneau, se mêlent avec la cendre du charbon de terre.

Le mortier fait avec cette cendrée s'emploie pour les ouvrages construits dans l'eau ; ce mortier résiste à l'humidité, à la sécheresse et à toutes les intempéries des saisons.

10° Du sable.

Le sable que l'on emploie pour la composition du mortier est de trois espèces, savoir : 1° le sable de plaine ou de carrière ; 2° le sable de ravine ; 3° le sable de rivière.

1° DU SABLE DE PLAINE OU DE CARRIÈRE.—Ce sable, qui provient des plaines ou des carrières, est souvent mêlé de terre ; mais moins il a de ce mélange, mieux il vaut ; pour le reconnaître, il faut jeter de ce sable dans l'eau et bien le remuer. Si l'eau reste limpide, le sable est pur et très bon pour faire du mortier ; si au contraire l'eau se trouble, c'est qu'il s'y trouve une quantité plus ou moins considérable de partie terreuse qui détruit sa qualité. Enfin, le bon sable doit être rude au toucher, criant à la main, non terreux, ni mélangé de parties argileuses susceptibles de faire pâte avec l'eau.

2° DU SABLE DE RAVINE.—Ce sable, entraîné des montagnes dans les vallées et les ravins par les eaux pluviales, est dégagé de toutes les parties étrangères dont il était mêlé ; il est très bon pour la composition des mortiers et pour les gros ouvrages.

3° DU SABLE DE RIVIÈRE.—Ce sable se trouve sur les bords de tous les fleuves et de toutes les rivières qui traversent et sillonnent le sol de la France ; c'est cette dernière espèce de sable qui est la meilleure pour la composition des mortiers.

Voici, du reste, le choix des meilleurs sables à employer, suivant leur ordre de supériorité, dans la composition des mortiers à chaux hydrauliques. La vérité de cette assertion est démontrée par les expériences de M. Vicat.

Pour les chaux éminemment hydrauliques, 1° les sables fins ; 2° les sables à grains inégaux résultant du mélange, soit du gros sable avec le fin, soit de celui-ci avec le gravier ; 3° les sables gros.

Pour les chaux moyennement hydrauliques , 1° les sables mêlés ; 2° les sables fins ; 3° les sables gros.

Pour les chaux grasses, 1°. les gros sables ; 2°. les sables mêlés ; 3°. les sables fins.

11° De l'argile.

L'argile est une terre jaune et grasse extraite du sein de la terre , que l'on emploie pour hourder les fourneaux et faire les aires des usines et autres établissements construits en briques et en carreaux réfractaires.

Il suffit pour employer cette matière de la délayer assez clairement avec de l'eau, au fur et à mesure que l'on en a besoin , et de poser ensuite les briques ou les carreaux réfractaires à bain de mortier.

12° Des graviers.

On appelle gravier une sorte de gros sable qu'on trouve dans les entrailles de la terre , au fond et sur le bord de la mer , des fleuves et des rivières ; il se compose de petits cailloux mêlés de fragments de pierres. On s'en sert pour ferrer les chemins , les allées de jardins et pour faire du béton.

Les graviers qui doivent entrer dans la composition des bétons seront pris de préférence dans le lit des rivières , des ruisseaux et des ravins , quelle que soit leur nature et leurs dimensions. Cette espèce de graviers est la meilleure, car étant roulés par les eaux , il est plus aisé de les nettoyer des parties étrangères qui s'y trouvent en les passant à la claie ou au crible. Comme on n'est pas toujours à même de se procurer des graviers de cette espèce, on emploie aussi ceux extraits des carrières ou ramassés dans les champs ; mais il faut avoir soin dans ce cas d'en ôter toutes les parties terreuses qui s'y trouvent avant leur emploi.

Lorsqu'on ne peut pas se procurer de ces deux espèces de graviers, on emploie des cailloux ou pierres dures qu'on réduit à la grosseur voulue, en les brisant au marteau. Le béton fait avec ces pierres concassées est de qualité meilleure que celui composé de graviers ordinaires. On se sert aussi de briques concassées , mais le béton fait avec ces matières n'est pas aussi bon que celui composé avec les matières précédentes.

Dans la composition des mortiers que je donnerai plus loin , je ferai connaître les diverses grosseurs de graviers que l'on pourra employer dans les bétons pour les massifs de maçonnerie qui auront des dimensions différentes, selon l'espèce des ouvrages.

13° De la latte.

La latte que l'on emploie pour les plafonds et autres ouvrages analogues, est ordinairement faite de cœur de chêne.

14° Des clous.

Les maçons et les platriers font usage de différentes sortes de clous pour attacher les lattes ; celle que l'on emploie le plus communément est une espèce de clou fin, qui a environ 25 millimètres de longueur.

§ 2ᵉ DES DROITS D'OCTROI.

Les droits d'octroi, que les villes de province prélèvent sur les matériaux, varient en raison de l'importance de la population et des besoins de chaque localité ; ce qui fait qu'on ne peut présenter un tarif des prix applicables à toutes les villes.

Les droits d'octroi fixés dans le tableau du prix des matériaux qui se trouve plus loin, sont établis d'après les tarifs des villes dont la population est de vingt mille âmes. Ils ne doivent donc être considérés que comme prix moyens.

§ 3ᵉ DU TRANSPORT DES MATÉRIAUX PAR LA VOIE DE TERRE ET PAR LES LIGNES DU CHEMIN DE FER.

La connaissance du prix des transports des matériaux est indispensable pour la province, puisqu'en général les matériaux se vendent sur les carrières, et qu'alors il faut traiter le plus souvent avec d'autres personnes qu'avec les fournisseurs pour en opérer le transport.

Ces considérations m'ont amené à offrir le prix des transports par la voie de terre et par les lignes du chemin de fer ; mais les documents que j'ai recueillis à cet effet, tout exacts qu'ils sont pour un pays, ne le sont pas pour un autre, surtout pour les transports avec des voitures, parce que plusieurs motifs peuvent les faire varier, telle que la rareté des chevaux, le plus ou moins d'éloignement du lieu où sont les équipages de celui où il faut effectuer le chargement, soit encore parce que les distances à parcourir permettent ou non de faire chaque journée des voyages complets, c'est-à-dire de pouvoir aller et revenir chez soi une ou plusieurs fois, ou bien de ne pouvoir qu'aller dans la journée et revenir l'autre. Ainsi l'estimation pour laquelle ces transports sont établis peut éprouver des modifications en plus ou en moins.

Quant aux prix des transports effectués par les chemins de fer, ils sont susceptibles de varier aussi, en raison des distances ; mais ces variantes sont peu importantes. On pourra donc considérer les prix que je donne dans le tableau ci-après comme à peu près exacts.

TABLE

DU PRIX DES TRANSPORTS DES MATÉRIAUX PAR LA VOIE DE TERRE ET PAR LES LIGNES DU CHEMIN DE FER, POUR TOUTES LES DISTANCES POSSIBLES.

	MODE du TRANSPORT.	VALEUR			
		pour la première distance de 1000 mèt., y compris le chargement et le déchargement.		pour toutes les autres distances de 1000 mètres en sus de la première.	
		fr.	c.	fr.	c.
PIERRES DURES, — Par la voie de fer,	au m. cube	2	60	0	31
— Par la voie de terre, sur voiture à 4 roues et à 3 colliers,	id.	4	90	0	58
MOELLONS ET LIBAGES DURS, — Par la voie de fer,	id.	2	60	0	31
— Par la voie de terre, ... id.	id.	2	75	0	58
PIERRES TENDRES, — Par la voie de fer,	id.	1	55	0	17
— Par la voie de terre, ... id.	id.	2	95	0	58
MOELLONS ET LIBAGES TENDRES, — Par la voie de fer,	id.	1	55	0	17
— Par la voie de terre, ... id.	id.	1	65	0	58
BRIQUES ROUGES DU PAYS, — Par la voie de fer,	au mille.	2	45	0	29
— Par la voie de terre. Sur tombereau à 1 collier,	id.	1	49	0	65
— Par la voie de terre. Sur tombereau à 2 colliers,	id.	1	58	0	49
— Par la voie de terre. Sur voiture à 4 roues et à 3 colliers,	id.	1	33	0	46
BRIQUES RÉFRACTAIRES, — Par la voie de fer,	id.	2	75	0	33
— Par la voie de terre. Sur tombereau à 1 collier,	id.	1	65	0	81
— Par la voie de terre. Sur tombereau à 2 colliers,	id.	1	70	0	61
— Par la voie de terre. Sur voiture à 4 roues et à 3 colliers,	id.	1	45	0	58
PLATRE, CHAUX, CIMENT, CENDRÉE ET SABLE. — Par la voie de fer,	au m. cube.	1	20	0	14
— Par la voie de terre. Sur tombereau à 1 collier,	id.	0	64	0	33
— Par la voie de terre. Sur tombereau à 2 colliers,	id.	0	49	0	25
— Par la voie de terre. Sur voiture à 4 roues et à 3 colliers,	id.	0	36	0	23
GRAVIERS, CAILLOUTIS, — Par la voie de terre. Sur tombereau à 1 collier,	id.	1	07	0	65
— Par la voie de terre. Sur tombereau à 2 colliers,	id.	0	96	0	49

TABLEAU

DES PRIX DES MATÉRIAUX ADOPTÉS POUR LA FORMATION DES SOUS-DÉTAILS DES OUVRAGES DE MAÇONNERIE.

DÉSIGNATION, NATURE ET ESPÈCE DES MATÉRIAUX.	LIEUX D'EXTRACTION.	MODE de livraison	PRIX D'ACQUISITION.	DROIT DE DOUANE à la sortie de Belgique.	DROIT DE DOUANE à l'entrée en France	Prix du transport jusqu'à la frontière par la voie de FER.	Prix du transport jusqu'à la frontière par la voie de TERRE.	DROIT D'OCTROI à l'entrée en ville.	Prix des Matériaux rendus à la frontière.	Prix des Matériaux adoptés dans cet ouvrage.
		3.	4.	5.	6.	7.	8.	9.	10.	11.
			fr. c.	fr. c.	fr. c.	fr. c.	fr. c.	fr. c.	fr. c.	fr. c.
PIERRE DE TAILLE — dures brutes	de Soignies, Maffles, etc. (Belgique).	au m. cube.	60 00	» »	9 00	14 00	24 00	1 00	83 00	94 00
	de Quevaucamps et de Bazècles. (id.).	id.	25 00	» »	3 75	» »	10 00	1 00	38 75	45 00
	de Bellignies et de Ghissignies. (Nord).	id.	40 00	» »	» »	» »	» »	1 00	» »	60 00
de grès brutes	dans le pays.	id.	30 00	» »	» »	» »	» »	1 00	» »	36 00
tendres brutes	d'Avesnes-le-Sec, (Nord).	id.	16 50	» »	» »	» »	» »	0 50	» »	25 00
	d'Hordaing, (id.).	id.	13 00	» »	» »	» »	» »	0 50	» »	24 00
	d'Estreux, (id.).	id.	9 00	» »	» »	» »	» »	0 50	» »	16 00
	du Pont-du-Gy, (Pas-de-Calais).	id.	8 10	» »	» »	» »	» »	0 50	» »	9 00
	du faubourg d'Arras, (id.).	id.	7 50	» »	» »	» »	» »	0 50	» »	8 40
MOELLONS — durs	de Soignies, Maffles, etc., (Belgique).	id.	2 50	» »	0 38	14 00	24 00	» »	46 88	24 00
	de Quevaucamps et de Bazècles, (id.).	id.	2 50	» »	0 38	» »	10 00	» »	12 88	19 00
	de Bellignies et de Ghissignies (Nord).	id.	2 50	» »	» »	» »	» »	» »	» »	22 00
tendres	d'Avesnes-le-Sec. (Nord).	id.	3 00	» »	» »	» »	» »	0 50	» »	11 50
	d'Hordaing, (id.).	id.	3 00	» »	» »	» »	» »	0 50	» »	11 50
	d'Estreux, (id.).	id.	2 00	» »	» »	» »	» »	0 50	» »	9 00
	du Pont-du-Gy, (Pas-de-Calais).	id.	1 00	» »	» »	» »	» »	0 50	» »	2 00
	du faubourg d'Arras. (id.).	id.	1 00	» »	» »	» »	» »	0 50	» »	2 00
LIBAGES — durs	de Soignies, Maffles, etc. (Belgique).	id.	35 00	» »	5 25	14 00	24 00	1 00	54 25	62 00
	de Quevaucamps et de Bazècles (id.).	id.	15 00	» »	2 25	» »	10 00	1 00	27 25	45 00
	de Bellignies et de Ghissignies (Nord).	id.	25 00	» »	» »	» »	» »	1 00	» »	33 00
tendres	d'Avesnes-le-Sec. (Nord).	id.	4 50	» »	» »	» »	» »	0 50	» »	13 00
	d'Hordaing. (id.).	id.	4 50	» »	» »	» »	» »	0 50	» »	13 00
	d'Estreux. (id.).	id.	3 50	» »	» »	» »	» »	0 50	» »	10 00
	du Pont-du-Gy. (Pas-de-Calais).	id.	7 50	» »	» »	» »	» »	0 50	» »	8 40
	du faubourg d'Arras. (id.).	id.	7 50	» »	» »	» »	» »	0 50	» »	8 40
BRIQUES — rouges	du pays.	au mille.	12 00	» »	» »	» »	» »	0 50	» »	15 00
réfractaires	d'Angleterre, dans le pays.	id.	160 00	» »	» »	» »	» »	1 20	» »	165 00
	de Fresnes, de Douchy, etc., (France).	id.	90 00	» »	» »	» »	» »	1 20	» »	120 00

Matériau	Provenance		Unité								
PLATRE DE MONTMARTRE.	dans le pays,		les 100 kil.	10 00	» »	» »	» »	» »	0 04	» »	11 00
CHAUX VIVE. — grasse	de Tournay,	(Belgique).	au m. cube.	9 00	0 25	2 25	» »	2 00	0 40	13 50	20 00
CHAUX VIVE. — hydraulique	de Tournay,	(Belgique).	id.	8 00	0 25	2 25	» »	2 00	0 40	12 50	19 00
CHAUX VIVE. — maigre	de Tournay,	(Belgique).	id.	7 00	0 25	2 25	» »	2 00	0 40	11 50	18 00
CHAUX VIVE. —	de Peruwelz,	(Belgique).	id.	5 00	0 25	2 25	» »	3 00	0 40	10 50	17 00
CHAUX VIVE. —	du pays,		id.	9 00	» »	» »	» »	» »	0 40	» »	10 00
CIMENT. — romain	de Pouilly,	(Côte-d'Or).	les 100 kil.	10 50	» »	» »	» »	» »	» »	» »	11 00
CIMENT. —	du pays,		au m cube.	8 00	» »	» »	» »	» »	» »	» »	10 00
CENDRÉE.	de Tournay,	(Belgique).	id.	4 00	0 25	2 25	» »	2 00	0 40	» »	15 00
CENDRES DE HOUILLE.	du pays,		id.	2 00	» »	» »	» »	» »	» »	8 50	4 00
SABLE DE TOUTE NATURE.	id.		id.	0 50	» »	» »	» »	» »	0 15	» »	3 00
ARGILE.	id.		id.	1 00	» »	» »	» »	» »	0 15	» »	3 50
GRAVIERS, quelle que soit leur espèce.	id.		id.	0 25	» »	» »	» »	» »	» »	» »	3 00
LATTES À PLAFONNER.	id.		à la botte de 100 lat.	1 10	» »	» »	» »	» »	0 20	» »	1 30
CLOUS.	id.		le kilog. ou les 500 env.	0 80	» »	» »	» »	» »	» »	» »	0 80
CASSONS DE BRIQUES.	id.		au m. cube.	1 00	» »	» »	» »	» »	» »	» »	2 00

NOTA.—Quelques-uns des matériaux du présent tableau, telles que les pierres de taille de Quevaucamps et de Bazècles (Belgique), et les pierres de taille de grès du pays, sont encore assimilées à un mode de vente qui n'est plus en rapport avec le système actuel d'évaluation ; aussi je n'ai pas cru pour ces raisons y avoir égard dans ce tableau. Mais, pour me conformer uniquement à l'usage, il en sera tenu compte dans les sous-détails.

Les droits de douane à l'entrée en France sur les pierres provenant de la Belgique étant de 15 francs par cent de valeur, les droits de la colonne 6 sur ces matériaux sont établis d'après cette base.

Les colonnes 7 à 10 ne sont destinées seulement que pour les matériaux qui viennent de la Belgique.

Le plâtre de Montmartre peut revenir à 1 franc 40 centimes les cent kilogr. environ rendus aux stations de Paris ; le prix du transport jusque dans nos contrées par le chemin de fer, y compris chargement et déchargement, varie de 2 fr. 20 à 2 fr. 40 cent. ; les frais d'emmagasinage et autres à l'arrivée peuvent être estimés à 20 cent. Il en résulte donc que les cent kilogr. de plâtre reviennent dans le pays à 4 fr. tous frais compris ; mais, comme les cent kilogr. se vendent ordinairement dans nos environs 10 fr. pris en magasin, j'ai adopté 11 fr. pour le prix de revient, bien que ce prix soit par trop exagéré.

§ 4ᵉ DU PRIX DES MATÉRIAUX.

Comme je l'ai déjà dit dans l'introduction (1), les prix des matériaux étant susceptibles de varier sensiblement dans chaque localité, on ne devra donc considérer ceux que je donne dans le tableau ci-contre que comme éléments servant à la formation des sous-détails ; néanmoins ces prix sont assez en rapport avec ceux des matières qu'on emploie dans le département du Nord.

Bien qu'il ne soit pas possible de présenter un tableau de prix pour plusieurs localités, on verra que je me suis arrangé de manière à fournir des bases applicables à toutes sortes d'ouvrages et pour tout pays , en donnant à la suite de chaque sous-détail dont le prix peut varier notablement, une plus ou moins-value de la valeur des ouvrages en rapport avec plusieurs prix d'une seule et même espèce de matériaux.

CHAPITRE II.

Des déchets de la Pierre.

On appelle déchet la diminution que subit une certaine matière en l'appropriant à un travail quelconque. Ainsi, dans la maçonnerie de pierre de taille, la quantité de pierre qu'il a fallu employer pour faire un ouvrage comparée à la quantité de pierre en œuvre qui existe dans ce même ouvrage après son achèvement, donne le rapport de la pierre en œuvre avec la pierre employée, et la différence entre ces deux quantités est le déchet que la pierre a subi pour sa mise en œuvre.

Dans la maçonnerie de pierre de taille, le déchet varie selon la nature de l'ouvrage, l'espèce de pierre et celle de l'échantillon employé ; il est de deux sortes :

1° Le déchet qu'éprouve la pierre pour passer de l'état brut dans lequel on la tire de la carrière à l'état d'équarrissement, c'est-à-dire sous la forme du plus petit parallélipipède dans lequel la pierre en œuvre puisse être inscrite ;

---

(1) Introduction , § 6ᵉ. — Observations générales sur l'ensemble et les prévisions de ce traité, titre 3 , de l'adoption des prix en général, page VII.

2° Le déchet occasionné lorsque la pierre n'est pas placée en œuvre dans son état d'équarrissement, tel que le déchet pour la taille des lits et joints, etc.; ce déchet est la différence du cube de la pierre en œuvre entre celui d'équarrissement.

Pour éviter toute complication, j'ai réuni ces deux sortes de déchets ensemble, et n'en ai ainsi fait qu'un seul et même article.

Pour rendre cet ouvrage plus généralement utile et applicable à toutes espèces d'ouvrages, au lieu de fixer ce déchet pour une épaisseur moyenne de pierre quelconque, j'ai pensé qu'il était plus convenable d'indiquer ce qu'il peut être en raison de la hauteur des assises. C'est dans ce but que j'ai dressé le tableau suivant, au moyen duquel on pourra se rendre compte du déchet que peut subir chaque espèce de pierre et suivant leur hauteur.

TABLEAU du déchet qu'éprouve la pierre de son état brut à son état en œuvre, pour la réduire à son plus petit parallélipipède et pour la taille des lits et joints, suivant la hauteur des assises et sur 40 cent. à 2 mètres de longueur.

HAUTEUR RÉDUITE DES ASSISES.	QUANTITÉ DE DÉCHET SUR L'UNITÉ en œuvre	
	EN PIERRES DURES.	EN PIERRES TENDRES.
Jusqu'à 21 centimètres, ...	$\frac{25}{100}$	$\frac{32}{100}$
Depuis 22 jusqu'à 28 centimètres, ...	$\frac{22}{100}$	$\frac{28}{100}$
Depuis 29 jusqu'à 35 id.	$\frac{19}{100}$	$\frac{24}{100}$
Depuis 36 jusqu'à 42 id.	$\frac{16}{100}$	$\frac{21}{100}$
Depuis 43 jusqu'à 49 id.	$\frac{14}{100}$	$\frac{18}{100}$
Depuis 50 jusqu'à 56 id.	$\frac{12}{100}$	$\frac{15}{100}$
Depuis 57 jusqu'à 63 id.	$\frac{10}{100}$	$\frac{12}{100}$

14.

CHAPITRE III.

De la composition des Mortiers et des Bétons.

§ 1ᵉʳ. DU MORTIER.

Le mortier est un composé de chaux et de sable ou de ciment, ou de toute autre matière qui a la propriété de durcir à un tel degré, que, avec le temps, il acquiert une dureté quelquefois égale à celle des pierres ordinaires , et que, mis en contact avec ces mêmes pierres ou avec d'autres matières, il fait corps avec eux.

Il ne suffit pas toujours d'avoir de la bonne chaux et du bon sable, ou toute matière de bonne qualité,pour faire du bon mortier ; mais il faut encore que les proportions du mélange soient dans un rapport convenable , et que les matières qui composent ce mortier soient parfaitement amalgamées.

Les constructeurs en général veulent que les mortiers soient composés de deux parties de sable et d'une partie de chaux éteinte , sans faire de distinction entre les chaux grasses et les chaux hydrauliques. MM. Rondelet et Vicat se sont convaincus, par de nombreuses expériences qu'ils ont faites , que les proportions de ce mélange doivent varier selon la qualité de la chaux et l'espèce de matières employées pour la composition des mortiers.

Voici comment **M.** Rondelet s'exprime en parlant du mortier (1) :

> » *Moyen de parvenir à faire le meilleur mortier possible , relativement aux*
> » *matières qu'on peut y employer.*

» Puisque la bonté du mortier, dit Rondelet, dépend autant de la manière
» dont il est préparé que de la qualité , des matières qui le composent, il est
» essentiel de faire cette opération avec toutes les précautions qu'exigent les
» qualités de ces matières.

» Les procédés à suivre peuvent plutôt s'indiquer que se prescrire d'une
» manière précise, en indiquant les doses ou quantités, parce qu'elles dépen-
» dent des qualités des matières qui varient beaucoup.

» Il y a de la chaux vive, telle que celle de Melun , qui absorbe en s'étei-
» gnant deux fois et demie son poids d'eau, pour former une pâte moyenne-

---

(1) *Traité théorique et pratique de l'Art de bâtir*, neuvième édition , tome 1ᵉʳ , page 152.

» ment liquide, comme il faut qu'elle soit pour faire le mortier ordinaire ,
» sans être obligé d'y ajouter de l'eau.

» Il se trouve d'autre chaux qui ne consomme , pour former une pâte
» de même consistance , qu'une quantité d'eau égale à son poids. Il résulte
» de plusieurs expériences que , pour faire un bon mortier avec la première
» de ces pâtes , il faut mêler trois parties de sable de rivière avec une partie
» et demie de chaux , et qu'en faisant usage de la seconde pâte , il en faut
» deux parties pour trois du même sable. Ces deux mortiers étant également
» broyés acquièrent avec le temps à peu près la même consistance.

» Il faut observer que dans le premier mortier la quantité de chaux en
» pâte est moitié de celle du sable , et que , dans le second , elle en est les
» deux tiers ; cependant , depuis Vitruve , tous ceux qui ont écrit sur l'art
» de bâtir ont répété que, pour faire un bon mortier, il suffisait de mêler une
» partie de chaux éteinte avec deux parties de sable de rivière ; mais il faut
» supposer une chaux d'une qualité supérieure à celle de Melun , qui passe
» cependant pour être très bonne. Quant à la quantité de chaux vive qui
» entre dans ces deux mortiers , j'ai trouvé que dans le premier elle n'est
» que la septième partie du sable , tandis que dans le second elle en est le
» tiers. C'est cette dernière proportion qu'indique M. de La Faye. Pour
» réussir à faire, dans tous les cas , le mélange qui convient, il faut avoir
» une certaine expérience pour juger du degré de consistance que doit
» avoir la chaux bien fusée et le mortier suffisamment broyé ; c'est ce degré
» qui détermine la quantité d'eau pour éteindre la chaux, et la quantité de
» sable nécessaire pour faire un bon mortier. »

Enfin l'on voit que les proportions des matières nécessaires à la fabrication des mortiers sont subordonnées à la qualité de la chaux. Et l'on peut
conclure qu'il faudra bien moins de sable pour les chaux éminemment
hydrauliques que pour celles moyennement hydrauliques, et une plus grande
quantité pour les chaux grasses que pour ces dernières. Ainsi, la composition de toute espèce de mortier pourra se faire de la manière suivante :

1er.—MORTIERS DE CHAUX ET SABLE.

1° Pour les mortiers à chaux éminemment hydrauliques , on emploiera
généralement une partie de chaux en pâte et une partie et demie de sable (1),

(1) Ces proportions doivent varier insensiblement suivant les différentes espèces de sable ; c'est pourquoi,
je détermine la quantité de matière à employer pour chaque espèce.

Il est à remarquer que le sable d'une qualité supérieure exige plus de chaux que celui d'une qualité inférieure, et que c'est avec cette espèce que l'on parvient à faire le mortier le plus propre à la construction.

Ainsi, l'on trouvera qu'il faut davantage de chaux pour le sable de rivière, qui est le meilleur, que pour les
autres espèces qui sont d'une qualité moindre.

ou plutôt $\frac{35}{100}$ de chaux et $\frac{65}{100}$ de sable de plaine ou de carrière ; ou $\frac{40}{100}$ de chaux et $\frac{60}{100}$ de sable de ravine, ou $\frac{42}{100}$ de chaux et $\frac{58}{100}$ de sable de rivière.

2° Pour les mortiers à chaux moyennement hydrauliques, on emploiera généralement une partie de chaux en pâte et deux parties de sable (1), ou plutôt $\frac{28}{100}$ de chaux et $\frac{72}{100}$ de sable de plaine ou de carrière; ou $\frac{33}{100}$ de chaux et $\frac{67}{100}$ de sable de ravine, ou $\frac{35}{100}$ de chaux et $\frac{65}{100}$ de sable de rivière.

3° Pour les mortiers à chaux grasses, on emploiera généralement une partie de chaux en pâte et trois parties faibles de sable (1), ou plutôt $\frac{22}{100}$ de chaux et $\frac{78}{100}$ de sable de plaine ou de carrière ; ou $\frac{27}{100}$ de chaux et $\frac{73}{100}$ de sable de ravine ; ou $\frac{29}{100}$ de chaux et $\frac{11}{100}$ de sable de rivière.

2°. — Mortiers de chaux et ciment ou cendres de houille.

1° Pour les mortiers à chaux éminemment hydrauliques, on emploiera une partie de chaux en pâte et une partie de ciment, ou de cendres de houille.

2° Pour les mortiers à chaux moyennement hydrauliques, on emploiera une partie de chaux en pâte et une partie et demie de ciment, ou de cendres de houille.

3° Pour les mortiers à chaux grasses, on emploiera une partie de chaux et deux parties de ciment, ou de cendres de houille.

3°. — Mortiers de cendrée.

Ce mortier se compose de cendrée pure de Tournay sans aucun mélange. Cette cendrée, qui contient de la poussière de chaux vive et du résidu de charbon, renferme les parties pour constituer un excellent mortier.

§ 2°. — DU BÉTON.

Le béton est un mélange intime de chaux hydraulique, de sable et de graviers, de cailloux ou de blocailles, ou de briques concassées.

La bonté des bétons dépend : 1° des proportions du mélange et des substances qu'on y ajoute ; 2° de la manipulation ; 3° de la massivation ; 4° de la dessication plus ou moins lente.

Comme il est indispensable d'avoir fait de nombreuses expériences pour pouvoir fixer d'une manière à peu près certaine quelles sont les quantités de matières qu'on doit employer pour parvenir à obtenir de bons bétons,

---

(1) Voir la note à la page précédente.

je crois utile de citer plusieurs passage de la méthode pratique pour l'emploi du béton , par M. Lebrun jeune, architecte à Montauban.

« Il me serait difficile , dit M. Lebrun (1), de déterminer dans le moment
» les proportions dans lesquelles les bétons , en général , doivent être com-
» posés ; ces proportions sont subordonnées à la qualité des chaux hydrau-
» liques, à la nature des sables, des cimens, des graviers et des blocailles ;
» elles dépendent aussi de l'espèce des ouvrages auxquels le béton doit être
» employé. L'expérience doit servir de guide à ce sujet ; elle devra toujours
» être consultée avant de commencer de grands travaux.

» Si les chaux sont éminemment hydrauliques , c'est-à-dire, essentielle-
» ment maigres, et les sables bien purs, on combinera ces proportions d'une
» partie de chaux mesurée éteinte par le premier procédé , d'une partie de
» sable, et de deux à deux parties ½ de graviers ou pierrailles , selon que le
» béton devra être employé dans des fondations de murs, ou bien à des murs
» en élévation ; dans ce dernier cas, deux parties de graviers seront seule-
» ment nécessaires.

» Si les chaux , au contraire , sont moyennement hydrauliques, et dont le
» foisonnement par extinction serait plus avantageux, ces proportions pour-
» raient être établies comme suit : une partie de chaux mesurée en pâte, une
» partie et demie de sable pur, demi partie de ciment , et deux à trois parties
» de graviers ou pierrailles.

» La proportion du gravier pourra être croissante , lorsque le béton sera
» destiné à des travaux de fondations ; elle diminuera, au contraire,pour les
» constructions à parements, telles que murs en élévation, routes, citer-
» nes , conduits d'eau, fosses d'aisances , etc., etc. »

Plus loin le même auteur (2) détermine les proportions dans lesquelles chacune des parties constitutives du béton doit être combinée. Ainsi ses expériences lui ont prouvé que pour le béton immergé, les proportions peuvent être réduites comme il suit :

Sable granitique , ...	1 parti	½
Cailloux et graviers , ...	2	½
Chaux hydraulique en pâte , .	1	
Total, . . .	5 parties.	

Pour les fondations générales d'un édifice public, Gaillac (Tarn), il dit que

---

(1) *Méthode pratique pour l'emploi du Béton* , page 58.
(2)   id.   page 63.

le béton était composé dans les proportions suivantes :

   Chaux éminemment hydraulique, . . . 1 partie.
   Sable granitique, ... 1 ½
   Graviers de toutes grosseurs, ... 1 ½
   Briques de démolition concassées, . . . 1

        Total, . . . 5 parties.

Pour la construction de murs de 65 centimètres d'épaisseur, dans le même édifice , le béton était composé comme ci-après :

   Chaux éminemment hydraulique, . . . 1 partie ¼
   Sable de rivière, ... 1 ¼
   Graviers de la grosseur moyenne d'une
    noix et d'un œuf, ... 2 ½

        Total, . . . 5 parties.

Il a fait construire des voûtes de cave aussi en béton , composé de la manière suivante :

   Chaux éminemment hydraulique, ... 1 partie.
   Sable de rivière , fin 1
   Graviers passés à la claie , dont les plus gros cail-
    loux n'excédaient pas la grosseur d'une noix , 2

        Total, . . . 4 parties.

« En général, continue le même auteur (page 67), la grosseur des gra-
» viers, cailloux ou recoupes de pierres, doit être relative aux épaisseurs
» des massifs qui doivent être construits en béton. Dans les fondations , les
» culées et les piles de ponts, par exemple , ainsi que dans les murs de sou-
» tènement d'une forte épaisseur, les matériaux pourront avoir des dimen-
» sions plus fortes que dans d'autres ouvrages de moindre épaisseur. Si l'on
» prescrit que le béton employé à la construction de murs ayant des épais-
» seurs moyennes , ainsi qu'aux voûtes quelconques , soit composé de gra-
» viers d'uue grosseur proportionnée à l'épaisseur des massifs , c'est afin
» qu'il y ait plus d'homogénéité dans les masses.

» Plus avant il dit que si la chaux qu'on doit employer n'est que peu
» hydraulique et qu'il soit nécessaire d'employer du ciment (circonstance
» qui peut se présenter dans bien des cas) , on pourra composer le béton de
» la manière suivante :

   Chaux éteinte , ... 1 partie.
   Sable pur, ... 1
   Ciment pulvérisé , ... 1
   Graviers, cailloux ou rocailles, ... 2 ½

        Total, . . . 5 parties ½.

CHAPITRE IV.

De la fixation des fournitures pour sous-détails.

Des différents auteurs qui se sont occupés de l'évaluation des ouvrages, presque tous ont sans doute regardé comme superflue la fixation des fournitures, puisqu'aucun ne s'est appliqué spécialement à en donner des bases certaines. Cependant, dans les sous-détails qu'ils présentent, ils déterminent la quantité de matière nécessaire pour la confection de chaque ouvrage ; mais la plupart d'entr'eux ont fixé d'une manière si imparfaite ces quotités, que j'ai pensé qu'il était urgent pour obvier à cette omission, qui est d'une très grande importance, de traiter dans un chapitre à part cette matière.

L'expérience n'est pas absolument indispensable pour déterminer avec précision la quotité de briques, de mortiers, etc., nécessaire par mètre cube ou par mètre superficiel d'un certain ouvrage ; on peut aussi la déterminer par le raisonnement et par méthode ; il est même urgent, je dirai, de recourir à ce dernier moyen, si on veut apprécier la quantité de matière en œuvre. Dans ce cas, pour opérer avec équité, il suffira de prendre les dimensions des matériaux en place, d'en chercher le cube ou la surface selon les exigences et la nature de l'ouvrage, d'en déduire également le cube ou la surface occupée par la matière hétérogène qui fait corps avec ces matériaux, et de voir ensuite combien l'unité contient de fois la quantité restante; et ce nombre trouvé, donnera la quantité ou le nombre de matières contenues par unité d'ouvrages.

Toutefois, le déchet demande une certaine pratique pour être apprécié à sa juste valeur ; encore n'est-il pas possible de le déterminer en général, car il peut varier dans la même occasion et dans le même ouvrage pour plusieurs causes, soit en raison de la rigidité qu'usent les architectes, ou tous autres directeurs de travaux, du pouvoir qui leur est conféré; soit aussi, en raison du soin qu'apportent les ouvriers de l'entrepreneur dans la pose ou dans le bardage des matériaux.

Dans ce chapitre, je détermine: 1° la quantité de pierres, de moellons et de libages, y compris le déchet qu'il faut pour un mètre cube selon la nature des ouvrages ; 2° le nombre de briques nécessaires pour toute espèce d'ouvrages de maçonnerie; 3° la quantité de mortier suivant tous les cas où il peut être employé, etc. Les résultats que je m'en vais donner ci-après, sont confirmés par les nombreuses expériences auxquelles je me suis livré et par le raisonnement, *et vice versa.*

§ 1. — FOURNITURES POUR MAÇONNERIES DE PIERRES DE TAILLE.

	QUANTITÉ DE MATIÈRE POUR UN MÈTRE CUBE ET PAR ASSISES.													
	de 21 cent. de hauteur et au-dessous.		de 22 à 28 centimètres de hauteur		de 29 à 35 centimètres de hauteur.		de 36 à 42 centimètres de hauteur.		de 43 à 49 centimètres de hauteur.		de 50 à 56 centimètres de hauteur.		de 57 à 65 centimètres de hauteur.	
	mèt.	mil.	mèt.	mil.	mèt.	mil.	mèt.	mil.	mèt.	mil.	mèt.	mil.	mèt.	mil.
Première table. *Quantité de pierre de taille dure nécessaire par mètre cube de maçonnerie, suivant la hauteur des assises désignées ci-dessus.*														
Pierre en œuvre.	1	000	1	000	1	000	1	000	1	000	1	000	1	000
Déchet sur l'unité en œuvre (voir la page 101).	0	250	0	220	0	190	0	160	0	140	0	120	0	100
Quantité de pierre dure pour un mètre cube.	1	250	1	220	1	190	1	160	1	140	1	120	1	100
Deuxième table. *Quantité de pierre de taille tendre nécessaire par mètre cube de maçonnerie, suivant la hauteur des assises indiquées ci-dessus.*														
Pierre en œuvre.	1	000	1	200	1	000	1	000	1	000	1	000	1	000
Déchet sur l'unité en œuvre (voir la page 101).	0	320	0	280	0	240	0	210	0	180	0	150	0	120
Quantité de pierre tendre pour un mèt cube.	1	320	1	280	1	240	1	210	1	180	1	150	1	120
Troisième table. *Quantité de mortier par mètre cube de maçonnerie de pierre de taille dure ou tendre, suivant la hauteur des assises spécifiées en tête du cadre (1).*														
Mortier en œuvre.	0	080	0	060	0	050	0	040	0	035	0	030	0	025
Déchet sur l'unité en œuvre 1/20.	0	004	0	003	0	002	0	002	0	002	0	001	0	001
Quantité de mortier pour un mètre cube.	0	084	0	063	0	052	0	042	0	037	0	031	0	026

(1) Les quantités de mortier déterminées ci-dessus ne sont applicables qu'aux murs droits et aux ouvrages analogues; mais si l'on veut obtenir la quantité de mortier nécessaire pour voûtes ou parties cylindriques, il faudra doubler les quotités spécifiées au présent tableau, selon la dimension des voussoirs ou des pierres correspondantes.

§ II. — FOURNITURES POUR MAÇONNERIE DE MOELLONS ET DE LIBAGES DURS OU TENDRES.

	QUANTITÉ DE MATIÈRE par mètre cube, pour		
	Massifs.	murs à 1 parement.	Murs à 2 parements.
	mèt. mill.	mèt. mill.	mèt. mill.
Quatrième table. *Quantité de moellons et de libages durs ou tendres, nécessaires par mètre cube pour les différentes espèces de maçonnerie indiquées au tableau ci-dessus.*			
Moellons et libages durs ou tendres en œuvre.	1 000	1 000	1 000
Déchet sur l'unité en œuvre, 1/5 pour les massifs, 1/20 pour murs à 1 parement et 1/10 pour murs à 2 parements,	0 020	0 050	0 100
Quantité de moellons et libages durs ou tendres pour 1 mèt. cube.	1 020	1 050	1 100
Cinquième table. *Quantité de mortier nécessaire par mètre cube de maçonnerie de moellons et libages durs ou tendres, pour les différentes espèces de maçonnerie indiquées ci-dessus.*			
Mortier en œuvre.	0 033	0 028	0 024
Déchet sur l'unité en œuvre 1/20.	0 002	0 001	0 001
Quantité de mortier pour un mètre cube.	0 035	0 029	0 025

§ III. — FOURNITURES POUR MAÇONNERIE DE BRIQUES (1).

1º FOURNITURES POUR MURS DROITS, PARPAINGS ET OUVRAGES ANALOGUES.

	QUANTITÉ DE MATIÈRE PAR MÈTRE CUBE POUR MUR						
	de 24 centimèt. d'épaisseur.	de 37 centimèt. d'épaisseur.	de 49 centimèt. d'épaisseur.	de 62 centimèt. d'épaisseur.	de 74 centimèt. d'épaisseur.	de 87 centimèt. d'épaisseur.	de 1 mètre d'épaisseur.
	nombre.	nombre.	nombre.	nombre.	nombre.	nombre	nombre.
Sixième table. *Quantité de briques nécessaires par mètre cube de maçonnerie selon les diverses épaisseurs de murs désignées ci-dessus.*							
Nombre de briques en œuvre.	500	486	493	486	486	483	480
Déchet sur l'unité en œuvre, 1/10.	50	49	49	49	49	48	48
Nombre de briques pour un mètre cube.	550	535	542	535	535	531	528
	m. mill.	m. mill.	m mill.	m. mill.	m. mill.	m. mill.	m. mill.
Septième table. *Quantité de mortier nécessaire par mètre cube de maçonnerie de briques selon les diverses épaisseurs de murs désignées ci-dessus.*							
Mortier en œuvre.	0 170	0 177	0 182	0 183	0 184	0 185	0 185
Perte sur l'unité en œuvre, 1/20.	0 008	0 009	0 009	0 009	0 009	0 009	0 009
Quantité de mortier pour un mètre cube.	0 178	0 186	0 194	0 192	0 193	0 194	0 194

(1) Les briques sont supposées avoir en dimensions, 24 centimètres de longueur, 11 centimètres de largeur et 6 centimètres d'épaisseur.

2° FOURNITURES POUR VOUTES OU PARTIES CYLINDRIQUES EN BRIQUES.

	QUANTITÉ DE MATIÈRE PAR MÈTRE CUBE POUR VOUTES OU PARTIES CYLINDRIQUES			
	d'une demi brique.	d'une brique.	d'une brique et demie.	de deux briques.

Huitième table.

Quantité de briques nécessaires par mètre cube de maçonnerie selon les diverses espèces de voûtes désignées ci-dessus.

	nombre	nombre.	nombre.	[nombre.
Nombre de briques en œuvre.	473	452	469	444
Déchet sur l'unité en œuvre, 1/10.	47	45	47	44
Nombre de briques pour un mètre cube. . .	520	497	516	485

Neuvième table.

Quantité de mortier nécessaire par mètre cube de maçonnerie de briques selon les diverses espèces désignées ci-dessus.

	mèt. mill.	mèt. mill.	mèt. mill.	mèt. mill.
Mortier en œuvre.	0 245	0 332	0 309	0 344
Perte sur l'unité en œuvre, 1/20.	0 012	0 017	0 015	0 017
Quantité de mortier pour mètre cube. . .	0 257	0 349	0 324	0 364

§ 4°.—FOURNITURES POUR CLOISONS EN BRIQUES.

	QUANTITÉ DE MATIÈRE POUR PAILLOTIS	
	de briques de champ ou de 6 centimètres d'épaisseur.	de briques de plat ou de 12 centimètres d'épaisseur.

Dixième table.

Quantité de briques nécessaires pour un mètre superficiel de cloisons, soit de briques de champ ou de plat.

	nombre.	nombre.
Nombre de briques en œuvre, ...	30	60
Déchet sur l'unité en œuvre ; 1/10, ...	3	6
Quantité de briques pour un mètre superficiel , ...	33	66

Onzième table.

Quantité de mortier nécessaire pour un mètre superficiel de cloisons en briques de champ ou de plat.

	mèt. mill.	mèt. mill.
Mortier en œuvre, ...	0 006	0 022
Perte sur l'unité en œuvre, 1/20, ...	» »	0 004
Quantité de mortier pour un mètre carré, ...	0 006	0 023

§ 5°. — FOURNITURES POUR JOINTEMENTS ET REJOINTEMENTS.

1°. FOURNITURES POUR JOINTEMENTS OU REJOINTEMENTS DE PIERRES DE TAILLE DURES OU TENDRES.

Douzième table.

Quantité de mortier nécessaire par mètre carré de jointements ou de rejointements, pour les joints verticaux d'un mètre superficiel de maçonnerie de pierre de taille dure ou tendre, selon les diverses longueurs des assises désignées ci-après.

LONGUEUR des assises.		QUANTITÉ DE MORTIER				
		en œuvre.		déchet 1/20.		nécessaire pour un mètre cube.
mèt.	cent.	mèt.	mill.	mèt.	mill.	mèt.	mill.
0	30	0	0017	0	0001	0	0018
0	40	0	0013	0	0001	0	0013
0	50	0	0010	»	»	0	0010
0	60	0	0008	»	»	0	0008
0	70	0	0007	»	»	0	0007
0	80	0	0006	»	»	0	0006
0	90	0	0006	»	»	0	0006
1	00	0	0005	»	»	0	0005
1	10	0	0005	»	»	0	0005

Treizième table.

Quantité de mortier nécessaire par mètre carré de jointements ou de rejointements, pour les joints horizontaux d'un mètre superficiel de maçonnerie de pierre de taille dure ou tendre, suivant les diverses hauteurs des assises indiquées ci-après.

HAUTEUR des assises.		QUANTITÉ DE MORTIER				
		en œuvre.		déchet 1/20.		nécessaire pour un mètre cube.
mèt.	cent.	mèt.	mill.	mèt.	mill.	mèt.	mill.
0	21	0	0024	0	0001	0	0025
0	28	0	0018	0	0001	0	0019
0	35	0	0014	0	0001	0	0015
0	42	0	0012	0	0001	0	0013
0	49	0	0010	»	»	0	0010
0	56	0	0009	»	»	0	0009
0	63	0	0008	»	»	0	0008
0	70	0	0007	»	»	0	0007
0	77	0	0007	»	»	0	0007

NOTA. La profondeur des joints est supposée de 4 centimètres en moyenne. J'ai pensé qu'il qu'il était tout-à-fait superflu de présenter d'autres tableaux de la quantité de mortier qu'il peut entrer pour d'autres profondeurs de joints, attendu que la différence en est pour ainsi dire nulle.

2° FOURNITURES POUR JOINTEMENTS OU REJOINTEMENTS DE MAÇONNERIE DE BRIQUES.

Quatorzième table.

Quantité de mortier nécessaire par mètre superficiel de jointements ou de rejointements de maçonnerie de briques, fouillés et grattés selon les diverses profondeurs désignées ci-dessus.

	QUANTITÉ DE MATIÈRE POUR JOINTEMENS OU REJOINTEMENTS					
	fouillés et grattés jusqu'à 2 centimètres de profondeur, pour parements		fouillés et grattés jusqu'à 3 centimètres de profondeur, pour parements		fouillés et grattés jusqu'à 4 centimètres de profondeur, pour parements	
	de mur en briques posées alternativement en panneresse et en boutisse.	de murs en briques posées en boutisse.	de mur en briques posées en panneresse et en boutisse.	de murs en briques posées en boutisse.	de murs en briques posées alternativement en panneresse et en boutisse.	de mur en briques posées en boutisse.
	mèt. mill.	mèt. mill.	mèt. mill.	mèt. mill.	mèt. mill.	mèt. mill.
Mortier en œuvre, ...	0 0045	0 0049	0 0067	0 0074	0 0090	0 0098
Perte sur l'unité en œuvre, 1/20, . .	0 0002	0 0002	0 0003	0 0003	0 0004	0 0005
Quantité de mortier pour un m. superf.	0 0047	0 0051	0 0070	0 0078	0 0094	0 0103

§ 6°. — FOURNITURES POUR CHAPES DE VOUTES ET AIRES,
SOIT EN MORTIER DE TOUTE ESPÈCE, SOIT EN CENDRÉE OU EN BÉTON.

1°. FOURNITURES DE MORTIER DE TOUTE ESPÈCE POUR CHAPES DE VOUTES.

Quinzième table.

Quantité de mortier nécessaire pour un mètre carré de chapes de voûtes, selon les différentes épaisseurs indiquées à la présente table.

	QUANTITÉ DE MORTIER pour un mètre carré de chapes de voûtes			
	de 1 centimètre d'épaisseur.	de 2 centimètres d'épaisseur.	de 3 centimètres d'épaisseur.	de 4 centimètres d'épaisseur.
	mèt. mill.	mèt. mill.	mèt. mill.	mèt. mill.
Mortier en œuvre, ...	0 010	0 020	0 030	0 040
Déchet sur l'unité en œuvre, 1/20 , ...	» »	0 001	0 001	» 002
Quantité de mortier pour un mètre carré, . .	0 010	0 021	0 031	0 042

2°. FOURNITURES DE CENDRÉE POUR AIRES.

Seizième table.

Quantité de cendrée nécessaire pour un mètre superficiel d'aires, selon les diverses épaisseurs désignées ci-dessus.

	QUANTITÉ DE MATIÈRE pour un mètre carré d'aires en cendrée.				
	de 2 centimètres d'épaisseur.	de 3 centimètres d'épaisseur.	de 4 centimètres d'épaisseur.	de 5 centimètres d'épaisseur.	de 6 centimètres d'épaisseur.
	mèt. mill.	mèt. mill.	mèt. mill.	mèt. mill.	mèt. mill.
Cendrée en œuvre, ...	0 020	0 030	0 040	0 050	0 060
Déchet sur l'unité en œuvre, 1/20 ; . .	0 001	0 001	0 002	0 002	0 003
Quantité de cendrée pour un mèt. superf.	0 021	0 031	0 042	0 052	0 063

3°. FOURNITURES DE BÉTON POUR AIRES.

Dix-septième table.

Quantité de béton nécessaire pour un mètre superficiel d'aires, selon les diverses épaisseurs désignées ci-dessus.

	QUANTITÉ DE MATIÈRE pour un mètre carré d'aires en béton.					
	de 5 centimètres d'épaisseur.	de 6 centimètres d'épaisseur.	de 7 centimètres d'épaisseur.	de 8 centimètres d'épaisseur.	de 9 centimètres d'épaisseur.	de 10 centimètres d'épaisseur.
	mèt mill.	mèt. mill.	mèt. mill.	mèt. mill.	mèt. mill.	mèt. mill
Béton en œuvre, ...	0 050	0 060	0 070	0 080	0 090	0 100
Déchet sur l'unité en œuvre, 1/20 , .	0 002	0 003	0 003	0 004	0 004	0 005
Quantité de béton pour un m. superfic.	0 052	0 063	0 073	0 084	0 094	0 105

§ 7°. — FOURNITURES POUR ENDUITS, CRÉPIS OU PLAFONDS.

1°. FOURNITURES POUR ENDUITS, CRÉPIS OU PLAFONDS AU GRIS.

	QUANTITÉ DE MATIÈRE POUR UN MÈTRE CARRÉ D'ENDUITS, CRÉPIS OU PLAFONDS EN GRIS.				
	de 5 millimètres d'épaisseur.	de 1 centimètre d'épaisseur.	de 15 millimètres d'épaisseur.	de 2 centimètres d'épaisseur	de 25 millimètres d'épaisseur
Dix-huitième table. *Quantité de mortier nécessaire pour un mètre superficiel d'enduits, de crépis ou de plafonds au gris, suivant les différentes épaisseurs indiquées ci-dessus.*	mèt. mill.	mèt. mill.	mèt. mill.	mèt. mill.	mèt. mill.
Mortier en œuvre, ...	0 005	0 010	0 015	0 020	0 025
Déchet sur l'unité en œuvre, 1/20, . .	» »	» »	0 001	0 001	0 001
Quantité de mortier pour un mèt. superf.	0 005	0 010	0 016	0 021	0 026
Dix-neuvième table. *Quantité de bourre grise nécessaire pour un mètre superficiel d'enduits, de crépis ou de plafonds au gris, suivant les différentes épaisseurs indiquées ci-dessus.*	kilog. gr.	kilog. gr.	kilog. gr.	kilog. gr.	kilog. gr.
Bourre grise en œuvre (1), ...	0 075	0 150	0 225	0 300	0 375
Déchet sur l'unité en œuvre, 1/100, . . .	0 001	0 001	0 002	0 003	0 004
Quantité de bourre grise par mèt. superf.	0 076	0 151	0 227	0 303	0 379
Vingtième table. *Quantité de lattes nécessaires pour un mètre superficiel d'enduits, de crépis ou de plafonds au gris, suivant les diverses épaisseurs indiquées ci-dessus (1).*	nombre.	nombre.	nombre.	nombre.	nombre.
Lattes en œuvre, ...	20	20	20	20	20
Déchet sur l'unité en œuvre, 1/10, . .	2	2	2	2	2
Quantité de lattes pour un mèt. superficiel.	22	22	22	22	22
Vingt-unième table. *Quantité de clous nécessaires pour un mètre superficiel d'enduits, de crépis ou de plafonds au gris, suivant les diverses épaisseurs indiquées ci-dessus (2).*	nombre.	nombre.	nombre.	nombre.	nombre.
Clous en œuvre, ...	100	100	100	100	100
Déchet sur l'unité en œuvre, 1/20, . .	5	5	5	5	5
Quantité de clous pour un mèt. superficiel.	105	105	105	105	105

(1) J'ai supposé ici qu'il entrait 15 kilogrammes de bourre grise par mètre cube de mortier, quantité suffisante pour faire un excellent enduit, crépis ou plafond.

(2) Lorsque les enduits, crépis ou plafonds sont faits sur moellons, sur murs en briques ou sur vieilles lattes restant en place, il n'y a alors point de fournitures de lattes, ni de clous à compter.

2°. FOURNITURES POUR ENDUITS , CRÉPIS OU PLAFONDS AU BLANC.

Vingt-deuxième table.

Quantité de chaux coulée nécessaire pour un mèt. super-
ficiel d'enduits, de crépis ou de plafonds, au blanc,
selon les diverses épaisseurs indiquées ci-desus.

	QUANTITÉ DE MATIÈRE POUR UN MÈTRE CARRÉ D'ENDUITS , DE CRÉPIS OU DE PLAFONDS AU BLANC.		
	de 5 millimètres d'épaisseur.	de 1 centimètre d'épaisseur.	de 15 millimètres d'épaisseur.
	mèt. mil.	mèt. mil.	mèt. mil.
Chaux coulée en œuvre , . . . :	0 005	0 010	0 015
Déchet sur l'unité en œuvre, 1/20 , ...	» »	» »	0 001
Quantité de chaux coulée pour uu mètre superficiel , .	0 005	0 010	0 016

Vingt-troisième table.

Quantité de bourre blanche nécessaire pour un mètre
superficiel d'enduits, de crépis ou de plafonds au
blanc, selon les diverses épaisseurs indiquées ci-
dessus.

	kilog. gr.	kilog. gr.	kilog. gr.
Bourre blanche en œuvre (1) , ... :	0 075	0 150	0 225
Déchet sur l'unité en œuvre , ...	0 001	0 001	0 002
Quantité de bourre pour un mètre superficiel, 1/100 , . .	0 076	0 151	0 227

3°.) FOURNITURES POUR ENDUITS, CRÉPIS OU PLAFONDS EN PLÂTRE DE MONTMARTRE.

Vingt-quatrième table.

Quantité de plâtre de Montmartre nécessaire pour un
mètre superficiel d'enduits, de crépis ou de plafonds,
selon les diverses épaisseurs indiquées ci-dessus.

	QUANTITÉ DE MATIÈRE POUR UN MÈTRE CARRÉ D'ENDUITS, DE CRÉPIS OU DE PLAFONDS EN PLATRE		
	de 5 millimètres d'épaisseur.	de 1 centimètre d'épaisseur.	de 15 millimètres d'épaisseur.
	mèt. mill.	mèt. mill.	mèt. mill.
Plâtre en œuvre , . . . , ...	0 005	0 010	0 015
Quantité de plâtre pour un mètre superficiel , ...	0 005	0 010	0 015

FOURNITURES POUR BLANCHISSAGES AU LAIT DE CHAUX.

Vingt-cinquième table.

Quantité de chaux coulée nécessaire pour cent mètres
superficiels de blanchissages au lait de chaux , selon
le nombre de couches indiquées ci-dessus.

	QUANTITÉ DE MATIÈRE POUR CENT MÈTRES CARRÉS DE BLANCHISSAGES AU LAIT DE CHAUX.		
	à une couche.	à 2 couches.	à 3 couches.
	mèt. mil.	mèt. mil.	mèt. mil.
Chaux coulée pour cent mètres , ...	0 005	0 009	0 012
Quantité de chaux coulée pour un mètre superficiel , .	0 005	0 009	0 012

(1) La proportion de bourre blanche nécessaire pour un mètre cube de mortier est la même que pour les enduits , crépis ou plafonds au gris ; c'est-à-dire , 15 kilogrammes par mètre cube.

DEUXIÈME SECTION.

DE LA MAIN-D'ŒUVRE.

CHAPITRE Ier.

Des diverses opérations de la main-d'œuvre.

Comme je l'ai déjà dit page 23, la valeur de la main-d'œuvre ne pouvant être que celle du temps employé à l'exécution des ouvrages, le prix moyen de la journée des ouvriers nécessaires à ce travail doit en être la base.

Ayant déjà démontré l'insuffisance des prix actuels des journées d'ouvriers (1), j'ai fixé ces prix de la manière suivante dans le tableau qui se trouve ci-après.

Les instructions de ce tableau sont les mêmes que celles que j'ai données pour celui des journées de la terrasse (page 23); il présente, du reste, la clarté nécessaire par lui-même pour que je sois dispensé de répéter encore ces instructions.

(1) Introduction, § 6ᵉ. — Observation sur l'ensemble et les prévisions de ce traité.—Titre 2, de la valeur des journées d'ouvriers, p. 7.

TABLEAU

DU PRIX DES JOURNÉES D'OUVRIERS DE 10 HEURES DE TRAVAIL EFFECTIF.

NOMS des DIFFÉRENTES CLASSES D'OUVRIERS.	PRIX de la journée de l'ouvrier.	FAUX-FRAIS 1/20		FAUX-FRAIS 1/15		FAUX-FRAIS 1/10		DÉBOURSÉ TOTAL par journée.		DÉBOURSÉ TOTAL par heure.		BÉNÉFICE 1/10 de la dépense.		PRIX REVENANT à l'entrepreneur par journée.		PRIX REVENANT à l'entrepreneur par heure.	
1.	2.	3.		4.		5.		6.		7.		8.		9.		10.	
	fr. / mil.	fr.	mil.	fr.	mil.	fr.	mil.	fr.	mil.	fr.	mil.	fr.	mil.	fr.	c.	fr.	mil.
Tailleurs de pierres de grès, . . .	3 500	»	»	»	»	0	350	7	850	0	385	0	385	4	24	0	424
Tailleur de pierres bleues ou dures, .	3 250	»	»	»	»	0	325	3	875	0	358	0	358	3	93	0	393
Tailleur de pierres blanches ou tendres,	3 000	»	»	»	»	0	300	3	300	0	330	0	330	3	63	0	363
Maître maçon et poseur, ...	3 000	»	»	0	200	»	»	3	200	0	320	0	320	3	52	0	352
Maçon ordinaire et contreposeur, . .	2 500	»	»	0	167	»	»	2	667	0	267	0	267	2	93	0	293
Plafonneur, ...	2 500	»	»	0	167	»	»	2	667	0	267	0	267	2	93	0	293
Jointoyeur, ...	2 000	»	»	0	133	»	»	2	133	0	213	0	213	2	35	0	235
Manœuvre, ...	1 750	0	087	»	»	»	»	1	837	0	184	0	184	2	02	0	202

NOTA. Les faux-frais généraux des ouvrages dont il sera parlé dans la troisième section ne comprenant pas les faux-frais des outils des ouvriers, les prix de la main-d'œuvre à adopter pour les sous-détails seront ceux de la septième colonne du présent tableau.

La main-d'œuvre comprend plusieurs opérations qu'il est essentiel de bien connaître pour parvenir à trouver la juste valeur des ouvrages.

Ces opérations sont les suivantes :

1°. La taille ;
2°. Le bardage ;
3°. Le montage ;
4°. La pose ;
5°. Le grattage et le nettoyage ;
6°. Le lattage ;

L'ensemble de ces opérations embrasse tout ce qui concerne la façon et la pose des ouvrages de maçonnerie.

Les prix de ces diverses opérations, ainsi que ceux de leurs subdivisions, étant une fois bien déterminés pour les différents matériaux que l'on emploie dans la maçonnerie, il n'est aucun travail qui ne puisse être apprécié par quiconque saura reconnaître quelles sont les opérations qu'un ouvrage aura exigées.

Les prix des diverses opérations de main-d'œuvre qui suivent sont basés sur le taux des journées que j'ai données dans le tableau qui précède.

CHAPITRE II.

De la valeur des opérations simples.

---

§ 1er. — DE LA TAILLE.

La taille est la forme que l'on donne aux lits, aux joints et aux paremens de pierres, suivant la place qu'elles doivent occuper ; elle peut se diviser en quatre classes principales, qui sont :

1° Les tailles planes ;
2° Les tailles circulaires ;
3° La taille moulurée ;
4° Et la pierre jetée bas.

1° Des tailles planes.

Les tailles planes comprennent : 1°. la taille des lits et joints ; 2° le déra-

16.

sement ; 3° le sciage ; 4° les parements rustiqués ; 5° les parements layés ; 6° les ragréments ; 7° les ravalements.

De la taille des lits et joints.

La taille des lits et joints a pour objet de retrancher des pierres brutes sortant des carrières, ou de celles grossièrement équarries, une quantité plus ou moins grande de matière pour dresser exactement leurs côtés, afin qu'elles puissent se joindre parfaitement dans les massifs et dans les murs, et qu'à l'extérieur leur assemblage présente des surfaces bien unies.

Pour éviter des calculs, je vais donner deux tables présentant la quantité de mètres superficiels que contient un mètre cube de pierres, quelle que soit leur espèce, suivant certaines longueurs ou hauteurs d'assises.

Première table.

Quantité de mètres superficiels de taille de joints, que contient un mètre cube de pierre, selon les diverses longueurs des assises désignées ci-après:

LONGUEUR des ASSISES.		QUANTITÉS DE MÈTRES superficiels POUR UN MÈTRE CUBE.	
mètres.	centimèt.	mètres.	centimèt.
0	30	6	67
0	40	5	00
0	50	4	00
0	60	3	33
0	70	2	86
0	80	2	50
0	90	2	23
1	00	2	00
1	10	1	82

Deuxième table.

Quantité de mètres superficiels de la taille de lits que contient un mètre cube de pierre, selon les diverses hauteurs des assises indiquées ci-après:

HAUTEUR des ASSISES.		QUANTITÉ DE MÈTRES superficiels POUR UN MÈTRE CUBE.	
mètres.	centimèt.	mètres.	centimèt.
0	21	9	52
0	28	7	14
0	35	5	72
0	42	4	76
0	49	4	08
0	56	3	57
0	63	3	17
0	70	2	86
0	77	2	60

Du dérasement.

Cette opération consiste dans la recoupe des différences presque inévitables qui existent dans la hauteur des pierres de chaque assise lors de leur mise en œuvre. Pour connaître toute l'importance de ce travail, il ne suffit que d'observer la manière dont les pierres sont superposées les unes au-dessus des autres. Chaque pierre se trouvant placée par moitié sur deux des

pierres de l'assise inférieure, il en résulterait que la moindre inégalité de
hauteur sur leur assiette entre ces dernières peut occasionner la rupture de
celles qu'elles supportent. Ce qui démontre qu'on ne peut se dispenser de
faire cette opération à presque toutes les pierres.

Le temps de cette taille peut être évalué moyennement, eu égard aux
difficultés dont elle est accompagnée, au sixième du temps de celle des parements sans ragrément, ni ravalement.

Du sciage.

Le sciage des pierres consiste dans le débit des blocs de pierres dures ou
tendres.

Cette opération ne doit pas remplacer la taille des lits et des joints, ni la
taille des parements, comme l'ont supposé plusieurs auteurs.

Ainsi, il est excessivement rare, après avoir fait des sciages dans la pierre
dure en dessus ou en dessous des blocs, qu'on ne soit pas obligé de les
dresser au marteau, en partie ou en totalité, pour que leurs côtés puissent
se joindre parfaitement dans les massifs et dans les murs; il faut aussi que,
quel que soit le soin avec lequel le sciage ait été fait en parement, que l'on
enlève le bouge pour éviter un ragrément trop fort. Quant aux sciages faits
avec la scie à dents dans la pierre tendre, ils ne sont que l'ébauche des
parements, des lits et des joints; le tailleur de pierre est obligé de revenir
sur tous pour les dresser et les layer.

D'après ces considérations, j'ai évalué les parements de sciage au hui-
tièmes de ceux taillés, non compris ragrément. Ce rapport moyen est
appuyé sur plusieurs assertions de Rondelet.

Des parements rustiqués.

On appelle parements rustiqués, les parements dressés et piqués avec la
pointe du marteau, après avoir relevé les ciselures au ciseau pour les parements extérieurs bien faits. On en distingue de deux espèces: 1° ceux amor-
cés seulement à la pointe du marteau pour la rectification des faces cachées
ou en contact avec des pierres; 2°. ceux destinés à être apparents, dont
le piquage est fait au marteau et les ciselures relevées au ciseau.

La taille des parements rustiqués cachés peut être évaluée à celle des
parements ordinaires, sans ragrément. Celle des parements visibles vaut
un peu moins que la taille ordinaire des parements droits layés sur toute
la face.

Des parements layés.

On entend par parements layés, les parements taillés avec la laye, la ripe ou marteau brételé ; c'est souvent le dernier travail d'un parement, suivant plusieurs ouvriers ; ce qui le dispense de faire le ravalement ; mais comme cette manière d'opérer est très-abusive, attendu qu'on ne peut pas donner le degré de fini aux pierres avant leur pose définitive, à cause des inégalités qui existent toujours dans les parements, je ne considérerai cette taille que comme ordinaire.

Voici comment Rondelet s'exprime à ce sujet (1).

« En effet, dit M. Rondelet (9ᵉ ligne du 3ᵉ paragraphe), de ce que les faces
» apparentes des pierres doivent en général présenter le dernier degré de
» fini de la taille, il ne s'en suit pas pour cela qu'elles doivent recevoir sur
» le chantier ce travail dans toute sa perfection ; car en cet état, comme
» l'observe très-bien l'auteur, ce sont les parements et non les lits qui diri-
» gent dans la pose (*ce que les ouvriers expriment en disant qu'il faut contenter
» ce parement*), ce qui est évidemment absurde. Cette pratique vicieuse et
» abusive, que des observations réitérées n'ont pu détruire, paraît avoir été
» imaginée dans l'idée de dispenser plus tard de l'opération du ravalement
» général, opération à laquelle on est presque toujours forcé d'avoir recours
» pour satisfaire aux apparences de rectitude et de correction qu'exigent
» impérieusement les ouvrages d'architecture, même les plus minimes.

» Puisque pour les murs, la taille des parements sur le chantier ne saurait
» jamais être considérée comme définitive, ce serait donc une mesure éco-
» nomique et profitable à la fois aux intérêts de la bonne construction que
» de réserver sur les faces des pierres, à l'instar des anciens (2), une légère
» quantité de matière à reprendre par le ravalement, et d'assimiler cette
» taille à celle des lits et joints (*ce qui la réduirait au tiers de ce qu'elle se paie
» ordinairement.............* »

Des ragréments.

On appelle ragréer, mettre la dernière main au parement d'un mur en pierre, après qu'il est élevé, en ôter les balèvres, et raccorder les moulures des plinthes et des entablements, etc. Le ragrément ne peut avoir lieu que sur l'ouvrage neuf.

---

(1) *Traité de l'art de bâtir*, neuvième édition, tome 8ᵉ, page 84.

(2) *Traité de l'art de bâtir*, voyez livre II, qui traite des constructions en pierre de taille, les pages 24 et suivantes.

Ainsi , ragréer doit s'entendre de la taille faite sur le tas pour rectifier les parements de chaque fragment de pierre mis en place, pour ne former de leur ensemble qu'une seule et même surface régulière.

Le ragrément n'a pas toujours lieu dans les ouvrages en pierre; par exemple , il ne s'exécute pas pour les morceaux de pierres isolées.

On en distingue de deux sortes : 1° le ragrément simple lorsque les ouvrages ne sont pas exposés à la vue , ou même lorsqu'il ne s'agit que de faire affleurer les morceaux à l'endroit de leurs joints , tels que pour des dallages et autres ouvrages analogues ; 2° le ragrément au vif lorsqu'il faut effectuer la rectification de la surface d'un mur dans toute son étendue.

Le ragrément simple peut s'évaluer au dixième de la taille parement faite sur le chantier. Le ragrément au vif peut être estimé à un quart de la taille parement faite sur le chantier.

Des ravalements.

On désigne par ce mot le grattage de haut en bas d'un vieux mur de pierre de taille tendre avec la ripe et autres outils , pour en redresser les surfaces.

Ce recoupement, qui se fait ordinairement sur plusieurs épaisseurs , peut être évalué jusqu'à 0,013 , comme ragrément au vif , en augmentant progressivement cette évaluation jusqu'à 0 m. 030 d'épaisseur , en ajoutant à cette valeur celle des échafaudages et des jointements , opérations qui se font en même temps que le ravalement.

2°. Des tailles circulaires.

Les tailles cylindriques comprennent : 1° les parements rustiqués ; 2° les parements layés ; 3° les ragréments ; 4° les ravalements.

Ces diverses opérations sont les mêmes que celles dont il a déjà été parlé dans les tailles planes; on ne les distingue de ces dernières que parce qu'elles demandent beaucoup plus de sujétion pour les tailler.

Les tailles cylindriques sont ordinairement évaluées , terme moyen , à une fois et un tiers le prix des tailles planes.

3°. De la taille moulurée.

On entend par taille moulurée la taille de toute saillie droite , carrée ou à courbure, dont plusieurs ensemble forment des corniches , des chambranles, etc. Elle comprend les mêmes opérations que les tailles cylindriques.

La taille moulurée s'évalue suivant le développement du mesurage des contours des moulures , sans avoir égard à leurs arêtes , ni à la courbure ou galbe de chaque membre.

La taille des moulures ainsi mesurée, en y comprenant celle des épannelages , exige trois fois 5/8 plus de temps qu'il n'en faut pour faire la même surface au parement ordinaire , et les épannelages déduits 2 fois 3/8.

4°. De la pierre jetée bas.

On entend par ce mot la main-d'œuvre pour abattre la pierre , toutes les fois que la pierre abattue dépasse $0^m. 08$. Elle comprend : 1°. l'abattage simple ou plumée de la pierre ; 2° les évidements ; 3° le refouillement ; 4° les épannelages.

De l'abattage simple ou plumée de la pierre.

On entend par plumée la partie de là pierre jetée bas pour atteindre le tracé du parement.

Le temps nécessaire pour abattre un mètre cube de pierre pour plumée, peut être porté à 172 heures pour la pierre de taille dure de grès ; à 90 heures pour la pierre de taille bleue ; et à 16 heures 20 minutes pour la pierre de taille blanche.

Des évidements et refouillements.

Ces deux opérations ne doivent pas être confondues ensemble, comme le font plusieurs auteurs. Ainsi, lorsqu'on fait un abattage de pierre entre deux ou plusieurs côtés , il n'y a lieu à de tenir compte que des évidements seulement, ou refouillements uniquement , selon le nombre de côtés réservés.

Des évidements.

On appelle évidement, l'abattage de pierre fait pour dégager deux surfaces seulement , telles que pour battées , pierres d'angles , trous de scellements circulaires ou carrés , etc. On en distingue de deux sortes :

1° Les évidements simples dont la partie retranchée a été comptée dans le métrage avec la pierre restant en œuvre ; il faut alors compter pour ce travail la main-d'œuvre seulement ; 2° les évidements avec déchet, dont la pierre retranchée a été déduite dans le métré ; dans ce cas, il faut tenir compte de la valeur de la main-d'œuvre et de celle de la pierre tombée en bas.

Le temps nécessaire pour abattre un mètre cube de pierre sur le chantier, peut être porté : à 200 heures pour la pierre de taille de grès ; à 104 heures 40 minutes pour la pierre de taille bleue; et à 18 heures 50 minutes pour la pierre de taille blanche.

Les évidements faits sur le tas valent environ $1/10$ en plus de ceux faits sur le chantier.

Des refouillements.

On entend par refouillement, l'abattage de pierre fait entre trois ou quatre côtés, comme pour chassis de regard, auge, fermeture de cheminée et autres ouvrages. On en compte aussi de deux sortes, comme dans les évidements.

Le temps nécessaire pour l'abattage d'un mètre cube de pierre sur le chantier, peut être estimé : à 350 heures pour la pierre de taille de grès ; à 184 heures pour la pierre de taille bleue ; et à 33 heures pour la pierre de taille blanche.

Les refouillements simples sur le tas, valent $1/8$ de plus que ceux faits sur le chantier.

§ 2ᵉ. — DU BARDAGE.

On entend par bardage, le transport de la pierre du chantier où elle est taillée, à pied-d'œuvre.

Voici comment Morisot s'explique sur ce mode de transport :

« Autrefois, dit Morisot (1), que la pierre ne s'employait généralement que
» par carreaux, boutisses et plaquis, même pour des murs de face, son trans-
» port se faisait au moyen d'un bard, espèce de civière, d'où dérive le mot
» bardage, qui veut dire transport, ainsi que celui du bardeur, homme portant
» le bard, et qu'on employait au nombre de six ; mais aujourd'hui que toutes
» les assises sont de fortes dimensions en longueur, et qu'elles portent ordi-
» nairement toute l'épaisseur du mur, on a trouvé plus commode de rem-
» placer cet ancien équipage par des chariots à deux roues, qui ont une flèche
» devant, et que l'on traîne au moyen de six, huit et même dix hommes,
» selon leur grandeur ; on se sert aussi quelquefois d'un binard, autre cha-
» riot à bascule et à quatre roues, avec un brancard dans lequel on met un
» cheval pour le traîner.

» Lorsqu'on ne se servait que du bard et qu'on n'employait que des carreaux,
» le poids devait être compté pour quelque chose dans son transport, parce
» que la dimension des pierres étant petite, on pouvait en mettre sur l'équi-
» page plus ou moins, jusqu'à ce que la charge fût complète ; mais aujour-
» d'hui que les pierres de taille sont d'un tout autre volume, c'est moins le

____

(1) Tableaux détaillés des prix de tous les ouvrages de bâtiment. Seconde édition, 1ᵉʳ volume, page 39.

» poids de la matière que sa dimension et sa forme qui commandent de ne
» prendre, par fois, qu'une assise et d'autres fois deux, qu'elles soient de
» pierre tendre ou de pierre dure ; ainsi, la différence du poids des pierres
» tendres, qui est d'environ ¼ de moins que celui des pierres dures, n'influe
» en rien sur les frais de transport, non plus que sur ceux du montage ; et
»· même, si l'on pouvait admettre quelque différence, ce serait en faveur de
» la pierre tendre qui exige plus de précautions que l'autre lors de son
» chargement, de son déchargement et de son montage, afin d'en ménager
» les arêtes et les parements.

» Je n'ai fait en conséquence aucune différence dans mes détails pour le
» bardage, le montage et la pose entre la pierre tendre et la pierre dure ;
» et, quant aux moyens nécessaires pour exécuter le transport, j'ai fait
» emploi, suivant l'étendue des travaux supposés, du plus petit des cha-
» riots en usage, que l'on traîne au moyen de six hommes.......... »

On a prouvé qu'un équipage composé de six hommes, peut mener environ
0 m. 225 cubes de pierre dure ou tendre par voyage ; que ce nombre d'hommes emploie 18 minutes à charger et 9 minutes à décharger ; et qu'il leur
faut pour parcourir 100 mètres de distance, y compris l'aller et le retour,
10 minutes. On trouvera donc que le temps du chargement d'un mètre cube
pour les 6 hommes, sera de 7 heures 12 minutes ; que celui du déchargement, sera de 3 heures 36 minutes ; et que celui du transport par 10 mètres
de distance sera de 24 minutes.

La table que je donne ci-après, contenant le temps nécessaire pour le
transport des pierres à plusieurs distances, est formée d'après les considérations qui précèdent.

TABLE du temps nécessaire pour barder un mètre cube de pierre dure ou tendre, à diverses distances, sur un plan supposé de niveau, au moyen d'un chariot servi par six hommes, dont quatre bardeurs attelés devant et deux poussant le derrière de l'équipage.

DISTANCES des BARDAGES.	Pour le chargement.		Pour le déchargement.		Pour le transport.		Pour chacun des voyages.	
	heur.	min.	heur.	min.	heures.	min.	heures.	min.
A 50 mètres					2	00	12	48
A 60 id.					2	24	13	12
A 70 id.					2	48	13	36
A 80 id.					3	12	14	00
A 90 id.					3	36	14	24
A 100 id.	7	12	3	36	4	00	14	48
A 120 id.					4	48	15	36
A 140 id.					5	36	16	24
A 160 id.					6	24	17	12
A 180 id.					7	12	18	00
A 200 id.					8	00	18	48

On n'emploie guère ce mode de transport que pour des distances au-delà de 40 mètres et au-dessous de 200 mètres. Dans le premier cas, c'est-à-dire, lorsque la distance est moindre de 50 mètres, il est plus économique de barder la pierre sur madriers en la faisant glisser. Dans le second cas, ou lorsque la distance excède 200 mètres, il est plus avantageux d'effectuer le transport au moyen d'un tombereau attelé d'un ou deux chevaux conduits par un charretier.

§ 3e.—DU MONTAGE DES PIERRES.

Le montage de la pierre consiste dans l'élévation, au moyen de machines, des matériaux amenés sur le tas et préparés pour les mettre en place.

« Ce montage, dit Morisot (1), se compose de deux opérations ; la première
» est fixe, c'est celle de brayer la pierre, c'est-à-dire de la lier au cable ou
» de l'accrocher à la louve, de la recevoir sur l'échafaud, de la délier et la
» barder jusqu'à l'endroit où elle doit être posée ; la seconde est variable,
» c'est celle de monter la pierre à plus ou moins de hauteur.

» J'ai supposé ces deux opérations faites par un atelier semblable à celui

(1) Tableaux détaillés des prix de tous les ouvrages de bâtiment. Seconde édition, 1er volume, page 43.

» du bardage, c'est-à-dire le plus ordinaire , en employant pour équipage une
» chèvre au lieu d'un singe ou treuil à roue , servi par cinq hommes seule-
» ment , dont trois occupés à brayer ; deux de ces trois servent aussi à la
» recevoir , et l'autre à la guider pendant son ascension , et les deux autres
» occupés à la chèvre pour monter la pierre et en faire le bardage sur
» l'échafaud. »

La table ci-après est formée d'après les instructions de Morisot.

TABLE du temps nécessaire pour monter un mètre cube de pierre dure ou tendre à diverses hauteurs, au moyen d'une chèvre servie par cinq hommes, dont trois employés à brayer , guider et recevoir la pierre, et deux à la monter et à la barder , avec rouleaux sur l'échafaud.

MESURE des HAUTEURS.	TEMPS DES CINQ HOMMES POUR UN MÈTRE CUBE.			
	Pour lier ou louver la pierre.	pour la recevoir sur le tas , la lier , descendre le câble et la barder au rouleau.	Pour la monter à la chèvre.	En tout pour chacun des voyages.
	heur. min.	heur. min.	heur. min.	heur. min.
A 2 mètres.			1 20	10 20
A 4 id.			2 40	11 40
A 6 id.			4 00	13 00
A 8 id.			5 20	14 20
A 10 id.			6 40	15 40
A 12 id.	5 00	4 00	8 00	17 00
A 14 id.			9 20	18 20
A 16 id.			10 40	19 40
A 18 id.			12 00	21 00
A 20 id.			13 20	22 20

§ 4ᵉ.—DE LA POSE.

On entend par pose la mise en place des matériaux par les maçons ou poseurs.

D'après un grand nombre d'expériences, j'ai reconnu :

1°.—Que dans les murs droits et les ouvrages courants , un atelier composé d'un peseur, d'un maçon ordinaire et d'un manœuvre met : 4 heures pour poser un mètre cube d'assises de pierre de 42 centimètres de hauteur et au-dessous , lorsqu'il n'est pas chargé du bardage ni du montage de la pierre ; cinq heures pour assises de 43 à 63 centimètres de hauteur ;

et six heures pour assises de 64 à 77 centimètres de hauteur ;

2°.—Que dans les voûtes, le même atelier met 6 heures pour la pose des voussoirs de dimensions ordinaires.

NOTA. Je n'ai fait aucune distinction entre le temps de la pose de la pierre dure et celui de la pierre tendre, bien que la différence du poids des pierres tendres soit d'environ ¼ de moins que celui des pierres dures , car la pierre tendre exige beaucoup plus de précautions et de sujétion pour éviter l'épaufrure des arêtes.

3°. — Qu'un maçon ordinaire aidé d'un manœuvre met : 5 heures pour poser un mètre cube de moellons ou de libages en massif; 5 heures 15 minutes pour la pose des mêmes matériaux en fondation ou en élévation à un parement vu , et 5 heures 30 minutes pour murs à 2 parements ;

4°.— Qu'un atelier composé d'un maçon ordinaire et de quatre manœuvres peut manipuler et mettre en place un mètre cube de béton en deux heures de travail , non compris le bardage ;

5°.—Qu'un maçon ordinaire servi par un manœuvre met : 1° 5 heures pour la main-d'œuvre d'un mètre cube de massif de maçonnerie , ou mur en fondation ; 2° 5 heures 30 minutes pour la main-d'œuvre d'un mètre cube de maçonnerie d'un mur à 1 parement vu élevé jusqu'à 2 mètres de hauteur ; 3° 6 heures pour la main-d'œuvre d'un mètre cube de maçonnerie à 2 parements, élevé aussi jusqu'à 2 mètres de hauteur.

Quant à la durée de la pose pour les autres ouvrages, je la déterminerai en même temps que pour ceux dont je parle ci-dessus, dans un tableau général du temps applicable à toutes les opérations de la main-d'œuvre.

§ 5°.—DU GRATTAGE ET DU NETTOYAGE.

On appelle grattage l'enlèvement de matières altérées et l'extirpation de substances hétérogènes , pour faire place à d'autres corps plus sains. Cette opération a lieu principalement pour les jointements et les rejointements de maçonnerie de pierres de taille dures ou tendres , et pour ceux de maçonnerie de briques.

Le nettoyage, qui se fait après avoir jointoyé, consiste dans l'enlèvement des bavures et des traces laissées par le truelleau , en lissant et recirant les joints.

Le grattage s'estime avec les jointements ou rejointements. Quant au nettoyage , il est très rare que cette opération s'exécute.

§ 6°.—DU LATTAGE.

On désigne sous ce titre, attacher, clouer des lattes sur les chevrons d'un comble , sur les poteaux d'une cloison , sur les solives d'un plancher , pour recevoir l'aire , etc. On distingue deux sortes de lattis : celui à claire-voie et celui jointif. Latter à claire-voie , c'est attacher des lattes éloignées les unes des autres de 11 à 14 centimètres , comme on le pratique pour une cloison pleine , où elles servent à retenir les garnis placés entre les poteaux et pour l'adhérence du mortier ; latter jointif, c'est attacher des lattes qui se touchent ou qui ne laissent qu'un petit intervalle entr'elles de 2 centimètres au plus , comme il est en usage pour les pfafonds ou les cloisons non remplies , etc.

Cette opération n'est qu'une subdivision des plafonds , dont je ferai mention dans le tableau général du temps nécessaire pour l'exécution des ouvrages ou pour les sous-détails des travaux.

Observations générales sur la valeur des opérations simples.

Il existe encore une infinité d'autres subdivisions de main-d'œuvre , indépendamment de celles que j'ai citées ; mais je n'entrerai dans aucune démonstration sur ces matières , à cause de leur simplicité ; il serait d'autant plus inutile de présenter des préliminaires sur ces opérations , qu'elles se trouvent comprises dans le tableau du temps et de la valeur de la main-d'œuvre nécessaire pour la façon des ouvrages de maçonnerie , ou dans les sous-détails de ces mêmes ouvrages.

Pour éviter la confusion qui pourrait résulter des différentes manières d'envisager les diverses opérations simples , sous le rapport de leur appréciation , et afin que chacun puisse les appliquer à chaque cas qui lui est propre, en les plaçant au point de vue de la méthode que j'ai suivie, et pour faciliter la formation des sous-détails , il me reste maintenant à faire connaître le temps qu'exige la construction des ouvrages , et à déterminer successivement toutes les opérations distinctes que la main-d'œuvre peut subir selon la nature de ces mêmes ouvrages.

Le tableau qui se trouve à la page suivante remplira ce but. On verra que, d'après cette méthode , il ne peut y avoir d'opérations qui présentent quelque doute ou quelqu'embarras sur leur véritable acception et leur durée.

TABLEAU GÉNÉRAL

du temps et de la valeur de la main-d'œuvre nécessaires pour la façon des ouvrages
de maçonnerie.

Numéros d'ordre.	DÉSIGNATION.	Nombre.	OUVRIERS EMPLOYÉS. Profession.	DURÉE du TRAVAIL.		PRIX de L'HEURE.		VALEUR DE LA MAIN-D'ŒUVRE par catégorie d'ouvriers.		VALEUR DE LA MAIN-D'ŒUVRE par ouvrage.	
				h.	m.	fr.	mil.	fr.	mil.	fr.	mil.
	§ 1er.—Maçonnerie de béton.										
1	Façon d'un mètre cube de béton.										
	Manipulation , ...	4	manœuvre. . . .	2	00	0	184	1	472	2	006
	Pose ou emploi , ...	1	maçon ordinaire.	2	00	0	267	0	534		
	§ 2e.—Maçonnerie de moellons ou de libages.										
2	Façon d'un mètre cube de maçonnerie de moellons ou de libages durs ou tendres, posés en massif.										
	Pose ou emploi , ...	1	maçon ordinaire.	5	00	0	267	1	335	2	255
		1	manœuvre. . . .	5	00	0	184	0	920		
3	Façon d'un mètre cube de maçonnerie de moellons ou de libages durs ou tendres, pour murs à un parement à vu.										
	Pose ou emploi , ...	1	maçon ordinaire.	5	15	0	267	1	402	2	368
		1	manœuvre. . . .	5	15	0	184	0	966		
4	Façon d'un mètre cube de maçonnerie de moellons ou de libages durs ou tendres, pour murs à 2 parements vus.										
	Pose ou emploi , ...	1	maçon ordinaire.	5	30	0	267	1	469	2	481
		1	manœuvre. . . .	5	30	0	184	1	012		
	§ 3e. — Maçonnerie de pierres de taille.										
5	Façon d'un mètre cube de maçonnerie de pierres de taille dures ou tendres , de 42 centimètres de hauteur d'assise et au-dessous.										
	Pose ou emploi , ...	1	poseur.	4	00	0	320	1	280	3	085
		1	maçon ordinaire.	4	00	0	267	1	068		
		1	manœuvre. . . .	4	00	0	184	0	736		

Numéros d'ordre.	DÉSIGNATION.	OUVRIERS EMPLOYÉS.		DURÉE du TRAVAIL.		PRIX de L'HEURE.		VALEUR DE LA MAIN-D'ŒUVRE.			
		Nombre.	Profession.					par catégorie d'ouvriers		par ouvrage	
				h.	m.	fr.	mil.	fr.	mil.	fr.	mil.
6	Façon d'un mètre cube de maçonnerie de pierres de taille dures ou tendres, de 43 à 63 centimètres de hauteur d'assise. Pose ou emploi, ...	1	Poseur.	5	00	0	320	1	600	3	855
		1	maçon ordinaire.	5	00	0	267	1	335		
		1	manœuvre. . . .	5	00	0	184	0	920		
7	Façon d'un mètre cube de maçonnerie de pierres de taille dures ou tendres, de 64 à 77 centimètres de hauteur d'assise. Pose ou emploi, ...	1	Poseur.	6	00	0	320	1	920	4	626
		1	maçon ordinaire.	6	00	0	267	1	602		
		1	manœuvre. . . .	6	00	0	184	1	104		
8	Façon d'un mètre cube de maçonnerie de pierres de taille dures ou tendres, pour voûtes ou voussoirs ordinaires. Pose ou emploi, comme au n°. précédent.	»	» »	»	»	»	»	»	»	4	626

§ 4e.— maçonnerie de briques.

ARTICLE PREMIER.
MAÇONNERIE AU MÈTRE CUBE.

Numéros d'ordre.	DÉSIGNATION.	Nombre.	Profession.	h.	m.	fr.	mil.	fr.	mil.	fr.	mil.
9	Façon d'un mètre cube de maçonnerie de briques pour massifs ou voûtes de caves. Pose et emploi, ...	1	maçon ordinaire.	5	00	0	267	1	335	2	255
		1	manœuvre. . . .	5	00	0	184	0	920		
10	Façon d'un mètre cube de maçonnerie de briques pour mur, à un parement vu. Pose et emploi, ...	1	maçon ordinaire.	5	30	0	267	1	469	2	481
		1	manœuvre. . . .	5	30	0	184	1	012		
11	Façon d'un mètre cube de maçonnerie de briques pour murs à 2 parements vus. Pose et emploi, ...	1	maçon ordinaire.	6	00	0	267	1	602	2	706
		1	manœuvre. . . .	6	00	0	184	1	104		
12	Façon d'un mètre cube de maçonnerie de briques pour voûtes de sujétion. Pose et emploi, ...	1	maçon ordinaire.	7	00	0	267	1	869	3	157
		1	manœuvre. . . .	7	00	0	184	1	288		

Numéros d'ordre.	DÉSIGNATION.	OUVRIERS EMPLOYÉS.		DURÉE du TRAVAIL.		PRIX de L'HEURE.		VALEUR DE LA MAIN-D'ŒUVRE.			
		Nombre.	Profession.	h.	m.	fr.	mil.	par catégorie d'ouvriers		par ouvrage.	
								fr.	mil.	fr.	mil.
	ARTICLE DEUXIÈME. MAÇONNERIE AU MÈTRE SUPERFICIEL.										
13	Façon d'un mètre superficiel de cloisons en briques, posées de plat.										
	Pose et emploi, ...	1	maçon ordinaire.	1	00	0	267	0	267	0	451
		1	manœuvre. . . .	1	00	0	184	0	184		
14	Façon d'un mètre superficiel de cloisons en briques, posées de champ.										
	Pose et emploi, ...	1	maçon ordinaire.	0	40	0	267	0	178	0	604
		1	manœuvre. . . .	0	40	0	184	0	123		
	§ 5e.— Taille planes.										
	ARTICLE PREMIER. DE LA TAILLE DES LITS ET JOINTS.										
15	Façon d'un mètre superficiel de taille de lits et joints, dégrossis et dressés pour libages, marches seules, seuils, dalles et autres pierres placées parmi les moellons.										
	En pierres de taille de grès, ...	1	tailleur de pierres de grès.	5	40	0	385	2	182	2	182
	En pierres dures de Soignies, dé Maffles, de Quevaucamps, de Bazècles, etc. (Belgique), ...	1	tailleur de pierres bleues.	3	30	0	358	1	253	1	253
	En pierres de taille tendres d'Avesnes-le-Sec, d'Hordaing, d'Estreux (Nord), du Pont-du-Gy et du faubourg d'Arras (Pas-de-Calais);	1	tailleur de pierres blanches.	0	37	0	330	0	204	0	204
16	Façon d'un mètre superficiel de lits et joints, bien faits et dressés pour ouvrages ordinaires.										
	En pierres de taille de grès, ...	1	tailleur de p. de grès.	7	00	0	385	2	695	2	695
	En pierres de taille dures, comme au n° 15,	1	tailleur de p. bleues.	4	25	0	358	1	584	1	584
	En pierres de taille tendres, comme au n° 15,	1	tailleur de p. blanch.	0	48	0	330	0	264	0	264
17	Façon d'un mètre superficiel de taille de lits et joints taillés jusqu'au vif de la pierre, bien dressés et layés.										
	En pierres de taille dures, comme au n° 15,	1	tailleur de p. bleues.	5	18	0	358	1	897	1	897
	En pierres de taille tendres, comme au n° 15,	1	tailleur de p. blanch.	0	57	0	330	0	314	0	314

Numéros d'ordre.	DÉSIGNATION.	nombre.	Profession.	DURÉE du TRAVAIL. (h. m.)	PRIX de L'HEURE. (fr. m.)	VALEUR DE LA MAIN-D'ŒUVRE. par catégorie d'ouvriers (fr. m.)	par ouvrage (fr. m.)
	ARTICLE DEUXIÈME. DU DÉRASEMENT.						
18	Façon d'un mètre superficiel de dérasement de taille de lits.						
	En pierres de taille de grès, ...	1	tailleur de p. de grès.	3 20	0 385	1 283	1 283
	En pierres de taille dures, comme au n° 15,	1	tailleur de p. bleues.	2 06	0 358	0 752	0 752
	En pierres de taille tendres, comme au n° 15,	1	tailleur de p. blanch.	0 23	0 330	0 127	0 127
	ARTICLE TROISIÈME. DU SCIAGE.						
19	Façon d'un mètre superficiel de parement de sciage.						
	En pierres de taille de grès, ...	1	tailleur de p. de grès.	2 30	0 385	0 963	0 963
	En pierres de taille dures, comme au n° 15,	1	tailleur de p. bleues.	1 34	0 358	0 561	0 561
	En pierres de taille tendres, comme au n° 15,	1	tailleur de p. blanch.	0 17	0 330	0 094	0 094
20	Façon d'un mètre superficiel de taille de parements droits cachés , ou de taille ordinaire de parement visibles , seulement rustiqués.						
	En pierres de taille de grès, ...	1	tailleur de p. de grès.	10 30	0 385	4 043	4 043
	En pierres de taille dures, comme au n° 15,	1	tailleur de p. bleues.	4 30	0 358	1 611	1 611
	En pierres de taille tendres, comme au n° 15,	1	tailleur de p. blanch.	0 49	0 330	0 270	0 270
	ARTICLE QUATRIÈME. TAILLE DES PAREMENTS DROITS RUSTIQUÉS.						
21	Façon d'un mètre superficiel de taille bien faite de parements droits visibles , rustiqués , avec ciselure au pourtour des arêtes.						
	En pierres de taille de grès, ...	1	tailleur de p. de grès.	21 00	0 385	8 085	8 085
	En pierres de taille dures, comme au n° 15,	1	tailleur de p. bleues.	9 00	0 358	3 222	3 222
	En pierres de taille tendres, comme au n° 15,	1	tailleur de p. blanch.	1 37	0 330	0 534	0 534
	ARTICLE CINQUIÈME. TAILLE DES PAREMENTS DROITS LAYÉS.						
22	Façon d'un mètre superficiel de taille ordi-						

Numéros d'ordre.	DÉSIGNATION.	OUVRIERS EMPLOYÉS.		DURÉE du TRAVAIL.		PRIX de L'HEURE.		VALEUR DE LA MAIN-D'ŒUVRE. par catégorie d'ouvriers		par ouvrage.	
		nombre.	Profession.	h.	m.	fr.	m.	fr.	m.	fr.	m.
	naire de parements droits, layés sur toute la face.										
	En pierres de taille dures, comme au n° 15,	1	tailleur de p. bleues.	11	10	0	358	3	998	3	998
	En pierres de taille tendres, comme au n° 15,	1	tailleur de p. blanch.	2	00	0	330	0	660	0	660
23	Façon d'un mètre superficiel de taille fine de parements droits, layés sur toute la face.										
	En pierres de taille dures, comme au n° 15,	1	tailleur de p. bleues.	12	35	0	358	4	505	4	505
	En pierres de taille tendres, comme au n° 15,	1	tailleur de p. blanch.	2	16	0	330	0	748	0	748

ARTICLE SIXIÈME.
DES RAGRÉMENTS DE PARÉMENTS DROITS.

Numéros d'ordre.	DÉSIGNATION.	nombre.	Profession.	h.	m.	fr.	m.	fr.	m.	fr.	m.
24	Façon d'un mètre superficiel de ragrément simple de parements droits, rustiqués ou layés.										
	En pierres de taille de grès, ...	1	tailleur de p. de grès.	2	00	0	385	0	770	0	770
	En pierres de taille dures, comme au n° 15,	1	tailleur de p. bleues.	1	16	0	358	0	453	0	453
	En pierres de taille tendres, comme au n° 15,	1	tailleur de p. blanch.	0	14	0	330	0	077	0	077
25	Façon d'un mètre superficiel de ragrément au vif de parements droits, rustiqués ou layés.										
	En pierres de taille de grès, ...	1	tailleur de p. de grès.	5	00	0	385	1	925	1	925
	En pierres de taille dures, comme au n° 15,	1	tailleur de p. bleues.	3	09	0	358	1	128	1	128
	En pierres de taille tendres, comme au n° 15,	1	tailleur de p. blanch	0	34	0	330	0	187	0	187

ARTICLE SEPTIÈME.
DES RAVALEMENTS DE PARÉMENTS DROITS.

Numéros d'ordre.	DÉSIGNATION.	nombre.	Profession.	h.	m.	fr.	m.	fr.	m.	fr.	m.
26	Façon d'un mètre superficiel de ravalements de parements droits, rustiqués ou layés.										
	En pierres de taille tendres, comme au n° 15,	1	tailleur de p. blanch.	0	34	0	330	0	187	0	187

§ 6°.—Des tailles circulaires.

ARTICLE PREMIER.
TAILLES DES PARÉMENTS CIRCULAIRES RUSTIQUÉS.

Numéros d'ordre.	DÉSIGNATION.	nombre.	Profession.	h.	m.	fr.	m.	fr.	m.	fr.	m.
27	Façon d'un mètre superficiel de taille bien										

Numéros d'ordre	DÉSIGNATION.	nombre.	Profession.	DURÉE du TRAVAIL. (h. m.)	PRIX de L'HEURE. (fr. m.)	VALEUR DE LA MAIN-D'OEUVRE. par catégorie d'ouvriers (fr. m.)	par ouvrage. (fr. m.)
	faite, de parements cylindriques visibles, rustiqués, avec ciselure au pourtour des arêtes.						
	En pierres de taille de grès, ...	1	tailleur de p. de grès.	26 40	0 385	10 267	10 267
	En pierres de taille dures, comme au n° 15,	1	tailleur de p. bleues.	11 20	0 358	4 057	4 057
	En pierres de taille tendres, comme au n 15,	1	tailleur de p. blanch.	2 03	0 330	0 676	0 677
28	Façon d'un mètre superficiel de taille de parements cylindriques cachés, ou de taille ordinaire de parements visibles, seulement rustiqués.						
	En pierres de taille de grès, ...	1	tailleur de p. de grès.	13 20	0 385	5 133	5 133
	En pierres de taille dures, comme au n° 15,	1	tailleur de p. bleues.	5 40	0 358	2 029	2 029
	En pierres de taille tendres, comme au n° 15,	1	tailleur de p. blanch.	1 01	0 330	0 336	0 336

ARTICLE DEUXIÈME.

TAILLES DES PAREMENTS CIRCULAIRES LAYÉS.

Numéros d'ordre	DÉSIGNATION.	nombre.	Profession.	DURÉE du TRAVAIL. (h. m.)	PRIX de L'HEURE. (fr. m.)	VALEUR DE LA MAIN-D'OEUVRE. par catégorie d'ouvriers (fr. m.)	par ouvrage. (fr. m.)
29	Façon d'un mètre superficiel de taille ordinaire de parements cylindriques, layés sur toute la face.						
	En pierres de taille dures, comme au n° 15,	1	tailleur de p. bleues.	14 53	0 358	5 328	5 328
	En pierres de taille tendres, comme au n° 15,	1	tailleur de p. blanch.	2 40	0 330	0 880	0 880
30	Façon d'un mètre superficiel de taille fine de parements cylindriques, layés sur toute la face.						
	En pierres de taille dures, comme au n° 15,	1	tailleur de p. bleues	16 47	0 358	6 008	6 008
	En pierres de taille tendres, comme au n° 15,	1	tailleur de p. blanch.	3 01	0 330	0 996	0 996

ARTICLE TROISIÈME.

DES RAGRÉMENTS DE PAREMENS CIRCULAIRES.

Numéros d'ordre	DÉSIGNATION.	nombre.	Profession.	DURÉE du TRAVAIL. (h. m.)	PRIX de L'HEURE. (fr. m.)	VALEUR DE LA MAIN-D'OEUVRE. par catégorie d'ouvriers (fr. m.)	par ouvrage. (fr. m.)
31	Façon d'un mètre superficiel de ragrément simple de parements cylindriqués, rustiqués ou layés.						
	En pierres de grès, ...	1	tailleur de p. de grès.	2 40	0 385	1 027	1 027
	En pierres de taille dures, comme au n° 15,	1	tailleur de p. bleues.	1 41	0 358	0 603	0 603
	En pierres de taille tendres, comme au n° 15,	1	tailleur de p. blanch.	0 19	0 330	0 105	0 105

Numéros d'ordre.	DÉSIGNATION.	OUVRIERS EMPLOYÉS.		DURÉE du TRAVAIL.		PRIX de L'MÈTRE.		VALEUR DE LA MAIN-D'ŒUVRE.			
		nombre.	Profession.					Par catégorie d'ouvriers		Par ouvrage	
				h.	m.	fr.	m.	fr.	m.	fr.	m.
32	Façon d'un mètre superficiel de ragrément au vif de parements cylindriques, rustiqués ou layés.										
	En pierres de taille de grés, ...	1	tailleur de p. de grés.	6	40	0	385	2	567	2	567
	En pierres de taille dures, comme au nº 15,	1	ailleur de p. bleues.	4	12	0	358	1	504	1	504
	En pierres de taille tendres, comme au nº 15,	1	tailleur de p. blanch.	0	45	0	330	0	248	0	248

ARTICLE QUATRIÈME.

DES RAVALEMENTS CIRCULAIRES.

Numéros d'ordre.	DÉSIGNATION.	nombre.	Profession.	h.	m.	fr.	m.	fr.	m.	fr.	m.
33	Façon d'un mètre carré de ravalements de parements cylindriques, rustiqués ou layés.										
	En pierres de taille tendres, comme au nº 15,	1	tailleur de p. blanch.	0	45	0	330	0	248	0	248

§ 7e. — De la taille moulurée.

ARTICLE PREMIER

TAILLE DES PAREMENS MOULURÉS, RUSTIQUÉS, Y COMPRIS LES ÉPANNELAGES.

Numéros d'ordre.	DÉSIGNATION.	nombre.	Profession.	h.	m.	fr.	m.	fr.	m.	fr.	m.
34	Façon d'un mètre superficiel de taille bien faite de parements moulurés, visibles, rustiqués.										
	En pierres de taille de grés, ...	1	tailleur de p. de grés.	72	30	0	385	27	913	27	913
	En pierres de taille dures, comme au nº 15,	1	tailleur de p. bleues.	30	49	0	358	11	032	11	032
	En pierres de taille tendres, comme au nº 15,	1	tailleur de p. blanch.	5	34	0	330	1	837	1	837
35	Façon d'un mètre superficiel de taille de parements moulurés cachés, ou de taille ordinaire de parements moulurés visibles, et seulement rustiqués.										
	En pierres de taille de grés, ...	1	tailleur de p. de grés.	36	15	0	385	13	956	13	956
	En pierres de taille dures, comme au nº 15,	1	tailleur de p. bleues.	15	24	0	358	5	513	5	513
	En pierres de taille tendres, comme au nº 15,	1	tailleur de p. blanch.	2	47	0	339	0	919	0	919

ARTICLE DEUXIÈME.

TAILLE DES PAREMENTS MOULURÉS LAYÉS, Y COMPRIS LES ÉPANNELAGES.

Numéros d'ordre.	DÉSIGNATION.										
36	Façon d'un mètre superficiel de taille ordi-										

Numéros d'ordre.	DÉSIGNATION.	nombre.	OUVRIERS EMPLOYÉS. Profession.	DURÉE du TRAVAIL.		PRIX de L'HEURE.		VALEUR DE LA MAIN-D'ŒUVRE. par catégorie d'ouvriers		par ouvrage.	
				h.	m.	fr.	m.	fr.	m.	fr.	m.
	naire de parements moulurés et layés sur toute la face.										
	En pierres de taille dures, comme au n° 15,	1	tailleur de p. bleues.	40	29	0	358	14	493	14	493
	En pierres de taille tendres, comme au n° 15,	1	tailleur de p. blanch.	7	45	0	330	2	393	2	393
37	Façon d'un mètre superficiel de taille fine de parements moulurés, layés sur toute la face.										
	En pierres de taille dures, comme au n° 15,	1	tailleur de p. bleues	45	37	0	358	16	331	16	331
	En pierres de taille tendres, comme au n° 15,	1	tailleur de p. blanch.	8	43	0	330	2	712	2	712

ARTICLE TROISIÈME.

DES RAGRÉMENTS DE MOULURES.

Numéros d'ordre.	DÉSIGNATION.	nombre.	Profession.	Durée h.	m.	Prix fr.	m.	Valeur fr.	m.	fr.	m.
38	Façon d'un mètre superficiel de ragrément simple de parements moulurés, rustiqués ou layés.										
	En pierres de taille de grés, ...	1	tailleur de p. de grés.	7	45	0	385	2	984	2	984
	En pierres, de taille dures, comme au n° 15,	1	tailleur de p. bleues.	4	35	0	358	1	644	1	644
	En pierres de taille tendres, comme au n° 15,	1	tailleur de p. blanch.	0	51	0	330	0	284	0	284
39	Façon d'un mètre superficiel de ragrément au vif de parements moulurés, rustiqués ou layés.										
	En pierres de taille de grès , ...	1	tailleur de p. de grès.	18	08	0	385	6	981	6	981
	En pierres de taille dures, comme au n° 15,	1	tailleur de p. bleues.	11	25	0	358	4	087	4	087
	En pierres de taille tendres, comme au n° 15,	1	tailleur de p. blanch.	2	03	0	330	0	677	0	677

ARTICLE QUATRIÈME.

DES RAVALEMENTS DE MOULURES.

Numéros d'ordre.	DÉSIGNATION.	nombre.	Profession.	Durée h.	m.	Prix fr.	m.	Valeur fr.	m.	fr.	m.
40	Façon d'un mètre superficiel de ravalements de parements moulurés , rustiqués ou layés.										
	En pierres de taille tendres, comme au n° 15,	1	tailleur de p. blanch.	2	03	0	330	0	677	0	677

Numéros d'ordre.	DÉSIGNATION.	Nombre.	Profession.	DURÉE du TRAVAIL.	PRIX de L'HEURE.	VALEUR DE LA MAIN-D'ŒUVRE par catégorie d'ouvriers	par ouvrage.
				h. m.	fr. mil.	fr. mil.	fr. mil.
	§ 8e. — De la pierre jetée bas.						
	ARTICLE PREMIER.						
	ABATTAGE SIMPLE OU PLUMÉE DE LA PIERRE.						
41	Façon d'un mètre cube de pierre abattu.						
	En pierres de taille de grés, ...	1	tailleur de p. de grès.	172 00	0 385	66 220	66 220
	En pierres de taille dures, comme au n° 15,	1	tailleur de p. bleues.	90 00	0 358	32 220	32 220
	En pierres de taille tendres, comme au n° 15,	1	tailleur de p. blanch.	16 20	0 330	5 890	5 390
	ARTICLE DEUXIÈME.						
	DES EVIDEMENTS.						
42	Façon d'un mètre cube d'évidements sur le chantier.						
	En pierres de taille de grés, ...	1	tailleur de p. de grès.	200 00	0 385	77 000	77 000
	En pierres de taille dures, comme au n° 15,	1	tailleur de p. bleues.	104 40	0 358	37 471	37 471
	En pierres de taille tendres, comme au n° 15,	1	tailleur de p. blanch	18 50	0 330	6 215	6 215
43	Façon d'un mètre cube d'évidements sur le tas.						
	En pierres de taille de grés, ...	1	tailleur de p. de grès.	220 00	0 385	84 700	84 700
	En pierres de taille dures, comme au n° 15,	1	tailleur de p. bleues.	115 08	0 358	44 218	44 218
	En pierres de taille tendres, comme au n° 15,	1	tailleur de p. blanch.	20 43	0 330	6 837	6 837
	ARTICLE TROISIÈME.						
	DES REFOUILLEMENTS.						
44	Façon d'un mètre cube de refouillements sur le chantier.						
	En pierres de taille de grés, ...	1	tailleur de p. de grès.	350 00	0 385	134 750	134 750
	En pierres de taille dures, comme au n° 15,	1	tailleur de p. bleues.	184 00	0 358	65 872	65 872
	En pierres de taille tendres, comme au n° 15,	1	tailleur de p. blanch	33 00	0 330	10 890	10 890
45	Façon d'un mètre cube de refouillements sur le tas.						
	En pierres de taille de grés, ...	1	tailleur de p. de grès.	393 45	0 385	151 594	151 594
	En pierres de taille dures, comme au n° 15,	1	tailleur de p. bleues.	207 00	0 358	74 106	74 106
	En pierres de taille tendres, comme au n° 15,	1	tailleur de p. blanch.	37 08	0 330	12 254	12 254

Numéros d'ordre.	DÉSIGNATION.	OUVRIERS EMPLOYÉS.		DURÉE du TRAVAIL.	PRIX de L'HEURE.	VALEUR DE LA MAIN-D'ŒUVRE.	
		nombre.	Profession.			Par catégorie d'ouvriers.	Par ouvrage.
				h. m.	fr. m.	fr. m.	fr. m.
	ARTICLE QUATRIÈME. DES REFOUILLEMENTS DE TROUS.						
46	Façon d'un trou de 4 centimètres de côté ou de diamètre, sur 4 centimètres de profondeur.						
	Dans la pierre de taille de grès, ...	1	tailleur de p. de grès.	0 50	0 385	0 321	0 321
	Dans la pierre de taille dure, comme au n° 15,	1	tailleur de p. bleues.	0 25	0 358	0 149	0 149
	Dans la pierre de taille tendre, comme au n° 15,	1	tailleur de p. blanch.	0 10	0 330	0 055	0 055
47	Façon à ajouter au n° 46, pour chaque centimètre de profondeur en sus de celle précédente.						
	Dans la pierre de taille de grès, ...	1	tailleur de p. de grès,	0 12	0 385	0 077	0 077
	Dans la pierre de taille dure, comme au n° 15,	1	tailleur de p. bleues.	0 06	0 358	0 036	0 036
	Dans la pierre de taille tendre, comme au n° 15,	1	tailleur de p. blanch.	0 02	0 330	0 011	0 011
48	Façon d'un trou de 6 centimètres de côté ou de diamètre, sur 4 centimètres de profondeur.						
	Dans la pierre de taille de grès, ...	1	tailleur de p. de grès.	1 20	0 385	0 513	0 513
	Dans la pierre de taille dure, comme au n° 15,	1	tailleur de p. bleues.	0 40	0 358	0 239	0 239
	Dans la pierre de taille tendre, comme au n° 15,	1	tailleur de p. blanch.	0 16	0 330	0 088	0 088
49	Façon à ajouter au n° 48, pour chaque centimètre de profondeur en sus de celle précédente.						
	Dans la pierre de taille de grès.	1	tailleur de p. de grès,	0 20	0 385	0 129	0 129
	Dans la pierre de taille dure, comme au n° 15,	1	tailleur de p. bleues.	0 10	0 358	0 060	0 060
	Dans la pierre de taille tendre, comme au n° 15,	1	tailleur de p. blanch.	0 04	0 330	0 022	0 022
	§ 9e. — Des jointoiements et rejointoiements.						
	ARTICLE PREMIER. DES JOINTOIEMENTS.						
50	Façon d'un mètre superficiel de jointoiements de maçonnerie neuve de pierres de taille de toute nature.						
	Pour fouiller et gratter les joints, . . .	1	Jointoyeur. . .	0 04	0 213	0 053	0 053
	Pour enfoncer le mortier, ...			0 08			
	Pour le licer et le relicer, ...			0 03			

Numéros d'ordre.	DÉSIGNATION.	Nombre.	Profession.	DURÉE du TRAVAIL.	PRIX de L'HEURE.	VALEUR DE LA MAIN-D'ŒUVRE. par catégorie d'ouvriers	par ouvrage.
				h. m.	fr. mil.	fr. mil.	fr. mil.
51	Façon d'un mètre superficiel de jointoiements de maçonnerie neuve de briques.						
	Pour fouiller et gratter les joints, . . .	1	jointoyeur. . . .	0 10			
	Pour enfoncer le mortier, ...			0 20	0 213	0 142	0 142
	Pour licer et relicer ledit mortier , . . .			0 10			

ARTICLE DEUXIÈME.
DES REJOINTOIEMENTS.

52	Façon d'un mètre superficiel de rejointoiements de vieille maçonnerie de pierres de taille.						
	Pour fouiller et gratter les joints , . . .	1	jointoyeur	0 08			
	Pour enfoncer le mortier dans les joints, .			0 08	0 213	0 067	0 067
	Pour licer et relicer le mortier, ...			0 03			
53	Façon d'un mètre superficiel de rejointoiements de vieille maçonnerie de briques.						
	Pour fouiller et gratter les joints , . . .	1	jointoyeur	0 20			
	Pour enfoncer le mortier dans les joints , .			0 20	0 213	0 178	0 178
	Pour licer et relicer le mortier , ...			0 10			

§ 10e. — Des chapes de voûtes et aires.

ARTICLE PREMIER.
CHAPES DE VOUTES OU AIRES EN MORTIER
DE TOUTE ESPÈCE.

54	Façon d'un mètre superficiel de chapes de voûtes ou aires , jusqu'à 2 centimètres d'épaisseur.						
	Pour battre , étendre et polir le mortier , .	1	maçon ordinaire.	0 20	0 267	0 089	0 150
		1	manœuvre. . . .	0 20	0 184	0 061	
55	Façon d'un mètre superficiel de chapes de voûtes ou aires , jusqu'à 4 centimètres d'épaisseur.						
	Pour battre, étendre et polir le mortier , .	1	maçon ordinaire.	0 30	0 267	0 134	0 226
		1	manœuvre. . . .	0 30	0 184	0 092	
56	Façon d'un mètre superficiel de chapes de voûtes ou aires , jusqu'à 6 centimètres d'épaisseur.						
	Pour battre, étendre et polir le mortier , .	1	maçon ordinaire.	0 40	0 267	0 178	0 301
		1	manœuvre. . . .	0 40	0 184	0 123	

Numéros d'ordre.	DÉSIGNATION.	OUVRIERS EMPLOYÉS.		DURÉE du TRAVAIL.	PRIX de L'HEURE.	VALEUR DE LA MAIN-D'ŒUVRE.	
		Nombre.	Profession.	h. m.	fr. mil.	par catégorie d'ouvriers fr. mil.	par ouvrage fr. mil.
	ARTICLE DEUXIÈME. AIRES EN BÉTON.						
57	Façon d'un mètre superficiel d'aire en béton jusqu'à 10 centimètres d'épaisseur.						
	Pour battre, étendre et polir le mortier , .	1	maçon ordinaire.	0 30	0 267	0 134	0 226
		1	manœuvre. . . .	0 30	0 184	0 092	
	ARTICLE TROISIÈME. AIRES EN MATIÈRES PULVÉRULENTES, JUSQU'A 10 CENTIMÈTRES D'ÉPAISSEUR.						
58	Façon d'un mètre superficiel d'aire en matières réduites en poudres.						
	Régalement et pilonnage, ...	1	maçon ordinaire.	0 20	0 267	0 089	0 150
		1	manœuvre. . . .	0 20	0 184	0 061	
	§ 11e. — Des enduits, crépis ou plafonds.						
	ARTICLE PREMIER. DES ENDUITS OU CRÉPIS.						
59	Façon d'un mètre carré d'enduits ou de crépis , sur une couche.						
	Pour gratter, nettoyer les joints des murs et appliquer le mortier , . , ...	1	plafonneur. . .	0 20	0 267	0 089	0 120
		1	manœuvre. . . .	0 10	0 184	0 031	
60	Façon d'un mètre superficiel d'enduits ou de crépis à 2 couches.						
	Main-d'œuvre pour la première couche , comme au no.59, . , ...	»	» »	» »	» »	0 120	0 208
	Idem pour la seconde , ...	1	plafonneur. . .	0 15	0 267	0 067	
		1	manœuvre. . . .	0 07	0 184	0 021	
61	Façon d'un mètre superficiel d'enduits ou de crépis à 3 couches.						
	Main-d'œuvre pour les deux premières couches, comme au no 60, ...	»	» »	» »	» »	0 208	0 268
	Idem pour la troisième couche , . . .	1	plafonneur. . . .	0 10	0 267	0 045	
		1	manœuvre. . . .	0 05	0 184	0 015	
	ARTICLE DEUXIÈME. DES PLAFONDS.						
62	Façon d'un mètre superficiel de plafonds à une couche.						
	Pour clouer les lattes et appliquer la pre-						

Numéros d'ordre.	DÉSIGNATION.	OUVRIERS EMPLOYÉS.		DURÉE du TRAVAIL.	PRIX de L'HEURE.	VALEUR DE LA MAIN-D'ŒUVRE.	
		nombre.	Profession.			par catégorie d'ouvriers	par ouvrage.
				h. m.	fr. m.	fr. m.	fr. m.
	mière couche, ...	1	plafonneur. . .	0 35	0 267	0 156	0 217
		1	manœuvre. . . .	0 20	0 184	0 064	
63	Façon d'un mètre superficiel de plafonds à 2 couches.						
	Main-d'œuvre pour la première couche, comme au n° 62, ...	»	» »	» »	» »	0 217	0 374
	Idem pour la seconde couche, ...	1	plafonneur. . .	0 25	0 267	0 111	
		1	manœuvre. . . ,	0 15	0 184	0 046	
64	Façon d'un mètre superficiel de plafonds à 3 couches.						
	Main-d'œuvre pour les deux premières couches, comme au n° 63, ...	»	» »	» »	» »	0 374	0 494
	Idem, pour la troisième couche , . . .	1	plafonneur. . . .	0 20	0 267	0 089	
		1	manœuvre. . . .	0 10	0 184	0 031	

§ 12°.— Des blanchissages.

ARTICLE PREMIER.

BLANCHISSAGES AU LAIT DE CHAUX.

Numéros d'ordre.	DÉSIGNATION.	nombre.	Profession.	DURÉE du TRAVAIL.	PRIX de L'HEURE.	par catégorie d'ouvriers	par ouvrage.
65	Façon d'un mètre superficiel de blanchissage au lait de chaux, à une couche.						
	Main-d'œuvre, ...	1	maçon ordinaire.	0 03	0 267	0 013	0 013
66	Façon d'un mètre superficiel de blanchissage au lait de chaux, à 2 couches.						
	Main-d'œuvre pour la première couche, comme au n° 65, ...	»	» »	» »	» »	0 013	0 022
	Idem , pour la seconde couche , . . .	1	maçon ordinaire.	0 02	0 267	0 009	

19.

Numéros d'ordre.	DÉSIGNATION.	OUVRIERS EMPLOYÉS.		DURÉE du TRAVAIL.	PRIX de L'HEURE.	VALEUR DE LA MAIN-D'OEUVRE.	
		nombre.	Profession.	h.　m.	fr.　m.	par catégorie d'ouvriers	par ouvrage.
						fr.　m.	fr.　m.
67	Façon d'un mètre superficiel de blanchissage au lait de chaux, à 3 couches.						
	Main-d'œuvre pour les deux premières cou-comme au n° 66, ...	»	»　　»	»　　»	»　　»	0　022	
	Idem, pour la troisième couche , . . .	1	maçon ordinaire.	0　02	0　267	0　009	0　031
68	**§ 13e. — Enduits, crépis ou plafonds en plâtre de Montmartre.** ARTICLE UNIQUE. ENDUITS, CRÉPIS OU PLAFONDS EN PLATRE DE TOUTE ÉPAISSEUR. Façon d'un mètre superficiel d'enduits, de crépis ou de plafonds quel que soit leur épaisseur.						
	Main-d'œuvre , ...	1	plafonneur et man.	0　40	0　454	0　300	0　300

TROISIÈME SECTION.

DES FAUX-FRAIS.

CHAPITRE Ier.

DES FAUX-FRAIS EN GÉNÉRAL.

Dans les travaux dé maçonnerie, on entend par le mot frais , la fourniture des matériaux propres à l'exécution des ouvrages et la main-d'œuvre nécessaire pour les mettre en place, deux opérations que le métré peut facilement déterminer. Mais il est encore d'autres dépenses que l'entrepreneur est forcé de faire pour la construction des travaux , que l'examen le plus attentif ne saurait faire découvrir : ce sont les faux-frais , qui , comme je l'ai déjà dit (pages 5 et 42) , n'ajoutent rien à la valeur matérielle des ouvrages , mais qui n'en sont pas moins des déboursés réels et indispensables , occasionnés par leur exécution.

Sous l'empire du toisé avec usage , ou toisé aux us et coutumes , les faux-frais étaient presque toujours , comme le bénéfice , confondus avec les autres éléments d'appréciation , et payés par les lucres fictifs et illicites que procurait le toisé inhérent à ce système. Morisot est le premier qui , au moyen de documents et par un raisonnement plein de justesse , a distingué quels sont les déboursés dont on doit tenir compte , sous le nom de faux-frais , et démontré que cette quotité de prélèvement ne pouvait être en proportion constante qu'avec la main-d'œuvre seule.

En effet , les faux-frais n'étant en général occasionnés que par la main-d'œuvre , ils ne peuvent être fixés proportionnellement qu'en raison de la quotité de cette opération. Ainsi, on verra que l'entrepreneur est obligé d'acheter, renouveler et entretenir les équipages et outils nécessaires à sa profession , et louer des ateliers ou magasins ; il a en outre les frais de patente et les impositions de sa profession et de ces mêmes magasins ou ateliers , et en général tous les frais que son état exige de lui pour qu'il soit toujours prêt à exécuter les commandes de travaux qui peuvent lui être faites; toutes dépenses qui ne sont prévues ni dans les détails de fournitures , ni dans ceux de la main-d'œuvre; mais ces déboursés sont en émanation directe de la dépense de cette opération , car il est évident que les frais d'usure des équipages et ustensiles , l'emploi des matériaux et autres objets logés sous les hangars ou dans les ateliers , ne sont que la conséquence immédiate de la main-d'œuvre , et sont toujours proportionnés à un certain nombre d'ouvriers de leur emploi dans un temps donné.

Pour fixer la proportion de ces faux-frais sur une base équitable et raisonnée , il faut rechercher quels sont les déboursés de cette nature pour un atelier supposé , puis comparer le montant de ces déboursés avec la dépense totale de la main-d'œuvre nécessitée par les mêmes ouvriers occupés dans ce même atelier.

Pour l'énumération des faux-frais annuels d'un entrepreneur , je crois ne pouvoir mieux faire que de laisser parler Morisot, qui fut le premier et pour ainsi dire le seul jusqu'à ce jour qui fit des recherches pour présenter des bases certaines sur ce point. Ce n'est qu'après un travail considérable et minutieux qu'il y est parvenu.

Voici comment il s'explique en parlant des faux-frais (1) :

« Avant d'en fixer la quotité , dit Morisot , j'ai cru nécessaire de rendre
» compte nominativement de tous ces faux-frais , indiquer leur montant
» annuel et le rapport qu'ils ont avec la dépense totale de la main-d'œuvre,
» afin qu'on puisse s'assurer que rien n'a été hasardé , et juger de la régu-
» larité de cette opération , qui , comme plusieurs autres , n'est que le
» résultat de recherches et de méditations fort longues.

» Ces faux-frais sont , savoir :

» 1°. Le loyer d'un magasin servant à déposer les équipages , et non celui
» de l'habitation qui est indépendante du genre de la profession ;

» 2°. La patente et le droit fixe et proportionnel à la location du magasin ;

---

(1) Tableaux détaillés des prix de tous les ouvrages de bâtiment, deuxième édition, premier vol., page 26.

» 3° Les frais de chargement et du transport des équipages du magasin au
» bâtiment et du bâtiment au magasin ;

» 4°. Le temps employé pour décharger les voitures de plâtre au bâtiment,
et les transports partiels qui en sont faits du magasin aux divers ateliers ;

» 5°. La fourniture de tous les équipages nécessaires aux échafauds et au
» service de la construction en général, tel que le transport et le montage
» de la pierre ; et enfin le fraiement de tous ces équipages et outils, leur
» réparation et leur renouvellement.

» Quant au temps nécessaire pour construire et démonter tous les écha-
» faudages, je ne le fais pas figurer dans cet article, mais je le renvoie à la
» construction de chaque ouvrage auquel il est indispensable ; en consé-
» quence, on le trouvera nominativement exprimé dans chacun des détails.
» Pour ce qui est de l'emploi de commis, maître-compagnon, appareilleur,
» ainsi que de celui de toiseur et des frais de l'habitation (toutes dépenses
» accessoires et qui peuvent être plus ou moins modérées), je ne les com-
» prends pas dans ce chapitre : elles font partie de la masse des frais à dé-
» duire sur la somme que j'ajoute à chaque détail pour les bénéfices.

» Pour établir ces faux-frais sur une règle commune, je suppose un entre-
» preneur qui ferait acquisition, au même moment, de tous les équipages
» dont il pourrait avoir besoin pour occuper annuellement dix maçons avec
» leurs garçons pendant les douze mois de l'année, ou quinze pendant huit
» mois, et de quatre à six tailleurs de pierre pendant le même temps; pen-
» dant quatre mois de l'année, six garçons de relais, bardeurs où pinceurs,
» et cinq garçons le même espace de temps occupés à monter la pierre,
» autant de temps pour un poseur et un contre-poseur; enfin, un scieur de
» pierre occupé pendant trois mois chaque année.

» Une année de travail, déduction des jours de repos, peut être évaluée
» à 310 jours pour chacun, ce qui fait monter le total des dix maçons à 3,100
» journées, qui, à raison de 5 fr. 15 c. par jour pour le maçon et son garçon,
» forment une dépense de . . . . 15,965 fr. 00 c.

» Les cinq tailleurs de pierre auront employé ensem-
» semble un total de 1,400 journées, qui, à raison de
» 3 fr. 50 c. par jour, font. . . . . ,   4,900   00

» Six garçons de relais, bardeurs ou pinceurs, pen-
» dant quatre mois, forment un total de 620 journées,
» qui, à raison de 2 fr. 10 c. par jour, prix moyen, valent.   1,302   00

A reporter. . . . 22,167   00

Report. . . .	22,167 fr.	00 c.
» Cinq garçons pour monter la pierre et la poser, » occupés pendant quatre mois, forment un total de 516 » journées, à raison de 1 fr. 90 c. par jour, ci. . . .	980	40
» Un poseur et un contre-poseur, pour le même temps, » forment un total de 104 journées, à raison de 6 fr. 50 c. » par jour pour les deux, ci. : ;	676	00
» Un scieur de pierre occupé pendant trois mois, ou 80 » journées à raison de 5 francs par jour, prix moyen, et » fixé d'après ce que ces ouvriers peuvent gagner en tra- » vaillant à leur tâche, coûte.	400	00
» Total de la dépense de la main-d'œuvre (1). .	24,223	40
» Les articles de faux-frais et leur montant, sont :		
» La location d'un magasin de.	250	00
» Patente de 50 fr. 00 c. et le dixième de la location du » magasin, pour le droit proportionnel, ensemble. . .	75	00
» Acquisition de 40 écoperches et échasses, depuis 20 » pieds jusqu'à 40, et de longueur moyenne, 25 fr., à » raison de 3 fr. 50 c. pièce; ensemble 140 fr. 00 c., les- » quelles dureront 15 ans; ci pour le 15ᵉ à remplacer » chaque année.	9	30
» Acquisition de 20 boulins de 14 pieds, et 80 de même » longueur, mais coupés en deux; en tout 200 boulins » de 7 pieds, à 1 fr. 25 c. pièce; ensemble 250 fr., qui » dureront 25 années; ci pour le 25ᵉ à renouveler cha- » que année.	10	00
» Pour les planchers, acquisition de six paires de plats » bords de 36 pieds, formant ensemble 12 toises super- » ficielles, à 11 fr. la toise, 132 fr., qui dureront dix » ans; ci pour le 10ᵉ à renouveler chaque année. . . .	13	20
A reporter. , t .	357	50

(1) « On a fait la remarque qu'un atelier comme je le suppose, ayant les quatre-dixièmes en tailleurs de
» pierre, et le surplus en maçons et limousins, la dépense de tous ces ouvriers dans le cours d'une cam-
» pagne égalait, à peu de chose près, celle des matériaux (pierre, moellon, plâtre, etc.) En effet, un entre-
» preneur qui a dépensé 25,000 francs en main-d'œuvre, a rarement dépensé plus de 30,000 francs en ma-
» tériaux. »

Report. . .	357 fr.	50 c.
» Planches ordinaires , en sapin de bateau , 100 toises » superficielles à 7 fr. 00 c. , 700 fr. 00 c. , dont le 8ᵉ » sera renouvelé chaque année , ci.	87	50
» Acquisition de tous les cordages consistant en ligne , » cordage à main , petite corde à réverbère et vingtaine, » du poids de 200 livres , à 80 c. la livre , 160 francs , » dont le 1|4 sera renouvelé chaque année , ci. . . .	40	00
» Acquisition de neuf échelles , depuis 9 pieds jusqu'à » 25 pieds de longueur, ensemble 125 pieds de longueur, » à 1 fr. le pied , qui dureront dix ans , ci pour le 10ᵉ à » renouveler chaque année.	12	50
» Et pour l'entretien desdites , chaque année. . . .	8	00
» Acquisition de 20 seaux , à 3 fr. 00 c. , 60 fr. 00 c. , » dont 1|5 sera renouvelé chaque année , ci. . . .	12	00
» Et pour entretien et réparation desdits, chaque année.	10	00
» Acquisition de dix paniers ou cribles , à 2 fr. 20 c. , » qui seront renouvelés tous les ans , ci.	20	00
» Acquisition de six sacs de crin , à 1 fr. 00 c. , 6 fr. , » qui seront renouvelés deux fois chaque année , ci. .	12	00
» Acquisition de deux sacs de soie, à 3 fr. 00 c., 6 fr. 00 c., » qui seront renouvelés tous les trois ans , ci pour 1|3.	2	00
» Trente battes à gravois , à 0 fr. 30 c. , 9 fr. 00 c. , » qui seront renouvelés tous les deux ans , ci la moitié.	4	50
» Soixante balais par année , à 0 fr. 15 c. pièce. .	9	00
» Douze brouettes , dont six à coffre et six à moellon , » à 10 fr. 00 c. chacune , 120 fr. 00 c. , qui dureront trois » ans , ci par année.	40	00
» Et pour leur entretien , 1 fr. 50 c. chacune , ci pour » les 12, ... , ...	18	00
» Un petit bard ou civière de 10 fr. 00 c. , ce qui du- » rera dix ans , ci par année.	1	00
» Un petit camion du banneau , de 200 fr. , qui durera » quatre ans , ci par année.	50	00
» Un grand camion de 300 fr, , de même durée , ci par année. . . . . , .	75	00
A reporter.	759	00

Report. . . .	759 fr.	00 c.
» Et pour l'entretien des deux camions par année, » compris la graisse. . . . . *i* .	15	00
» Règles de 12 pieds, 30 à 2 fr. 50 c., 75 fr., qui se- » ront renouvelées tous les huit ans, ci le 8ᵉ.	9	40
» Pour fournitures d'autres petites règles à feuillures, » ainsi que leurs calibres et leurs sabots, de panneaux, » cercles, niveaux, mesures à plâtre et à chaux, par » année la somme de.	27	00
» Une chèvre garnie de ses mouffles et poulies, de 150 » fr., qui durera 25 années, par année.	6	00
» Et pour son entretien annuel.	1	50
» L'équipage de la chèvre, consistant en chableau, » cable, haubans, écharpes et brayers ; ensemble du » poids de 600 livres, à 00 fr. 80 c. ; 480 fr. 00 c. de cor- » dage, dont 200 livres pour le cable et les brayers, » montant à la somme de 160 fr. 00 c., qui seront renou- » velés tous les trois ans, et le surplus des cordages qui » le seront tous les dix ans, ci par année.	85	30
» Un petit charriot pour transporter la pierre, servi » par six hommes, du prix de 300 fr. 00 c., dont le re- » nouvellement se fera au bout de 25 ans, ci par année.	12	00
» Et pour son entretien annuel de ferrement, bois, graisse	6	00
» Douze paires de bretelles à 1 fr. 00 c., 12 fr. 0 c., » qui seront renouvelées tous les trois ans, par année.	4	00
» Quinze pinces, petites et grandes, ensemble du poids » de 200 livres, à 0 fr. 60 c. la livre, 120 fr. 00 c., qui » seront renouvelées tous les 20 ans, ci.	6	00
» Et pour leur entretien annuel.	15	00
» Six paillassons à 3 fr., 18 et 12, couronne à 00 fr. » 60 c., qui seront renouvelés chaque année, ci. . .	25	20
» Vingt rouleaux pour la pierre, à 0 fr. 75 c., 15 fr. » 00 c., qui dureront 3 années, ci par an.	5	00
» Quatre couteaux à ficher, à 2 fr. 50 c., 10 fr. 00 c., » qui dureront 4 années, ci par an.	2	50
A reporter. . . .	978	90

	Report. . . .	978 fr. 90 c.
» Un têtu du poids de 15 livres , 12 fr. 00 c. , ce qui » sera renouvelé tous les dix ans , ci. . . . . , .	1	20
» L'entretien par année , ci, ...	4	00
» Deux bouchardes de chacune 4 livres , 12 fr. 00 c. , » qui seront renouvelées tous les 4 ans , ci par année. .	3	00
» L'entretien des dents de chaque année.	16	00
» Deux masses du poids de 6 livres , ensemble 12 liv. , » 10 fr. 00 c. , qui dureront dix années , ci par année. .	1	00
» Et leur entretien annuel.	10	00
» Douze poinçons , six de 12° et six de 15° , pesant en- » semble 40 livres , qui valent 30 fr. 00 c. , et dureront 8 » ans , ci par année.	3	80
» Et pour leur entretien.	36	00
» Deux cris du prix chacun de 180 fr. , dont la durée » sera de 25 ans , ci par année. . , ...	14	40
» Pour réparation annuelle et fourniture de graisse. .	6	00
» Pour le temps employé à transporter à bras ou au » camion par les maçons et leurs garçons , les équipages » du magasin aux divers ateliers et les rapporter , ainsi » qu'à transporter le clou , la latte , les poteries de chez » le marchand au bâtiment , et aller à la carrière à plâtre » et à pierre ; 40 journées à 5 fr. 15 c. par jour , ci. .	206	00
» Pour les mêmes transports par voiture attelée d'un » cheval , dans le cours de l'année , 24 voyages , aller » et retour , à 2 fr. 50 c. le voyage.	60	00
» Pour le temps de charger ces équipages dans les voi- » tures et les décharger, 10 journées de maçon et garçon, » à 5 fr. 15 c. par jour , ci.	51	50
» Pour le temps de décharger la quantité d'environ 600 » muids de plâtre dans le cours de l'année , au bâtiment » ou au magasin , 34 journées de maçon et leur garçon , » à 5 fr. , 150 fr. , ci.	176	20

» Le total des faux-frais d'après tous les articles qui
» précèdent, pour un entrepreneur qui aurait employé
» pendant chaque campagne la quantité de 3,100 journées

» de maçons , 4,236 journées de garçons , 1,400 journées
» de tailleur de pierres , 104 journées de poseurs et de
» contre-poseurs , et 80 journées de scieurs de pierre ,
» s'élève à 1,568   00

  » La somme totale de main-d'œuvre étant pour le
» même nombre d'ouvriers , de. 24,223   00

  » Il en résulte que les faux-frais sont à la main-d'œuvre comme 1 est à
» 15 à peu près , terme auquel je me suis arrêté dans mes tableaux d'appré-
» ciation (1). »

Les détails présentés par Morisot pour arriver à connaître le taux des
faux-frais , quoiqu'établis avec la plus grande précision dont cet auteur était
capable , peuvent subir des modifications en plus ou en moins , surtout en
province , en raison : 1° de ce que les frais de magasins, les droits de patente
et autres sont moins dispendieux dans les campagnes que partout ailleurs ;
2° de ce que les équipages sont aussi moins chers et moins nombreux qu'à
Paris , où les bâtiments sont généralement très élevés. Ces changements
opérés de part et d'autre donneraient immanquablement , à très peu de
chose près , partout un vingtième ; résultat que l'on peut admettre comme
taux général des faux-frais pour toute espèce de travaux de maçonnerie.
Morisot lui-même, sans entrer dans aucun développement et pour les mêmes
causes que je viens de signaler, n'alloue qu'un vingtième de faux-frais dans
ses détails relatifs à l'évaluation des bâtiments ruraux (2).

Je conclus donc , d'après les considérations qui précèdent, qu'un vingtième pour faux-frais dans les ouvrages de cette catégorie est un taux
moyen suffisant , terme auquel je me suis tenu dans mes sous-détails.

Quant aux outils nécessaires aux travaux de maçonnerie dont les ouvriers
font usage , ils sont presque toujours fournis par eux ; ils ne figurent pas ,
comme on a dû le voir , dans les détails présentés par Morisot, et ne se trouvent point par conséquent compris dans la quotité du vingtième. Néanmoins,
j'en ai tenu compte dans le tableau du prix des journées (page 116.)

---

(1) « La quotité que je trouve peut être considérée comme le maximum des faux-frais dans tous les cas pos-
» sibles , et plus les travaux seront considérables , rapprochés ou sur un même point , plus cette quotité
» diminuera, de sorte qu'il peut arriver qu'elle ne soit que du 20ᵉ au lieu du 15ᵉ que je la trouve., et du 10ᵉ
» qu'on est dans l'usage de l'évaluer. »

(2) Tableaux détaillés des prix de tous les ouvrages de bâtiment, 2ᵉ édition, premier vol. , page 295.

CHAPITRE II.

Des faux-frais accidentels ou échafaudages.

Avant d'entrer dans aucun développement sur cette nature de faux-frais , je crois nécessaire de définir le mot échafaud , et de désigner les différentes espèces qu'on y distingue.

On appelle échafaud , espèce de plancher qu'on établit au fur et à mesure que la maçonnerie s'élève pour recevoir les matériaux propres à la continuation de la construction superposée , et pour permettre aux ouvriers de travailler au-delà des hauteurs qu'ils ne peuvent plus atteindre étant debout. Ils s'exécutent de différentes manières. Ceux des maçons se font au moyen de boulins encastrés dans les murs , et des écoperches debout , liés ensemble avec des cordages , et sur lesquels on pose des planches ou dosses pour l'établissement de l'aire ou plate-forme ; ils en font également sur de grands tréteaux , quand ce n'est pas pour travailler à une grande élévation ; mais pour les grands édifices, on fait les échafaudages en charpente à partir du sol, et de manière à ne pas endommager les murs extérieurs. On en distingue encore de deux sortes : l'échafaud volant est celui qui est suspendu à une voûte ou à la saillie d'un entablement ; les échafauds à bascule sont ceux basculés par des pièces de bois dans l'intérieur du bâtiment.

De tous les ouvrages qui ont paru avant la publication de celui de Morisot, aucun ne parle des échafauds ; il est donc probable que les auteurs auront tenu compte de ces déboursés dans les faux-frais ; encore cette assertion n'est-elle qu'à l'état de supposition , puisqu'ils se sont bornés tout simplement à allouer dans leurs sous-détails une indemnité intitulée faux-frais , sans faire connaître la cause qui les a déterminés à l'admettre. Cette manière d'opérer paraît d'autant plus illicite qu'on ne pourrait le supposer tout d'abord, vu que cette indemnité varie presqu'à chaque catégorie d'ouvrages.

On ne peut confondre ni comprendre avec les faux-frais généraux , les dépenses occasionnées pour l'établissement des échafauds, parce qu'il arrive que pour plusieurs ouvrages tout-à-fait identiques en main-d'œuvre , on aura dû faire un échafaud pour les uns et non pour les autres. C'est ce qui m'a déterminé à appeler ces dépenses faux-frais accidentels.

Il est à remarquer que dans le cas même qui précède , il faut non-seulement que les deux ouvrages soient semblables en matières , mais encore en épaisseur. Sans cela, on serait obligé de faire un article spécial pour chaque détail ; car le même prix de revient d'un mètre superficiel d'établissement d'échafaud, ne peut être applicable à deux épaisseurs de murs différentes, attendu que le temps nécessaire pour le montage et le démontage du plancher est toujours le même, quelle que soit d'ailleurs l'épaisseur de la muraille. Eh bien ! je dis donc : plus le mur aura d'épaisseur, moins l'échafaud coûtera par mètre superficiel d'un mètre cube de maçonnerie, puisque la même superficie de plancher servira aussi bien pour une petite épaisseur de mur que pour une plus forte.

Enfin, j'ai pensé qu'il était plus rationel d'ajouter comme plus-value et comme faux-frais accidentels, selon les diverses épaisseurs de murs, les dépenses occasionnées par les échafauds.

On trouvera dans les tables suivantes tous les prix nécessaires à ajouter pour frais d'échafaud, par mètre cube ou par mètre superficiel, et pour toute espèce d'ouvrages suivant les différentes hauteurs à laquelle ils seront construits.

Première table.

Eléments principaux pour un mètre superficiel d'échafaud, y compris démontage.

	PREMIER déboursé.	FAUX-FRAIS 1/20 de la main-d'œuvre.	Déboursé total.	Bénéfice 1/10 de la dépense.	VALEUR d'un mètre superficiel.
	fr. m.	fr. m.	fr. m.	fr. m.	fr. m.
Echafaud fait à l'intérieur, pour plafond, cloisons et autres ouvrages, réduits sur écoperches, boulins et garnis de planches.	0 072	0 004	0 076	0 008	0 084
Echafaud fait à l'extérieur, pour maçonnerie de de pierres de taille ou de briques.	0 152	0 008	0 160	0 016	0 176
Echafaud volant fait à l'extérieur, pour ravalements, jointoiements, crépis, etc.	0 035	0 002	0 037	0 004	0 044

APPLICATION.

Deuxième table.

Etablissement d'échafaud à l'extérieur.

	VALEUR JUSQU'A							
	1 mèt. 50 de hauteur.	2 mèt. 50 de hauteur.	3 mèt. 50 de hauteur.	4 mèt. 50 de hauteur.	5 mèt. 50 de hauteur.	6 mèt. 50 de hauteur.	7 mèt. 50 de hauteur.	8 mèt. 50 de hauteur.
	fr. m.	fr. m.	fr. m.	fr. m.	fr. m.	fr. m.	fr. m.	fr. m.
Prix à ajouter par mètre cube pour maçonnerie de de pierres de taille ou de briques :								
de 25 centim. d'épaisseur.	» »	0 288	0 412	0 480	0 524	0 552	0 576	0 592
de 37 —	» »	0 195	0 278	0 324	0 354	0 373	0 390	0 400
de 50 —	» »	0 144	0 206	0 240	0 262	0 276	0 288	0 296
de 63 —	» »	0 114	0 163	0 190	0 207	0 219	0 229	0 235
de 75 —	» »	0 096	0 137	0 160	0 175	0 184	0 192	0 197
Prix à ajouter par mètre superficiel de ravalements, jointoiements, etc.	» »	0 046	0 023	0 027	0 029	0 030	0 032	0 033

Troisième table.

Établissement d'échafaud à l'intérieur, pour maçon-nerie de briques.

| | VALEUR JUSQU'A | | | |
	1 mèt. 50 de hauteur.	2 mèt. 50 de hauteur.	3 mèt. 50 de hauteur.	4 mèt. 50 de hauteur.
	fr. m.	fr. m.	fr. m.	fr. m.
Prix à ajouter par mètre carré de cloisons en briques de plat ou de champ, ...	» »	0 032	0 046	0 053
Prix à ajouter par mètre cube de mur :				
d'une brique d'épaisseur, ...	» »	0 128	0 184	0 216
d'une brique et demie idem, . .	» »	0 086	0 124	0 446
de deux briques, idem, . .	» »	0 064	0 092	0 108

Quatrième table.

Établissement d'échafaud à l'intérieur, pour crépis, enduits ou plafonds.

| | VALEUR pour partie horizontale | Valeur pour partie verticale jusqu'à | | |
		2 mètres de hauteur.	3 mèt. 50 de hauteur.	5 mèt. 50 de hauteur.
Prix à ajouter par mètre superficiel pour plafonds faits au-dessous d'un plancher, ...	0 084	» »	» »	» »
Prix à ajouter par mètre carré d'enduits, de crépis ou de plafonds sur mur, ou sur toute autre partie verticale,	» »	» »	0 023	0 032

QUATRIÈME SECTION.

Du bénéfice légitime dans les ouvrages de maçonnerie.

J'ai déjà défini le bénéfice en général et le bénéfice légitime (pages 5 et 7) ; j'ai fait connaître aussi la discordance qui existe entre les auteurs dans la quotité du bénéfice légitime à allouer à l'entrepreneur pour tous les ouvrages indistinctement (page 10) ; j'ai dit de plus que contrairement à la pensée de Morisot et de Boileau et Bellot, je n'adopterai qu'un dixième au lieu d'un sixième de bénéfice dans tous les ouvrages, et que je démontrerai succinctement les motifs qui m'ont déterminé à m'arrêter à cette quotité. Fidèle à ce principe, je m'en vais entrer dans quelques explications sur cette matière.

Comme je l'ai dit aussi (page 43), les auteurs qui accordent un sixième de bénéfice au lieu d'un dixième ont bien analysé tous les déboursés imprévus que l'entrepreneur peut subir, mais ils n'ont pas eu égard aux avantages matériels et évidents qu'il peut retirer dans plusieurs circonstances ; avantages qui, la plupart du temps, augmentent la rétribution de [l'entrepreneur dans la proportion du dixième au sixième, terme auquel ils sont parvenus dans leurs démonstrations.

Je dis donc qu'en accordant un dixième de bénéfice à l'entrepreneur sur les ouvrages, la quotité est suffisante pour le dédommager de son temps, de son savoir-faire, etc.

Toutefois, il est à remarquer que Morisot ne prélève un sixième de bénéfice que pour les sous-détails des ouvrages de constructions qui sont faites dans les grandes villes, et que pour ceux des bâtiments ruraux il n'accorde qu'un dixième. Mais je pense qu'en général, et pour toutes les localités, un dixième de bénéfice sur la dépense est assez. Je m'en vais le prouver.

Morisot dit dans le troisième paragraphe de la citation que je fais (page 11), qu'il convient d'abord de reconnaître que les travaux d'une certaine importance ne sont ordinairement soldés en entier que dans l'espace de deux années ; enfin, il termine par dire qu'il faut au moins tenir compte à l'entrepreneur d'une année d'intérêts pour avances de fonds, qu'il porte à six pour cent.

En premier lieu, j'objecterai qu'il n'y a pas lieu de tenir compte à l'entrepreneur de cette avance de fonds, puisque le plus souvent l'administration ou la personne qui fait bâtir le dédommage en lui payant les intérêts de son argent du retard dans le paiement, lorsque toutefois on reste deux années à le solder.

En second lieu, je dirai que plus il est de temps à recevoir le montant de son entreprise, plus il en met à payer ses sous-traitants ; que s'il fait crédit d'une ou de plusieurs années à ses débiteurs, plus ses sous-traitants lui donnent de temps pour effectuer ses paiements. Il y a donc presque toujours compensation dans les avances de fonds apparentes que l'entrepreneur fait dans ses entreprises.

Enfin, je dirai qu'on ne doit point prendre en considération une assertion aussi équivoque que celle-là, sous prétexte d'accorder à l'entrepreneur une indemnité illégitime.

Morisot dit ensuite, dans le quatrième paragraphe de la même page, que l'on doit considérer que l'entreprise a cela de commun avec tout autre commerce, que toutes les affaires n'ont pas des résultats heureux ; qu'il y a des pertes à supporter , et qu'on peut hardiment les évaluer à deux pour cent.

Je commencerai par réfuter cette assertion en disant d'abord que l'entrepreneur doit être assez prévoyant , et qu'il doit posséder les connaissances nécessaires pour ne point s'engager dans des spéculations désastreuses , et qu'avant de s'y lancer il doit étudier son entreprise et s'en bien pénétrer ; qu'en agissant ainsi, il parviendra presque toujours à éviter des pertes dans ces travaux. Si l'on fait allusion aux pertes qu'un entrepreneur ignorant éprouve , je l'admettrai peut-être encore ; mais il faut remarquer que je ne parle ici que des entrepreneurs habiles et consciencieux , et non de ces entrepreneurs qui se lancent dans les entreprises sans aucune connaissance de cause, comme on en rencontre assez souvent maintenant. Je renverrai pour cela au Projet d'organisation pour l'industrie du bâtiment , publié en 1846, par E. Bouchin , entrepreneur , secrétaire de la chambre syndicale de Paris.

Je n'admets donc pas encore cette hypothèse , et je ne pense pas qu'il y ait lieu d'indemniser l'entrepreneur , pour perte qu'il ne saurait éprouver pour ainsi dire qu'en cas d'inhabileté , ou pour toute autre cause analogue.

Morisot dit ensuite ,. dans le paragraphe suivant de cette même page , que presque tous les entrepreneurs de maçonnerie ont des frais de toisé à supporter , et comme on ne leur en tient compte dans aucun détail , il est juste de les déduire de ces bénéfices apparents ; or, on sait que cette dépense est fixée à un et quart pour cent du montant des mémoires réglés.

Je ne pense pas non plus qu'on doive tenir compte à l'entrepreneur de cette éventualité , comme le suppose l'auteur. Ainsi , je dirai que presque partout (excepté peut-être à Paris , et encore dans bien des circonstances n'y a-t-il pas lieu) , il est excessivement rare que le métrage des ouvrages se fasse par un métreur-vérificateur spécial ; le plus souvent ce travail est fait par les architectes ou ses employés , pour les travaux départementaux , communaux , hospices , particuliers , etc. ; par les conducteurs et les piqueurs pour les travaux des ponts-et-chaussées. Ces hommes ne reçoivent aucune indemnité.

Sans entrer dans de plus amples développements , je dirai aussi que pour cette supposition il n'y a pas lieu non plus de prendre en considération cette allocation , pour les motifs que je viens de citer , puisque l'entrepreneur ne fait presque jamais aucun déboursé.

Enfin, Morisot dit qu'un entrepreneur a non seulement un maître compagnon ou un commis à ses gages, mais encore assez souvent un appareilleur ;

après avoir donné quelques explications sur cette supposition , il finit par évaluer la dépense de ces hommes par an pour 75,000 francs d'affaires , à 1,100 francs.

Cette assertion , quoique assez admissible sous certains rapports , ne l'est cependant pas sous d'autres, et n'est pas exempte d'objection ; mais je la suppose comme réelle.

Morisot termine en disant qu'après avoir déduit tous ces faux-frais , il ne reste réellement à l'entrepreneur que six pour cent de bénéfice. Suivant lui, il en résulterait donc que pour accorder un bénéfice net à l'entrepreneur de 10 pour cent , il faudrait lui allouer 27 francs 1/3 pour cent , ce qui serait absurde.

Jusqu'ici je n'ai fait que passer en revue et comparer les principes de Morisot, maintenant il me reste à faire connaître les avantages que l'entrepreneur peut retirer dans bien des circonstances et qui sont inappréciables.

Dans un détail d'évaluation bien fait , pour parvenir à connaître le prix de revient d'un ouvrage , on porte la valeur des matériaux suivant le coût de la localité , sans s'occuper des avantages qu'un entrepreneur peut obtenir ; eh bien ! ces concessions ne sont cependant pas sans importance. Lorsqu'il s'agit, par exemple, d'une construction en maçonnerie de briques, on commence par établir le détail de revient d'un mètre cube d'après les principes d'évaluation ; il en résultera donc que si vous avez opéré avec méthode , le prix de ces matériaux portés dans votre détail sera toujours supérieur à celui que l'entrepreneur paiera au fournisseur ; qui lui fera une concession par mille de briques quand bien même les travaux ne seraient pas très-considérables. Si au contraire ils sont d'une très-grande importance, l'entrepreneur pourra alors prendre ses dispositions et faire faire une briqueterie ; et dans ce cas , le mille de briques lui reviendrait alors au moins à cinq francs meilleur marché que le prix adopté dans votre détail. Les mêmes avantages ont lieu pour les matériaux d'autres natures. Mais il en est encore bien d'autres que l'entrepreneur peut retirer et que je crois inutile d'analyser.

D'après toutes ces considérations , je conclus donc qu'en accordant un dixième de bénéfice sur tous les ouvrages de maçonnerie indistinctement , et pour toutes les localités, ce taux est suffisant pour indemniser l'entrepreneur de son talent , de ses capacités , de son savoir-faire , etc.

DEUXIÈME PARTIE.

Applications.

PREMIÈRE SECTION.

DE L'ANALYSE OU DE L'ÉVALUATION DES TRAVAUX DE MAÇONNERIE.

CHAPITRE Ier.

Du classement et du métrage des ouvrages.

---

§ 1er. — DU CLASSEMENT.

La première partie de cette catégorie d'ouvrages comprend les bases qui concourent à l'évaluation, ainsi que les éléments généraux et particuliers qui servent à la formation du prix des ouvrages ; il me reste donc, dans cette seconde partie, à démontrer l'application de ces bases et des principes que j'ai posés, en indiquant la manière de les employer ou de les combiner, pour parvenir à déterminer les prix de tous les ouvrages de maçonnerie, quelle que soit leur nature ou leur espèce.

Je n'aurais besoin, pour cela, que d'établir un petit nombre d'exemples variés et choisis , de manière à faire suffisamment connaître les procédés de la méthode d'application que je présente , puisque chacun a dès à présent à sa disposition les bases nécessaires pour former tous les prix dont il peut avoir besoin. Mais comme il se présente dans les travaux une grande quantité d'ouvrages qu'on peut appeler usuels , et que bien des personnes ne seront pas fâchées d'avoir les résultats sous les yeux, parce qu'ils se produisent constamment dans les mêmes conditions, j'ai jugé convenable de donner des exemples de presque tous les cas que peut subir cette partie du bâtiment, pour en former une série presque complète de prix de tous les ouvrages dont les entrepreneurs et les personnes qui font construire se servent journellement.

J'ai adopté la même marche pour cette seconde partie que celle que j'ai suivie pour la première ; c'est-à-dire que j'ai classé les sous-détails selon l'ordre dans lequel se présentent les diverses opérations de la main-d'œuvre, et suivant la nature des matériaux, sans m'attacher à l'ordre de l'exécution.

§ 2º. — DU MÉTRAGE.

1º. — De la pierre.

Toutes les natures de pierre seront réduites et comptées au mètre cube , quel que soit l'usage auquel elles seront employées ; celles pour dallages et autres ouvrages analogues de cinq centimètres d'épaisseur et au-dessous , seront exceptées et estimées au mètre superficiel ; ainsi , la taille des parements , quelle qu'elle soit, ne fera point partie du prix de la matière, et sera mesurée et évaluée séparément , comme on le verra plus loin.

Tous les vides quelconques des pierres seront défalqués , et chaque espèce de pierre sera désignée et appelée particulièrement , suivant le nom qui lui est propre , en ayant soin d'indiquer la hauteur et la longueur réduite des assises , pour pouvoir fixer la quantité de lits et de joints que contient chaque mètre cube , et pour déterminer la quantité de déchet que chaque hauteur différente de pierre éprouve par la taille.

L'évidement des angles dans toutes les sortes de morceaux de pierre pour former soit des avant-corps , soit pour donner une forme circulaire aux assises , soit pour en former des claveaux pour voussoirs ou autres , et enfin toutes parties d'une pierre supprimées sur le chantier , seront déduites du cube énoncé , afin qu'il ne soit alloué ni bardage, ni pose pour cette pierre jetée bas. Le procédé le plus simple , dans presque tous ces cas , pour défalquer ces parties jetées de la pierre en œuvre , sera de mesurer le cube primitif , de déduire de ce cube celui de la pierre en œuvre , et alors la partie restante sera la quantité de pierre jetée bas, comprise sous le nom d'évidement.

L'énoncé de toutes les natures de pierre désignera leur timbre, ainsi que la distance d'où elles auront été amenées et de quelle manière, et à quelle hauteur réduite elles sont placées.

Des tailles.

Les tailles de lits ou de joints de tous les ouvrages quelconques ne seront point mesurées séparément de la matière, mais feront partie des éléments de ceux de la main-d'œuvre, qui concourent à la formation du prix de la matière en œuvre, ou de celle jetée bas pour les évidements ou les refouillements.

Toutes les tailles apparentes, de quelque manière qu'elles soient faites, seront comptées séparément de la matière en œuvre, et timbrées par leur nom qui est parement, suivant l'espèce à laquelle elles appartiendront.

Le mesurage de ces différentes tailles ne comportera que les dimensions réelles des parties apparentes, en pourtournant toutefois les avant et les arrière-corps, mais sans rien ajouter, soit pour les arêtes saillantes ou rentrantes, soit pour toute autre arête.

De la taille des moulures.

Les moulures d'entablement, de corniche et autres saillies quelconques, seront mesurées suivant leur développement; et cette mesure sera multipliée par la longueur prise sur le membre le plus long du profil, sans rien ajouter à ces dimensions sous quelque prétexte que ce soit. La superficie obtenue sera réduite à l'unité du parement, ainsi que toutes les autres tailles, ou elle sera estimée en nature, comme il est dit ci-dessus; et, dans ce cas, timbrée par son nom propre. Cette estimation comprendra les épannelages ou ébauches, ou bien on les évaluera séparément comme évidement simple, c'est-à-dire comme main-d'œuvre; de toute manière la taille préparatoire, faite avant les épannelages, ne sera point comptée dans le métré du parement du surplus du mur, et fera toujours partie de l'une des deux évaluations dont je viens de parler, avec ou sans épannelage.

Des évidements et refouillements.

Les évidements d'angles à l'intérieur des assises qui forment partie d'un mur de face et partie d'un autre mur en retour d'équerre; l'épannelage ou l'ébauche des grandes moulures, et autres évidements, seront, de même que la pierre en œuvre, comptés au mètre cube, et comme toute matière jetée bas ; la mesure sera prise toutefois sur la pierre équarrie , et non d'après sa forme primitive et brute.

2°—Des ouvrages en bétons, en moellons ou en libages.

Tous les ouvrages construits en bétons , en moellons ou en libages, seront comptés au mètre cube; tous vides en seront déduits ; la mesure de ces vides pour les baies de portes et croisées comprendra les linteaux en bois placés au-dessus des têtes , les briques de bois et autres corps hétérogènes ; l'épaisseur de chaque mur sera prise au nu de la pierre , non compris celle des crépis ou des enduits faits sur les faces , puisque ces crépis ou enduits sont mesurés et payés à part.

On aura soin de les timbrer suivant leur espèce , en indiquant la nature des matériaux.

3°.—Des ouvrages de briques.

Tous massifs , murs et voûtes construits en briques , seront comptés au mètre cube , de même que les ouvrages précédents, excepté les murs paillotis , les pavages , les jambages et les tuyaux de cheminées , et tous les ouvrages en briques de 12 centimètres d'épaisseur et au-dessous , qui seront comptés au mètre superficiel ; tous vides déduits ; l'épaisssur de chaque mur sera prise également au nu de la pierre, non compris celle des crépis ou des enduits , etc. , puisque ces derniers ouvrages sont mesurés et payés aussi séparément.

4°—Des légers ouvrages.

Tous les légers ouvrages , tels que les jointoiements , les crépis , les enduits , les plafonds , les blanchissages , seront comptés au mètre superficiel, et timbrés suivant leur espèce ; tous vides déduits.

———————

CHAPITRE II.

Des sous-détails des ouvrages.

————

Les sous-détails ou analyses de prix , comme il a déjà été dit (page 47) ,

sont une annexe que l'on présente comme pièce justificative du détail estimatif des travaux.

Pour tous les ouvrages variables, soit sous le rapport des diverses matières
qui peuvent entrer dans leur composition , comme la maçonnerie de pierre
ou de briques , hourdée en mortier d'une nature quelconque, soit sous le
rapport du déchet que peuvent éprouver les matériaux par mètre cube suivant les dimensions de leur échantillon , soit enfin sous tout autre rapport ,
j'ai établi des exemples multipliés et variés , de manière à donner un prix
moyen entre les différents cas qui se présentent le plus ordinairement.

Voici comment les sous-détails sont établis :

Pour tous les ouvrages indistinctement , j'ai établi les sous-détails sur un
mètre cube , ou sur un mètre superficiel , ou sur un mètre linéaire , suivant
la nature du travail , à l'exception des blanchissages qui sont formés sur cent
mètres carrés ; ensuite j'y ai ajouté le déchet lorsqu'il y avait lieu , puis les
faux-frais et le bénéfice.

J'ai cru qu'il était plus rationnel de ne pas confondre les échafaudages ni
le bardage avec les sous-détails des ouvrages. J'ai fait des articles à part de
ces deux espèces de dépenses , à la suite des détails.

PREMIÈRE DIVISION.

DES MORTIERS ET DES BÉTONS.

Numéros d'ordre.	DÉSIGNATION.	VALEURS			
		Partielles.		Totales.	
		fr.	m.	fr.	m.
	§ Iᵉʳ. — DES MORTIERS.				
	ARTICLE PREMIER. DE L'EXTINCTION DE LA CHAUX.				
	Chaux de Tournay.				
1	Sous-détail d'un mètre cube de chaux vive et grasse de Tournai, éteinte par le procédé ordinaire. (1)				
	Fournitures. . { Chaux vive et grasse de Tournai, rendue à pied-d'œuvre, le mètre cube (page 92). . , ...	»	»	20	000
	Main-d'œuvre. { Temps pour mesurer et éteindre la chaux : (2)				
	6 h. de maçon ordinaire à 0 f. 267 mil. l'heure,	1	602		
	6 h. de manœuvre à 0 fr. 184 mil. l'heure.	1	104	3	608
	Temps pour faire les bassins :				
	2 h. de maçon ordinaire à 0 fr. 267 mil. l'heure.	0	534		
	2 h. de manœuvre à 0 fr. 184 millièmes l'heure. .	0	368		
	Premier déboursé. .	»	»	23	608
	Faux-frais, 1ⁱ20 de la main-d'œuvre. .	»	»	0	180
	Déboursé total. .	»	»	23	788
	Cette chaux étant éteinte et refroidie, produisant 3 mètres 50 centimètres cubes, pour chaque mètre cube de chaux vive (page 93), il en résulte que le mètre cube de chaux éteinte revient à.	»	»	6	7966
	Bénéfice, 1ⁱ10 de la dépense. .	»	»	0	6797
	Valeur d'un mètre cube. .	»	»	7	4763

(1) Je ne parlerai que de l'extinction par le procédé ordinaire, ou premier procédé, comme étant le plus communément en usage, et celui qui donne le plus de foisonnement. Voir la page 93.

(2) On suppose ici que l'eau est prise près du bassin et à peu de profondeur; mais s'il fallait aller chercher l'eau à une très grande distance, ou que le puits d'où on la tire fût très profond, il faudrait un plus grand nombre d'hommes pour effectuer l'extinction de la chaux, et ce service peut exiger jusqu'à 20 heures et même plus au lieu de 6, pour étendre un mètre cube. D'après le détail numéro 1, il sera facile de calculer le prix de revient d'un mètre cube de chaux éteinte, lors de l'opération.

Numéros d'ordre.	DÉSIGNATION.	VALEURS	
		Partielles.	Totales.
		fr. mil.	fr. mil.
2	La plus ou moins-value au prix de 6 francs 7966 millièmes , pour chaque franc que coûterait en plus ou moins de 20 francs le mètre cube de chaux vive , s'élève , d'après ce premier détail , à. . . .	» »	0 2857
	Bénéfice , 1,10 de la dépense. .	» »	0 0286
	Valeur de la plus ou moins-value. .	» »	0 3143
3	Sous-détail d'un mètre cube de chaux vive et hydraulique de Tournai , éteinte par le procédé ordinaire.		
	Fournitures. . { Chaux vive et hydraulique de Tournai , rendue à pied-d'œuvre , le mètre cube (page 99). . .	» »	19 000
	Main-d'œuvre , comme au numéro 1.	» »	3 608
	Premier déboursé. .	» »	22 608
	Faux-frais, 1,20 de la main-d'œuvre. .	» »	0 180
	Déboursé total. .	» »	22 788
	Cette chaux étant éteinte et refroidie , produisant 1 mètre 14 centimètres cubes , pour chaque mètre cube de chaux vive (page 93) , il en résulte que le mètre cube de chaux éteinte revient à.	» »	19 9894
	Bénéfice , 1,10 de la dépense.	» »	1 9989
	Valeur d'un mètre cube. .	» »	21 9883
4	La plus ou moins-value au prix de 19 francs 9894 millièmes , pour chaque franc que coûterait en plus ou moins de 19 francs le mètre cube de chaux vive , s'élève , d'après ce détail , à.	» »	0 8772
	Bénéfice 1,10 de la dépense. .	» »	0 0877
	Valeur de la plus ou moins-value. .	» »	0 9649
5	Sous-détail d'un mètre cube de chaux vive et maigre de Tournai , éteinte par le procédé ordinaire.		
	Fournitures. . . { Chaux vive et maigre de Tournai , rendue à pied-d'œuvre , le mètre cube (page 99).	» »	18 000
	Main-d'œuvre , comme au numéro 1.	» »	3 608
	Premier déboursé. .	» »	21 608
	Faux-frais, 1,20 de la main-d'œuvre. .	» »	0 180
	Déboursé total. .	» »	21 788
	Cette chaux étant éteinte et refroidie, produisant 2 mètres 25 centimètres cubes , pour chaque mètre cube de chaux vive (elle tient le		

Numéros d'ordre.	DÉSIGNATION.	VALEURS	
		Partielles.	Totales.
		fr. mil.	fr. mil.
	milieu entre la chaux hydraulique et la chaux grasse (pages 89 et 92), il en résulte que le mètre cube de chaux éteinte revient à. .	» »	9 6836
	Bénéfice , 1|10 de la dépense. .	» »	0 9684
	Valeur d'un mètre cube. .	» »	10 6520
6	La plus ou moins-value au prix de 9 francs 6836 millièmes , pour chaque franc que coûterait en plus ou moins de 18 francs le mètre cube de chaux vive , s'élève , d'après ce détail , à.	» »	0 4444
	Bénéfice, 1|10 de la dépense. .	» »	0 0444
	Valeur de la plus ou moins-value. .	» »	0 4888
	Chaux de Péruwelz.		
7	Sous-détail d'un mètre cube de chaux vive et grasse de Péruwelz, éteinte par le procédé ordinaire. (1)		
	Fournitures. . { Chaux vive de Péruwelz , rendue à pied-d'œuvre , le mètre cube (page 99).	» »	17 000
	Main-d'œuvre , comme au numéro 1. , ...	» »	3 608
	Premier déboursé. .	» »	20 608
	Faux-frais , 1|20 de la main-d'œuvre. .	» »	0 180
	Déboursé total. ,	» »	20 788
	Cette chaux étant éteinte et refroidie , produisant 3 mètres 50 centimètres cubes , pour chaque mètre cube de chaux vive (page 93) , il en résulte que le mètre cube de chaux éteinte revient à.	» »	5 9394
	Bénéfice , 1|10 de la dépense. .	» »	0 5939
	Valeur d'un mètre cube. .	» «	6 5333
8	La plus ou moins-value au prix de 5 francs 9394 millièmes pour chaque franc que coûterait en plus ou en moins de 17 francs le mètre cube de chaux vive , s'élève , d'après ce détail , à.	» »	0 2857
	Bénéfice , 1|10 de la dépense. .	» »	0 0286
	Valeur de la plus ou moins-value. .	» »	0 3143

(1) Bien qu'on ne distingue généralement à Péruwelz (Belgique) et dans le pays qu'une seule et même espèce de chaux , qui tient le milieu entre la chaux hydraulique et la chaux grasse , néanmoins j'ai cru utile d'établir des sous-détails pour les trois espèces de chaux qu'on peut rencontrer dans certaines localités.

On peut parvenir encore à connaître d'une autre manière que celle indiquée sous les numéros 7 à 18, le prix de revient d'un mètre cube de chaux éteinte , soit de Péruwelz , soit du pays , soit de tout autre endroit , au moyen seulement des éléments présentés sous les numéros 1 à 6 , pour les différentes espèces de chaux de Tournai. Il suffirait donc pour cela , d'ajouter au prix d'un mètre cube de chaux éteinte (numéros 1 , 3 et 5) , la plus ou moins-value (numéros 2 , 4 et 6) , répétée autant de fois qu'il y aura de franc de différence entre le prix de la chaux vive de Tournai et celui de la chaux vive dont on veut connaître le résultat , suivant l'espèce de chaux.

Ainsi , on verra qu'en opérant de cette manière sur les sous-détails de trois espèces de chaux de Tournai , les résultats seront semblables à ceux obtenus pour la chaux de Péruwelz et celle du pays (numéros 7 à 18). Il en sera de même pour toute espèce de chaux , quelle que soit la localité d'où elle vienne.

Numéros d'ordre.	DÉSIGNATION.	VALEURS	
		Partielles.	Totales.
		fr. mil.	fr. mil.
9	Sous-détail d'un mètre cube de chaux vive et hydraulique de Péruwelz, éteinte par le procédé ordinaire.		
	Fournitures. . { Chaux vive de Péruwelz, rendue à pied-d'œuvre, le mètre cube (page 99).	» »	17 000
	Main-d'œuvre, comme au numéro 1.	» »	3 608
	Premier déboursé. .	» »	20 608
	Faux-frais, 1|20 de la main-d'œuvre. .	» »	0 480
	Déboursé total. .	» »	20 788
	Cette chaux étant éteinte et refroidie, produisant 1 mètre 14 centimètres cubes, pour chaque mètre cube de chaux vive (page 93), il en résulte que le mètre cube de chaux éteinte revient à.	» »	18 2351
	Bénéfice, 1|10 de la dépense. .	» »	1 8235
	Valeur d'un mètre cube. .	» »	20 0586
10	La plus ou moins-value au prix de 18 francs 2351 millièmes, pour chaque franc que coûterait en plus ou en moins de 17 francs le mètre cube de chaux vive, s'élève, d'après ce détail, à	» »	0 8772
	Bénéfice, 1|10 de la dépense. .	» »	0 0877
	Valeur de la plus ou moins-value. .	» »	0 9649
11	Sous-détail d'un mètre cube de chaux vive et maigre de Péruwelz, éteinte par le procédé ordinaire.		
	Fournitures. . { Chaux vive et maigre de Péruwelz, rendue à pied-d'œuvre, le mètre cube (page 99). . .	» »	17 000
	Main-d'œuvre, comme au numéro 1.	» »	3 608
	Premier déboursé. .	» »	20 608
	Faux-frais, 1|20 de la main-d'œuvre. .	» »	0 480
	Déboursé total. .	» »	20 788
	Cette chaux étant éteinte et refroidie, produisant 2 mètres 25 centimètres cubes, pour chaque mètre cube de chaux vive (elle tient le milieu entre la chaux hydraulique et la chaux grasse (pages 89 et 92), il en résulte que le mètre cube de chaux éteinte revient à .	» »	9 2392
	Bénéfice, 1|10 de la dépense. .	» »	0 9239
	Valeur d'un mètre cube. .	» »	10 1631
12	La plus ou moins-value au prix de 9 francs 2392 millièmes, pour chaque franc que coûterait en plus ou en moins de 17 francs le mètre		

Numéros d'ordre.	DÉSIGNATION.	VALEURS	
		partielles.	totales.
		fr. mil.	fr. mil.
	cube de chaux vive, s'élève, d'après ce détail, à.	» »	0 4444
	Bénéfice, 1|10 de la dépense.	» »	0 0444
	Valeur de la plus ou moins-value.	» »	0 4888
	Chaux du pays.		
13	Sous-détail d'un mètre cube de chaux vive et grasse du pays, éteinte par le procédé ordinaire.		
	Fournitures. . { Chaux vive et grasse du pays, rendue à pied-d'œuvre, le mètre cube (page 99). . . .	» »	10 000
	Main-d'œuvre, comme au numéro 1.	» »	3 608
	Premier déboursé. .	» »	13 608
	Faux-frais, 1|20 de la main-d'œuvre. .	» »	0 180
	Déboursé total. .	» »	13 788
	Cette chaux étant éteinte et refroidie, produisant 3 mètres 50 centimètres cubes, pour chaque mètre cube de chaux vive (page 93), il en résulte que le mètre cube de chaux éteinte revient à.	» »	3 9394
	Bénéfice, 1|10 de la dépense. .	» »	0 3939
	Valeur d'un mètre cube. .	» »	4 3333
14	La plus ou moins-value au prix de 3 francs 9394 millièmes, pour chaque franc que coûterait en plus ou en moins de 10 francs le mètre cube de chaux vive, s'élève, d'après ce détail, à.	» »	0 2857
	Bénéfice, 1|10 de la dépense. .	» »	0 0286
	Valeur de la plus ou moins-value. .	» »	0 3143
15	Sous-détail d'un mètre cube de chaux vive et hydraulique du pays, éteinte par le procédé ordinaire.		
	Fournitures, comme au numéro 13.	» »	10 000
	Main-d'œuvre, comme au numéro 1.	» »	3 608
	Premier déboursé. .	» »	13 608
	Faux-frais, 1|20 de la main-d'œuvre. .	» »	0 180
	Déboursé total. .	» »	13 788
	Cette chaux étant éteinte et refroidie, produisant 1 mètre 14 centimètres cubes, pour chaque mètre cube de chaux vive (page 93), il en résulte que le mètre cube de chaux éteinte revient à.	» »	12 0947
	Bénéfice, 1|10 de la dépense. . .	» »	1 2095
	Valeur d'un mètre cube. . . .	» »	13 3042

Numéro d'ordre.	DÉSIGNATION.	VALEURS	
		Partielles.	Totales.
		fr. mil.	fr. mil.
16	La plus ou moins-value au prix de 12,0947 millièmes, pour chaque franc que coûterait en plus ou en moins de 10 francs le mètre cube de chaux vive , s'élève d'après ce détail à.	» »	0 8772
	Bénéfice, 1⁄10 de la dépense. .	» »	0 0877
	Valeur de la plus ou moins-value. .	» »	0 7649
17	Sous-détail d'un mètre cube de chaux vive et maigre du pays , éteinte par le procédé ordinaire.		
	Fournitures , comme au numéro 13, ...	» »	10 000
	Main-d'œuvre, comme au numéro 1.	» »	3 608
	Premier déboursé. .	» »	13 608
	Faux-frais, 1⁄20 de la main-d'œuvre. .	» »	0 180
	Déboursé total. .	» »	13 788
	Cette chaux étant éteinte et refroidie, produisant 2 mètres 25 centimètres cubes pour chaque mètre cube de chaux vive [elle tient le milieu entre la chaux hydraulique et la chaux grasse (pages 89 et 92)]; il en résulte que le mètre cube de chaux éteinte revient à. . . .	» »	6 1280
	Bénéfice, 1⁄10 de la dépense. .	» »	0 6128
	Valeur d'un mètre cube. .	» »	6 7408
18	La plus ou moins-value au prix de 6 francs 1,280 millièmes, pour chaque franc que coûterait en plus ou en moins de 10 francs le mètre cube de chaux vive , s'élève , d'après ce détail , à.	» »	0 4444
	Bénéfice, 1⁄2 de la dépense. .	» »	0 0444
	Valeur de la plus ou moins-value. .	» »	0 4888

ARTICLE II.

DE LA FABRICATION DES MORTIERS (1).

1°. Mortiers de Chaux et Sable.

En chaux de Tournai.

19. Sous-détail d'un mètre cube de mortier , de chaux grasse de Tournai et sable de plaine ou de carrière.

(1) Il ne sera rien ajouté pour le déchet de la chaux , ni rien retranché pour le léger foisonnement de volume produit par l'addition de la chaux avec le sable. Ce déchet d'un côté , et cette augmenta-

Numéros d'ordre.	DÉSIGNATION.	VALEURS	
		partielles.	totales.
		fr. mil.	fr. mil.
	Fournitures. { Sable de plaine ou de carrière , rendu à pied-d'œuvre , le mètre cube (pages 99 et 104). . . . . 3 000 0 m. 28 centimètres cubes de chaux grasse en pâte, à 6 francs 7966 millièmes le mètre cube (n° 1.) . . 1 903 }		4 903
	Déboursé total. .	» »	4 903
	Bénéfice, 1/10 de la dépense. .	» »	0 490
	Valeur d'un mètre cube. .	» »	5 393
20	Plus ou moins-value au prix de 5 francs 393 millièmes , pour chaque franc que coûterait en plus ou en moins de 3 francs le mètre cube de sable , rendu à pied-d'œuvre , ci.	» »	1 100
21	Plus ou moins-value au prix de 5 francs 393 millièmes , pour chaque franc que coûterait en plus ou en moins de 20 francs le mètre cube de chaux vive et grasse de Tournai , rendu à pied-d'œuvre , ci. .	» »	0 0880
22	Sous-détail d'un mètre cube de mortier, de chaux grasse de Tournai et sable de ravine.		
	Fournitures. { Sable de ravine, rendu à pied-d'œuvre, le mètre cube (pages 99 et 104.) 3 000 0 mètre 37 centimètres cubes de chaux grasse (page 104), à six francs 7966 millièmes le mètre cube (n°. 1). . . . . 2 514 }		5 514
	Déboursé total. .	» »	5 514
	Bénéfice, 1/10 de la dépense. .	» »	0 551
	Valeur d'un mètre cube. .	» »	6 065
23	Plus ou moins-value au prix de 6 francs 065 millièmes, pour chaque franc que coûterait en plus ou en moins de 3 francs le mètre cube de sable rendu à pied-d'œuvre , ci.	» »	1 100
24	Plus ou moins-value au prix de 6 francs 065 millièmes, pour chaque franc que coûterait en plus ou en moins de 20 francs le mètre cube de chaux vive et grasse de Tournai , rendu à pied-d'œuvre , .	» »	0 1459

tion de volume de l'autre , sont si peu sensibles que l'on ne doit pas en tenir compte dans les sous-détails.

Il est résulté de plusieurs expériences , qu'un mélange de sable fin et de chaux grasse en proportion convenable pour faire un excellent mortier , avait produit en moyenne une augmentation de volume de 1/48 seulement. Et si l'on remarque que le sable fin est celui qui rend le plus par son mélange avec la chaux, on peut conclure, en pareil cas, que tout accroissement de volume doit être considéré comme nul.

Cette augmentation n'est notable que lorsque la chaux est en excès avec le sable , comme il arrive souvent pour les mortiers immergés.

On ne tient pas compte de la main-d'œuvre pour la fabrication du mortier. Ce travail étant fait au fur et à mesure des besoins par les manœuvres préposés au service des compagnons.

Il n'y aura donc point non plus par conséquent , de faux-frais à comprendre dans les sous-détails suivants.

Numéros d'ordre.	DÉSIGNATION.	VALEURS	
		Particielles.	Totales.
		fr.　mil.	fr.　mil.
25	Sous-détail d'un mètre cube de mortier , de chaux grasse de Tournai et sable de rivière.		
	Fournitures. { Sable de rivière ; rendu à pied-d'œuvre , le mètre cube (pages 99 et 104.)	3　000	} 5　786
	0 m. 41 centimètres cubes de chaux grasse en pâte (p. 104) à 6 fr. 7966 mill. le mètre cube (n° 1). .	2　786	
	Déboursé total. .	»　»	5　786
	Bénéfice , 1[10 de la dépense. .	»　»	0　579
	Valeur d'un mètre cube. .	»　»	6　365
26	Plus ou moins-value au prix de 6 francs 365 millièmes , pour chaque franc que coûterait en plus on en moins de 3 francs le mètre cube de sable , rendu à pied-d'œuvre , ci, ...	»　»	1　100
27	Plus ou moins-value au prix de 6 francs 365 millièmes , pour chaque franc que coûterait en plus ou en moins de 20 francs le mètre cube de chaux vive et grasse de Tournai , rendu à pied-d'œuvre , ci.	»　»	0　1288
28	Sous-détail d'un mètre cube de mortier, de chaux hydraulique de Tournai et sable de plaine ou de carrière.		
	Fournitures. { Sable de plaine ou de carrière , rendu à pied-d'œuvre , le mètre cube (page 99 et 104).	3　000	} 13　794
	0 m. 54 cent. cubes de chaux hydraulique en pâte (p. 104) , à 19 fr. 9894 mil. le m. cube (n° 3). . .	10　794	
	Déboursé total. .	»　»	13　794
	Bénéfice ; 1[10 de la dépense. .	»　»	1　379
	Valeur d'un mètre cube. .	»　»	15　173
29	Plus ou moins-value au prix de 15 fr. 173 millièmes, pour chaque franc que coûterait en plus ou en moins de 3 francs le mètre cube de sable , rendu à pied-d'œuvre , ci.	»　»	1　100
30	Plus ou moins-value au prix de 15 francs 173 mil. pour chaque franc que coûterait en plus ou eu moins de 19 francs le mètre cube de chaux vive hydraulique de Tournai , rendu à pied-d'œuvre. . .	»　»	0　5211
31	Sous-détail d'un mètre cube de mortier , de chaux hydraulique de Tournai et sable de ravine.		
	Fournitures. { Sable de ravine , rendu à pied-d'œuvre , le mètre cube (pages 99 et 104).	3　000	} 16　193
	0 m. 66 cent. cubes de chaux maigre en pâte (p. 104), à 19 fr. 9894 mil. le mèt. cube (n° 3). . .	13　193	

Numéros d'ordre.	DÉSIGNATION.	VALEURS			
		partielles.		totales.	
		fr.	mil.	fr.	mil.
	Report. . .	»	»	16	193
	Déboursé total. .	»	»	16	193
	Bénéfice, 1⟌10 de la dépense. .	»	»	1	619
	Valeur d'un mètre cube , .	»	»	17	812
32	Plus ou moins-value au prix de 17 francs 812 millièmes , pour chaque franc que coûterait en plus ou en moins de 3 francs le mètre cube de sable de ravine , rendu à pied-d'œuvre, ci.	»	»	1	100
33	Plus ou moins-value au prix de 17 francs 812 millièmes , pour chaque franc que coûterait en plus ou en moins de 19 francs le mètre cube de chaux vive hydraulique de Tournai, rendu à pied-d'œuvre, ci.	»	»	0	6369
34	Sous-détail d'un mètre cube de mortier , de chaux hydraulique de Tournai et sable de rivière.				
	Fournitures. { Sable de rivière , rendu à pied-d'œuvre, le mètre cube (pages 99 et 104).	3	000	17	393
	{ 0 m. 72 cent. cubes de chaux hydraulique en pâte , (p. 104), à 19 fr. 9894 mill. le mètre cube (n° 3).	14	393		
	Déboursé total. .	»	»	17	393
	Bénéfice , 1⟌10 de la dépense. .	»	»	1	739
	Valeur d'un mètre cube. .	»	»	19	132
35	Plus ou moins-value au prix de 19 francs 132 millièmes, pour chaque franc que coûterait en plus ou en moins de 3 francs le mètre cube de sable de rivière, rendu à pied-d'œuvre, ci.	»	»	1	100
36	Plus ou moins-value au prix de 19 francs 132 millièmes , pour chaque franc que coûterait en plus ou en moins de 10 francs le mètre cube de chaux vive hydraulique de Tournai , rendu à pied-d'œuvre, ci.	»	»	0	6948
37	Sous-détail d'un mètre cube de mortier, de chaux maigre de Tournai et sable de plaine ou de carrière.				
	Fournitures. { Sable de plaine ou de carrière, rendu à pied-d'œuvre, un mètre cube (pages 99 et 104) , ...	3	000	6	777
	{ 0 m. 39 cent. cubes de chaux maigre en pâte (page 104), à 9 fr. 6836 mill. le mètre cube (n° 5). . .	3	777		
	Déboursé total. . .	»	»	6	777
	Bénéfice , 1⟌10 de la dépense. .	»	»	0	678
	Valeur d'un mètre cube. .	»	»	7	455

Numéros d'ordre.	DÉSIGNATION.	Partielles.		Totales.	
		fr.	mil.	fr.	mil.
38	Plus ou moins-value au prix de 7 fr. 455 millièmes, pour chaque franc que coûterait en plus ou en moins de 3 francs le mètre cube de sable de plaine ou de carrière, rendu à pied d'œuvre, ci.	»	»	1	100
39	Plus ou moins-value au prix de 7 fr. 455 millièmes, pour chaque franc que coûterait en plus ou moins de 18 francs le mètre cube de chaux vive et maigre de Tournai, rendu à pied-d'œuvre, ci. . .	»	»	0	1907
40	Sous-détail d'un mètre cube de mortier, de chaux maigre de Tournai et sable de ravine.				
	Fournitures. { Sable de ravine, rendu à pied-d'œuvre, le mètre cube (page 99 et 104).	3	000	} 7	842
	0 m. 50 cent. cubes de chaux maigre en pâte (page 104), à 9 fr. 6836 mill. le mètre cube (n° 5). .	4	842		
	Déboursé total. .	»	»	7	842
	Bénéfice, 1/10 de la dépense. .	»	»	0	784
	Valeur d'un mètre cube. .	»	»	8	626
41	Plus ou moins-value au prix de 8 francs 626 millièmes, pour chaque franc que coûterait en plus ou en moins de 3 francs le mètre cube de ravine, rendu à pied-d'œuvre.	»	»	1	100
42	Plus ou moins-value au prix de 8 francs 626 millièmes, pour chaque franc que coûterait en plus ou en moins de 13 francs le mètre cube de chaux vive et maigre de Tournai, rendu à pied-d'œuvre, ci.	»	»	0	2445
43	Sous-détail d'un mètre cube de mortier, de chaux maigre de Tournai et sable de rivière.				
	Fournitures. { Sable de rivière, rendu à pied-d'œuvre, le mètre cube (pages 99 et 104).	3	000	} 8	229
	0 m. 54 centimètres cubes de chaux maigre en pâte (page 104), à 9 fr, 6836 millièmes le mètre cube (n°. 5).	5	229		
	Déboursé total. .	»	»	8	229
	Bénéfice, 1/10 de la dépense. .	»	»	0	823
	Valeur d'un mètre cube, .	»	»	9	052
44	Plus ou moins-value au prix de 9 francs 052 millièmes, pour chaque franc que coûterait en plus ou en moins de 3 francs le mètre cube de sable de rivière, rendu à pied-d'œuvre, ci.	»	»	1	100
45	Plus ou moins-value au prix de 9 francs 052 millièmes, pour chaque franc que coûterait en plus ou en moins de 18 francs le mètre cube de chaux vive et maigre de Tournai, rendu à pied-d'œuvre, ci.	»	»	0	2640

Numéros d'ordre.	DÉSIGNATION.	VALEURS partielles.		VALEURS totales.	
		fr.	mil.	fr.	mil.
	En chaux de Péruwelz.				
46	Sous-détail d'un mètre cube de mortier, de chaux grasse de Péruwelz, et sable de plaine ou de carrière.				
	Fournitures. . { Sable de plaine ou de carrière, comme au n° 19.	3	000		
	0 m. 28 centimètres cubes de chaux grasse en pâte, comme au n° 19, à 5 francs 9394 millièmes le m. cube (n° 7).	1	663	} 4	663
	Déboursé total. . .	»	»	4	663
	Bénéfice, 1|10 de la dépense. .	»	»	0	466
	Valeur d'un mètre cube	»	»	5	129
47	Plus ou moins-value au prix de 5 francs 129 millièmes, pour chaque franc que coûterait en plus ou en moins de 3 francs le mètre cube de sable de plaine ou de carrière, rendu à pied-d'œuvre, ci. .	»	»	1	100
48	Plus ou moins-value au prix de 5 francs 129 millièmes, pour chaque franc que coûterait en plus ou en moins de 17 francs le mètre cube de chaux vive et grasse de Péruwelz, rendu à pied-d'œuvre, ci. .	»	»	0	0880
49	Sous-détail d'un mètre cube de mortier, de chaux grasse de Péruwelz et sable de ravine.				
	Fournitures. . { Sable de ravine, comme au n° 22.	3	000		
	0 m. 37 centimètres cubes de chaux grasse en pâte (n° 22), à 5 fr. 9394 millièmes le m. cube (n° 7).	2	198	} 5	198
	Déboursé total. .	»	»	5	198
	Bénéfice, 1|10 de la dépense. .	»	»	0	520
	Valeur d'un mètre cube. .	»	»	5	718
50	Plus ou moins-value au prix de 5 francs 718 millièmes, pour chaque franc que coûterait en plus ou en moins de 3 francs le mètre cube de sable de ravine, rendu à pied-d'œuvre, ci.	»	»	1	100
51	Plus ou moins-value au prix de 5 francs 718 millièmes, pour chaque franc que coûterait en plus ou en moins de 17 francs le mètre cube de chaux vive et grasse de Péruwelz, rendu à pied-d'œuvre, ci.	»	»	0	1159
52	Sous-détail d'un mètre cube de mortier, de chaux grasse de Péruwelz et sable de rivière.				
	Fournitures. . { Sable de rivière, comme au n° 25.	3	000		
	0 m. 41 centim. cubes de chaux grasse en pâte (n° 22), à 5 fr. 9394 millièmes le m. cube (n° 7).	2	435	} 5	435

Numéros d'ordre.	DÉSIGNATION.	VALEURS	
		partielles.	totales.
		fr. mil.	fr. mil.
	Report. . .	» »	5 435
	Déboursé total. .	» »	5 435
	Bénéfice, 1|10 de la dépense. .	» »	0 544
	Valeur d'un mètre cube. .	» »	5 979
53	Plus ou moins-value au prix de 5 francs 979 millièmes, pour chaque franc que coûterait en plus ou moins de 3 francs le mètre cube de sable de rivière rendu à pied-d'œuvre , ci.	» »	1 100
54	Plus ou moins-value au prix de 5 francs 979 millièmes, pour chaque franc que coûterait en plus ou en moins de 17 francs le mètre cube de chaux vive et grasse de Péruwelz, rendu à pied-d'œuvre , ci.	» »	0 1288
55	Sous-détail d'un mètre cube de mortier , de chaux hydraulique de Péruwelz et sable de plaine ou de carrière.		
	Fournitures. . (Sable de plaine ou de carrière , comme au n° 28 ,	3 000	
	0 m. 54 centim. cubes de chaux hydraulique en pâte (n° 28), à 18 francs 2351 millièmes le mètre cube (n° 9).	9 847	12 847
	Déboursé total. .	» »	12 847
	Bénéfice, 1|10 de la dépense. .	» »	1 285
	Valeur d'un mètre cube. .	» »	14 132
56	Plus ou moins-value au prix de 14 francs 132 millièmes , pour chaque franc que coûterait en plus ou en moins de 3 francs le mètre cube de sable de plaine ou de carrière, rendu à pied-d'œuvre, ci. .	» »	1 100
57	Plus ou moins-value au prix de 14 francs 132 millièmes , pour chaque franc que coûterait en plus ou en moins de 17 francs le mètre cube de chaux vive hydraulique de Péruwelz, rendu à pied-d'œuvre.	» »	0 5211
58	Sous-détail d'un mètre cube de mortier, de chaux hydraulique de Péruwelz et sable de ravine.		
	Fournitures. . (Sable de ravine , comme au numéro 31. . . .	3 000	
	0 m. 66 centimètres cubes de chaux hydraulique en pâte (n° 31), à 18 francs 2351 millièmes le mètre cube (no 9).	12 035	15 035
	Déboursé total. .	» »	15 035
	Bénéfice, 1|10 de la dépense. .	» »	1 504
	Valeur d'un mètre cube. .	» »	16 539

Numéros d'ordre.	DÉSIGNATION.	VALEURS			
		Partielles.		Totales.	
		fr.	m.	fr.	m.
59	Plus ou moins-value au prix de 16 francs 539 millièmes, pour chaque franc que coûterait en plus ou en moins de 3 francs le mètre cube de sable de ravine, rendu à pied-d'œuvre, ci	»	»	1	100
60	Plus ou moins-value au prix de 16 francs 539 millièmes, pour chaque franc que coûterait en plus ou en moins de 17 francs le mètre cube de chaux vive hydraulique de Péruwelz, rendu à pied-d'œuvre, ci	»	»	0	6369
61	Sous-détail d'un mètre cube de mortier, de chaux hydraulique de Péruwelz et sable de rivière.				
	Fournitures. . { Sable de rivière, comme au n° 34.	3	000		
	0 m. 72 centimètres cubes de chaux hydraulique en pâte (no 34), à 18 f. 2351 millièmes le mètre cube (no. 9).	13	129	16	129
	Déboursé total. .	»	»	16	129
	Bénéfice, 1|10 de la dépense. . .	»	»	1	613
	Valeur d'un mètre cube. .	»	»	17	742
62	Plus ou moins-value au prix de 17 francs 742 millièmes, pour chaque franc que coûterait en plus ou en moins de 3 francs le mètre cube de sable de rivière, rendu à pied-d'œuvre, ci	»	»	1	100
63	Plus ou moins-value au prix de 17 francs 742 millièmes, pour chaque franc que coûterait en plus ou en moins de 17 francs le mètre cube de chaux vive hydraulique de Péruwelz, rendu à pied-d'œuvre, ci	»	»	0	6948
64	Sous-détail d'un mètre cube de mortier, de chaux maigre de Péruwelz et sable de plaine ou de carrière.				
	Fournitures. . { Sable de plaine ou de carrière, comme au n° 37.	3	000		
	0 m. 39 centimètres cubes de chaux maigre en pâte (numéro 37), à 9 francs 2392 millièmes le mètre cube (numéro 11).	3	604	6	604
	Déboursé total. . .	»	»	6	604
	Bénéfice, 1|10 de la dépense. . .	»	»	0	660
	Valeur d'un mètre cube. .	»	»	7	264
65	Plus ou moins-value au prix de 7 francs 264 millièmes, pour chaque franc que coûterait en plus ou en moins de 3 francs le mètre cube de sable de plaine ou de carrière, rendu à pied-d'œuvre, ci . .	»	»	1	100
66	Plus ou moins-value au prix de 7 francs 264 millièmes, pour chaque franc que coûterait en plus ou en moins de 17 francs le mètre cube de chaux maigre de Péruwelz, rendu à pied-d'œuvre, ci . .	»	»	0	1907

Numéros d'ordre.	DÉSIGNATION.	VALEURS	
		partielles.	totales.
		fr. mil.	fr. mil.
67	Sous-détail d'un mètre cube de mortier, de chaux maigre de Péruwelz et sable de ravine.		
	Fournitures. { Sable de ravine, comme au numéro 40. . . .	3 000	7 620
	0 m. 50 centimètres cubes de chaux maigre en pâte (numéro 40), à 9 francs 2392 millièmes le mètre cube (numéro 11).	4 620	
	Déboursé total. .	» »	7 620
	Bénéfice, 1|10 de la dépense. .	» »	0 762
	Valeur d'un mètre cube. .	» »	8 382
68	Plus ou moins-value au prix de 8 francs 382 millièmes, pour chaque franc que coûterait en plus ou en moins de 3 francs le mètre cube de sable de ravine, rendu à pied-d'œuvre, ci. . . .	» »	1 100
69	Plus ou moins-value au prix de 8 francs 382 millièmes, pour chaque franc que coûterait en plus ou en moins de 17 francs le mètre cube de chaux vive et maigre de Péruwelz, rendu à pied-d'œuvre, ci.	» »	0 2445
70	Sous-détail d'un mètre cube de mortier, de chaux maigre de Péruwelz et sable de rivière.		
	Fournitures. { Sable de rivière, comme au numéro 43.	3 000	7 989
	0 m. 54 centimètres cubes de chaux maigre en pâte (numéro 43), à 9 francs 2392 millièmes le mètre cube (numéro 11).	4 989	
	Déboursé total. .	» »	7 989
	Bénéfice, 1|10 de la dépense. .	» »	0 799
	Valeur d'un mètre cube. .	» »	8 788
71	Plus ou moins-value au prix de 8 francs 788 millièmes, pour chaque franc que coûterait en plus ou en moins de 3 francs le mètre cube de sable de rivière, rendu à pied-d'œuvre, ci.	» »	1 100
72	Plus ou moins-value au prix de 8 francs 788 millièmes, pour chaque franc que coûterait en plus ou en moins de 17 francs le mètre cube de chaux vive et maigre de Péruwelz, rendu à pied-d'œuvre, ci.	» »	0 2640
	En chaux du pays.		
73	Sous-détail d'un mètre cube de mortier, de chaux grasse du pays et sable de plaine ou de carrière.		
	Fournitures. { Sable de plaine ou de carrière, comme au n° 19.	3 000	4 403
	0 m. 28 centimètres cubes de chaux grasse en pâte (numéro 19), à 3 francs 9394 millièmes le mètre cube (numéro 13).	1 403	

Numéros d'ordre.	DÉSIGNATION.	VALEURS	
		Partielles.	Totales.
		fr. mil.	fr. mil.
	Report.	» »	4 103
	Déboursé total. .	» »	4 103
	Bénéfice, 1/10 de la dépense. .	» »	0 410
	Valeur d'un mètre cube. .	» »	4 513
74	Plus ou moins-value au prix de 4 francs 513 millièmes, pour chaque franc que coûterait en plus ou en moins de 3 francs le mètre cube de sable de plaine ou de carrière, rendu à pied-d'œuvre, ci. .	» »	4 100
75	Plus ou moins-value au prix de 4 francs 513 millièmes, pour chaque franc que coûterait en plus ou en moins de 10 francs le mètre cube de chaux vive et grasse du pays, rendu à pied-d'œuvre, ci. .	» »	0 0880
76	Sous-détail d'un mètre cube de mortier, de chaux grasse du pays et sable de ravine.		
	Fournitures. . { Sable de ravine, comme au no 22.	3 000	
	0 m. 37 centimètres cubes de chaux grasse en pâte (numéro 22), à 3 francs 9394 millièmes le mètre cube (numéro 13).	1 458	4 458
	Déboursé total. .	» »	4 458
	Bénéfice, 1/10 de la dépense. .	» »	0 446
	Valeur d'un mètre cube. .	» »	4 904
77	Plus ou moins-value au prix de 4 francs 904 millièmes, pour chaque franc que coûterait en plus ou en moins de 10 francs le mètre cube de sable de ravine, rendu à pied-d'œuvre, ci.	» »	4 100
78	Plus ou moins-value au prix de 4 francs 904 millièmes, pour chaque franc que coûterait en plus ou en moins de 10 francs le mètre cube de chaux vive et grasse du pays, rendu à pied-d'œuvre, ci. .	» »	0 1159
79	Sous-détail d'un mètre cube de mortier, de chaux grasse du pays et sable de rivière.		
	Fournitures. . { Sable de rivière, comme au numéro 25, ...	3 000	
	0 m. 41 centimètres cubes de chaux grasse en pâte (numéro 25), à 3 francs 9394 millièmes le mètre cube (numéro 13).	1 615	4 615
	Déboursé total. .	» »	4 615
	Bénéfice, 1/10 de la dépense. .	» »	0 462
	Valeur d'un mètre cube. .	» »	5 077

Numéros d'ordre.	DÉSIGNATION	VALEURS	
		Partielles.	Totales.
		fr.　mil.	fr.　mil.
80	Plus ou moins-value au prix de 5 francs 077 millièmes, pour chaque franc que coûterait en plus ou en moins de 3 francs le mètre cube de sable de rivière, rendu à pied-d'œuvre, ci.	»　»	1　100
81	Plus ou moins-value au prix de 5 francs 077 millièmes, pour chaque franc que coûterait en plus ou en moins de 10 francs le mètre cube de chaux vive et grasse du pays, rendu à pied-d'œuvre, ci. .	»　»	0　1288
82	Sous-détail d'un mètre cube de mortier, de chaux hydraulique du pays et sable de plaine ou de carrière.		
	Fournitures. { Sable de plaine ou de carrière, comme au numéro 28.	3　000	
	0 m. 54 centim. cubes de chaux hydraulique en pâte (n° 28), à 12 francs 0947 mill. le mètre cube (n° 15).	6　531	9　531
	Déboursé total. .	»　»	9　531
	Bénéfice, 1/10 de la dépense. .	»　»	0　953
	Valeur d'un mètre cube. .	»　»	10　484
83	Plus ou moins-value au prix de 10 francs 484 millièmes, pour chaque franc que coûterait en plus ou en moins de 3 francs le mètre cube de sable de plaine ou de carrière, rendu à pied-d'œuvre, ci. .	»　»	1　100
84	Plus ou moins-value au prix de 10 francs 484 millièmes, pour chaque franc que coûterait en plus ou en moins de 10 francs le mètre cube de chaux vive hydraulique du pays, rendu à pied-d'œuvre, ci.	»　»	0　5211
85	Sous-détail d'un mètre cube de mortier, de chaux hydraulique du pays et sable de ravine.		
	Fournitures. { Sable de ravine, comme au numéro 31.	3　000	
	0 mètre 66 centimètres cubes de chaux hydraulique en pâte (n° 31), à 12 francs 0947 millièmes le mètre cube (n°. 15).	7　982	10　982
	Déboursé total. .	»　»	10　982
	Bénéfice, 1/10 de la dépense. .	»　»	1　098
	Valeur d'un mètre cube, .	»　»	12　080
86	Plus ou moins-value au prix de 12 francs 080 millièmes, pour chaque franc que coûterait en plus ou en moins de 3 francs le mètre cube de sable de ravine, rendu à pied-d'œuvre, ci.	»　»	1　100
87	Plus ou moins-value au prix de 12 francs 080 millièmes, pour chaque franc que coûterait en plus ou en moins de 10 francs le mètre cube de chaux vive hydraulique du pays, rendu à pied-d'œuvre, ci.	»　»	0　6369

Numéros d'ordre.	DÉSIGNATION.	VALEURS	
		Partielles.	Totales.
		fr. mil.	fr. mil.
88	Sous-détail d'un mètre cube de mortier, de chaux hydraulique du pays et sable de rivière.		
	Fournitures. { Sable de rivière, comme au numéro 34.	3 000	} 11 708
	0 mètre 72 centimètres cubes de chaux hydraulique en pâte (n° 34), à 12 francs 0947 millièmes le mètre cube (n°. 15).	8 708	
	Déboursé total. . .	» »	11 708
	Bénéfice, 1/10 de la dépense. .	» »	1 171
	Valeur d'un mètre cube. .	» »	12 879
89	Plus ou moins-value au prix de 12 francs 879 millièmes, pour chaque franc que coûterait en plus ou en moins de 8 francs le mètre cube de sable de rivière, rendu à pied-d'œuvre, ci. . . .	» »	1 100
90	Plus ou moins-value au prix de 12 francs 879 millièmes, pour chaque franc que coûterait en plus ou en moins de 10 francs le mètre cube de chaux vive hydraulique du pays, rendu à pied-d'œuvre, ci.	» »	0 6948
91	Sous-détail d'un mètre cube de mortier, de chaux maigre du pays et sable de plaine ou de carrière.		
	Fournitures. { Sable de plaine ou de carrière, comme au numéro 37.	3 000	} 5 390
	0 mètre 39 centimètres cubes de chaux maigre en pâte (numéro 37), à 6 francs 1280 millièmes le mètre cube (numéro 17).	2 390	
	Déboursé total. . .	» »	5 390
	Bénéfice, 1/10 de la dépense. . .	» »	0 539
	Valeur d'un mètre cube. .	» »	5 929
92	Plus ou moins-value au prix de 5 francs 929 millièmes, pour chaque franc que coûterait en plus ou en moins de 8 francs le mètre cube de sable de plaine ou de carrière, rendu à pied-d'œuvre, ci. . .	» »	1 100
93	Plus ou moins-value au prix de 5 francs 929 millièmes, pour chaque franc que coûterait en plus ou en moins de 10 francs le mètre cube de chaux vive et maigre du pays, rendu à pied-d'œuvre, ci. .	» »	0 1907
94	Sous-détail d'un mètre cube de mortier, de chaux maigre du pays et sable de ravine.		
	Fournitures. { Sable de ravine, comme au numéro 40.	3 000	} 6 064
	0 m. 50 centimètres cubes de chaux maigre en pâte (n° 40), à 6 francs 1280 mill. le mètre cube (n° 17).	3 064	

Numéros d'ordre.	DÉSIGNATION.	VALEURS	
		partielles.	totales.
		fr. mil.	fr. mil.
	Report. . .	» »	6 064
	Déboursé total. .	» »	6 064
	Bénéfice, 1/10 de la dépense. .	» »	0 606
	Valeur d'un mètre cube. . .	» »	6 670
95	Plus ou moins-value au prix de 6 francs 670 millièmes, pour chaque franc que coûterait en plus ou en moins de 3 francs le mètre cube de sable de ravine, rendu à pied-d'œuvre, ci.	» »	1 100
96	Plus ou moins-value au prix de 6 francs 670 millièmes, pour chaque franc que coûterait en plus ou en moins de 10 francs le mètre cube de chaux vive et maigre du pays, rendu à pied-d'œuvre, ci. .	» »	0 2445
97	Sous-détail d'un mètre cube de mortier, de chaux maigre du pays et sable de rivière.		
	Fournitures. { Sable de rivière, comme au n° 43.	3 000	
	0 m. 54 centimètres cubes de chaux maigre en pâte (n° 43), à 6 fr., 1280 millièmes le mètre cube (n° 17).	3 309	6 309
	Déboursé total. . .	» »	6 309
	Bénéfice, 1/10 de la dépense. .	» »	0 631
	Valeur d'un mètre cube. .	» »	6 940
98	Plus ou moins-value au prix de 6 francs 940 millièmes, pour chaque franc que coûterait en plus ou en moins de 10 francs le mètre cube de sable de rivière, rendu à pied-d'œuvre, ci.	» »	1 100
99	Plus ou moins-value au prix de 6 francs 940 millièmes, pour chaque franc que coûterait en plus ou en moins de 3 francs le mètre cube de chaux vive et maigre du pays, rendu à pied-d'œuvre, ci. . .	» »	0 2610

· 2°. 𝕸𝖔𝖗𝖙𝖎𝖊𝖗𝖘 𝖉𝖊 𝕮𝖍𝖆𝖚𝖝 𝖊𝖙 𝕮𝖎𝖒𝖊𝖓𝖙 𝖉𝖚 𝖕𝖆𝖞𝖘.

En chaux de Tournai.

100	Sous-détail d'un mètre cube de mortier, de chaux grasse de Tournai et ciment du pays.		
	Fournitures. { Ciment du pays, rendu à pied-d'œuvre, un mètre cube (pages 99 et 104).	10 000	
	0 m. 50 centimètres cubes de chaux grasse en pâte (page 104), à 6 fr. 7966 mill. le mètre cube (n° 1).	3 398	13 398
	Déboursé total. .	» »	13 398
	Bénéfice, 1/10 de la dépense. .	» »	1 340
	Valeur d'un mètre cube. .	» »	14 738

Numéros d'ordre.	DÉSIGNATION.	VALEURS	
		partielles.	totales.
		fr. mil.	fr. mil.
101	Plus ou moins-value au prix de 14 francs 738 millièmes , pour chaque franc que coûterait en plus ou en moins de 10 francs le mètre cube de ciment du pays , rendu à pied-d'œuvre , ci.	» »	1 100
102	Plus ou moins-value au prix de 14 francs 738 millièmes , pour chaque franc que coûterait en plus ou en moins de 20 francs le mètre cube de chaux vive et grasse de Tournai , rendu à pied-d'œuvre , ci.	» »	0 7570
103	Sous-détail d'un mètre cube de mortier , de chaux hydraulique de Tournai et ciment du pays.		
	Fournitures. { Ciment du pays , rendu à pied-d'œuvre , un mètre cube (pages 99 et 104).	10 000	29 989
	Un mètre cube de chaux hydraulique en pâte (page 104) , à 19 francs 9894 millièmes le mètre cube (n° 3).	19 989	
	Déboursé total. .	» »	29 989
	Bénéfice, 1/10 de la dépense. .	» »	2 999
	Valeur d'un mètre cube. .	» »	32 988
104	Plus ou moins-value au prix de 32 francs 988 millièmes , pour chaque franc que coûterait en plus ou en moins de 10 francs le mètre cube de ciment du pays , rendu à pied-d'œuvre , ci.	» »	1 100
105	Plus ou moins-value au prix de 32 francs 988 millièmes , pour chaque fr. que coûterait en plus ou en moins de 19 fr. le mètre cube de chaux vive hydraulique de Tournai , rendu à pied-d'œuvre , ci. .	» »	0 9649
106	Sous-détail d'un mètre cube de mortier , de chaux maigre de Tournai et ciment du pays.		
	Fournitures. { Ciment du pays , rendu à pied-d'œuvre , un mètre cube (pages 99 et 104).	10 000	16 391
	0 m. 66 centimètres cubes de chaux maigre en pâte (page 104) , à 9 fr. 6836 mill. le mètre cube (n° 5).	6 391	
	Déboursé total. .	» »	16 391
	Bénéfice, 1/10 de la dépense, .	» »	1 639
	Valeur d'un mètre cube. .	» »	18 030
107	Plus ou moins-value au prix de 18 francs 030 millièmes, pour chaque franc que coûterait en plus ou en moins de 10 francs le mètre cube de ciment du pays , rendu à pied-d'œuvre, ci.	» »	1 100
108	Plus ou moins-value au prix de 18 francs 030 millièmes, pour chaque franc que coûterait en plus ou en moins de 18 francs le mètre cube de chaux vive et maigre de Tournai , rendu à pied-d'œuvre , ci.	» »	0 3226

Numéros d'ordre.	DÉSIGNATION	VALEURS	
		Partielles.	Totales.
		fr. mill.	fr. mil.
	En chaux de Péruwelz.		
109	Sous-détail d'un mètre cube de mortier, de chaux grasse de Péruwelz et ciment du pays.		
	Fournitures. { Un mètre cube de ciment du pays, rendu à pied-d'œuvre (pages 99 et 104).	10 000	12 970
	0 m. 50 centimètres cubes de chaux grasse en pâte, (page 104), à 5 francs 9394 millièmes le mètre cube (n°. 7).	2 970	
	Déboursé total. .	. .	12 970
	Bénéfice , 1p10 de la dépense. .	. .	1 297
	Valeur d'un mètre cube. .	. .	14 267
110	Plus ou moins-value au prix de 14 francs 267 millièmes , pour chaque franc que coûterait en plus ou en moins de 10 francs le mètre cube de ciment du pays , rendu à pied-d'œuvre , ci.	. .	1 100
111	Plus ou moins-value au prix de 14 francs 267 millièmes, pour chaque franc que coûterait en plus ou en moins de 17 francs le mètre cube de chaux vive et grasse de Péruwelz , rendu à pied-d'œuvre, ci.	. .	0 1570
112	Sous-détail d'un mètre cube de mortier , de chaux hydraulique de Péruwelz et ciment du pays.		
	Fournitures. { Un mètre cube de ciment du pays , rendu à pied-d'œuvre (pages 99 et 104).	10 000	28 235
	Un mètre cube de chaux hydraulique en pâte , page 104) , à 18 francs 2351 millièmes le mètre cube (n° 9)	18 235	
	Déboursé total. .	. .	28 235
	Bénéfice , 1p10 de la dépense. .	. .	2 824
	Valeur d'un mètre cube. .	. .	31 059
113	Plus ou moins-value au prix de 31 francs 059 millièmes, pour chaque franc que coûterait en plus ou en moins de 10 francs le mètre cube de ciment du pays , rendu à pied-d'œuvre , ci.	. .	1 100
114	Plus ou moins-value au prix de 31 francs 059 millièmes , pour chaque franc que coûterait en plus ou en moins de 17 francs le mètre cube de chaux vive hydraulique de Péruwelz, rendu à pied-d'œuvre, ci.	. .	0 9649
115	Sous-détail d'un mètre cube de mortier , de chaux maigre de Péruwelz et ciment du pays.		

24.

Numéros d'ordre	DÉSIGNATION.	VALEURS Partielles.	VALEURS Totales.
		fr. mill.	fr. mill.
	Fournitures. { Un mètre cube de ciment du pays , rendu à pied-d'œuvre (pages 99 et 104).	10 000	} 16 098
	0 m. 66 centimètres cubes de chaux maigre en pâte , (page 104) , à 9 francs 2392 millièmes le mètre cube (n° 11).	6 098	
	Déboursé total. .	» »	16 098
	Bénéfice , 1|10 de la dépense. .	» »	1 610
	Valeur d'un mètre cube. .	» »	17 708
116	Plus ou moins-value au prix de 17 francs 108 millièmes , pour chaque franc que coûterait en plus ou moins de 10 francs le mètre cube de ciment du pays , rendu à pied-d'œuvre , ci.	» »	1 100
117	Plus ou moins-value au prix de 17 francs 708 millièmes , pour chaque franc que coûterait en plus ou en moins de 17 francs le mètre cube de chaux vive et maigre de Péruwelz , rendu à pied-d'œuvre, ci.	» »	0 3226

En chaux du pays.

Numéros d'ordre	DÉSIGNATION.	VALEURS Partielles.	VALEURS Totales.
118	Sous-détail d'un mètre cube de mortier de chaux grasse du pays , et ciment aussi du pays.		
	Fournitures. { Un mètre cube de ciment du pays , rendu à pied-d'œuvre (pages 99 et 104).	10 000	} 11 970
	0 m. 50 centimètres cubes de chaux grasse en pâte , (page 104) , à 3 fr. 9394 millièmes le mètre cube (n° 13).	1 970	
	Déboursé total. .	» »	11 970
	Bénéfice , 1|10 de la dépense. .	» »	1 197
	Valeur d'un mètre cube. .	» »	13 167
119	Plus ou moins-value au prix de 13 francs 167 millièmes , pour chaque franc que coûterait en plus ou en moins de 10 francs le mètre cube de ciment du pays , rendu à pied-d'œuvre , ci.	» »	1 100
120	Plus ou moins-value au prix de 13 francs 167 millièmes , pour chaque franc que coûterait en plus ou en moins de 10 francs le mètre cube de chaux vive et grasse du pays , rendu à pied-d'œuvre , ci. .	» »	0 1570
121	Sous-détail d'un mètre cube de mortier, de chaux hydraulique du pays et ciment aussi du pays.		
	Fournitures, { Un mètre cube de ciment du pays , rendu à pied-d'œuvre (pages 99 et 104).	10 000	} 22 095
	Un mètre cube de chaux hydraulique en pâte (page 104) , à 12 francs 0947 millièmes le mètre cube (n°. 15).	12 095	

Numéros d'ordre.	DÉSIGNATION.	VALEURS			
		Partielles.		Totales.	
		fr.	mil.	fr.	mil.
	Report.	»	»	22	095
	Déboursé total.	»	»	22	095
	Bénéfice, 1/10 de la dépense.	»	»	2	210
	Valeur d'un mètre cube.	»	»	24	305
122	Plus ou moins-value au prix de 24 francs 305 millièmes, pour chaque franc que coûterait en plus ou en moins de 10 francs le mètre cube de ciment du pays, rendu à pied-d'œuvre; ci.	»	»	1	100
123	Plus ou moins-value au prix de 24 francs 305 millièmes, pour chaque franc que coûterait en plus ou en moins de 10 francs le mètre cube de chaux hydraulique du pays, rendu à pied-d'œuvre; ci.	»	»	0	9649
124	Sous-détail d'un mètre cube de mortier, de chaux maigre du pays et ciment aussi du pays.				
	Fournitures. { Un mètre cube de ciment du pays, rendu à pied-d'œuvre (pages 99 et 104).	10	000		
	0 m. 66 centimètres cubes de chaux maigre en pâte (page 104), à 6 francs 1280 millièmes le mètre cube (n° 17).	4	045	14	045
	Déboursé total.	»	»	14	045
	Bénéfice, 1/10 de la dépense.	»	»	1	405
	Valeur d'un mètre cube.	»	»	15	450
125	Plus ou moins-value au prix de 15 francs 450 millièmes, pour chaque franc que coûterait en plus ou en moins de 10 francs le mètre cube de ciment du pays, rendu à pied-d'œuvre, ci.	»	»	1	100
126	Plus ou moins-value au prix de 15 francs 450 millièmes, pour chaque franc que coûterait en plus ou en moins de 10 francs le mètre cube de chaux vive et maigre du pays, rendu à pied-d'œuvre, ci.	»	»	0	3226

3°. 𝕸ortiers de 𝕮haux et de 𝕮endres de houille.

En chaux de Tournai.

127	Sous-détail d'un mètre cube de mortier, de chaux grasse de Tournai et de cendres de houille.				
	Fournitures. { Un mètre cube de cendres de houille, rendu à pied-d'œuvre (pages 99 et 104).	4	000		
	0 m. 50 centimètres cubes de chaux grasse en pâte (p. 104), à 6 francs 7966 millièmes le mètre cube (n° 17)	3	398	7	398

Numéros d'ordre.	DÉSIGNATION.	VALEURS	
		partielles.	totales.
		fr. mil.	fr. mil.
	Report.	» »	7 398
	Déboursé total.	» »	7 398
	Bénéfice, 1/10 de la dépense,	» »	0 740
	Valeur d'un mètre cube.	» »	8 138
128	Plus ou moins-value au prix de 8 francs 138 millièmes , pour chaque franc que coûterait en plus ou en moins de 4 francs le mètre cube de cendres de houille , à pied-d'œuvre , ci.	» »	1 100
129	Plus ou moins-value au prix de 8 fr. 138 millièmes , pour chaque franc que coûterait en plus ou en moins de 20 fr. le mètre cube de chaux vive et grasse de Tournai , rendu à pied-d'œuvre , ci.	» »	0 1570
130	Sous-détail d'un mètre cube de mortier , de chaux hydraulique de Tournai et cendres de houille,		
	Fournitures. { Un mètre cube de cendres de houille , rendu à pied-d'œuvre (pages 99 et 104).	4 000	} 23 989
	Un mètre cube de chaux hydraulique en pâte (page 104) , à 19 fr. 9894 millièm, le mètre cube (n° 39).	19 989	
	Déboursé total.	» »	23 989
	Bénéfice, 1/10 de la dépense.	» »	2 399
	Valeur d'un mètre cube.	» »	26 388
131	Plus ou moins-value au prix de 26 francs 388 millièmes , pour chaque franc que coûterait en plus ou en moins de 4 francs le mètre cube de cendres de houille , rendu à pied-d'œuvre , ci.	» »	1 100
132	Plus ou moins-value au prix de 26 francs 388 millièmes, pour chaque franc que coûterait en plus ou en moins de 19 francs le mètre cube de chaux vive hydraulique de Tournai, rendu à pied-d'œuvre, ci.	» »	0 9649
133	Sous-détail d'un mètre cube de mortier , de chaux maigre de Tournai et de cendres de houille.		
	Fournitures. { Un mètre cube de cendres de houille, rendu à pied-d'œuvre (pages 99 et 104).	4 000	} 10 391
	0 m. 66 centimètres cubes de chaux maigre en pâte (page 104) , à 9 fr, 6836 millièmes le mètre cube (n°. 5).	6 391	
	Déboursé total.	» »	10 391
	Bénéfice, 1/10 de la dépense.	» »	1 039
	Valeur d'un mètre cube,	» »	11 430

Numéros d'ordre.	DÉSIGNATION.	VALEURS	
		partielles.	totales.
		fr. mil.	fr. mil.
134	Plus ou moins-value au prix de 11 francs 430 millièmes, pour chaque franc que coûterait en plus ou en moins de 4 francs le mètre cube de cendres de houille, rendu à pied-d'œuvre, ci.	» »	1 100
135	Plus ou moins-value au prix de 11 francs 430 millièmes, pour chaque franc que coûterait en plus ou en moins de 18 francs le mètre cube de chaux vive et maigre de Tournai, rendu à pied-d'œuvre, ci.	» »	0 3226
	En chaux de Péruwelz.		
136	Sous-détail d'un mètre cube de mortier, de chaux grasse de Péruwelz et cendres de houille.		
	Fournitures. { Un mètre cube de cendres de houille, rendu à pied-d'œuvre (pages 99 et 104).	4 000	
	0 m. 50 centimètres cubes de chaux grasse en pâte, (page 104), à 5 francs 9394 millièmes le mètre cube (n° 7).	2 970	6 970
	Déboursé total.	» »	6 970
	Bénéfice, 1/10 de la dépense.	» »	0 697
	Valeur d'un mètre cube.	» »	7 667
137	Plus ou moins-value au prix de 7 francs 667 millièmes, pour chaque franc que coûterait en plus ou en moins de 4 francs le mètre cube de cendres de houille, rendu à pied-d'œuvre, ci.	» »	1 100
138	Plus ou moins-value au prix de 7 francs 667 millièmes, pour chaque franc que coûterait en plus ou en moins de 17 francs le mètre cube de chaux vive et grasse de Péruwelz, rendu à pied-d'œuvre, ci.	» »	0 1570
139	Sous-détail d'un mètre cube de mortier, de chaux hydraulique de Péruwelz et cendres de houille.		
	Fournitures. { Un mètre cube de cendres de houille, rendu à pied-d'œuvre (pages 99 et 104).	4 000	
	Un mètre cube de chaux hydraulique en pâte, (p. 104), à 18 fr. 2351 mil. le mètre cube (n° 9).	18 235	22 235
	Déboursé total.	» »	22 235
	Bénéfice, 1/10 de la dépense.	» »	2 224
	Valeur d'un mètre cube.	» »	24 459
140	Plus ou moins-value au prix de 24 francs 459 millièmes, pour chaque franc que coûterait en plus ou en moins de 4 francs le mètre cube de cendres de houille, rendu à pied-d'œuvre, ci.	» »	1 100
141	Plus ou moins-value au prix de 24 francs 459 millièmes, pour		

Numéros d'ordre.	DÉSIGNATION.	VALEURS partielles. fr. mil.	VALEURS totales. fr. mil.
	chaque franc que coûterait en plus ou en moins de 17 francs le mètre cube de chaux vive hydraulique de Péruwelz, rendu à pied-d'œuvre, ci.	» »	0 9649
142	Sous-détail d'un mètre cube de mortier, de chaux maigre de Péruwelz et de cendres de houille.		
	Fournitures. { Un mètre cube de cendres de houille, rendu à pied-d'œuvre (pages 99 et 104), ...	4 000	10 098
	0 m. 66 cent. cubes de chaux maigre en pâte (page 104), à 9 fr. 2392 mill. le mètre cube (n° 11).	6 098	
	Déboursé total.	» »	10 098
	Bénéfice, 1ṭ10 de la dépense.	» »	1 010
	Valeur d'un mètre cube.	» »	11 108
143	Plus ou moins-value au prix de 11 francs 108 millièmes, pour chaque franc que coûterait en plus ou en moins de 4 francs le mètre cube de cendres de houille, rendu à pied-d'œuvre, ci.	» »	1 100
144	Plus ou moins-value au prix de 11 francs 108 millièmes, pour chaque franc que coûterait en plus ou en moins de 17 francs le mètre cube de chaux vive et maigre de Péruwelz, rendu à pied-d'œuvre, ci.	» »	0 3226

En chaux du pays.

Numéros d'ordre.	DÉSIGNATION.	VALEURS partielles. fr. mil.	VALEURS totales. fr. mil.
145	Sous-détail d'un mètre cube de mortier, de chaux grasse du pays et cendres de houille.		
	Fournitures. { Un mètre cube de cendres de houille, rendu à pied-d'œuvre (pages 99 et 104).	4 000	5 970
	0 m. 50 cent. cubes de chaux grasse en pâte (p. 104), à 3 fr. 9394 mill. le mètre cube (n° 13). . . .	1 970	
	Déboursé total.	» »	5 970
	Bénéfice, 1ṭ10 de la dépense.	» »	0 597
	Valeur d'un mètre cube,	» »	6 567
146	Plus ou moins-value au prix de 6 francs 567 millièmes, pour chaque franc que coûterait en plus ou en moins de 4 francs le mètre cube de cendres de houille, rendu à pied-d'œuvre, ci.	» »	1 100
147	Plus ou moins-value au prix de 6 francs 567 millièmes, pour chaque franc que coûterait en plus ou en moins de 10 francs le mètre cube de chaux vive et grasse du pays, rendu à pied-œuvre, ci.	» »	0 1570
148	Sous-détail d'un mètre cube de mortier, de chaux hydraulique du pays et cendres de houille.		

| Numéros d'ordre. | DÉSIGNATION | VALEURS | |
		Partielles.	Totales.
		fr. m.	fr. m.
	Fournitures. { Un mètre cube de cendres de houille, rendu à pied-d'œuvre (pages 99 et 104).	4 000	16 095
	Un mètre cube de chaux hydraulique en pâte (page 104), à 12 fr. 0947 mill. le mètre cube (n° 15).	12 095	
	Déboursé total.	» »	16 095
	Bénéfice, 1|10 de la dépense.	» »	1 610
	Valeur d'un mètre cube.	» »	17 705
149	Plus ou moins-value au prix de 17 francs 705 millièmes, pour chaque franc que coûterait en plus ou en moins de 4 francs le mètre cube de cendres de houille, rendu à pied-d'œuvre, ci.	» »	1 100
150	Plus ou moins-value au prix de 17 francs 705 millièmes, pour chaque franc que coûterait en plus ou en moins de 10 francs le mètre cube de chaux vive hydraulique du pays, rendu à pied-d'œuvre, ci.	» »	0. 9649
151	Sous-détail d'un mètre cube de mortier, de chaux maigre du pays et de cendres de houille.		
	Fournitures. { Un mètre cube de cendres de houille, rendu à pied-d'œuvre (pages 99 et 104).	4 000	8 045
	O m. 66 cent. cubes de chaux maigre en pâte (p. 104), à 6 fr. 1280 mill. le mètre cube (n° 17).	4 045	
	Déboursé total.	» »	8 045
	Bénéfice, 1|10 de la dépense.	» »	0 805
	Valeur d'un mètre cube.	» »	8 850
152	Plus ou moins-value au prix de 8 francs 850 millièmes, pour chaque franc que coûterait en plus ou en moins de 4 francs le mètre cube de cendres de houille, rendu à pied-d'œuvre, ci.	» »	0 100
153	Plus ou moins-value au prix de 8 francs 850 millièmes, pour chaque franc que coûterait en plus ou en moins de 10 francs le mètre cube de chaux vive et maigre du pays, rendu à pied-d'œuvre, ci.	» »	0 3226

4°. Mortier de Cendrée.

Numéros d'ordre.	DÉSIGNATION	VALEURS	
154	Sous-détail d'un mètre cube de mortier de cendrée de Tournai.		
	Fournitures. . { Un mètre cube de cendrée de Tournay, rendu à pied-d'œuvre (pages 99 et 104), ci.	» »	15 000

Numéros d'ordre.	DÉSIGNATION.	VALEURS	
		Partielles.	Totales.
		fr. mil.	fr. mil.
	Report.	» »	15 000
	Déboursé total.	» »	15 000
	Bénéfice , 1/10 de la dépense.	» »	1 500
	Valeur d'un mètre cube.	» »	16 500
155	Plus ou moins-value au prix de 16 francs 500 millièmes et par mètre cube, pour chaque franc que coûterait en plus ou en moins de 15 fr. le mètre cube de cendrée de Tournai, rendu à pied-d'œuvre , ci.	» »	1 100

§ II. — DES BÉTONS (1).

En chaux de Tournai.

Numéros d'ordre.	DÉSIGNATION.	VALEURS	
		Partielles.	Totales.
156	Sous-détail d'un mètre cube de béton , composé de chaux hydraulique de Tournai , de graviers et de sable.		
	Fournitures. { 0 m. 26 centimètres cubes de chaux hydraulique en pâte (page 105) , à 19 francs 9894 millièmes le mètre cube (n° 3).	5 197	
	0 m. 66 centimètres cubes de graviers (page 105) , à 3 francs le mètre cube (page 99).	1 980	8 347
	0 m. 39 centimètres cubes de sable (page 105) , à 3 francs le mètre cube (page 99).	1 170	
	Déboursé total.	» »	8 347
	Bénéfice, 1/10 de la dépense.	» »	0 835
	Valeur d'un mètre cube.	» »	9 182
157	Sous-détail d'un mètre cube de béton , composé de chaux hydraulique de Tournai , de briques concassées et de sable.		

(1) Les chaux hydrauliques étant les seules propres à la fabrication des bétons, je ne présenterai de sous-détails dans ce paragraphe que pour cette espèce de chaux. Cependant, comme il arrive très-souvent qu'on fasse dans certaines localités des bétons, avec de la chaux grasse et de la chaux maigre, je donnerai les prix des bétons pour toutes les espèces de chaux dans le tableau général des prix des ouvrages.

Comme on a pu le voir page 105, les proportions dans lesquelles chacune des parties constitutives du béton doit être combinée, varient selon la nature et les qualités des matériaux, ainsi que les ouvrages auxquels cette sorte de maçonnerie est destinée. Néanmoins, je n'observerai dans ce paragraphe qu'un de ces procédés qui peut être employé en général; mais si l'on veut connaître le prix des bétons combinés pour la composition, dans des proportions différentes , il suffira d'opérer de la même manière que pour les sous-détails du présent paragraphe , suivant la dose et la nature des matériaux.

Numéros d'ordre.	DÉSIGNATION.	VALEURS	
		partielles.	totales.
		fr. mil.	fr. mil.
	Fournitures. { 0 m. 26 centimètres cubes de chaux hydraulique en pâte (page 105) , à 19 francs 9894 millièmes le mètre cube (n°. 3).	5 197	
	0 m. 66 centimètres cubes de briques concassées (page 105) , à 2 francs le mètre cube (page 99). .	1 320	} 7 687
	0 m. 39 centimètres cubes de sable (page 105), à 3 fr. le mètre cube (page 99).	1 170	
	Déboursé total. .	» »	7 687
	Bénéfice, 1/10 de la dépense. .	» »	0 769
	Valeur d'un mètre cube. .	» »	8 456
158	Sous-détail d'un mètre cube de béton, composé de chaux hydraulique , de graviers , de briques concassées et de sable.		
	Fournitures. { 0 m. 26 centimètres cubes de chaux hydraulique en pâte (p. 105) , à 19 fr. 9894 mill. le m. cube (n° 3).	5 197	
	0 m. 39 centimètres cubes de graviers (page 105) , à 3 francs le mètre cube (page 99).	1 170	
	0 m. 27 centimètres cubes de briques concassées (page 105) , à 2 francs le mètre cube (page 99). .	0 540	} 8 077
	0 m. 39 centimètres cubes de sable (page 105), à 3 francs le mètre cube (page 99).	1 170	
	Déboursé total. .	» »	8 077
	Bénéfice, 1/10 de la dépense. .	» »	1 807
	Valeur d'un mètre cube. .	» »	8 884
159	**En chaux de Péruwelz.** Sous-détail d'un mètre cube de béton, composé de chaux hydraulique de Péruwelz , de graviers et de sable.		
	Fournitures. { 0 m. 26 centimètres cubes de chaux hydraulique en pâte (page 105) , à 18 francs 2351 millièmes le mètre cube (n° 9).	4 744	
	0 m. 66 centimètres cubes de graviers (page 105) , à 3 francs le mètre cube (page 89).	1 980	} 7 894
	0 m. 39 centimètres cubes de sable (page 105) , à 3 francs le mètre cube (page 99).	1 170	
	Déboursé total. .	» »	7 894
	Bénéfice, 1/10 de la dépense. .	» »	0 789
	Valeur d'un mètre cube. .	» »	8 680

Numéros d'ordre.	DÉSIGNATION.	VALEURS	
		Partielles.	Totales.
		fr. mil.	fr. mil.
160	Sous-détail d'un mètre cube de béton, composé de chaux hydraulique de Péruwelz, de briques concassées et de sable.		
	Fournitures. 0 m. 26 centimètres cubes de chaux hydraulique en pâte (page 105), à 18 francs 2351 millièmes le mètre cube (n° 9), ...	4 744	
	0 m. 66 centimètres cubes de briques concassées (page 105), à 2 francs le mètre cube (page 99). .	1 320	7 231
	0 m. 39 centimètres cubes de sable (page 105), à 3 francs le mètre cube (page 99).	1 470	
	Déboursé total. .	» »	7 231
	Bénéfice, 1⁄10 de la dépense. .	» »	0 723
	Valeur d'un mètre cube. .	» »	7 954
161	Sous-détail d'un mètre cube de béton, composé de chaux hydraulique de Péruwelz, de graviers, de briques concassées et de sable.		
	Fournitures. 0 m. 26 centim. cubes de chaux hydraulique en pâte (page 105), à 18 fr. 2351 mill. le mètre cube (n° 9).	1 744	
	0 m. 39 centimètres cubes de graviers (page 105), à 3 francs le mètre cube (page 99).	1 470	
	0 m. 27 centimètres cubes de briques concassées (page 105), à 2 francs le mètre cube (page 99). . . .	0 540	7 621
	0 m. 39 centimètres cubes de sable (page 105), à 3 francs le mètre cube (page 99).	1 470	
	Déboursé total. .	» »	7 621
	Bénéfice, 1⁄10 de la dépense. .	» »	0 762
	Valeur d'un mètre cube. .	» »	8 383
162	**En chaux du pays.** Sous-détail d'un mètre cube de béton, composé de chaux hydraulique du pays, de graviers et de sable de plaine.		
	Fournitures. 0 m. 26 centimètres cubes de chaux hydraulique en pâte (page 105), à 12 francs 0947 millièmes le mètre cube (n° 15).	3 445	
	0 m. 66 centimètres cubes de graviers (page 105), à 3 francs le mètre cube (page 99).	1 980	6 295
	0 m. 39 centimètres cubes (page 105), à 3 francs le mètre cube (page 99).	1 470	
	Déboursé total. .	» »	6 295
	Bénéfice, 1⁄10 de la dépense. .	» »	0 630
	Valeur d'un mètre cube. .	» »	6 925

Numéros d'ordre.	DÉSIGNATION.	VALEURS	
		Partielles.	Totales.
		fr. mil.	fr. mil.
163	Sous-détail d'un mètre cube de béton, composé de chaux hydraulique du pays, de briques concassées et de sable de plaine.		
	Fournitures. { 0 m. 26 centimètres cubes de chaux hydraulique en pâte, comme au numéro précédent, ci.	3 145	
	0 m. 66 centimètres cubes de briques concassées (p. 105), à 2 francs le mètre cube (page 99), ci. . .	1 320	5 635
	0 m. 39 centimètres cubes de sable, comme au numéro précédent, ci.	1 170	
	Déboursé total. .	» »	5 635
	Bénéfice, 1|10 de la dépense. .	» »	0 564
	Valeur d'un mètre cube.	» »	7 199
164	Sous-détail d'un mètre cube de béton, composé de chaux hydraulique du pays, de graviers, de briques concassées et de sable de plaine ou de carrière.		
	Fournitures. { 0 m. 26 centimètres cubes de chaux hydraulique en pâte (page 105), à 12 francs 0947 millièmes le mètre cube (n° 15).	3 145	
	0 m. 39 centimètres cubes de graviers (page 105), à 3 francs le mètre cube (page 99).	1 170	6 025
	0 m. 27 centimètres cubes de briques concassées (page 105), à 2 francs le mètre cube (page 99). . . .	0 540	
	0 m. 39 centimètres cubes de sable (page 105), à 3 fr. le mètre cube (page 99).	1 170	
	Déboursé total. .	» »	6 025
	Bénéfice, 1|10 de la dépense. .	» »	0 603
	Valeur d'un mètre cube. .	» »	6 628

DEUXIÈME DIVISION.

DES OUVRAGES DE CONSTRUCTION.

Numéros d'ordre.	DÉSIGNATION.	VALEURS	
		Partielles.	totales.
		fr. mil.	fr. mil.
	§ Ier. — DES GROS OUVRAGES DE MAÇONNERIE EN BÉTONS ET EN PIERRE.		
	ARTICLE PREMIER.		
	MAÇONNERIE DE BÉTONS.		
	1°; *En Chaux de Tournai* (1).		
165	Sous-détail d'un mètre cube de maçonnerie de béton, en mortier de chaux hydraulique de Tournai, graviers et sable.		
	Fournitures. Un mètre cube de béton , page 188 , n°. 156. . . .	8 347	10 353
	Façon. Manipulation , pose ou emploi , page 129 , n° 1. . . .	2 006	
	Premier déboursé. .	» »	10 353
	Faux-frais, 1⫲20 de la main-d'œuvre. .	» »	0 100
	Déboursé total. .	» »	10 453
	Bénéfice, 1⫲10 de la dépense. .	» »	1 045
	Valeur d'un mètre cube. .	» »	11 498
166	Sous-détail d'un mètre cube de maçonnerie de béton, en mortier de chaux hydraulique de Tournai, briques concassées et sable.		
	Fournitures. Un mètre cube de béton , page 188 , n° 157. . . .	7 687	9 693
	Façon. Comme au numéro précédent.	2 006	
	Premier déboursé. .	» »	9 693
	Faux-frais, 1⫲20 de la main-d'œuvre. .	» »	0 400
	Déboursé total. .	» »	9 793
	Bénéfice , 1⫲10 de la dépense. .	» »	0 979
	Valeur d'un mètre cube. .	» »	10 772

(1) Si l'on veut obtenir le prix de revient d'un mètre cube de béton en mortier de chaux de Péruwelz ou du pays , il suffira d'opérer comme aux 3 numéros suivants.

Numéros d'ordre.	DÉSIGNATION.	VALEURS	
		partielles.	totales.
		fr. mil.	fr. mil.
167	Sous-détail d'un mètre cube de maçonnerie de béton , en mortier de chaux hydraulique de Tournai , graviers , briques concassées et sable.		
	Fournitures. Un mètre cube de béton , page 189 , n° 158. . . .	8 077	10 083
	Façon. Comme au numéro 165 , ci-dessus.	2 006	
	Premier déboursé. .	» »	10 083
	Faux-frais, 1⟋20 de la main-d'œuvre. .	» »	0 100
	Déboursé total. .	» »	10 183
	Bénéfice , 1⟋10 de la dépense. .	» »	1 018
	Valeur d'un mètre cube. .	» »	11 201

ARTICLE II.

MAÇONNERIE DE PIERRES DE TAILLE (1).

1°. En pierres de taille dures bleues.

168	Sous-détail d'un mètre cube de maçonnerie de pierres de taille de Maffles ou de Soignies , de 30 centimètres de longueur sur 24 centimètres de hauteur d'assise et au-dessous , avec mortier de chaux grasse du pays et sable de plaine ou de carrière , pour murs jusqu'à 1 mètre 50 cent. d'élévation et au-dessous.		
	Fournitures. { Pierre en œuvre y compris déchet , 1 m. 25 c. cubes (page 108 , 1re table) , à 91 francs le mètre cube (page 98).	113 750	114 095
	Mortier en œuvre y compris déchet, 0 m. 084 mill. cubes (page 108 , 3e table) , à 4 francs 103 mill. le mètre cube (page 175, n° 73).	0 345	

(1) Pour ne pas trop multiplier les sous-détails, je ne présenterai de prix que pour chaque nature de matériaux et pour les mortiers de chaux grasse du pays seulement , sauf à donner, après avoir suffisamment démontré la manière de combiner ces sous-détails, un tableau des prix de tous les ouvrages de maçonnerie , suivant les différentes espèces de matériaux , de mortiers et selon les divers cas de variation de ces ouvrages.

Le cadre de cet ouvrage serait du reste insuffisant , pour développer l'évaluation de chaque espèce de maçonnerie ; d'un autre côté , il serait matériellement impossible de présenter avec clarté une nomenclature de détails aussi étendue.

Numéros d'ordre.	DÉSIGNATION.	VALEURS	
		Partielles.	Totales.
		fr. mil.	fr. mil.
	Report. . .	» »	114 095
	Façon. Pour la taille des joints 6 m. 67 , pour celle des lits 9 m. 52 , ensemble 16 m. 19 cent. superficiels (page 118, 1re et 2e tables) , à 1 franc 581 mill. le mètre carré (page 131, n° 16).	25 596	
	Dérasement de 9 mètres 52 centimètres superficiels de lits, comme ci-dessus , à 0 franc 752 millièmes le m. carré (page 132 , n° 18).	7 159	40 383
	Sciage ou débit des pierres, moitié de la taille des joints et lits, comme ci-dessus, ou 8 mètres 10 centimètres superficiels , à 0 franc 561 millièmes le mètre carré (page 132 , n° 19).	4 544	
	Pose ou emploi des pierres (page 129, n° 5). . . .	3 084	
	Premier déboursé. . .	» »	156 478
	Faux-frais , 1|20 de la main-d'œuvre. .	» »	2 019
	Déboursé total. . .	» »	156 497
	Bénéfice , 1|10 de la dépense. . .	» »	15 650
	Valeur d'un mètre cube. . .	» »	172 147
169	Sous-détail d'un mètre cube de maçonnerie de pierres de taille de Maffles ou de Soignies , de 40 centimètres de longueur sur 22 à 28 centimètres de hauteur d'assise , comme au n° précédent.		
	Fournitures. Pierre en œuvre y compris déchet , 1 mètre 22 cent. cubes (page 108 , 1re table) , à 91 francs le mètre cube (page 98).	111 020	111 278
	Mortier en œuvre y compris déchet, 0 mètre 063 mill. cubes (page 108, 3e table), à 4 francs 103 millièmes le mètre cube (page 175, n° 73).	0 258	
	Façon. Pour la taille des joints 5 mètres 00 , pour celle des lits 7 mètres 14, ensemble 12 mètres 14 centimètres superficiels (p. 118, 1re et 2e tables) , à 1 franc 581 millièmes le mètre carré (page 131, n° 16). . . .	19 193	
	Dérasement de 7 mètres 14 centimètres superficiels de lits, comme ci-dessus , à 0 francs 752 millièmes le mètre carré (page 132 , n° 18).	5 369	31 051
	Sciage ou débit des pierres , moitié de la taille des joints et lits, comme ci-dessus, ou 6 mètres 07 cent. superficiels , à 0 f. 561 m. le m. carré (p. 132, n° 19).	3 405	
	Pose ou emploi des pierres (page 129, n° 5). . . .	3 080	
	Premier déboursé. . .	» »	142 329
	Faux-frais, 1|20 de la main-d'œuvre. .	» »	1 552
	Déboursé total. . .	» »	143 881
	Bénéfice, 1|10 de la dépense. . .	» »	14 388
	Valeur d'un mètre cube. . .	» »	158 269

Numéros d'ordre.	DÉSIGNATION.	VALEURS	
		Partielles.	Totales.
		fr. mil.	fr. mil.
470	Sous-détail d'un mètre cube de maçonnerie de pierres de taille de Maflles ou de Soignies, de 50 centimètres de longueur sur 29 à 35 centimètres de hauteur d'assise, comme au n° précédent.		
	Fournitures. Pierre en œuvre y compris déchet, 1 mètre 19 cent. cubes (page 108, 1re table), à 91 francs le mètre cube (page 98).	108 290	108 503
	Mortier en œuvre y compris déchet, 0 mètre 052 mill. cubes (page 108, 3e table), à 4 francs 103 millièmes le mètre cube (page 175, n° 73).	0 213	
	Façon. Pour la taille des joints 4 mètres, pour celle des lits 5 mètres 72, ensemble 9 mètres 72 superficiels (p. 118, 1re et 2e tables), à 1 franc 581 mill. le mètre carré (page 131, n° 16).	15 367	
	Dérasement de 5 mètres 72 centimètres superficiels de lits, comme ci-dessus, à 0 franc 752 millièmes le mètre carré (page 132, n° 18).	4 301	25 478
	Sciage ou débit des pierres, moitié de la taille des lits et des joints, comme ci-dessus, ou 4 mètres 86 cent. superficiels, à 0 franc 561 millièmes le mètre carré (page 132, n° 19).	2 726	
	Pose ou emploi des pierres (page 129, n° 5). . . .	3 084	
	Premier déboursé. .	» »	133 981
	Faux-frais, 1|20 de la main-d'œuvre. .	» »	1 274
	Déboursé total. .	» »	135 255
	Bénéfice, 1|10 de la dépense. .	» »	13 526
	Valeur d'un mètre cube. .	» »	148 784
471	Sous-détail d'un mètre cube de maçonnerie de pierres de taille de Maflles ou de Soignies, de 60 centimètres de longueur sur 36 à 42 centimètres de hauteur d'assise, comme au numéro 468.		
	Fournitures. Pierre en œuvre y compris déchet, 1 mètre 16 cent. cubes (page 108, 1re table), à 91 francs le mètre cube (page 98).	105 560	105 732
	Mortier en œuvre y compris déchet, 0 mètre 042 mill. cubes (page 108, 3e table), à 4 francs 103 millièmes le mètre cube (page 175, n° 73).	0 172	
	Façon. Pour la taille des joints 3 mètres 33, pour celle des lits 4 mètres 76, ensemble 8 mètres 09 centimètres superficiels (page 118. 1re et 2e tables), à 1 franc 581 millièmes le mètre carré (page 131, n° 16). . .	12 790	
	Dérasement de 4 mètres 76 centimètres superficiels de lits, comme ci-dessus, à 0 franc 752 millièmes le mètre carré (page 132, n° 18).	3 580	21 726
	Sciage ou débit des pierres, moitié de la taille des joints et des lits, comme ci-dessus, ou 4 mètres 05 centimètres superficiels, à 0 franc 561 millièmes le mètre carré (page 132, n° 19).	2 272	
	Pose ou emploi des pierres (page 129, n° 5). . .	3 084	

Numéros d'ordre.	DÉSIGNATION.	VALEURS	
		partielles.	totales.
		fr. mil.	fr. mil.
	Report. . .	» »	127 458
	Premier déboursé. .	» »	427 458
	Faux-frais, 1|20 de la main-d'œuvre. .	» »	1 086
	Déboursé total. .	» »	128 544
	Bénéfice, 1|10 de la dépense. .	» »	12 854
	Valeur d'un mètre cube. .	» »	441 398
172	Sous-détail d'un mètre cube de maçonnerie de pierres de taille de Maffles ou de Soignies, de 0 m. 70 centimètres de longueur sur 43 à 49 centimètres de hauteur d'assise, comme au n°. 168.		
	Fournitures. { Pierre en œuvre y compris déchet, 1 mètre 14 cent. cubes (page 108, 1re table), à 91 francs le mètre cube (page 98).	403 740	403 892
	Mortier en œuvre y compris déchet, 0 mètre 037 mill. cubes (page 108, 3e table), à 4 francs 103 millièmes le mètre cube (page 175, n° 73).	0 152	
	Façon. { Pour la taille des joints 2 mètres 86, pour celle des lits 4 mètres 08, ensemble 6 mètres 94 centimètres superficiels (page 118, 1re et 2e tables), à 1 franc 581 millièmes le mètre carré (page 131, n°. 16). .	40 972	49 842
	Dérasement de 4 m. 08 centimètres superficiels de lits, comme ci-dessus, à 0 franc 752 millièmes le mètre carré (page 132, n° 18).	3 068	
	Sciage ou débit des pierres, moitié de la taille des joints et des lits, comme ci-dessus, ou 3 m. 47 centimètres superficiels, à 0 franc 561 millièmes le mètre carré (page 132, n° 19), ci.	1 947	
	Pose ou emploi des pierres, page 130, n° 6. . . .	3 855	
	Premier déboursé. .	» »	123 734
	Faux-frais, 1|20 de la main-d'œuvre. .	» »	0 992
	Déboursé total. .	» »	124 726
	Bénéfice, 1|10 de la dépense. .	» »	12 473
	Valeur d'un mètre cube. .	» »	437 199
173	Sous-détail d'un mètre cube de maçonnerie de pierres de taille de Maffles ou de Soignies, de 80 centimètres de longueur sur 50 à 56 centimètres de hauteur d'assise, comme au n° 168.		
	Fournitures. { Pierre en œuvre y compris déchet, 1 m. 12 centimètres cubes (page 108, 1re table), à 91 francs le mètre cube (page 98).	404 920	402 047
	Mortier en œuvre y compris déchet, 0 m. 031 millimètres cubes (page 108, 3e table), à 4 francs 103 millièmes le mètre cube (page 175, n° 73).	0 127	

Numéros d'ordre.	DÉSIGNATION.	VALEURS	
		Partielles.	Totales.
		fr. mil.	fr. mil.
	Report.	» »	102 047
	Pour la taille des joints 2 mètres 50, pour celle des lits 3 mètres 57, ensemble 6 m. 07 centimètres superficiels (page 118, 1re et 2e tables), à 1 franc 581 mill. le mètre carré (page 131, n° 16).	9 597	
	Façon. Dérasement de 3 mètres 57 centimètres superficiels de lits , comme ci-dessus , à 0 franc 752 millièmes le mètre carré (page 132, n° 18).	2 685	17 842
	Sciage ou débit des pierres, moitié de la taille des joints et des lits , comme ci-dessus, ou 3 mètres 04 centimètres superficiels, à 0 franc 561 millièmes le mètre carré (page 132, n° 19).	1 705	
	Pose ou emploi des pierres (page 130, n° 6). . . .	3 855	
	Premier déboursé. .	» »	119 889
	Faux-frais, 1|20 de la main-d'œuvre. .	» »	0 892
	Déboursé total. .	» »	120 781
	Bénéfice, 1|10 de la dépense. .	» »	12 078
	Valeur d'un mètre cube. .	» »	132 859

2°. *En pierres de taille dures de grès* (1).

Numéros d'ordre.	DÉSIGNATION.	Partielles.	Totales.
174	Sous-détail d'un mètre cube de maçonnerie de pierres de taille de grès du pays, de 20 à 30 centimètres de longueur, sur 21 centimètres de hauteur d'assise, avec mortier de chaux grasse du pays et sable de plaine ou de carrière, pour murs jusqu'à 1 mètre 50 d'élévation et au-dessous.		
	Fournitures. Pierre en œuvre, 1 mètre cube, à 48 fr. le mèt. cube.	48 000	48 345
	Mortier en œuvre, y compris déchet, 0 m. 084 millimètres cubes (page 108 , 3e table), à 4 francs 103 millièmes le mètre cube (page 175, n° 73), . . .	0 345	
	Façon. Dérasement de 9 mètres 52 centimètres superficiels de lits (page 118 , 2e table) à 1 franc 283 millièmes le mètre carré (page 132 , n° 18), ...	12 215	15 298
	Pose ou emploi des pierres (page 129, n° 5), . .	3 084	
	Premier déboursé. .	» »	63 643
	Faux-frais, 1|20 de la main-d'œuvre. .	» »	0 765
	Déboursé total. .	» »	64 408
	Bénéfice, 1|10 de la dépense. .	» »	6 441
	Valeur d'un mètre cube. .	» »	70 849

(1) Je n'adopterai pas pour l'évaluation de la maçonnerie de pierres de grès, les mêmes principes que pour la maçonnerie de pierres bleues, puisque les grés se vendent presque toujours taillés, rendus à pied-d'œuvre, par équarris de 21 centimètres de hauteur d'assise, sur 20 à 25 centimètres de queue. Ces équarris se paient dans le pays ordinairement 2 francs 40 centimes le mètre linéaire, ce qui porte à 48 francs environ le mètre cube.

Je ne présenterai pas de sous-détails pour assises au-dessus de 21 centimètres de hauteur , attendu qu'il est rare qu'on en fasse au-delà de cette dimension.

Numéros d'ordre	DÉSIGNATION	VALEURS	
		Partielles.	Totales.
		fr. mil.	fr. mil.
	3°. *En pierres de taille tendres.*		
175	Sous-détail d'un mètre cube de maçonnerie de pierres de taille d'Avesnes-le-Sec, de 30 centimètres de longueur sur 21 centimètres de hauteur d'assise, avec mortier de chaux grasse du pays et sable de plaine ou de carrière, pour murs, jusqu'à 1 mètre 50 d'élévation et au-dessus.		
	Fournitures. Pierre en œuvre, y compris déchet, 1 mètre 32 centimètres cubes (page 108, 2e table), à 25 francs le mètre cube (page 98), ...	33 000	33 345
	Mortier en œuvre, y compris déchet, 0 mètre 084 millimètres cubes (page 108, 3e table), à 4 francs 103 millièmes le mètre cube (page 175, n° 73) .	0 345	
	Façon. Pour la taille des joints, 6 m. 67 ; pour celle des lits, 9 m. 52 ; ensemble, 16 mèt. 19 centimètres superficiels (page 118, 1re et 2e tables), à 0 franc 264 millièmes le mètre carré (page 131, n° 16), . .	4 274	9 328
	Dérasement de 9 mètres 52 centimètres superficiels de lits, comme ci-dessus, à 0 franc 127 millièmes le mètre carré (page 132, n° 18), ...	4 209	
	Sciage des pierres, moitié de la taille des joints et des lits, comme ci-dessus, ou 8 mètres 10 centimètres superficiels, à 0 franc 094 millièmes le mètre carré (page 132, n° 19), ...	0 761	
	Pose ou emploi des pierres (page 129, n° 5), . .	3 084	
	Premier déboursé.	» »	42 673
	Faux-frais, 1/20 de la main-d'œuvre. .	» »	0 466
	Déboursé total. .	» »	43 139
	Bénéfice, 1/10 de la dépense. .	» »	4 314
	Valeur d'un mètre cube. .	» »	47 453
176	Sous-détail d'un mètre cube de maçonnerie de pierres de taille d'Avesnes-le-Sec, de 40 centimètres de longueur, sur 22 à 28 centimètres de hauteur d'assise, comme au numéro précédent.		
	Fournitures. Pierre en œuvre, y compris déchet, 1 mètre 28 centimètres cubes (page 108, 2e table), à 25 francs le mètre cube (page 98), ...	32 000	32 258
	Mortier en œuvre, y compris déchet, 0 mètre 063 millimètres cubes (page 108, 3e table), à 4 francs 103 millièmes le mètre cube (page 175, n° 73). .	0 258	

Numéros d'ordre.	DÉSIGNATION.	VALEURS			
		partielles.		totales.	
		fr.	mil.	fr.	mil.
	Report.	»	»	32	258
	Façon. Pour la taille des joints, 5 m. 00 ; pour celle des lits, 7 m. 14 ; ensemble, 12 m. 14 cent. superficiels (page 118, 1re et 2e tables), à 0 franc 264 millièmes le mètre carré (page 131 , n° 16).	3	205		
	Dérasement de 7 mètres 14 centimètres superficiels de lits, comme ci-dessus, à 0 franc 127 millièmes le mètre carré (page 132 , n° 18).	0	907	7	767
	Sciage des pierres, moitié de la taille des joints et des lits, comme ci-dessus, ou 6 mètres 07 centimètres superficiels, à 0 franc 094 millièmes le mètre carré (page 132 , n° 19).	0	571		
	Pose ou emploi des pierres (page 129 , n° 5).	3	084		
	Premier déboursé.	»	»	40	025
	Faux-frais, 1|20 de la main-d'œuvre.	»	»	0	388
	Déboursé total.	»	»	40	413
	Bénéfice, 1|10 de la dépense.	»	»	4	041
	Valeur d'un mètre cube.	»	»	44	454
177	Sous-détail d'un mètre cube de maçonnerie de pierres de taille d'Avesnes-le-Sec, de 50 centimètres de longueur sur 29 à 35 centimètres de hauteur d'assise, comme au numéro 175.				
	Fournitures. Pierre en œuvre , y compris déchet , 1 mètre 24 cent. cubes (page 108, 2e table), à 25 francs le mètre cube (page 98).	31	000		
	Mortier en œuvre, y compris déchet, 0 mètre 052 mill. cubes (page 108, 3e table) , à 4 francs 103 millièmes le mètre cube (page 175, n° 73).	0	213	31	213
	Façon. Pour la taille des joints 4 mètres , pour celle des lits 5 mètres 72, ensemble 9 mètres 72 centimètres superficiels (page 118, 1re et 2e tables), à 0 franc 264 millièmes le mètre carré (page 131 , n° 16).	2	566		
	Dérasement de 5 mètres 72 centimètres superficiels de lits , comme ci-dessus , à 0 franc 127 millièmes le mètre carré (page 131, n° 18).	0	726	6	833
	Sciage des pierres, moitié de la taille des joints et des lits , comme ci-dessus , ou 4 mètres 86 centimètres superficiels , à 0 franc 094 millièmes le mètre carré (page 132, n° 19).	0	457		
	Pose ou emploi des pierres (page 129 , n° 5).	3	084		
	Premier déboursé.	»	»	38	046
	Faux-frais, 1|20 de la main-d'œuvre.	»	»	0	342
	Déboursé total.	»	»	38	388
	Bénéfice, 1|10 de la dépense.	»	»	3	839
	Valeur d'un mètre cube.	»	»	42	227

Numéros d'ordre.	DÉSIGNATION.	VALEURS			
		partielles.		totales.	
		fr.	mil.	fr.	mil.
178	Sous-détail d'un mètre cube de maçonnerie de pierres de taille d'Avesnes-le-Sec, de 60 centimètres de longueur sur 36 à 42 centimètres de hauteur d'assise, comme au numéro 175.				
	Fournitures. Pierre en œuvre, y compris déchet, 1 mètre 21 cent. cubes (page 108, 2ᵉ table), à 25 francs le mètre cube (p. 98).	30	250	30	422
	Mortier en œuvre, y compris déchet, 0 mètre 042 millimètres cubes (page 108, 3ᵉ table) à 4 francs 103 millièmes le mètre cube (page 175, nᵒ 73).	0	172		
	Façon. Pour la taille des joints 3 mètres 33, pour celle des lits 4 mètres 76, ensemble 8 mètres 09 centimètres superficiels (page 118, 1ʳᵉ et 2ᵉ tables), à 0 franc 264 millièmes le mètre carré (page 131, nᵒ 16).	2	136		
	Dérasement de 4 mètres 76 centimètres superficiels de lits, comme ci-dessus, à 0 franc 127 millièmes le mètre carré (page 132, nᵒ 18).	0	605	6	206
	Sciage des pierres, moitié de la taille des joints et des lits, comme ci-dessus, ou 4 mètres 05 centimètres superficiels, à 0 franc 094 millièmes le mètre carré (page 132, nᵒ 19).	0	384		
	Pose ou emploi des pierres (page 129, nᵒ 5).	3	084		
	Premier déboursé.	»	»	36	628
	Faux-frais, 1/20 de la main-d'œuvre.	»	»	0	310
	Déboursé total.	»	»	36	938
	Bénéfice, 1/10 de la dépense.	»	»	3	694
	Valeur d'un mètre cube,	»	»	40	632
179	Sous-détail d'un mètre cube de maçonnerie de pierres de taille d'Avesnes-le-Sec, de 70 centimètres de longueur sur 43 à 49 centimètres de hauteur d'assise, comme au nᵒ 175.				
	Fournitures. Pierre en œuvre, y compris déchet, 1 mètre 18 cent. cubes (page 108, 2ᵉ table), à 25 francs le mètre cube (page 98).	29	500	29	652
	Mortier en œuvre, y compris déchet, 0 mètre 037 m. cubes (page 108, 3ᵉ table), à 4 francs 103 millièmes le mètre cube (page 175, nᵒ 73).	0	152		
	Façon. Pour la taille des joints 2 mètres 86, pour celle des lits 4 mètres 08, ensemble 6 mètres 94 centimètres superficiels, (page 118, 1ʳᵉ et 2ᵉ tables), à 0 franc 264 millièmes le mètre carré (page 131, nᵒ 16).	1	832		
	Dérasement de 4 mètres 08 centimètres superficiels de lits, comme ci-dessus, à 0 franc 127 millièmes le mètre carré (page 132, nᵒ 18).	0	518	6	531
	Sciage des pierres, moitié de la taille des joints et des lits, comme ci-dessus, ou 3 m. 47 cent. superficiels, à fr. 094 millièmes le mètre carré (page 132, nᵒ 19).	0	326		
	Pose ou emploi des pierres (page 130, nᵒ 16).	3	855		

Numéros d'ordre.	DÉSIGNATION.	VALEURS			
		Partielles.		Totales.	
		fr.	mil.	fr.	mil.
	Report.	»	»	36	183
	Premier déboursé.	»	»	36	183
	Faux-frais, 1/20 de la main-d'œuvre.	»	»	0	327
	Déboursé total.	»	»	36	510
	Bénéfice, 1/10 de la dépense.	»	»	3	651
	Valeur d'un mètre cube.	»	»	40	161
180	Sous-détail d'un mètre cube de maçonnerie de pierres de taille d'Avesnes-le-Sec, de 80 centimètres de longueur sur 50 à 56 centimètres de hauteur d'assise, comme au numéro 175.				
	Fournitures. Pierre en œuvre, y compris déchet, 1 mètre 15 cent. cubes (page 108, 2ᵉ table) à 25 francs le mètre cube (page 98).	28	750	28	877
	Mortier en œuvre, y compris déchet, 0 mètre 031 millimètres cubes (page 108, 3ᵉ table), à 4 francs 103 millièmes le mètre cube (page 175, n° 73.).	0	127		
	Façon. Pour la taille des joints 2 mètres 50, pour celle des lits 3 mètres 57, ensemble 6 mètres 07 centimètres superficiels (page 118, 1ʳᵉ et 2ᵉ tables), à 0 franc 264 mill. le mètre carré (page 131, n° 6).	1	602	6	196
	Dérasement de 3 mètres 57 centimètres superficiels de lits, comme ci-dessus, à 0 franc 127 millièmes le mètre carré (page 132, n° 18).	0	453		
	Sciage de pierres, moitié de la taille des joints et des lits, comme ci-dessus, ou 3 mètres 04 centimètres superficiels, à 0 franc 094 millièmes le mètre carré (page 132, n° 19).	0	286		
	Pose ou emploi des pierres (page 130, n° 6).	3	855		
	Premier déboursé.	»	»	35	073
	Faux-frais, 1/20 de la main-d'œuvre.	»	»	0	310
	Déboursé total.	»	»	35	383
	Bénéfice, 1/10 de la dépense.	»	»	3	538
	Valeur d'un mètre cube.	»	»	38	921

ARTICLE III.

MAÇONNERIE DE MOELLONS.

1°. — En moellons durs.

| 181 | Sous-détail d'un mètre cube de maçonnerie de moellons durs de Soignies ou de Maffles, en mortier de chaux grasse du pays et |

Numéros d'ordre	DÉSIGNATION	Valeurs partielles. fr.	mil.	Valeurs totales. fr.	mil.
	sable de plaine ou de carrière , pour massifs jusqu'à 1 mètre 50 centimètres d'élévation et au-dessous.				
	Fournitures. { Moellons en œuvre, y compris déchet , 1 m. 02 centimètres cubes (page 109 , 4ᵉ table) , à 24 francs le mètre cube (page 98).	24	480	24	624
	Mortier en œuvre, y compris déchet , 0 m. 035 millimètres cubes (page 109 , 5ᵉ. table) , à 4 francs 103 millièmes le mètre cube (page 175 , n° 73). .	0	144		
	Façon. Pose ou emploi des moellons , page 129 , n° 2. .	»	»	2	255
	Premier déboursé. .	»	»	26	879
	Faux-frais , 1/20 de la main-d'œuvre. .	»	»	0	143
	Déboursé total. .	»	»	26	992
	Bénéfice , 1/10 de la dépense. .	»	»	2	699
	Valeur d'un mètre cube. .	»	»	29	691
182	Sous-détail d'un mètre cube de maçonnerie de moellons durs de Soignies ou de Maffles, en mortier de chaux grasse du pays et sable de plaine ou de carrière , pour murs à parement vu, jusqu'à 1 mètre 50 centimètres d'élévation et au-dessous.				
	Fournitures. { Moellons en œuvre , y compris déchet , 1 m. 05 centimètres cubes (page 109 , 4ᵉ. table) , à 24 francs le mètre cube (page 98). . .	25	200	25	319
	Mortier en œuvre , y compris déchet , 0 m. 029 mill. cubes (page 109 , 5ᵉ table) , à 4 francs 103 millièmes le mètre cube (page 175, n° 73). . . .	0	119		
	Façon. Pose ou emploi des moellons , page 129 , n° 3. .	»	»	2	368
	Premier déboursé. .	»	»	27	687
	Faux-frais , 1/20 de la main-d'œuvre. .	»	»	0	148
	Déboursé total. .	»	»	27	805
	Bénéfice, 1/10 de la dépense. .	»	»	2	781
	Valeur d'un mètre cube. .	»	»	30	586
183	Sous-détail d'un mètre cube de maçonnerie de moellons durs de Soignies ou de Maffles , en mortier de chaux grasse du pays et sable de plaine ou de carrière , pour murs à 2 parements vus , jusqu'à 1 mètre 50 centimètres d'élévation et au-dessous.				
	Fournitures. { Moellons en œuvre , y compris déchet , 1 mètre 10 centimètres cubes (page 109 , 4ᵉ table) , à 24 francs le mètre cube (page 98).	26	400	26	503
	Mortier en œuvre , y compris déchet , 0 m. 025 millimètres cubes (page 109 , cinquième table) , à 4 francs 103 millièmes le mètre cube (p. 175, n°. 83).	0	103		

Numéros d'ordre.	DÉSIGNATION.	VALEURS			
		Partielles.		Totales.	
		fr.	m.	fr.	m.
	Report.	»	»	26	503
	Façon. Pose ou emploi des moellons (page 129 , n° 4).	»	»	2	481
	Premier déboursé.	»	»	28	984
	Faux-frais , 1|20 de la main-d'œuvre.	»	»	0	124
	Déboursé total.	»	»	29	108
	Bénéfice, 1|10 de la dépense.	»	»	2	911
	Valeur d'un mètre cube.	»	»	32	019
	2°. En moellons tendres.				
184	Sous-détail d'un mètre cube de maçonnerie de moellons tendres d'Avesnes-le-Sec, en mortier de chaux grasse du pays et sable de plaine ou de carrière, pour massifs, jusqu'à 1 mètre 50 centimètres d'élévation et au-dessous.				
	Fournitures. Moellons en œuvre, y compris déchet, 1 mètre 02 centimètres cubes (page 109, 4° table), à 11 francs 50 centimes le mètre cube (page 98).	11	730	11	874
	Mortier en œuvre, y compris déchet, comme au n° 181.	0	144		
	Façon. Comme au numéro 181.	»	»	2	255
	Premier déboursé.	»	»	14	129
	Faux-frais, 1|10 de la main-d'œuvre.	»	»	0	113
	Déboursé total.	»	»	14	242
	Bénéfice, 1|10 de la dépense.	»	»	1	424
	Valeur d'un mètre cube.	»	»	15	666
185	Sous-détail d'un mètre cube de maçonnerie de moellons tendres d'Avesnes-le-Sec, en mortier de chaux grasse du pays et sable de plaine ou de carrière, pour murs à un parement vu, jusqu'à 1 mètre 50 centimètres d'élévation et au-dessous.				
	Fournitures. Moellons en œuvre, y compris déchet, 1 mètre 02 centimètres cubes (page 109, 4° table), à 11 francs 50 centimes le mètre cube (page 98).	12	075	12	494
	Mortier en œuvre, y compris déchet, comme au numéro 182.	0	419		
	Façon. Comme au numéro 182.	»	»	2	368
	Premier déboursé.	»	»	14	562
	Faux-frais, 1|20 de la main-d'œuvre.	»	»	0	118
	Déboursé total.	»	»	14	680
	Bénéfice, 1|10 de la dépense.	»	»	1	468
	Valeur d'un mètre cube.	»	»	16	148

Numéros d'ordre.	DÉSIGNATION.	VALEURS partielles. fr. mil.	VALEURS totales. fr. mil.
186	Sous-détail d'un mètre cube de maçonnerie de moellons tendres, d'Avesnes-le-Sec , en mortier de chaux grasse du pays et sable de plaine ou de carrière , pour murs à 2 parements vus , jusqu'à 1 mètre 50 centimètres d'élévation et au-dessous.		
	Fournitures. { Moellons en œuvre , y compris déchet, 1 m. 10 centimètres cubes (page 109 , 4e table) , à 11 francs 50 centimètres le mètre cube (page 98).	12 650	} 12 753
	Mortier en œuvre , y compris déchet , comme au numéro 183.	0 103	
	Façon. Comme au numéro 183.	» »	2 481
	Premier déboursé. .	» »	15 234
	Faux-frais , 1/20 de la main-d'œuvre. .	» »	0 124
	Déboursé total. .	» »	15 358
	Bénéfice, 1/10 de la dépense. .	» »	1 536
	Valeur d'un mètre cube. .	» »	16 894

ARTICLE IV.

MAÇONNERIE DE LIBAGES.

1°.—*En libages durs.*

Numéros d'ordre.	DÉSIGNATION.	VALEURS partielles. fr. mil.	VALEURS totales. fr. mil.
187	Sous-détail d'un mètre cube de maçonnerie de libages durs de Soignies ou de Maffles , avec mortier de chaux grasse du pays et sable de plaine ou de carrière , pour massifs, jusqu'à 1 mètre 50 centimètres d'élévation et au-dessous.		
	Fournitures. { Libages en œuvre , y compris déchet , 1 m. 02 centimètres cubes (page 109 , 4e table) , à 62 francs le mètre cube (page 98).	63 240	} 63 384
	Mortier en œuvre , y compris déchet , comme au numéro 181.	0 144	
	Façon. { Taille de lits et joints dégrossis , 3 mètres superficiels supposés , à 1 franc 253 millièmes le mètre carré (page 131 , n° 15).	3 759	} 6 014
	Pose ou emploi des libages (page 129 , n° 2). . .	2 255	
	Premier déboursé. .	» »	69 398
	Faux-frais , 1/20 de la main-d'œuvre. .	» »	0 301
	Déboursé total. .	» »	69 699
	Bénéfice, 1/10 de la dépense. .	» »	6 970
	Valeur d'un mètre cube. .	» »	76 669

Numéros d'ordre.	DÉSIGNATION.	VALEURS			
		Partielles.		Totales.	
		fr.	mil.	fr.	mil.
188	Sous-détail d'un mètre cube de maçonnerie de libages durs de Soignies ou de Maffles , avec mortier de chaux grasse du pays et sable de plaine ou de carrière , pour murs à un parement vu , jusqu'à 1 mètre 50 centimètres d'élévation et au-dessous.				
	Fournitures. Libages en œuvre , y compris déchet , 1 m. 05 centimètres cubes (page 109 , 4e table) , à 62 francs le mètre cube (page 98).	65	100	65	219
	Mortier en œuvre , y compris déchet , comme au numéro 182.	0	119		
	Façon. Taille de lits et joints dégrossis , comme au numéro précédent.	3	759	6	127
	Pose ou emploi des libages , comme au numéro 182.	2	368		
	Premier déboursé. .	»	»	71	346
	Faux-frais , 1/20 de la main-d'œuvre. .	»	»	0	306
	Déboursé total. .	»	»	71	652
	Bénéfice, 1/10 de la dépense. .	»	»	7	165
	Valeur d'un mètre cube. .	»	»	78	817
189	Sous-détail d'un mètre cube de maçonnerie de libages durs de Soignies ou de Maffles , avec mortier de chaux grasse du pays et sable de plaine ou de carrière pour murs à 2 parements vus, jusqu'à 1 mètre 50 centimètres d'élévation et au-dessous.				
	Fournitures. Libages en œuvre, y compris déchet, 1 mètre 10 cent. cubes (page 109, 4e table), à 62 francs le mèt. cube (page 108).	68	200	68	303
	Mortier en œuvre, y compris déchet, comme au n° 183 .	0	103		
	Façon. Taille de lits et joints dégrossis , comme au numéro 187.	3	759	6	240
	Pose ou emploi de libages , comme au numéro 183.	2	481		
	Premier déboursé. . .	»	»	74	543
	Faux-frais, 1/20 de la main-d'œuvre. .	»	»	0	342
	Déboursé total. .	»	»	74	855
	Bénéfice , 1/10 de la dépense. .	»	»	7	486
	Valeur d'un mètre cube. .	»	»	82	341

2° *En Libages tendres.*

190	Sous-détail d'un mètre cube de maçonnerie de libages tendres d'Avesnes-le-Sec , avec mortier de chaux grasse du pays et

Numéros d'ordre.	DÉSIGNATION.	VALEURS			
		Partielles.		Totales.	
		fr.	mil.	fr.	mil.
	sable de plaine ou de carrière pour massifs, jusqu'à 1 mètre 50 centimètres d'élévation et au-dessous.				
	Fournitures. Libages en œuvre, y compris déchet, 1 mètre 02 centimètres cubes (page 109, 4ᵉ table), à 13 francs le mètre cube (page 98).	13	260	13	404
	Mortier en œuvre, y compris déchet, comme au numéro 181.	0	144		
	Façon. Taille de lits et joints dégrossis, 3 mètres superficiels supposés, à 0 fr. 204 mil. le m. carré (p. 131, n° 15).	0	612	2	867
	Pose ou emploi des libages (page 129, n° 2). . . .	2	255		
	Premier déboursé. .	»	»	16	271
	Faux-frais, 1|20 de la main-d'œuvre. .	»	»	0	143
	Déboursé total. .	»	»	16	414
	Bénéfice, 1|10 de la dépense. .	»	»	1	641
	Valeur d'un mètre cube. .	»	»	18	055
191	Sous-détail d'un mètre cube de maçonnerie de libages tendres d'Avesnes-le-Sec, avec mortier de chaux grasse du pays et sable de plaine ou de carrière pour murs à 1 parement vu, jusqu'à 1 mètre 50 centimètres d'élévation et au-dessous.				
	Fournitures. Libages en œuvre, y compris déchet, 1 mètre 05 centimètres cubes (page 109, 4ᵉ table), à 13 francs le mètre cube (page 98).	13	650	13	769
	Mortier en œuvre, y compris déchet, comme au numéro 182.	0	119		
	Façon. Taille de lits et joints dégrossis, comme au n° précéd.	0	612	2	980
	Pose ou emploi des libages (page 129, n° 3). . .	2	368		
	Premier déboursé. .	»	»	16	749
	Faux-frais, 1|20 de la main-d'œuvre. .	»	»	0	149
	Déboursé total. .	»	»	16	898
	Bénéfice, 1|10 de la dépense. . .	»	»	1	690
	Valeur d'un mètre cube. . . .	»	»	18	588
192	Sous-détail d'un mètre cube de maçonnerie de libages tendres d'Avesnes-le-Sec, avec mortier de chaux grasse du pays et sable de plaine ou de carrière pour murs à 2 parements vus, jusqu'à 1 mètre 50 centimètres d'élévation et au-dessous.				

Numéros d'ordre.	DÉSIGNATION.	VALEURS	
		Partielles.	Totales.
		fr. mil.	fr. mil.
	Fournitures. { Libages en œuvre, y compris déchet, 1 mètre 10 centimètres cubes (page 109, 4ᵉ table), à 13 francs le mètre cube (page 98).	14 300	14 403
	Mortier en œuvre, y compris ; déchet , comme au numéro 183.	0 103	
	Façon. { Taille de lits et joints dégrossis, comme au nᵒ 190. .	0 612	3 093
	Pose ou emploi des libages (page 129 , nᵒ 4). . . .	2 481	
	Premier déboursé. .	» »	17 496
	Faux-frais, 1[20 de la main-d'œuvre. .	» »	0 155
	Déboursé total. .	» »	17 651
	Bénéfice , 1[10 de la dépense. .	» »	1 765
	Valeur d'un mètre cube. .	» »	19 416

ARTICLE V.

DE LA TAILLE DES PIERRES.

Tailles planes.

1ᵒ Taille des parements droits rustiqués.

193 — Sous-détail d'un mètre superficiel de taille de pierres de grès , de parements droits cachés ou de taille ordinaire de parements visibles, seulement rustiqués.

	Façon de la taille , comme à la page 132 , numéro 20.	» »	4 043
	Premier déboursé. .	» »	4 043
	Faux-frais, 1[20 de la main-d'œuvre. .	» »	0 202
	Déboursé total. .	» »	4 245
	Bénéfice , 1[10 de la dépense. .	» »	0 425
	Valeur d'un mètre superficiel, .	» »	4 670

2ᵒ Taille des parements droits , layés.

194 — Sous-détail d'un mètre superficiel de taille ordinaire de pierres bleues , de parements droits , layés sur toute la face.

	Façon de la taille , comme à la page 132 , numéro 22.	» »	3 998
	Premier déboursé. .	» »	3 998
	Faux-frais, 1[20 de la main-d'œuvre. .	» »	0 200
	Déboursé total. .	» »	4 198
	Bénéfice , 1[10 de la dépense. .	» »	0 420
	Valeur d'un mètre superficiel. .	» »	4 618

Nota. Pour les mêmes raisons que celles que j'ai citées (page 193), concernant la maçonnerie, il ne sera développé dans cet article qu'une évaluation pour chaque espèce de taille.

Numéros d'ordre.	DÉSIGNATION.	VALEURS	
		Partielles.	Totales.
		fr. mil.	fr. mil.
	3° *Ragréments de parements droits* (1).		
195	Sous-détail d'un mètre superficiel de ragrément simple de pierres de grès, de parements droits, rustiqués ou layés.		
	Façon du ragrément, comme à la page 133, numéro 24. . . .	» »	0 770
	Premier déboursé. .	» »	0 770
	Faux-frais, 1{20 de la main-d'œuvre. .	» »	0 039
	Déboursé total. .	» »	0 809
	Bénéfice, 1{10 de la dépense.	» »	0 081
	Valeur d'un mètre superficiel. .	» »	0 890
	4°. *Des ravalements de parements droits.*		
196	Sous-détail d'un mètre superficiel de ravalements de pierres blanches, de parements droits, rustiqués ou layés.		
	Façon du ravalement, comme à la page 133, numéro 26. . . .	» »	0 187
	Premier déboursé. .	» »	0 187
	Faux-frais, 1{20 de la main-d'œuvre. .	» »	0 009
	Déboursé total. .	» »	0 196
	Bénéfice, 1{10 de la dépense. .	» »	0 020
	Valeur d'un mètre superficiel. .	» »	0 216
	Des tailles circulaires.		
	1°. *Tailles des parements circulaires, rustiqués.*		
197	Sous-détail d'un mètre superficiel de taille de pierres de grès, bien faite, de parements cylindriques, rustiqués, avec ciselure, au pourtour des arêtes.		
	Façon de la taille, comme à la page 133, numéro 27.	» »	10 267
	Premier déboursé. .	» »	10 267
	Faux-frais, 1{20 de la main-d'œuvre. .	» »	0 513
	Déboursé total. .	» »	10 780
	Bénéfice, 1{10 de la dépense. .	» »	1 078
	Valeur d'un mètre superficiel. .	» »	11 858

(1) Les prix des ragréments et des ravalements ne s'appliquent qu'aux parties horizontales, ou aux murs élevés jusqu'à 2 mètres et au-dessous.

Numéros d'ordre.	DÉSIGNATION.	VALEURS	
		partielles.	totales.
		fr. mil.	fr. mil.
198	**2°. Tailles des parements circulaires, layés.** Sous-détail d'un mètre superficiel de taille ordinaire de pierres bleues, de parements cylindriques, layés sur toute la face.		
	Façon de la taille, comme à la page 134, numéro 29.	» »	5 328
	Premier déboursé. .	» »	5 328
	Faux-frais, 1¦20 de la main-d'œuvre.	» »	0 266
	Déboursé total. .	» »	5 594
	Bénéfice, 1¦10 de la dépense. .	» »	0 559
	Valeur d'un mètre superficiel. .	» »	6 153
199	**3°. Ragréments de parements circulaires.** Sous-détail d'un mètre superficiel de ragrément simple de pierres de grès, pour parements cylindriques, rustiqués ou layés.		
	Façon du ragrément, comme à la page 134, numéro 31. . . .	» »	1 027
	Premier déboursé. .	» »	1 027
	Faux-frais, 1¦20 de la main-d'œuvre.	» »	0 051
	Déboursé total. .	» »	1 078
	Bénéfice, 1¦10 de la dépense. .	» »	0 108
	Valeur d'un mètre superficiel. .	» »	1 186
200	**4°. Ravalements circulaires.** Sous-détail d'un mètre superficiel de ravalements de pierres blanches, pour parements cylindriques, rustiqués ou layés.		
	Façon du ravalement, comme à la page 135, numéro 33. . .	» »	0 248
	Premier déboursé. .	» »	0 248
	Faux-frais, 1¦20 de la main-d'œuvre.	» »	0 012
	Déboursé total. .	» »	0 260
	Bénéfice, 1¦10 de la dépense. .	» »	0 026
	Valeur d'un mètre superficiel. .	» »	0 286
	De la taille moulurée.		
201	**1°. Taille des parements moulurés, rustiqués, y compris les épannelages.** Sous-détail d'un mètre superficiel de taille bien faite, de pierres		

Numéros d'ordre.	DÉSIGNATION.	VALEURS			
		partielles.		totales.	
		fr.	mil.	fr.	mil.
	de grès de parements moulurés, rustiqués.				
	Façon de la taille, comme à la page 135, numéro 34.	»	»	27	913
	Premier déboursé. .	»	»	27	913
	Faux-frais, 1,20 de la main-d'œuvre. ,	»	»	4	396
	Déboursé total. .	»	»	27	309
	Bénéfice, 1,10 de la dépense. .	»	»	2	931
	Valeur d'un mètre superficiel. .	»	»	32	240
202	2°. *Taille des parements moulurés, layés, y compris les épannelages.* Sous-détail d'un mètre superficiel de taille ordinaire de pierres bleues, de parements moulurés, layés sur toute la face.				
	Façon de la taille, comme à la page 136, numéro 36.	»	»	14	493
	Premier déboursé. .	»	»	14	493
	Faux-frais, 1,20 de la main-d'œuvre. .	»	»	0	725
	Déboursé total. . .	»	»	15	218
	Bénéfice, 1,10 de la dépense. .	»	»	1	522
	Valeur d'un mètre superficiel. .	»	»	16	740
203	3°. *Ragréments de moulures.* Sous-détail d'un mètre superficiel de ragrément simple de pierres de grès, de parements moulurés, rustiqués ou layés.				
	Façon du ragrément, comme à la page 136, numéro 38. . . .	»	»	2	984
	Premier déboursé. .	»	»	2	984
	Faux-frais, 1,20 de la main-d'œuvre, .	»	»	0	149
	Déboursé total. .	»	»	3	133
	Bénéfice, 1,10 de la dépense. .	»	»	0	313
	Valeur d'un mètre superficiel. .	»	»	3	446
204	4°. *Ravalements de moulures.* Sous-détail d'un mètre superficiel de ravalements de pierres blanches, de parements moulurés, rustiqués ou layés.				
	Façon de ravalement, comme à la page 136, numéro 40. . . .	»	»	0	677
	Premier déboursé. .	»	»	0	677
	Faux-frais, 1,20 de la main-d'œuvre. .	»	»	0	034
	Déboursé total. .	»	»	0	711
	Bénéfice, 1,10 de la dépense. .	»	»	0	071
	Valeur d'un mètre superficiel. .	»	»	0	782

Numéros d'ordre.	DÉSIGNATION.	VALEURS		
		partielles.		totales.
		fr.	mil.	fr. mil.
	De la Pierre jetée bas.			
	1°. Abattage simple ou plumée de la pierre.			
205	Sous-détail d'un mètre cube d'abattage simple de pierres de grès.			
	Façon de l'abattage, comme à la page 137, numéro 41. . . .	»	»	66 220
	Premier déboursé. .	»	»	66 220
	Faux-frais, 1|20 de la main-d'œuvre. .	»	»	3 311
	Déboursé total. .	»	»*	69 531
	Bénéfice, 1|10 de la dépense. .	»	»	6 953
	Valeur d'un mètre cube. .	»	»	76 484
	2°. Evidements simples.			
206	Sous-détail d'un mètre cube d'évidement simple, en pierres de grès, fait sur le chantier.			
	Façon de l'évidement, comme à la page 137, numéro 42. . . .	»	»	77 000
	Premier déboursé. .	»	»	77 000
	Faux-frais, 1|20 de la main-d'œuvre. .	»	»	3 850
	Déboursé total. .	»	»	80 850
	Bénéfice, 1|10 de la dépense. .	»	»	8 085
	Valeur d'un mètre cube. .	»	»	88 935
	3°. Des refouillements simples.			
207	Sous-détail d'un mètre cube de refouillement simple en pierres de grès, fait sur le chantier.			
	Façon du refouillement, comme à la page 137, numéro 44. . .	»	»	134 750
	Premier déboursé. .	»	»	134 750
	Faux-frais, 1|20 de la main-d'œuvre. .	»	»	6 738
	Déboursé total. .	»	»	141 488
	Bénéfice, 1|10 de la dépense. .	»	»	14 149
	Valeur d'un mètre cube. .	»	»	155 637
	4°. Des refouillements de trous.			
208	Sous-détail d'un trou de scellement dans la pierre de grès, de 4 centim. de côté ou de diamètre, sur 4 centim. de profondeur.			

Numéros d'ordre.	DÉSIGNATION.	VALEURS	
		Partielles.	totales.
		fr. mil.	fr. mil.
	Façon du trou de scellement , comme à la page 138 , numéro 46.	» »	0 321
	Premier déboursé. .	» »	0 321
	Faux-frais, 1⁄20 de la main-d'œuvre. .	» »	0 016
	Déboursé total. .	» »	0 337
	Bénéfice , 1⁄10 de la dépense. .	» »	0 034
	Valeur d'un trou. .	» »	0 371
209	Sous-détail de la plus ou moins-value au prix de 0 fr. 371 mill. pour chaque centimètre de profondeur en sus de celle précédente.		
	Façon de la plus ou moins-value , comme à la page 138, numéro 47.	» »	0 077
	Premier déboursé. .	» »	0 077
	Faux-frais, 1⁄20 de la main-d'œuvre. .	» »	0 004
	Déboursé total. .	» »	0 081
	Bénéfice, 1⁄10 de la dépense. .	» »	0 008
	Valeur de la plus ou moins-value. .	» »	0 089

§ II.—DES GROS OUVRAGES DE MAÇONNERIE AUTRES QUE CEUX EN PIERRE:

ARTICLE PREMIER.

MAÇONNERIE DE BRIQUES ROUGES DU PAYS POUR MURS DROITS , ET OUVRAGES ANALOGUES.

Numéros d'ordre.	DÉSIGNATION.	VALEURS	
		Partielles.	totales.
210	Sous-détail d'un mètre cube de maçonnerie de briques , hourdée en mortier de chaux grasse du pays et sable de plaine ou de carrière, pour massifs de 24 centimètres d'épaisseur , jusqu'à 1 mètre 50 centimètres d'élévation et au-dessous.		
	Fournitures. { Briques en œuvre, y compris déchet, 550 (page 109 , 6ᵉ table) , à 15 francs le mille (page 98). . . .	8 250	8 989
	Mortier en œuvre, y compris déchet, 0 mètre 18 cent. cubes (page 109, 7ᵉ table), à 4 francs 103 millièmes le mètre cube (n° 73).	0 739	
	Façon. Pose ou emploi des briques , page 130 , numéro 9. .	» »	2 255
	Premier déboursé. .	» »	11 244
	Faux-frais, 1⁄20 de la main-d'œuvre. .	» »	0 113
	Déboursé total. .	» »	11 357
	Bénéfice, 1⁄10 de la dépense. .	» »	1 136
	Valeur d'un mètre cube. .	» »	12 493

Numéros d'ordre.	DÉSIGNATION.	VALEURS	
		partielles.	totales.
		fr. mil.	fr. mil.
211	Sous-détail d'un mètre cube de maçonnerie de briques, avec même mortier qu'au numéro précédent, pour murs à un parement vu, de 24 centimètres d'épaisseur, jusqu'à 1 mètre 50 centimètres d'élévation et au-dessous.		
	Fournitures. Comme au numéro précédent, ci.	» »	8 989
	Façon. Pose ou emploi des matériaux (page 130, numéro 10).	» »	2 481
	Premier déboursé.	» »	11 470
	Faux-frais, 1|20 de la main-d'œuvre.	» »	0 124
	Déboursé total.	» »	11 594
	Bénéfice, 1|10 de la dépense.	» »	1 159
	Valeur d'un mètre cube.	» »	12 753
212	Sous-détail d'un mètre cube de maçonnerie de briques, hourdée en même mortier qu'au numéro 210, pour murs à 2 parements vus, de 24 centimètres d'épaisseur, jusqu'à 1 mètre 50 centimètres d'élévation et au-dessous.		
	Fournitures. Comme au numéro 210, ci.	» »	8 989
	Façon. Pose ou emploi des matériaux (page 130, n° 11).	» »	2 706
	Premier déboursé.	» »	11 695
	Faux-frais, 1|20 de la main-d'œuvre.	» »	0 135
	Déboursé total.	» »	11 830
	Bénéfice, 1|10 de la dépense.	» »	1 183
	Valeur d'un mètre cube.	» »	13 013
213	Sous-détail d'un mètre cube de maçonnerie de briques, hourdée en mortier comme au numéro 210, pour massifs de 37, de 62 ou de 74 centimètres d'épaisseur, jusqu'à 1 mètre 50 centimètres d'élévation et au-dessous.		
	Fournitures. Briques en œuvre, y compris déchet, 533 (page 109, 6ᵉ table), à 15 francs le mille (page 98).	8 025	
	Mortier en œuvre, y compris déchet, 0 mètre 19 cent. cubes (page 109, 7ᵉ table) à 4 francs 103 millièmes le mètre cube (n° 73).	0 780	8 805
	Façon. Pose ou emploi des briques (page 130, numéro 9).	» »	2 255
	Premier déboursé.	» »	11 060
	Faux-frais, 1|20 de la main-d'œuvre.	» »	0 113
	Déboursé total.	» »	11 173
	Bénéfice, 1|10 de la dépense.	» »	1 117
	Valeur d'un mètre cube.	» »	12 290

28.

Numéros d'ordre.	DÉSIGNATION.	Partielles. fr.	mil.	Totales. fr.	mil.
214	Sous-détail d'un mètre cube de maçonnerie de briques, hourdée en même mortier qu'au numéro 210, pour murs à un parement vu de 37, de 62 ou 74 centimètres d'épaisseur, jusqu'à 1 mètre 50 centimètres d'élévation et au-dessous.				
	Fournitures. Comme au numéro précédent, ci.	»	»	8	805
	Façon. Pose ou emploi des briques (page 130, numéro 10). .	»	»	2	481
	Premier déboursé. .	»	»	11	286
	Faux-frais, 1|20 de la main-d'œuvre. .	»	»	0	124
	Déboursé total. .	»	»	11	410
	Bénéfice, 1|10 de la dépense. .	»	»	1	141
	Valeur d'un mètre cube. .	»	»	12	551
215	Sous-détail d'un mètre cube de maçonnerie de briques, hourdée en même mortier qu'au numéro 210, pour murs à 2 parements vus de 37, de 62 ou de 74 centimètres d'épaisseur, jusqu'à 1 mètre 50 centimètres d'élévation et au-dessous.				
	Fournitures. Comme au numéro 213.	»	»	8	805
	Façon. Pose ou emploi des briques (page 130, numéro 11). .	»	»	2	706
	Premier déboursé. .	»	»	11	511
	Faux-frais, 1|20 de la main-d'œuvre. .	»	»	0	135
	Déboursé total. .	»	»	11	646
	Bénéfice, 1|10 de la dépense. .	»	»	1	165
	Valeur d'un mètre cube. .	»	»	12	811
216	Sous-détail d'un mètre cube de maçonnerie de briques, hourdée en même mortier qu'au numéro 210, pour massifs de 49 centimètres d'épaisseur, jusqu'à 1 mètre 50 centimètres d'élévation et au-dessous.				
	Fournitures. Briques en œuvre, y compris déchet, 542 (page 109, 6ᵉ table), à 15 francs le mille (page 98).	8	130	8	910
	Mortier en œuvre y compris déchet, comme au numéro 213.	0	780		
	Façon. Posé ou emploi des briques (page 130, n° 9). : . .	»	»	2	255
	Premier déboursé. .	»	»	11	165
	Faux-frais, 1|20 de la main-d'œuvre. .	»	»	0	113
	Déboursé total. .	»	»	11	278
	Bénéfice, 1|10 de la dépense. .	»	»	1	128
	Valeur d'un mètre cube. .	»	»	13	406

Numéros d'ordre.	DÉSIGNATION.	VALEURS			
		Partielles.		Totales.	
		fr.	m.	fr.	m.
217	Sous-détail d'un mètre cube de maçonnerie de briques, hourdée en même mortier qu'au numéro 210, pour murs à un parement vu de 49 centimètres d'épaisseur, jusqu'à 1 mètre 50 cent. d'élévation et au-dessous.				
	Fournitures. Comme au numéro précédent , ci.	»	»	8	910
	Façon. Pose ou emploi des briques (page 130 , numéro 10).	»	»	2	481
	Premier déboursé.	»	»	11	391
	Faux-frais, 1|20 de la main-d'œuvre.	»	»	0	124
	Déboursé total.	»	»	11	515
	Bénéfice, 1|10 de la dépense.	»	»	1	152
	Valeur d'un mètre cube.	»	»	12	667
218	Sous-détail d'un mètre cube de maçonnerie de briques, hourdée en même mortier qu'au numéro 210, pour murs à 2 parements vus , de 49 centimètres d'épaisseur, jusqu'à 1 mètre 50 cent. d'élévation et au-dessous.				
	Fournitures. Comme au numéro 216 , ci.	»	»	8	910
	Façon. Pose ou emploi des briques (page 130, numéro 11).	»	»	2	706
	Premier déboursé.	»	»	11	616
	Faux-frais, 1|20 de la main-d'œuvre.	»	»	0	135
	Déboursé total.	»	»	11	751
	Bénéfice , 1|10 de la dépense.	»	»	1	175
	Valeur d'un mètre cube.	»	»	12	926
219	Sous-détail d'un mètre cube de maçonnerie de briques , hourdée en même mortier qu'au numéro 210, pour massifs de 87 centimètres d'épaisseur, jusqu'à 1 mètre 50 centimètres d'élévation et au-dessous.				
	Fournitures. { Briques en œuvre, y compris déchet , 531 (page 109 , 6ᵉ table) , à 15 francs le mètre cube (page 98).	7	965	} 8	745
	{ Mortier en œuvre , y compris déchet , comme au numéro 213.	0	780		
	Façon. Pose ou emploi des briques (page 130 , numéro 9).	»	»	2	255
	Premier déboursé.	»	»	11	000
	Faux-frais , 1|20 de la main-d'œuvre.	»	»	0	113
	Déboursé total.	»	»	11	113
	Bénéfice, 1|10 de la dépense.	»	»	1	111
	Valeur d'un mètre cube.	»	»	12	224

Numéros d'ordre.	DÉSIGNATION.	VALEURS			
		Partielles.		Totales.	
		fr.	mil.	fr.	mil.
220	Sous-détail d'un mètre cube de maçonnerie de briques , hourdée en même mortier qu'au numéro 210, pour murs à 1 parement vu de 87 centimètres d'épaisseur , jusqu'à 1 mètre 50 centimètres d'élévation et au-dessous.				
	Fournitures. Comme au numéro précédent, ci.	»	»	8	743
	Façon. Pose ou emploi des matériaux (page 130, numéro 10).	»	»	2	481
	Premier déboursé. ,	»	»	11	226
	Faux-frais, 1|20 de la main-d'œuvre. .	»	»	0	124
	Déboursé total. .	»	»	11	350
	Bénéfice, 1|10 de la dépense. .	»	»	1	135
	Valeur d'un mètre cube. .	»	»	12	485
221	Sous-détail d'un mètre cube de maçonnerie de briques , hourdée en mortier comme au numéro 210 , pour murs à 2 parements vus de 37 centimètres d'épaisseur , jusqu'à 1 mètre 50 centimètres d'élévation et au-dessous.				
	Fournitures. Comme au numéro 219, ci.	»	»	8	745
	Façon. Pose ou emploi de briques (page 130 , numéro 11).	»	»	2	706
	Premier déboursé. .	»	»	11	451
	Faux-frais, 1|20 de la main-d'œuvre. .	»	»	0	135
	Déboursé total. .	»	»	11	586
	Bénéfice,1|10 de la dépense. .	»	»	1	159
	Valeur d'un mètre cube. .	»	»	12	745
222	Sous-détail d'un mètre cube de maçonnerie de briques, hourdée en mortier comme au numéro 210 , pour massifs de 1 mètre d'épaisseur, jusqu'à 1 mètre 50 centimètres d'élévation et au-dessous.				
	Fournitures. { Briques en œuvre, y compris déchet , 528 (page 109, 6ᵉ table), à 15 francs le mille (page 98).	7	920	8	700
	Mortier en œuvre , y compris déchet , comme au numéro 213.	0	780		
	Façon. Pose ou emploi des briques (page 130 , numéro 9).	»	»	2	255
	Premier déboursé. .	»	»	10	955
	Faux-frais, 1|20 de la main-d'œuvre. .	»	»	0	113
	Déboursé total. .	»	»	11	068
	Bénéfice, 1|10 de la dépense. .	»	»	1	107
	Valeur d'un mètre cube. .	»	»	12	175

Numéros d'ordre.	DÉSIGNATION.	VALEURS	
		Partielles.	Totales.
		fr. mil.	fr. mil.
223	Sous-détail d'un mètre cube de maçonnerie de briques , hourdée en mortier comme au numéro 210 , pour murs à 1 parement vu de 1 mètre 00 d'épaisseur , jusqu'à 1 mètre 50 centimètres d'élévation et au-dessous.		
	Fournitures. Comme au numéro précédent , ci.	» »	8 700
	Façon. Pose ou emploi des briques , page 130 , numéro 10.	» »	2 481
	Premier déboursé. .	» »	11 481
	Faux-frais , 1/20 de la main-d'œuvre. .	» »	0 124
	Déboursé total. .	» »	11 305
	Bénéfice , 1/10 de la dépense. .	» »	1 131
	Valeur d'un mètre cube. .	» »	12 436
224	Sous-détail d'un mètre cube de maçonnerie de briques , hourdée en mortier comme au numéro 210 , pour murs à 2 parements vus de 1 mètre d'épaisseur, jusqu'à 1 mètre 50 centimètres d'élévation et au-dessous.		
	Fournitures. Comme au numéro 222. . ;	» »	8 700
	Façon. Pose ou emploi des briques , page 130 , numéro 11.	» »	2 706
	Premier déboursé. .	» »	11 406
	Faux-frais , 1/20 de la main-d'œuvre. .	» »	0 135
	Déboursé total. .	» »	11 544
	Bénéfice , 1/10 de la dépense. .	» »	1 154
	Valeur d'un mètre cube. .	» »	12 695

ARTICLE II.

MAÇONNERIE DE BRIQUES POUR VOUTES OU PARTIES CYLINDRIQUES.

Numéros d'ordre.	DÉSIGNATION.	Partielles.	Totales.
225	Sous-détail d'un mètre cube de maçonnerie de briques , hourdée en mortier de chaux grasse du pays et sable de plaine ou de carrière , pour voûtes ou parties cylindriques ordinaires d'une demi-brique, jusqu'à 1 mètre 50 centimètres d'élévation et au-dessous.		
	Fournitures. Briques en œuvre , y compris déchet , 520 (page 110 , huitième table) , à 15 francs le mille (page 98).	7 800	8 867
	Mortier en œuvre ; y compris déchet , 0 m. 26 centimètres cubes (page 110 , 9ᵉ table) , à 4 francs 103 millièmes le mètre cube (nᵒ 73).	1 067	

Numéros d'ordre.	DÉSIGNATION.	VALEURS			
		partielles.		totales.	
		fr.	mil.	fr.	mil.
	Report.	»	»	8	867
	Façon. Pose ou emploi des briques (page 130 , n° 9).	»	»	2	255
	Premier déboursé.	»	»	11	122
	Faux-frais , 1/20 de la main-d'œuvre.	»	»	0	113
	Déboursé total.	»	»	11	235
	Bénéfice , 1/10 de la dépense.	»	»	1	124
	Valeur d'un mètre cube.	»	»	12	359
226	Sous-détail d'un mètre cube de maçonnerie de briques , hourdée en même mortier qu'au numéro précédent, pour voûtes ou parties cylindriques de sujétion d'une demi-brique , jusqu'à 1 mètre 50 centimètres d'élévation et au-dessous.				
	Fournitures. Comme au numéro précédent , ci.	»	»	8	867
	Façon. Pose ou emploi des briques (page 130 , n° 12).	»	»	3	157
	Premier déboursé.	»	»	12	024
	Faux-frais , 1/20 de la main-d'œuvre.	»	»	0	158
	Déboursé total.	»	»	12	182
	Bénéfice , 1/10 de la dépense.	»	»	1	218
	Valeur d'un mètre cube.	»	»	13	400
227	Sous-détail d'un mètre cube de maçonnerie de briques , hourdée en mortier comme au numéro 225 , pour voûtes ou parties cylindriques ordinaires d'une brique , jusqu'à 1 mètre 50 centimètres d'élévation et au-dessous.				
	Fournitures. { Briques en œuvre , y compris déchet , 497 (page 110, 8e table) , à 15 francs le mille (page 98).	7	455	8	891
	{ Mortier en œuvre , y compris déchet , 0 m. 35 centimètres cubes (page 110 , 9e table) , à 4 francs 103 millièmes le mètre cube (n° 73).	1	436		
	Façon. Pose ou emploi des briques (page 130 , n° 9).	»	»	2	255
	Premier déboursé.	»	»	11	146
	Faux-frais , 1/20 de la main-d'œuvre.	»	»	0	113
	Déboursé total.	»	»	11	259
	Bénéfice , 1/10 de la dépense.	»	»	1	126
	Valeur d'un mètre cube.	»	»	12	385

Numéros d'ordre.	DÉSIGNATION.	VALEURS	
		Partielles.	Totales.
		fr. mil.	fr. mil.
228	Sous-détail d'un mètre cube de maçonnerie de briques , hourdée en mortier comme au numéro 225 , pour voûtes ou parties cylindriques de sujétion d'une brique, jusqu'à 1 mètre 30 centimètres d'élévation et au-dessous.		
	Fournitures. Comme au numéro précédent , ci.	» »	8 891
	Façon. Pose ou emploi des briques (page 130, n° 12). . .	» »	3 157
	Premier déboursé. .	» »	12 048
	Faux-frais , 1/20 de la main-d'œuvre.	» »	0 158
	Déboursé total. .	» »	12 206
	Bénéfice , 1/10 de la dépense. .	» »	1 221
	Valeur d'un mètre cube. .	» »	13 427
229	Sous-détail d'un mètre cube de maçonnerie de briques , avec même mortier qu'au numéro 225 , pour voûtes ou parties cylindriques ordinaires d'une brique et demie , jusqu'à 1 mètre 30 centimètres d'élévation et au-dessous.		
	Fournitures. { Briques en œuvre, y compris déchet , 516 (page 110 , 8° table) , à 15 francs le mille (page 98).	7 740	9 053
	Mortier en œuvre , y compris déchet , 0 m. 32 centimètres cubés (page 110 , 9° table) , à 4 francs 103 millièmes le mètre cube (n° 73).	1 313	
	Façon. Pose ou emploi des briques (page 130 , n° 9). . . .	» »	2 255
	Premier déboursé. .	» »	11 308
	Faux-frais , 1|20 de la main-d'œuvre. .	» »	0 113
	Déboursé total. .	» »	11 421
	Bénéfice , 1|10 de la dépense. .	» »	1 142
	Valeur d'un mètre cube. .	» »	12 563
230	Sous-détail d'un mètre cube de maçonnerie de briques, avec mortier comme au numéro 225, pour voûtes ou parties cylindriques de sujétion d'une brique et demie , jusqu'à 1 mètre 50 cent. d'élévation et au-dessous.		
	Fournitures. Comme au numéro précédent , ci.	» »	9 053
	Façon. Pose ou emploi des briques (page 130 , numéro 12).	» »	3 157
	Premier déboursé. .	» »	12 210
	Faux-frais , 1|10 de la main-d'œuvre. .	» »	0 158
	Déboursé total. .	» »	12 368
	Bénéfice , 1|10 de la dépense. .	» »	1 237
	Valeur d'un mètre cube. .	» »	13 605

Numéros d'ordre.	DÉSIGNATION.	VALEURS	
		partielles.	totales.
		fr. mil.	fr. mil.
231	Sous-détail d'un mètre cube de maçonnerie de briques, avec mortier comme au numéro 225, pour voûtes ou parties cylindriques ordinaires de deux briques, jusqu'à 1 mètre 50 centimètres d'élévation et au-dessous.		
	Fournitures. { Briques en œuvre, y compris déchet, 485 (page 112, 8ᵉ table), à 15 fr. le mille (page 98).	7 275	
	Mortier en œuvre, y compris déchet, 0 mètre 36 centimètres cubes (page 110, 9ᵉ table), à 4 francs 103 millièmes le mètre cube (n° 73).	1 477	8 752
	Façon. Pose ou emploi des briques (page 130, n° 9). . .	» »	2 255
	Premier déboursé. .	» »	11 007
	Faux-frais, 1/20 de la main-d'œuvre. .	» »	0 113
	Déboursé total. .	» »	11 120
	Bénéfice, 1/10 de la dépense. .	» »	1 112
	Valeur d'un mètre cube. .	» »	12 332
232	Sous-détail d'un mètre cube de maçonnerie de briques, hourdée en même mortier qu'au numéro 225, pour voûtes ou parties cylindriques de sujétion de deux briques, jusqu'à 1 mètre 50 centimètres d'élévation et au-dessous.		
	Fournitures. Comme au numéro précédent, ci.	» »	8 752
	Façon. Pose ou emploi des briques (page 130, n° 12. . .	» »	3 157
	Premier déboursé. .	» »	11 909
	Faux-frais, 1/20 de la main-d'œuvre. .	» »	0 158
	Déboursé total. .	» »	12 067
	Bénéfice, 1/10 de la dépense. .	» »	1 207
	Valeur d'un mètre cube. .	» »	13 274

§ III.—DES LÉGERS OUVRAGES DE MAÇONNERIE.

ARTICLE PREMIER.

CLOISONS EN BRIQUES ROUGES DU PAYS.

233 Sous-détail d'un mètre superficiel de cloisons, ou autres ouvrages en briques de champ ou de 6 centimètres d'épaisseur, en mortier de chaux grasse du pays et sable de plaine, jusqu'à 1 mètre 50 centimètres d'élévation et au-dessous.

Numéros d'ordre.	DÉSIGNATION.	VALEURS	
		Partielles.	Totales.
		fr. mil.	fr. mil.
	Fournitures. (Briques en œuvre, y compris déchet, 33 (page 110, 10ᵉ table, à 15 fr. le mille (page 98).	0 495	
	Mortier en œuvre, y compris déchet, 0 m. 006 mil. cubes (page 110, 11ᵉ table), à 4 fr. 103 mill. le mètre cube (n° 73).	0 025	0 520
	Façon. Pose ou emploi des briques (page 131, n° 14). . .	» »	0 301
	Premier déboursé. .	» »	0 821
	Faux-frais, 1|20 de la main-d'œuvre. .	» »	0 015
	Déboursé total. .	» »	0 836
	Bénéfice, 1|10 de la dépense. .	» »	0 084
	Valeur d'un mètre superficiel.	» »	0 920
234	Sous-détail d'un mètre superficiel de cloisons, ou autres ouvrages en briques de plat ou de 12 centimètres d'épaisseur, en même mortier qu'au numéro précédent, jusqu'à 1 mètre 50 centimètres d'élévation et au-dessous.		
	Fournitures. (Briques en œuvre, y compris déchet, 66 (page 110, 10ᵉ table), à 15 francs le mille (page 98). . . .	0 990	
	Mortier en œuvre, y compris déchet, 0 mètre 023 millimètres cubes (page 110, 11ᵉ table), à 4 francs 103 millièmes le mètre cube (n° 73).	0 094	1 084
	Façon. Pose ou emploi des briques (page 131, numéro 14). .	» »	0 451
	Premier déboursé. .	» »	1 531
	Faux-frais, 1|20 de la main-d'œuvre. . .	» »	0 023
	Déboursé total. .	» »	1 558
	Bénéfice, 1|10 de la dépense. .	» »	0 156
	Valeur d'un mètre superficiel. .	» »	1 714

ARTICLE II.

JOINTOIEMENTS ET REJOINTOIEMENTS.

1°. *Jointoiements.*

235 Sous-détail d'un mètre superficiel de jointoiement, fait en mortier de chaux grasse du pays et sable de plaine ou de carrière, sur parement de maçonnerie neuve de pierres de taille de toute nature, pour murs jusqu'à 2 m. d'élévation et au-dessous (1).

(1) La quantité de mortier pour jointoiement de maçonnerie de pierres de taille, varie selon les dimensions des assises et la profondeur des joints. Mais la différence en est si insensible, que je n'en tiendrai pas compte. J'adopterai comme terme moyen, 0 m. 004 mill. de mortier, par mètre carré de jointoiement ; quantité nécessaire pour assises de 30 centimètres de longueur sur 21 c. de hauteur.

Numéros d'ordre.	DÉSIGNATION.	VALEURS	
		Partielles.	totales.
		fr. mil.	fr. mil.
	Fournitures. Mortier en œuvre, y compris déchet; 0 mètre 004 mill. cubes (pages 111 , 12ᵉ et 13ᵉ tables) , à 4 francs 103 millièmes le mètre cube (nᵒ 73).	» »	0 016
	Façon. Pour fouiller et gratter les joints, enfoncer le mortier , le licer et le recirer (page 138, numéro 50). . . .	» »	0 053
	Premier déboursé. .	» »	0 069
	Faux-frais, 1|20 de la main-d'œuvre. .	» »	0 003
	Déboursé total. .	» »	0 072
	Bénéfice, 1|10 de la dépense. .	» »	0 007
	Valeur d'un mètre superficiel. .	» »	0 079
236	Sous-détail d'un mètre superficiel de jointoiement , fait en mortier comme au numéro précédent, sur parement de maçonnerie neuve de briques, dont les joints sont fouillés et grattés à 2 centimètres de profondeur , pour murs jusqu'à 2 mètres d'élévation et au-dessous.		
	Fournitures. Mortier en œuvre, y compris déchet, 0 mètres 005 mill. cubes (pages 111 , 14ᵉ table), à 4 francs 103 mill. cube (nᵒ-73), ...	» »	0 021
	Façon. Pour fouiller et gratter les joints , enfoncer le mortier , le licer et le recirer (page 139, numéro 51) . . .	» »	0 142
	Premier déboursé. .	» »	0 163
	Faux-frais, 1|20 de la main-d'œuvre. .	» »	0 007
	Déboursé total. .	» »	0 170
	Bénéfice; 1|10 de la dépense. .	» »	0 017
	Valeur d'un mètre superficiel. .	, ,	0 187
237	Sous-détail d'un mètre superficiel de jointoiement, fait en mortier comme au numéro 235 , sur parement de maçonnerie neuve de briques, dont les joints sont fouillés et grattés à 3 centimètres de profondeur , pour murs jusqu'à 2 mètres d'élévation et au-dessous.		
	Fournitures. Mortier en œuvre, y compris déchet, 0 mètre 008 mill. cubes (page 111 , 14ᵉ table), à 4 francs 103 millièmes le mètre cube (nᵒ 73).	» »	0 033
	Façon. Comme au numéro précédent; ci.	» »	0 142
	Premier déboursé. .	» »	0 175
	Faux-frais, 1|20 de la main-d'œuvre. .	» »	0 007
	Déboursé total. .	» ,	0 182
	Bénéfice, 1|10 de la dépense. . .	, ,	0 018
	Valeur d'un mètre superficiel. .	, ,	0 200

Numéros d'ordre.	DÉSIGNATION.	VALEURS	
		Partielles.	Totales.
		fr. mil.	fr. mil.
238	Sous-détail d'un mètre superficiel de jointoiement, fait en même mortier qu'au numéro 235, sur parement de maçonnerie neuve de briques, dont les joints sont fouillés et grattés à 4 centimètres de profondeur, pour murs jusqu'à 2 mètres d'élévation et au-dessous.		
	Fournitures. Mortier en œuvre, y compris déchet, 0 m. 010 millimètres cubes (page 111, 14e table), à 4 francs 103 millièmes le mètre cube (n° 73.)	» »	0 041
	Façon. Comme au numéro 236.	» »	0 142
	Premier déboursé. .	» »	0 183
	Faux-frais, 1/20 de la main-d'œuvre. .	» »	0 007
	Déboursé total. .	» »	0 190
	Bénéfice , 1/10 de la dépense. .	» »	0 019
	Valeur d'un mètre superficiel. .	» »	0 209
	2° Rejointoiements.		
239	Sous-détail d'un mètre superficiel de rejointoiement, fait en mortier comme au numéro 235, sur parement de vieille maçonnerie de pierres de taille de toute nature, pour murs jusqu'à 2 mètres d'élévation et au-dessous.		
	Fournitures. Mortier en œuvre, y compris déchet, comme au numéro 235.	» »	0 016
	Façon. Pour fouiller et gratter les joints , enfoncer le mortier, le licer et le recirer, (page 139 , numéro 52). . .	» »	0 067
	Premier déboursé. . .	» »	0 080
	Faux-frais, 1/20 de la main-d'œuvre.	» »	0 003
	Déboursé total. .	» »	0 083
	Bénéfice , 1/10 de la dépense. .	» »	0 008
	Valeur d'un mètre superficiel. .	» »	0 094
240	Sous-détail d'un mètre superficiel de rejointoiement, fait en mortier comme au numéro 235, sur parement de vieille maçonnerie de briques, dont les joints sont fouillés et grattés à 2 centimètres de profondeur, pour murs jusqu'à 2 mètres d'élévation et au-dessous.		
	Fournitures. Mortier en œuvre, y compris déchet, comme au numéro 236.	» »	0 021
	Façon. Pour fouiller et gratter les joints, enfoncer le mortier,		

Numéros d'ordre.	DÉSIGNATION.	VALEURS			
		partielles.		totales.	
		fr.	mil.	fr.	mil.
	Report. . .	»	»	0	021
	le licer et le recirer , page 139 , numéro 53. . .	»	»	0	178
	Premier déboursé. .	»	»	0	199
	Faux-frais , 1|20 de la main-d'œuvre. .	»	»	0	009
	Déboursé total. .	»	»	0	208
	Bénéfice, 1|10 de la dépense. .	»	»	0	021
	Valeur d'un mètre superficiel. .	»	»	0	229
241	Sous-détail d'un mètre superficiel de rejointoiement, fait en mortier comme au numéro 235 , sur parement de vieille maçonnerie de briques , dont les joints sont fouillés et grattés à 3 centimètres de profondeur , pour murs jusqu'à 2 mètres d'élévation et au-dessous.				
	Fournitures. Mortier en œuvre , y compris déchet , comme au numéro 237. . . . . . . :	»	»	0	033
	Façon. Comme au numéro précédent , ci.	»	»	0	178
	Premier déboursé. .	»	»	0	211
	Faux-frais , 1|20 de la main-d'œuvre. .	»	»	0	009
	Déboursé total. .	»	»	0	220
	Bénéfice, 1|10 de la dépense. .	»	»	0	022
	Valeur d'un mètre superficiel. .	»	»	0	242
242	Sous-détail d'un mètre superficiel de rejointoiement, fait en mortier comme au numéro 235 , sur parement de vieille maçonnerie de briques , dont les joints sont fouillés et grattés à 4 centimètres de profondeur , pour murs , jusqu'à 2 mètres de profondeur et au-dessous.				
	Fournitures. Mortier en œuvre , y compris déchet , comme au numéro 238.	»	»	0	041
	Façon. Comme au numéro 240.	»	»	0	178
	Premier déboursé. .	»	»	0	219
	Faux-frais, 1|20 de la main-d'œuvre. .	»	»	0	009
	Déboursé total. .	»	»	0	228
	Bénéfice, 1|10 de la dépense. .	»	»	0	023
	Valeur d'un mètre superficiel. .	»	»	0	251

Numéros d'ordre.	DÉSIGNATION.	VALEURS	
		partielles.	totales.
		fr. mil.	fr. mil.
	ARTICLE III. CHAPES DE VOUTES ET AIRES. 1°—*En mortier.*		
243	Sous-détail d'un mètre superficiel de chapes de voûtes ou aires, d'un centimètre d'épaisseur, en mortier de chaux grasse du pays et sable de plaine ou de carrière.		
	Fournitures. Mortier en œuvre, y compris déchet, 0 m. 010 millimètres cubes (page 112, 15ᵉ table), à 4 francs 103 millièmes le mètre cube (n° 73).	» »	0 044
	Façon, Pour battre, étendre et polir le mortier, page 139, n° 54.	» »	0 150
	Premier déboursé. .	» »	0 194
	Faux-frais, 1/20 de la main-d'œuvre. .	» »	0 008
	Déboursé total. .	» »	0 199
	Bénéfice, 1/10 de la dépense. .	» »	0 020
	Valeur d'un mètre superficiel. .	» »	0 219
244	Sous-détail d'un mètre superficiel de chapes de voûtes ou aires, de 2 centimètres d'épaisseur, en mortier comme au numéro précédent,		
	Fournitures. Mortier en œuvre, y compris déchet, 0 m. 021 millimètres cubes (page 112, 15ᵉ ou 16ᵉ table, à 4 francs 103 millièmes le mètre cube (n° 73).	» »	0 086
	Façon. Comme au numéro précédent, ci.	» »	0 150
	Premier déboursé. .	» »	0 236
	Faux-frais, 1/20 de la main-d'œuvre. .	» »	0 008
	Déboursé total. .	» »	0 244
	Bénéfice 1/10 de la dépense. .	» »	0 024
	Valeur d'un mètre superficiel. .	» »	0 268
245	Sous-détail d'un mètre superficiel de chapes de voûtes ou aires, de 3 centimètres d'épaisseur, en mortier comme au n° 243.		
	Fournitures. Mortier en œuvre, y compris déchet, 0 m. 031 millimètres cubes (page 112, 15 ou 16ᵉ table), à 4 francs 103 millièmes le mètre cube (n° 73).	» »	0 127

Numéros d'ordre.	DÉSIGNATION.	VALEURS	
		Partielles.	Totales.
		fr. mil.	fr. mil.
	Report. .	» »	0 127
	Façon. Pour battre, étendre et polir le mortier, page 139, n° 55. . , . . , ... , .	» »	0 226
	Premier déboursé. .	» »	0 353
	Faux-frais, 1/20 de la main-d'œuvre. .	» »	0 011
	Déboursé total. .	» »	0 364
	Bénéfice, 1/10 de la dépense. .	» »	0 036
	Valeur d'un mètre superficiel. .	» »	0 400
246	Sous-détail d'un mètre superficiel de chapes de voûtes ou aires, de 4 centimètres d'épaisseur, en même mortier qu'au n° 243.		
	Fournitures. Mortier en œuvre, y compris déchet, 0 m. 042 millimètres cubes (page 112, 15ᵉ ou 16ᵉ table), à 4 francs 103 millièmes le mètre cube (n° 73). . .	» »	0 172
	Façon. Pour battre, étendre et polir le mortier (p. 139, n°. 55.	» »	0 226
	Premier déboursé. .	» »	0 398
	Faux-frais, 1/20 de la main-d'œuvre. ,	» »	0 011
	Déboursé total. .	» »	0 409
	Bénéfice, 1/10 de la dépense. .	» »	0 041
	Valeur d'un mètre superficiel. .	» »	0 450
247	Sous-détail d'un mètre superficiel de chapes de voûtes ou aires, de 5 centimètres d'épaisseur, en mortier comme au n° 243.		
	Fournitures. Mortier en œuvre, y compris déchet, 0 m. 052 millimètres cubes (page 112, 16ᵉ, table), à 4 francs 103 millièmes le mètre cube (n° 73).	» »	0 213
	Façon. Pour battre, étendre et polir le mortier (p. 139, n° 56.	» »	0 301
	Premier déboursé. .	» »	0 514
	Faux-frais, 1/20 de la main-d'œuvre. .	» »	0 015
	Déboursé total. .	» »	0 529
	Bénéfice, 1/10 de la dépense. .	» »	0 053
	Valeur d'un mètre superficiel. .	» »	0 582
248	Sous-détail d'un mètre superficiel de chapes de voûtes ou aires, de 6 centimètres d'épaisseur, en mortier comme au n° 243.		

Numéros d'ordre.	DÉSIGNATION.	VALEURS	
		Partielles.	Totales.
		fr. mil.	fr. mil.
	Fournitures. Mortier en œuvre, y compris déchet , 0 m. 063 milli-mètres cubes (page 112 , 16ᵉ table), à 4 francs 103 millièmes le mètre cube (n° 73).	» »	0 258
	Façon. Pour battre, étendre et polir le mortier (p. 139, n° 56).	» »	0 304
	Premier déboursé. .	» »	0 559
	Faux-frais, 1⁊20 de la main-d'œuvre. .	» »	0 045
	Déboursé total. .	» »	0 574
	Bénéfice, 1⁊10 de la dépense. .	» »	0 057
	Valeur d'un mètre superficiel. .	» »	0 631
	2°. — En béton.		
249	Sous-détail d'un mètre superficiel d'aires de 5 centimètres d'épais-seur , en béton composé de chaux hydraulique du pays , de graviers et de sable de plaine ou de carrière.		
	Fournitures. Béton en œuvre , y compris déchet, 0 m. 052 millimè-tres cubes (page 112 , 17ᵉ table), à 6 francs 295 millièmes le mètre cube (n° 162).	» »	0 327
	Façon. Pour battre , étendre et polir le mortier (p. 140, n° 57).	» »	0 226
	Premier déboursé. .	» »	0 553
	Faux-frais, 1⁊20 de la main-d'œuvre. .	» »	0 011
	Déboursé total. .	» »	0 564
	Bénéfice, 1⁊10 de la dépense. .	» »	0 056
	Valeur d'un mètre superficiel. .	» »	0 620
250	Sous-détail d'un mètre superficiel d'aires de 6 centimètres d'épais-seur , en béton comme ci-dessus.		
	Fournitures. Béton en œuvre , y compris déchet , 0 m. 063 millimè-tres cubes (page 112 , 17ᵉ table) , à 6 francs 295 millièmes le mètre cube (n° 162).	» »	0 397
	Façon. Comme au numéro précédent.	» »	0 226
	Premier déboursé. .	» »	0 623
	Faux-frais, 1⁊20 de la main-d'œuvre. .	» »	0 011
	Déboursé total. .	» »	0 634
	Bénéfice , 1⁊10 de la dépense. .	» »	0 063
	Valeur d'un mètre superficiel. .	» »	0 697

Numéros d'ordre.	DÉSIGNATION.	VALEURS	
		partielles.	totales.
		fr. mil.	fr. mil.
251	Sous-détail d'un mètre superficiel d'aires, de 7 centimètres d'épaisseur , en béton commé au numéro 249.		
	—		
	Fournitures. Béton en œuvre , y compris déchet, 0 m. 073 millimètres cubes (page 112 , 17ᵉ table) , à 6 francs 295 millièmes le mètre cube (n° 162).	» »	0 460
	Façon. Comme au numéro 249.	» »	0 226
	Premier déboursé. .	» »	0 686
	Faux-frais, 1|20 de la main-d'œuvre. .	» »	0 011
	Déboursé total. .	» »	0 697
	Bénéfice, 1|10 de la dépense. .	» »	0 070
	Valeur d'un mètre superficiel. .	» »	0 767
252	Sous-détail d'un mètre superficiel d'aires, de 8 centimètres d'épaisseur , en béton comme au numéro 249.		
	—		
	Fournitures. Béton en œuvre , y compris déchet , 0 m. 084 millimètres cubes (page 112 , 17ᵉ table) , à 6 francs 295 millièmes le mètre cube (n° 162).	» »	0 529
	Façon. Comme au numéro 249.	» »	0 226
	Premier déboursé. .	» »	0 755
	Faux-frais, 1|20 de la main-d'œuvre. .	» »	0 011
	Déboursé total. .	» »	0 766
	Bénéfice , 1|10 de la dépense. .	» »	0 077
	Valeur d'un mètre superficiel. .	» »	0 843
253	Sous-détail d'un mètre superficiel d'aires, de 9 centimètres d'épaisseur , en béton comme au numéro 249.		
	—		
	Fournitures. Béton en œuvre , y compris déchet , 0 m. 094 millimètres cubes (page 112, 17ᵉ table) , à 6 francs 295 millièmes le mètre cube (n° 162).	» »	0 592
	Façon. Comme au numéro 249.	» »	0 226
	Premier déboursé. .	» »	0 818
	Faux-frais, 1|20 de la main-d'œuvre. .	» »	0 011
	Déboursé total. .	» »	0 829
	Bénéfice , 1|10 de la dépense. .	» »	0 083
	Valeur d'un mètre superficiel. .	» »	0 912

Numéros d'ordre.	DÉSIGNATION.	VALEURS			
		Partielles.		Totales.	
		fr.	m.	fr.	m.
254	Sous-détail d'un mètre superficiel d'aires, de 10 centimètres d'épaisseur, en béton comme au numéro 249.				
	Fournitures. Béton en œuvre, y compris déchet, 0 m. 105 millimètres cubes (page 112, 17ᵉ table), à 6 francs 295 millièmes le mètre cube (n° 162).	»	»	0	664
	Façon. Comme au numéro 249.	»	»	0	226
	Premier déboursé.	»	»	0	887
	Faux-frais, 1|20 de la main-d'œuvre.	»	»	0	011
	Déboursé total.	»	»	0	898
	Bénéfice, 1|10 de la dépense.	»	»	0	090
	Valeur d'un mètre superficiel.	»	»	0	988

3°.—*En matières pulvérulentes.*

Numéros d'ordre.	DÉSIGNATION.	Partielles.		Totales.	
255	Sous-détail d'un mètre superficiel d'aires, de 5 centimètres d'épaisseur, en matières réduites en poudre.				
	Fournitures. Matières en œuvre, y compris déchet, 0 m. 052 millimètres cubes (page 112, 17ᵉ table), à 3 francs le mètre cube (prix fictif).	»	»	0	156
	Façon. Régalement et pilonnage (page 140, n° 58).	»	»	0	150
	Premier déboursé.	»	»	0	306
	Faux-frais, 1|20 de la main-d'œuvre.	»	»	0	008
	Déboursé total.	»	»	0	314
	Bénéfice, 1|10 de la dépense.	»	»	0	031
	Valeur d'un mètre superficiel.	»	»	0	345
256	Sous-détail d'un mètre superficiel d'aires, de 6 centimètres d'épaisseur, en matières réduites en poudre.				
	Fournitures. Matières en œuvre, y compris déchet, 0 m. 063 millimètres cubes (page 112, 17ᵉ table), à 3 francs le mètre cube (prix fictif).	»	»	0	189
	Façon. Comme au numéro précédent, ci	»	»	0	150
	Premier déboursé.	»	»	0	339
	Faux-frais, 1/20 de la main-d'œuvre.	»	»	0	008
	Déboursé total.	»	»	0	347
	Bénéfice, 1|10 de la dépense.	»	»	0	035
	Valeur d'un mètre superficiel.	»	»	0	382

Numéros d'ordre.	DÉSIGNATION.	VALEURS	
		partielles.	totales.
		fr. mil.	fr. mil.
257	Sous-détail d'un mètre superficiel d'aires, de 7 centimètres d'épais-seur , en matières réduites en poudre.		
	Fournitures. Matières en œuvre , y compris déchet , 0 m. 073 milli-mètres cubes (page 112 , 17ᵉ table) , à 3 francs le mètre cube (prix fictif).	» »	0 219
	Façon. Comme au numéro 255.	» »	0 150
	Premier déboursé. .	» »	0 369
	Faux-frais , 1/20 de la main-d'œuvre. .	» »	0 008
	Déboursé total. .	» »	0 377
	Bénéfice , 1/10 de la dépense. .	» »	0 038
	Valeur d'un mètre superficiel. ..	» »	0 415
258	Sous-détail d'un mètre superficiel d'aires, de 8 centimètres d'épais-seur , en matières réduites en poudre.		
	Fournitures. Matières en œuvre , y compris déchet, 0 m. 084 mill. cubes (p. 112, 17ᵉ table), à 3 fr. le m. cube (prix fictif).	» »	0 252
	Façon. Comme au numéro 255.	» »	0 150
	Premier déboursé. . .	» »	0 402
	Faux-frais , 1/20 de la main-d'œuvre. .	» »	0 008
	Déboursé total. .	» »	0 440
	Bénéfice , 1/10 de la dépense. .	» »	0 044
	Valeur d'un mètre superficiel. .	» »	0 454
259	Sous-détail d'un mètre superficiel d'aires, de 9 centimètres d'épais-seur , en matières réduites en poudre.		
	Fournitures. Matières en œuvre , y compris déchet , 0 m. 094 milli-mètres cubes (page 112., 17ᵉ table) , à 3 francs le mètre cube (prix fictif).	» »	0 282
	Façon. Comme au numéro 255.	» »	0 150
	Premier déboursé. .	» »	0 432
	Faux-frais , 1/20 de la main-d'œuvre. .	» »	0 008
	Déboursé total. . . .	» »	0 440
	Bénéfice , 1/10 de la dépense. .	» »	0 044
	Valeur d'un mètre superficiel. .	» »	0 484

Numéros d'ordre.	DÉSIGNATION.	VALEURS			
		Partielles.		Totales.	
		fr.	mil.	fr.	mil.
260	Sous-détail d'un mètre superficiel d'aires, de 10 centimètres d'épaisseur, en matières réduites en poudre.				
	Fournitures. Matières en œuvre, y compris déchet, 0 m. 105 millimètres cubes (page 112, 17e table), à 3 francs le mètre cube (prix fictif).	»	»	0	315
	Façon. Comme au numéro 255.	»	»	0	150
	Premier déboursé. ,	»	»	0	465
	Faux-frais, 1/20 de la dépense. .	»	»	0	008
	Déboursé total. .	»	»	0	473
	Bénéfice, 1/10 de la dépense. .	»	»	0	047
	Valeur d'un mètre superficiel. .	»	»	0	520

ARTICLE IV.

DES ENDUITS, CRÉPIS OU PLAFONDS.

1°. — *Enduits, crépis ou plafonds au gris, sur moellons, sur murs en briques ou sur vieilles lattes restant en place.*

Numéros d'ordre.	DÉSIGNATION.	Partielles.		Totales.	
261	Sous-détail d'un mètre superficiel d'enduits ; crépis ou plafonds gris, à 1 couche de 0 mètre 005 millimètres d'épaisseur, en mortier de chaux grasse du pays et sable de plaine ou de carrière.				
	Fournitures. { Mortier en œuvre, y compris déchet, 0 m. 005 millimètres cubes (page 113, 18e table), à 4 francs 103 millièmes le mètre cube (n° 73). , ...	0	021	0	051
	Bourre grise en œuvre, y compris déchet, 0 kil. 076 grammes (page 113, 19e table), à 40 fr. les 100 kil.	0	030		
	Façon. Pour gratter, nettoyer les joints des murs et appliquer le mortier (page 140, n° 59).	»	»	0	120
	Premier déboursé. .	»	»	0	171
	Faux-frais, 1/20 de la main-d'œuvre. .	»	»	0	006
	Déboursé total. .	»	»	0	177
	Bénéfice, 1/10 de la dépense. .	»	»	0	018
	Valeur d'un mètre superficiel. .	»	»	0	195
262	Sous-détail d'un mètre superficiel d'enduits, crépis ou plafonds au gris, à 1 couche de 0 mètre 01 centimètre d'épaisseur, en mortier, comme au numéro précédent.				

Numéros d'ordre.	DÉSIGNATION	VALEURS Partielles.		VALEURS Totales.	
		fr.	mil.	fr.	mil.
	Fournitures. { Mortier en œuvre, y compris déchet, 0 m. 010 millimètres cubes (page 113, 18ᵉ table), à 4 francs 103 millièmes le mètre cube (n°. 73).	0	044	0	104
	Bourre grise en œuvre, y compris déchet, 0 kil. 151 grammes (page 113, 19ᵉ table), à 40 francs les cent kilog.	0	060		
	Façon. Comme au numéro précédent.	»	»	0	120
	Premier déboursé.	»	»	0	224
	Faux-frais, 1|20 de la main-d'œuvre.	»	»	0	006
	Déboursé total.	»	»	0	227
	Bénéfice, 1|10 de la dépense.	»	»	0	023
	Valeur d'un mètre superficiel.	»	»	0	250
263	Sous-détail d'un mètre superficiel d'enduits, crépis ou plafonds au gris, à deux couches de 0 m. 01 centimètre d'épaisseur ensemble, en mortier comme au numéro 261.				
	Fournitures. Comme au numéro 262.	»	»	0	104
	Façon. Pour gratter, nettoyer les joints et appliquer le mortier, page 140, n° 66.	»	»	0	208
	Premier déboursé.	»	»	0	309
	Faux-frais, 1|20 de la main-d'œuvre.	»	»	0	010
	Déboursé total.	»	»	0	319
	Bénéfice, 1|10 de la dépense.	»	»	0	032
	Valeur d'un mètre superficiel.	»	»	0	351
264	Sous-détail d'un mètre superficiel d'enduits, crépis ou plafonds au gris, à 2 couches de 0 mètre 015 millimètres d'épaisseur ensemble, en même mortier qu'au numéro 261.				
	Fournitures. { Mortier en œuvre, y compris déchet, 0 mètre 016 millimètres cubes (page 113, 18ᵉ table), à 4 francs 103 millièmes le mètre cube (n° 73).	0	066	0	157
	Bourre grise en œuvre, y compris déchet, 0 kil. 227 grammes (page 113, 19ᵉ table), à 40 francs les cent kilogrammes.	0	094		
	Façon. Comme au numéro 263.	»	»	0	208
	Premier déboursé.	»	»	0	365
	Faux-frais, 1|20 de la main-d'œuvre.	»	»	0	010
	Déboursé total.	»	»	0	375
	Bénéfice, 1|10 de la dépense.	»	»	0	038
	Valeur d'un mètre superficiel.	»	»	0	413

Numéros d'ordre.	DÉSIGNATION.	VALEURS	
		partielles.	totales.
		fr. mil.	fr. mil.
265	Sous-détail d'un mètre superficiel d'enduits , crépis ou plafonds au gris , à 2 couches de 0 mètre 020 millimètres d'épaisseur ensemble, en même mortier qu'au numéro 261.		
	Fournitures. { Mortier en œuvre , y compris déchet , 0 mètre 021 millimètres cubes (page 113, 18ᵉ table) , à 4 francs 103 millièmes le mètre cube (nº 73).	0 086	0 207
	Bourré grise en œuvre, y compris déchet, 0 kil. 303 gr. (page 113, 19ᵉ table), à 40 francs les cent kilogram.	0 121	
	Façon. Comme au numéro 263.	» »	0 208
	Premier déboursé. .	» »	0 415
	Faux-frais , 1/20 de la main-d'œuvre. .	» »	0 010
	Déboursé total· .	» »	0 425
	Bénéfice , 1/10 de la dépense. .	» »	0 043
	Valeur d'un mètre superficiel. .	» »	0 468
266	Sous-détail d'un mètre superficiel d'enduits , crépis ou plafonds au gris , à 3 couches de 0 mètre 015 millimètres d'épaisseur ensemble, en même mortier qu'au numéro 261.		
	Fournitures. Comme au numéro 264.	» »	0 157
	Façon. Pour gratter, nettoyer les joints des murs et appliquer le mortier (page 140, numéro 61).	» »	0 268
	Premier déboursé. .	» »	0 425
	Faux-frais, 1/20 de la main-d'œuvre. .	» »	0 043
	Déboursé total. .	» »	0 438
	Bénéfice, 1/10 de la dépense. .	» »	0 044
	Valeur d'un mètre superficiel. .	» »	0 482
267	Sous-détail d'un mètre superficiel d'enduits , crépis ou plafonds au gris , à 3 couches de 0 mètre 020 millimètres d'épaisseur ensemble, en mortier comme au numéro 261.		
	Fournitures. Comme au numéro 265.	» »	0 207
	Façon. Comme au numéro 266.	» »	0 268
	Premier déboursé. .	» »	0 475
	Faux-frais , 1/20 de la main-d'œuvre. .	» »	0 043
	Déboursé total. .	» »	0 488
	Bénéfice , 1/10 de la dépense. .	» »	0 049
	Valeur d'un mètre superficiel. .	» »	0 537

Numéros d'ordre.	DÉSIGNATION.	VALEURS	
		partielles.	totales.
		fr. mil.	fr. mil.
268	Sous-détail d'un mètre superficiel d'enduits, crépis ou plafonds au gris, à 3 couches de 0 mètre 025 millimètres d'épaisseur ensemble, en mortier comme au numéro 261.		
	Fournitures. { Mortier en œuvre, y compris déchet, 0 mètre 026 millimètres cubes (page 113, 18ᵉ table), à 4 francs 103 millièmes le mètre cube (numéro 73). . . .	0 107	0 259
	Bourre grise en œuvre, y compris déchet, 0 kil. 379 gr. (page 113, 19ᵉ table), à 40 francs les 100 kilogram.	0 152	
	Façon. Comme au numéro 266.	» »	0 268
	Premier déboursé. .	» »	0 527
	Faux-frais, 1|20 de la main-d'œuvre. .	» »	0 013
	Déboursé total. .	» »	0 540
	Bénéfice, 1|10 de la dépense. .	» »	0 054
	Valeur d'un mètre superficiel. .	» »	0 594

2°. *Enduits, crépis ou plafonds au gris, sur lattes neuves.*

Numéros d'ordre.	DÉSIGNATION.	VALEURS	
		partielles.	totales.
269	Sous-détail d'un mètre superficiel d'enduits, crépis ou plafonds au gris, sur lattes neuves, à une couche de 0 mètre 005 millimètres d'épaisseur, en mortier comme au numéro 264.		
	Fournitures. { Mortier en œuvre, y compris déchet, comme au numéro 261.	0 021	0 505
	Bourre grise en œuvre, y compris déchet, comme au numéro 261.	0 030	
	Lattes en œuvre, y compris déchet, 22 (page 113, 20ᵉ table), à 1 franc 30 centimes la botte de cent lattes (page 99).	0 226	
	Clous en œuvre, y compris déchet, 105 (page 113, 21ᵉ table), à 0 franc 80 centimes le kilogramme ou les cinq cents environ (page 99).	0 168	
	Façon. Pour clouer les lattes et appliquer la première couche (page 141, numéro 62).	» »	0 217
	Premier déboursé. .	» »	0 722
	Faux-frais, 1|20 de la main-d'œuvre. .	» »	0 011
	Déboursé total. .	» »	0 733
	Bénéfice, 1|10 de la dépense. .	» »	0 073
	Valeur d'un mètre superficiel. .	» »	0 806
270	Sous-détail d'un mètre superficiel d'enduits, crépis ou plafonds au gris, sur lattes neuves, à une couche de 0 m. 01 centimètre d'épaisseur, en mortier comme au numéro 261.		

Numéros d'ordre.	DÉSIGNATION.	VALEURS	
		Partielles.	Totales.
		fr.　mil.	fr.　mil.
	Fournitures. { Mortier et bourre grise en œuvre, y compris déchet, comme au numéro 262.	0　101	} 0　555
	Lattes et clous en œuvre, y compris déchet, comme au numéro 269.	0　454	
	Façon.　Comme au numéro 269.	»　»	0　217
	Premier déboursé. .	»　»	0　772
	Faux-frais, 1|20 de la main-d'œuvre. .	»　»	0　011
	Déboursé total. .	»　»	0　783
	Bénéfice, 1|10 de la dépense. .	»　»	0　078
	Valeur d'un mètre superficiel. .	»　»	0　861
271	Sous-détail d'un mètre superficiel d'enduits, crépis ou plafonds au gris, sur lattes neuves, à deux couches de 0 m. 015 millimètres d'épaisseur ensemble, en mortier comme au n° 261.		
	Fournitures. { Mortier et bourre grise en œuvre, y compris déchet, comme au numéro 264.	0　157	} 0　611
	Lattes et clous en œuvre, y compris déchet, comme au numéro 269.	0　454	
	Façon.　Comme à la page 141, n° 63, ...	»　»	0　374
	Premier déboursé. .	»　»	0　985
	Faux-frais, 1|20 de la main-d'œuvre. .	»　»	0　019
	Déboursé total. .	»　»	1　004
	Bénéfice, 1|10 de la dépense. .	»　»	0　100
	Valeur d'un mètre superficiel. .	»　»	1　104
272	Sous-détail d'un mètre superficiel d'enduits, crépis ou plafonds, au gris, sur lattes neuves, à deux couches de 0 m. 020 millimètres d'épaisseur ensemble, en mortier comme au n° 261.		
	Fournitures. { Mortier et bourre grise en œuvre, y compris déchet, comme au numéro 265.	0　207	} 0　661
	Lattes et clous en œuvre, y compris déchet, comme au numéro 269.	0　454	
	Façon.　Comme au numéro 271.	»　»	0　374
	Premier déboursé. .	»　»	1　035
	Faux-frais, 1|20 de la main-d'œuvre. .	»　»	0　019
	Déboursé total. .	»　»	1　054
	Bénéfice, 1|10 de la dépense. .	»　»	0　105
	Valeur d'un mètre superficiel. .	»　»	1　159

Numéros d'ordre.	DÉSIGNATION.	VALEURS	
		Partielles.	Totales.
		fr. mil.	fr. mil.
273	Sous-détail d'un mètre superficiel d'enduits, crépis ou plafonds, au gris, sur lattes neuves, à trois couches de 0 m. 015 millimètres d'épaisseur ensemble, en mortier comme au n° 261.		
	Fournitures. Comme au numéro 271.	» »	0 611
	Façon. Comme à la page 141, numéro 64.	» »	0 494
	Premier déboursé.	» »	1 105
	Faux-frais, 1|20 de la main-d'œuvre.	» »	0 025
	Déboursé total.	» »	1 130
	Bénéfice, 1|10 de la dépense.	» »	0 113
	Valeur d'un mètre superficiel.	» »	1 243
274	Sous-détail d'un mètre superficiel d'enduits, crépis ou plafonds, au gris, sur lattes neuves, à trois couches de 0 m. 020 millimètres d'épaisseur ensemble, en mortier comme au n° 261.		
	Fournitures. Comme au numéro 272.	» »	0 661
	Façon. Comme au numéro précédent.	» »	0 494
	Premier déboursé.	» »	1 155
	Faux-frais, 1|20 de la main-d'œuvre.	» »	0 025
	Déboursé total.	» »	1 180
	Bénéfice, 1|10 de la dépense.	» »	0 118
	Valeur d'un mètre superficiel.	» »	1 298
275	Sous-détail d'un mètre superficiel d'enduits, crépis ou plafonds au gris, sur lattes neuves, à 3 couches de 0 m. 025 millimètres d'épaisseur ensemble, en mortier comme au n° 261.		
	Fournitures. { Mortier et bourre grise en œuvre, y compris déchet, comme au numéro 268.	0 259	0 713
	Lattes et clous en œuvre, y compris déchet, comme au numéro 269.	0 454	
	Façon. Comme au numéro 273.	» »	0 494
	Premier déboursé.	» »	1 207
	Faux-frais, 1|20 de la main-d'œuvre.	» »	0 025
	Déboursé total.	» »	1 232
	Bénéfice, 1|10 de la dépense.	» »	0 123
	Valeur d'un mètre superficiel.	» »	1 355

Numéros d'ordre.	DÉSIGNATION.	VALEURS	
		Partielles.	Totales.
		fr. mil.	fr. mil.
	3°.—*Enduits, crépis ou plafonds au blanc, sur moellons, sur murs en briques ou sur vieilles lattes restant en place.*		
	En chaux grasse du pays.		
276	Sous-détail d'un mètre superficiel d'enduits, crépis ou plafonds au blanc, à 1 couche de 0 m. 005 millimètres d'épaisseur, en chaux grasse du pays (non compris la fourniture des lattes).		
	Fournitures. Chaux en œuvre, y compris déchet, 0 m. 005 millimètres cubes (page 114, 22ᵉ table), à 3 francs 9394 millièmes le mètre cube (n° 13).	0 020	0 081
	Bourre blanche en œuvre, y compris déchet, 0 kil. 076 grammes (page 114, 23ᵉ table), à 80 francs les 100 kilogrammes.	0 061	
	Façon. Comme au numéro 261.	» »	0 120
	Premier déboursé.	» »	0 201
	Faux-frais, 1|20 de la main-d'œuvre.	» »	0 006
	Déboursé total.	» »	0 207
	Bénéfice, 1|10 de la dépense.	» »	0 021
	Valeur d'un mètre superficiel.	» »	0 228
277	Sous-détail d'un mètre superficiel d'enduits, crépis ou plafonds au blanc, à 1 couche de 0 m. 01 centimètre d'épaisseur, en chaux comme au numéro 276.		
	Fournitures. Chaux en œuvre, y compris déchet, 0 m. 010 millimètres cubes (page 114, 22ᵉ table), à 3 francs 9394 millièmes le mètre cube (n° 13).	0 039	0 160
	Bourre blanche en œuvre, y compris déchet, 0 kil. 151 grammes (page 114, 23ᵉ table), à 80 francs les cent kilogrammes.	0 021	
	Façon. Comme au numéro 276.	» »	0 120
	Premier déboursé.	» »	0 280
	Faux-frais, 1|20 de la main-d'œuvre.	» »	0 006
	Déboursé total.	» »	0 286
	Bénéfice, 1|10 de la dépense.	» »	0 029
	Valeur d'un mètre superficiel.	» »	0 315
278	Sous-détail d'un mètre superficiel d'enduits, crépis ou plafonds au blanc, à deux couches de 0 m 01 centimètre d'épaisseur, en chaux, comme au numéro 276.		

Numéros d'ordre.	DÉSIGNATION.	VALEURS	
		partielles.	totales.
		fr. mil.	fr. mil.
	Fournitures. Comme au numéro précédent.	» »	0 160
	Façon. Comme au numéro 263.	» »	0 208
	Premier déboursé. .	» »	0 368
	Faux-frais, 1|20 de la main-d'œuvre. .	» »	0 010
	Déboursé total. .	» »	0 378
	Bénéfice, 1|10 de la dépense. .	» »	0 038
	Valeur d'un mètre superficiel. .	» »	0 416
279	Sous-détail d'un mètre superficiel d'enduits, crépis ou plafonds au blanc, à deux couches de 0 m. 015 millimètres d'épaisseur ensemble, en chaux, comme au numéro 276.		
	Fournitures. Chaux en œuvre, y compris déchet, 0 m. 016 millimètres cubes (page 114, 22e table), à 3 fr. 9394 millièmes le mètre cube (numéro 13.) . . .	0 063	0 245
	Bourre blanche en œuvre, y compris déchet, 0 kil. 227 grammes (page 114, 23e table), à 80 francs les cent kilogrammes.	0 182	
	Façon. Comme au numéro précédent, ci.	» »	0 208
	Premier déboursé. .	» »	0 453
	Faux-frais, 1|20 de la main-d'œuvre. .	» »	0 010
	Déboursé total. .	» »	0 463
	Bénéfice, 1|10 de la dépense. .	» »	0 046
	Valeur d'un mètre superficiel. .	» »	0 509
	En plâtre de Montmartre.		
280	Sous-détail d'un mètre superficiel d'enduits, crépis ou plafonds en plâtre de Montmartre, de 0 m. 005 millimètres d'épaisseur.		
	Fournitures. Plâtre en œuvre, 0 m. 005 millimètres cubes, ou 6 kilog. 440 grammes environ (page 114, 24e table), à 11 francs les cent kilogr. (page 99).	» »	0 708
	Façon. Comme à la page 142, numéro 68.	» »	0 300
	Premier déboursé. .	» »	1 008
	Faux-frais, 1|20 de la main-d'œuvre. .	» »	0 015
	Déboursé total. .	» »	1 023
	Bénéfice, 1|10 de la dépense. .	» »	0 102
	Valeur d'un mètre superficiel. .	» »	1 125

Numéros d'ordre.	DÉSIGNATION.	VALEURS			
		partielles.		totales.	
		fr.	mil.	fr.	mil.
281	Sous-détail d'un mètre superficiel d'enduits , crépis ou plafonds en plâtre de Montmartre , de 0 m. 010 millimètres d'épaisseur.				
	Fournitures. Plâtre en œuvre , 0 m. 010 millimètres cubes , ou 12 kilog. 880 grammes environ (page 114, 24e table), à 11 francs les cent kilog. (page 99).	»	»	1	416
	Façon. Comme au numéro 280.	»	»	0	300
	Premier déboursé. .	»	»	1	716
	Faux-frais , 1/20 de la main-d'œuvre. .	»	»	0	015
	Déboursé total. .	»	»	1	731
	Bénéfice , 1/10 de la dépense. .	»	»	0	173
	Valeur d'un mètre superficiel. .	»	»	1	904
282	Sous-détail d'un mètre superficiel d'enduits , crépis ou plafonds en plâtre de Montmartre , de 0 mètre 015 mill. d'épaisseur.				
	Fournitures. Plâtre en œuvre , 0 mètre 015 millimètres cubes , ou 19 kilog. 320 grammes environ (page 114, 24e table), à 11 francs les 100 kilog. (page 99).	»	»	2	125
	Façon, Comme au numéro 280.	»	»	0	300
	Premier déboursé. .	»	»	2	425
	Faux-frais, 1|20 de la main-d'œuvre. .	»	»	0	015
	Déboursé total. .	»	»	2	440
	Bénéfice , 1|10 de la dépense. .	»	»	0	244
	Valeur d'un mètre superficiel. .	»	»	2	684

ARTICLE V.

BLANCHISSAGES AU LAIT DE CHAUX.

Numéros d'ordre.	DÉSIGNATION.	VALEURS			
283	Sous-détail de cent mètres superficiels de blanchissages au lait de chaux grasse du pays , sur une couche.				
	Fournitures. Chaux coulée en œuvre, 0 mètre 005 millimètres cubes (page 114 , 25e table), à 3 francs 9394 millièmes le mètre cube (numéro 13).	»	»	0	0197
	Façon. Pour un mètre carré, 0 franc 013 millièmes, comme à la page 141, n° 65 , et pour cent mètres superficiels.	»	»	1	3000
	Premier déboursé. .	»	»	1	3197
	Faux-frais, 1|20 de la main-d'œuvre. .	»	»	0	0650

Numéros d'ordre.	DÉSIGNATION.	VALEURS	
		partielles.	totales.
		fr. mil.	fr. mil.
	Report.	» »	1 3847
	Déboursé total.	» »	1 3847
	Bénéfice, 1|10 de la dépense.	» »	0 1385
	Valeur de cent mètres superficiels.	» »	1 5232
	Valeur d'un seul mètre.	» »	0 015
284	Sous-détail de cent mètres superficiels de blanchissages au lait de chaux grasse du pays , sur 2 couches.		
	Fournitures. Chaux coulée en œuvre , 0 mètre 009 millimètres cubes (page 114, 25ᵉ table), à 3 francs 9394 millièmes le mètre cube (numéro 13).	» »	0 0355
	Façon. Comme à la page 141 , numéro 66.	» »	2 2000
	Premier déboursé.	» »	2 2355
	Faux-frais , 1|20 de la main-d'œuvre.	» »	0 1100
	Déboursé total.	» »	2 3455
	Bénéfice, 1|10 de la dépense.	» »	0 2346
	Valeur de cent mètres superficiels.	» »	2 5801
	Valeur d'un seul mètre.	» »	0 026
285	Sous-détail de cent mètres superficiels de blanchissages au lait de chaux grasse du pays , à 3 couches.		
	Fournitures. Chaux coulée en œuvre, 0 mètre 012 millimètres cubes (page 114 , 25ᵉ table) , à 3 francs 9394 millièmes le mètre cube (numéro 13).	» »	0 0473
	Façon. Comme à la page 142 , numéro 67.	» »	3 1000
	Premier déboursé.	» »	3 1473
	Faux-frais , 1/20 de la main-d'œuvre.	» »	0 1550
	Déboursé total.	» »	3 3023
	Bénéfice, 1|10 de la dépense.	» »	0 3302
	Valeur de cent mètres superficiels	» »	3 6325
	Valeur d'un seul mètre.	» »	0 036

Numéros d'ordre.	DÉSIGNATION.	VALEURS	
		Partielles.	Totales.
		fr. mil.	fr. mil.
	ARTICLE VI. CIMENTS ROMAINS ET CHAUX HYDRAULIQUE EN POUDRE DE ST.-QUENTIN (1).		
	1°. Pour enduits , crépis ou plafonds.		
286	Sous-détail d'un mètre superficiel d'enduits , crépis ou plafonds (sans fournitures de lattes) , de 0 mètre 01 centimètre d'épaisseur, en ciment romain de Pouilly ou ciment Lacordaire.		
	Fournitures. — Ciment romain en œuvre, 6 kilog. 667 grammes , à 11 francs les cent kilog. (page 99).	0 733	0 763
	Sablé en œuvre, 0 mètre 010 millimètres cubes , à 3 francs le mètre cube (page 99).	0 030	
	Façon. — Temps pour gâcher le ciment , le mêler avec le sable et l'employer :		
	0 h. 40 minutes de maçon ordinaire , à 0 franc 267 mill. l'heure.	0 178	0 301
	0 h. 40 id. de manœuvre , à 0 franc 184 mil. l'heure.	0 123	
	Premier déboursé. .	» »	1 064
	Faux-frais , 1/20 de la main-d'œuvre. .	» »	0 015
	Déboursé total. .	» »	1 079
	Bénéfice, 1/10 de la dépense. .	» »	0 008
	Valeur d'un mètre superficiel. .	» »	1 187

(1) N'ayant eu occasion que de faire un très-petit nombre d'expériences sur l'emploi des ciments romains et de la chaux hydraulique en poudre de St.-Quentin, je ne présente point la valeur des sous-détails de ces sortes d'ouvrages comme invariables, surtout pour la main-d'œuvre. On pourra au besoin, au moyen des données que je donne ci-dessus, parvenir à connaître exactement le prix de revient de l'unité, lors de la mise en usage de ces matières, en procédant comme aux détails du présent article.

Je ne parlerai que du ciment romain de Pouilly, ou ciment ou Lacordaire. Quant à la chaux hydraulique en poudre de St.-Quentin, et aux autres espèces de ciment, je n'en ferai point mention, puisque ces matières ont la même propriété et s'emploient de la même manière que le ciment de Pouilly. Il n'y a de différence que dans le prix de la matière première.

Propriété et utilité du ciment romain de Pouilly.

La propriété si précieuse du ciment de Pouilly, de durcir en moins d'une demi-heure, son imperméabilité, le rendent d'une grande utilité dans tous les travaux hydrauliques , de même qu'aux enduits intérieurs ou extérieurs immergés, à la construction des aqueducs, bassins, réservoirs, trottoirs, salles de bains, radiers, citernes de toute espèce, soit pour contenir de l'eau, de l'huile, de la bière, ou toutes espèces de liquides. En général, il convient dans toutes les parties du bâtiment exposées à l'humidité.

Les enduits sur murs doivent avoir au moins un centimètre sur 3 centimètres au plus d'épaisseur.

Manière d'employer le ciment de Pouilly.

Ce ciment se mélange avec le sable , soit par partie égale en volume , soit dans le rapport de 3/5 de sable contre 2/5 de ciment. Le sable qu'on doit préférer est celui de rivière.

Le mortier de ciment doit se gâcher comme le plâtre avec de l'eau claire , ou de la couleur que l'on désire donner à cette matière , d'un volume à peu près égal au tiers du ciment que l'on veut employer ; on triture fortement jusqu'à ce que ce mélange forme une pâte molle, mais d'une certaine consistance. Il faut en gâcher peu à la fois en raison de son prompt durcissement.

Pour faire un mètre carré d'enduit , sur trois centimètres d'épaisseur , il faut ordinairement 20 kilogrammes de ciment avec un volume égal de sable.

Quand on veut appliquer ce ciment sur d'anciennes constructions pour y faire des enduits , il est nécessaire de dégratter au vif les vieux enduits et les joints à 3 centimètres de profondeur , et d'enlever la poussière , la terre , les mousses , etc., qui auraient pu s'attacher aux parois que l'on veut revêtir ; ces parois doivent être en outre fortement humectées ; si elles sont en briques , on devra même les arroser plusieurs fois avant l'application de l'enduit, afin qu'il y adhère intimement.

Numéros d'ordre.	DÉSIGNATION.	VALEURS	
		Partielles.	Totales.
		fr. mil.	fr. mil.
287	Sous-détail d'un mètre superficiel d'enduits , crépis ou plafonds (sans fournitures de lattes) , de 0 m. 02 centimètres d'épaisseur , en ciment , comme au numéro précédent.		
	Fournitures. { Ciment romain en œuvre , 13 kilog. 334 grammes , à 11 francs les cent kilog. (page 99).	1 467	
	Sable en œuvre , 0 m. 020 millimètres cubes , à 3 francs le mètre cube (page 99.)	0 060	1 527
	Façon. Comme au numéro précédent.	» »	0 301
	Premier déboursé. .	» »	1 828
	Faux-frais, 1|20 de la main-d'œuvre. .	» »	0 015
	Déboursé total. .	» »	1 843
	Bénéfice, 1|10 de la dépense. .	» »	0 184
	Valeur d'un mètre superficiel. .	» »	2 027
288	Sous-détail d'un mètre superficiel d'enduits , crépis ou plafonds (sans fournitures de lattes) , de 0 m. 03 centimètres d'épaisseur , en ciment , comme au numéro 281.		
	Fournitures. { Ciment en œuvre , 20 kilogrammes , à 11 francs les cent kilog. (page 99).	2 200	
	Sable en œuvre, 0 m. 030 millimètres cubes , à 3 francs le mètre cube (page 99).	0 090	2 290
	Façon. Comme au numéro 281.	» »	0 301
	Premier déboursé. .	» »	2 591
	Faux-frais, 1|20 de la main-d'œuvre. .	» »	0 015
	Déboursé total. .	» »	2 606
	Bénéfice, 1|10 de la dépense. .	» »	0 261
	Valeur d'un mètre superficiel. .	» »	2 867
	2°—Pour jointoiements ou rejointoiements.		
289	Sous-détail d'un mètre superficiel de jointoiement ou de rejointoiement fait en ciment , comme au numéro 281 , sur parement de maçonnerie de pierres de taille de toute nature , pour murs jusqu'à 2 mètres d'élévation et au-dessous.		
	Fournitures. { Ciment en œuvre , 2 kilog. 700 grammes , à 11 francs les cent kilog. (page 99).	0 297	
	Sable en œuvre , 0 m. 004 millimètres cubes , à 3 francs le mètre cube (page 99).	0 012	0 309

Numéros d'ordre	DÉSIGNATION.	VALEURS	
		Partielles.	Totales.
		fr. mil.	fr. mil.
	Report. .	» »	0 309
	Façon. { Temps pour gâcher le ciment , le mêler avec le sable et l'employer : 0 h. 20 min. de jointoyeur , à 0 fr. 213 mil. l'heure. 0 h. 20 id. de manœuvre , à 0 fr. 184 id. .	 0 071 0 061	 0 132
	Premier déboursé. .	» »	0 441
	Faux-frais, 1|20 de la main-d'œuvre. .	» »	0 007
	Déboursé total. .	» »	0 448
	Bénéfice, 1|10 de la dépense. .	» »	0 045
	Valeur d'un mètre superficiel. .	» »	0 493
290	Sous-détail d'un mètre superficiel de jointoiement ou de rejointoiement fait en ciment , comme au numéro 381 , sur parement de maçonnerie de briques , dont les joints sont fouillés et grattés à deux centimètres de profondeur , pour murs jusqu'à deux mètres d'élévation et au-dessous.		
	Fournitures. { Ciment en œuvre , 5 kil. 400 grammes , à 11 francs les cent kilog. (page 99). . . . . Sable en œuvre , 0 m. 008 millimètres cubes , à 3 francs le mètre cube (page 99).	0 594 0 024	 0 618
	Façon. { Temps pour gratter les joints , gâcher le ciment , le mêler avec le sable et l'employer : 0 h. 40 min. de jointoyeur , à 0 fr. 213 mil. l'heure. 0 h. 40 id. de manœuvre, à 0 fr. 184 , id.	 0 143 0 123	 0 266
	Premier déboursé. ,	» »	0 884
	Faux-frais, 1|20 de la main-d'œuvre. .	» »	0 013
	Déboursé total. .	» »	0 897
	Bénéfice, 1|10 de la dépense. .	» »	0 090
	Valeur d'un mètre superficiel. .	» »	0 987
291	Sous-détail d'un mètre superficiel de jointoiement ou de rejointoiement fait en ciment , comme au numéro 381 , sur parement de maçonnerie de briques , dont les joints sont fouillés et grattés à trois centimètres de profondeur , pour murs jusqu'à deux mètres d'élévation et au-dessous.		
	Fournitures. { Ciment en œuvre , le kil. 667 grammes , à 11 francs les cent kil. (page 99). . . . . . . Sable en œuvre , 0 m. 010 millimètres cubes , à 3 francs le mètre cube (page 99).	0 733 0 030	 0 763
	Façon. Comme au numéro précédent.	» »	0 266

Numéros d'ordre.	DÉSIGNATION.	VALEURS			
		Partielles.		totales.	
		fr.	mil.	fr.	mil.
	Report. . .	»	»	1	029
	Premier déboursé. .	»	»	1	029
	Faux-frais, 1|20 de la main-d'œuvre. .	»	»	0	043
	Déboursé total. .	»	»	1	042
	Bénéfice,1|10 de la dépense. .	»	»	0	104
	Valeur d'un mètre superficiel. .	»	»	1	146

§ 4ᵉ. — DES FAUX-FRAIS ACCIDENTELS.

ARTICLE PREMIER.
DU BARDAGE DES PIERRES.

Numéros d'ordre.	DÉSIGNATION.	Partielles fr.	Partielles mil.	totales fr.	totales mil.
292	Sous-détail du chargement, du déchargement et du transport à 50 mètres de distance, d'un mètre cube de pierre dure ou tendre.				
	Temps pour le chargement, le déchargement et le transport, 12 heures 48 minutes de manœuvre (page 125) , à 184 millièmes l'heure (page 116).	»	»	2	355
	Premier déboursé. .	»	»	2	355
	Faux-frais , 1/20 de la main-d'œuvre. .	»	»	0	048
	Déboursé total. .	»	»	2	473
	Bénéfice , 1/10 de la dépense. .	»	»	0	247
	Valeur du bardage d'un mètre cube. .	»	»	2	720
293	Sous-détail du chargement, du déchargement et du transport à 60 mètres de distance, d'un mètre cube de pierre dure ou tendre.				
	Temps pour le chargement, le déchargement et le transport, 13 heures 12 minutes de manœuvre (page 125) , à 184 millièmes l'heure (page 116) , ci.	»	»	2	429
	Premier déboursé. .	»	»	2	429
	Faux-frais , 1/20 de la main-d'œuvre. .	»	»	0	121
	Déboursé total. .	»	»	2	550
	Bénéfice , 1/10 de la dépense. .	»	»	0	255
	Valeur du bardage d'un mètre cube, à 60 mètres de distance.	»	»	2	805
	idem. à 50 mètres de distance, comme ci-dessus.	»	»	2	720
	Valeur de la plus ou moins-value , au prix de 2 francs 720 millièmes pour chaque distance de 10 mètres en plus ou en moins de celle de 50 mètres.	»	»	0	185

Nota.—Il ne sera point fait mention dans ce paragraphe, des frais nécessités pour l'établissement des échafauds , puisqu'il en a déjà été parlé dans le chapitre 2ᵉ, de la 3ᵉ section, des faux-frais , page 151.

Numéros d'ordre.	DÉSIGNATION.	VALEURS			
		Partielles.		Totales.	
		fr.	m.	fr.	m.
	ARTICLE II.				
	DU MONTAGE DES PIERRES.				
294	Sous-détail du montage à deux mètres de hauteur , d'un mètre cube de pierre dure ou tendre.				
	Temps pour lier ou louver la pierre , la monter à la chèvre , la recevoir sur le tas , la délier et la barder au rouleau , 10 heures 20 min. de manœuvre (page 126) , à 184 mill. l'heure (page 116) , ci.	»	»	1	901
	Premier déboursé. .	»	»	1	901
	Faux-frais , 1|20 de la main-d'œuvre. .	»	»	0	095
	Déboursé total. .	»	»	1	996
	Bénéfice , 1|10 de la dépense, .	»	»	0	200
	Valeur du montage d'un mètre cube. .	»	»	2	196
295	Sous-détail de montage à 4 mètres de hauteur , d'un mètre cube de pierre dure ou tendre.				
	Temps pour lier ou louver la pierre , la monter à la chèvre, la recevoir sur le tas, la délier et la barder au rouleau, 11 heures 40 min. de manœuvre (page 126) , à 184 millièmes l'heure (page 116). .	»	»	2	147
	Premier déboursé. .	»	»	2	147
	Faux-frais, 1|20 de la main-d'œuvre. .	»	»	0	107
	Déboursé total. t	»	»	2	254
	Bénéfice, 1|10 de la dépense. .	»	»	0	225
	Valeur du montage d'un mètre cube , à 4 mètres de hauteur. .	»	»	2	479
	id, à 2 mètres de hauteur, comme ci-dessus. .	»	»	2	196
	Valeur de la plus ou moins-value , au prix de 2 francs 196 millièmes , pour chaque hauteur de 2 mètres en plus ou en moins de celle de deux mètres.	»	»	0	283

DEUXIÈME SECTION.

PRIX DES OUVRAGES.

CHAPITRE UNIQUE.

PRIX ÉLÉMENTAIRES ET D'APPLICATION.

Les prix qui composent le chapitre suivant sont tous basés sur les sous-détails que j'ai donnés précédemment. Ce chapitre forme une série complète des prix des ouvrages de maçonneries ; il contient à lui seul la matière des bordereaux ordinaires, et de plus il est divisé en tableaux qui , par une disposition nouvelle de colonnes , offrent à la fois : les prix élémentaires , la valeur de l'unité et une plus ou moins-value à cette unité , pour chaque franc que coûterait en plus ou en moins les matériaux rendus à pied-d'œuvre, ou la main-d'œuvre des ouvrages, soit par mètre cube , soit par mètre superficiel ; de telle sorte que, sans le secours des sous-détails et sans aucune difficulté , on pourra dans toutes les localités et pour toutes les causes qui pourront se présenter, au moyen de ces tableaux , déterminer la valeur des ouvrages, quels qu'ils soient ; ce qui aura le double avantage d'être utile aux personnes qui n'ont aucune connaissance des travaux de construction , aussi bien qu'à celles accoutumées à l'évaluation des travaux de maçonnerie , mais qui n'auraient pas le temps de se livrer aux recherches qu'exigent la combinaison et la distinction des prix qui concourent à l'appréciation des ouvrages.

Les exemples contenus dans ce nouveau chapitre sont rangés dans le même ordre que les sous-détails du 2me chapitre de la section précitée. Ils sont au nombre de huit cents environ.

PREMIÈRE DIVISION.

DES MORTIERS ET DES BÉTONS.

§ 1er. — DES MORTIERS.

Article Premier.

DE L'EXTINCTION DE LA CHAUX.

		PRIX ÉLÉMENTAIRES (non compris les faux-frais, ni le bénéfice).		VALEUR d'un mètre cube de chaux éteine, y compris les faux-frais et le bénéfice(1).	Plus ou moins-value par mètre cube de chaux éteinte, pour chaque franc que coûterait en plus ou en moins	
		du mètre cube de chaux vive rendu à pied-d'œuvre.	de la main-d'œuvre pour l'extinction d'un mètre cube de chaux vive.		le mètre cube de chaux vive rendu à pied-d'œuvre.	la main-d'œuvre d'un mètre cube de chaux éteinte.
		fr. c.	fr. c.	fr. c.	fr. c.	fr. c.
Chaux grasse.	de Tournai.	20 00		7 48		
	de Péruwelz.	17 00		6 53	0 31	0 33
	du pays.	10 00		4 33		
Chaux hydraulique.	de Tournai.	19 00		21 99		
	de Péruwelz.	17 00	3 61	20 06	0 96	1 01
	du pays.	10 00		13 30		
Chaux maigre.	de Tournai.	18 00		10 63		
	de Péruwelz.	17 00		10 16	0 49	0 31
	du pays.	10 00		6 74		

(1) La chaux est supposée éteinte par le procédé ordinaire ou premier procédé (pages 90, 93 et 162).

Article II.

DE LA FABRICATION DES MORTIERS.

———

1°. *Mortiers de Chaux et Sable.*

			PRIX ÉLÉMENTAIRES (non compris le bénéfice).		VALEUR d'un mètre cube de mortier, y compris le bénéfice.	PLUS OU MOINS-VALUE par mètre cube de mortier, pour chaque franc que coûterait en plus ou en moins	
			du mètre cube de chaux vive rendu à pied-d'œuvre.	du mètre cube de sable rendu à pied-d'œuvre.		le mètre cube de chaux vive rendu à pied-d'œuvre.	le mètre cube de sable rendu à pied-d'œuvre.
			fr. c.	fr. c.	fr. c.	fr. c.	fr. c.
MORTIER DE CHAUX GRASSE	de Tournai. . / de Péruwelz. . / du pays. . .	et sable de plaine ou de carrière.	20 00 / 17 00 / 10 00		5 39 / 5 13 / 4 51	0 09	
	de Tournai. . / de Péruwelz. . / du pays. . .	et sable de ravine.	20 00 / 17 00 / 10 00		6 07 / 5 72 / 4 90	0 12	
	de Tournai. . / de Péruwelz. . / du pays. . .	et sable de rivière.	20 00 / 17 00 / 10 00		6 37 / 5 98 / 5 08	0 13	
MORTIER DE CHAUX HYDRAULIQUE	de Tournai, . / de Péruwelz. . / du pays. . .	et sable de plaine ou de carrière.	10 00 / 17 00 / 10 00		15 17 / 14 13 / 10 48	0 32	
	de Tournai. . / de Péruwelz. . / du pays. . .	et sable de ravine.	19 00 / 17 00 / 10 00	3 00	17 81 / 16 54 / 12 08	0 64	1 10
	de Tournai. . / de Péruwelz. . / du pays. . .	et sable de rivière.	19 00 / 17 00 / 10 00		19 13 / 17 74 / 12 88	0 69	
MORTIER DE CHAUX MAIGRE	de Tournai. . / de Péruwelz. . / du pays. . .	et sable de plaine ou de carrière.	18 00 / 17 00 / 10 00		7 46 / 7 26 / 5 93	0 19	
	de Tournai. . / de Péruwelz. . / du pays. . .	et sable de ravine.	18 00 / 17 00 / 10 00		8 63 / 8 38 / 6 67	0 24	
	de Tournai. . / de Péruwelz. . / du pays. . .	et sable de rivière.	18 00 / 17 00 / 10 00		9 03 / 8 79 / 6 94	0 26	

SUITE DE LA FABRICATION DES MORTIERS.

———

2°. Mortier de Chaux et Ciment du pays.

MORTIER		PRIX ÉLÉMENTAIRES (non compris le bénéfice).		VALEUR d'un mètre cube de mortier, y compris le bénéfice.	PLUS OU MOINS-VALUE par mètre cube de mortier, pour chaque franc que coûterait en plus ou en moins	
		du mètre cube de chaux vive rendu à pied-d'œuvre.	du mètre cube de ciment rendu à pied-d'œuvre.		le mètre cube de chaux vive rendu à pied-d'œuvre.	le mètre cube de ciment rendu à pied-d'œuvre.
		fr. c.	fr. c.	fr. c.	fr. c.	fr. c.
MORTIER DE CHAUX GRASSE.	de Tournay.	20 00		14 74		
	de Péruwelz.	17 00		14 27	0 16	
	du pays.	10 00		13 17		
MORTIER DE CHAUX HYDRAULIQUE.	de Tournay.	19 00		32 99		
	de Péruwelz. (et ciment du pays.)	17 00	10 00	31 06	0 96	1 10
	du pays.	10 00		24 31		
MORTIER DE CHAUX MAIGRE	de Tournay.	18 00		18 03		
	de Péruwelz.	17 00		17 71	0 32	
	du pays.	10 00		15 43		

3°. Mortiers de Chaux et Cendres de Houille.

MORTIER		PRIX ÉLÉMENTAIRES (non compris le bénéfice).		VALEUR d'un mètre cube de mortier, y compris le bénéfice.	PLUS OU MOINS-VALUE par mètre cube de mortier, pour chaque franc que coûterait en plus ou en moins	
		du mètre cube de chaux vive rendu à pied-d'œuvre.	du mètre cube de cendres de houille rendu à pied-d'œuvre.		le mètre cube de chaux vive rendu à pied-d'œuvre.	le mètre cube de cendres de houille rendu à pied-d'œuvre.
		fr. c.	fr. c.	fr. c.	fr. c.	fr. c.
MORTIER DE CHAUX GRASSE.	de Tournay.	20 00		08 14		
	de Péruwelz.	17 00		07 67	0 16	
	du pays.	10 00		06 56		
MORTIER DE CHAUX HYDRAULIQUE.	de Tournai.	19 00		26 39		
	de Péruwelz. (et cendres de houille.)	17 00	4 00	24 46	0 96	1 10
	du pays.	10 00		17 71		
MORTIER DE CHAUX MAIGRE.	de Tournai.	18 00		11 43		
	de Péruwelz.	17 00		11 11	0 32	
	du pays.	10 00		08 86		

4°. Mortiers de Cendrée de Tournai.

	PRIX ÉLÉMENTAIRE d'un mètre cube de cendrée de Tournai, non compris le bénéfice.	VALEUR d'un mètre cube de mortier, y compris le bénéfice.	PLUS OU MOINS-VALUE par mètre cube de mortier, pour chaque franc que coûterait en plus ou en moins le mètre cube de cendrée de Tournai rendu à pied-d'œuvre.
	fr. c.	fr. c.	fr. c.
Mortier de Cendrée de Tournai.	15 00	16 50	1 10

§ 2ᵐᵉ. — DES BÉTONS.

MORTIER DE BÉTON, composé de chaux grasse

- de Tournai. . . / de Péruwelz. . / du pays. . . } de graviers et sable. . . . . . {
- de Tournai. . . / de Péruwelz. . / du pays. . . } de briques concassées et sable. . . {
- de Tournai. . . / de Péruwelz. . / du pays. . . } de graviers, de briques concassées et sable. . . . . {

MORTIER DE BÉTON, composé de chaux hydraulique

- de Tournai. . . / de Péruwelz. . / du pays. . . } de graviers et sable. . . . . . {
- de Tournai. . . / de Péruwelz. . / du pays. . . } de briques concassées et sable. . . {
- de Tournai. . . / de Péruwelz. . / du pays. . . } de graviers, de briques concassées et sable. . . . . {

MORTIER DE BÉTON, composé de chaux maigre

- de Tournai. . . / de Péruwelz. . / du pays. . . } de graviers et sable. . . . . . {
- de Tournai. . . / de Péruwelz. . / du pays. . . } de briques concassées et sable. . . {
- de Tournai. . . / de Péruwelz. . / du pays. . . } de graviers, de briques concassées et sable. . . . . {

PRIX ÉLÉMENTAIRES (non compris le bénéfice.)				VALEUR d'un MÈTRE CUBE de mortier de béton, y compris le bénéfice.	PLUS OU MOINS-VALUE par mètre cube de mortier de béton, pour chaque franc que coûterait en plus ou en moins			
du mètre cube de chaux vive rendu à pied-d'œuvre.	du mètre cube de graviers rendu à pied-d'œuvre.	du mètre cube de briques concassées rendu à pied-d'œuvre.	du mètre cube de sable rendu à pied-d'œuvre.		le mètre cube de chaux vive rendu à pied-d'œuvre.	le mètre cube de graviers rendu à pied-d'œuvre.	le mètre cube de briques concassées rendu à pied-d'œuvre.	le mètre cube de sable rendu à pied-d'œuvre.
fr. c.	fr. c.	fr. c.	fr. c.	fr. c.	fr. c.	fr. c.	fr. c.	fr. c.
20 00				5 44				
17 00				5 16		0 73	» »	
10 00				4 59				
20 00				4 68				
17 00				4 44	0 08	» »	0 73	
10 00				3 87				
20 00				5 44				
17 00				4 87		0 43	0 30	
10 00				4 29				
19 00				9 18				
17 00				8 69		0 73	» »	
10 00				6 93				
19 00				8 46				
17 00	3 00	2 00	3 00	7 95	0 25	» »	0 73	0 43
10 00				6 20				
19 00				8 89				
17 00				8 38		0 43	0 30	
10 00				6 63				
18 00				6 24				
17 00				6 44		0 73	» »	
10 00				5 22				
18 00				5 51				
17 00				5 38	0 43	» »	0 73	
10 00				4 49				
18 00				5 94				
17 00				5 81		0 43	0 30	
10 00				4 92				

DEUXIÈME

DES OUVRAGES

§ 1er. — Des gros Ouvrages de maçonnerie en bétons et en pierres.

Article premier.

MAÇONNERIE DE BÉTONS.

MAÇONNERIE DE BÉTON, EN MORTIER DE CHAUX GRASSE

- de Tournai. de Péruwelz. du pays. } graviers et sable.
- de Tournai. de Péruwelz. du pays. } briques concassées et sable.
- de Tournai. de Péruwelz. du pays. } graviers, briques concassées et sable.

MAÇONNERIE DE BÉTON, EN MORTIER DE CHAUX HYDRAULIQUE

- de Tournai. de Péruwelz. du pays. } graviers et sable.
- de Tournai. de Péruwelz. du pays. } briques concassées et sable.
- de Tournai. de Péruwelz. du pays. } graviers, briques concassées et sable.

MAÇONNERIE DE BÉTON, EN MORTIER DE CHAUX MAIGRE

- de Tournai. de Péruwelz. du pays. } graviers et sable.
- de Tournai. de Péruwelz. du pays. } briques concassées et sable.
- de Tournai. de Péruwelz. du pays. } graviers, briques concassées et sable.

Article deuxième.

MAÇONNERIE DE PIERRES DE TAILLE.

Aux détails qui vont suivre, on devra ajouter la valeur des parements, pour les ouvrages en pierres de taille dures ou tendres, celle du bardage des matériaux, s'ils ne sont pas rendus à pied-d'œuvre, celle du montage des pierres et celle de l'établissement d'échafauds, si les maçonneries, les parements, les enduits, les crépis, les plafonds, les jointoiements, les rejointoiements ou autres ouvrages sont élevés à plus de 2 mètres au-dessus du sol, et celle de toutes autres mains-d'œuvre accidentelles non comprises

DIVISION.

DE CONSTRUCTION.

PRIX ÉLÉMENTAIRES (non compris le bénéfice).		VALEUR d'un mètre cube de maçonnerie de béton , y compris le bénéfice.	PLUS OU MOINS-VALUÉ par mètre cube de maçonnerie de béton , pour chaque franc que coûterait en plus ou en moins	
du mètre cube de mortier de béton rendu à pied-d'œuvre.	de la main-d'œuvre d'un mètre cube de maçonnerie de béton.		le mètre cube de mortier de béton, rendu à pied-d'œuvre.	la main-d'œuvre d'un mètre cube de maçonnerie de béton.
fr. c.	fr. c.	fr. c.	fr. c.	fr. c.
5 41		7 73		
5 16		7 48		
4 59		6 90		
4 68		7 00		
4 44		6 75		
3 87		6 18		
5 11		7 43		
4 87		7 18		
4 29		6 61		
9 18		11 50		
8 69		11 00		
6 93		9 24		
8 46		10 77		
7 95	2 01	10 27	1 10	1 15
6 20		8 52		
8 89		11 20		
8 38		10 70		
6 63		8 94		
6 24		8 55		
6 11		8 42		
5 22		7 53		
5 51		7 83		
5 38		7 70		
4 49		6 81		
5 94		8 25		
5 81		8 13		
4 92		7 24		

ci-dessus, qui pourraient se présenter , en se conformant aux détails développés plus loin.

Bien que le sable de plaine ou de carrière soit d'une qualité inférieure à ceux de ravine et de rivière , je ne présenterai cependant de prix que pour les mortiers composés de cette espèce seulement , comme étant la plus communément employée et la moins rare. Ayant indiqué les proportions des matières entrant dans la composition des mortiers pour les différentes sortes de sable (page 104) , on pourra se rendre compte au besoin de la valeur d'un mètre cube de maçonnerie hourdée en mortier de chaux et sable autre que celui de plaine ou de carrière , en procédant de la même manière qu'aux sous-détails précédents (page 192 et suivantes.)

33.

1°. — En pierres de taille dures bleues.

MAÇONNERIE DE PIERRES DE TAILLE DE MAFFLES OU DE SOIGNIES, EN MORTIER

de chaux grasse du pays et sable de plaine, pour assises
- de 30 centimètres de longueur, sur 21 centimètres de hauteur et au-dessous.
- de 40 — — sur 22 à 28 centimètres de hauteur.
- de 50 — — sur 29 à 35. — —
- de 60 — — sur 36 à 42. — —
- de 70 — — sur 43 à 49. — —
- de 80 — — sur 50 à 56. — —

de chaux grasse du pays et ciment aussi du pays, pour assises
- de 30 centimètres de longueur, sur 21 centimètres de hauteur et au-dessous.
- de 40 — — sur 22 à 28 centimètres de hauteur.
- de 50 — — sur 29 à 35. — —
- de 60 — — sur 36 à 42. — —
- de 70 — — sur 43 à 49. — —
- de 80 — — sur 50 à 56. — —

de chaux grasse du pays et cendres de houille, pour assises
- de 30 centimètres de longueur, sur 21 centimètres de hauteur et au-dessous.
- de 40 — — sur 22 à 28 centimètres de hauteur.
- de 50 — — sur 29 à 39. — —
- de 60 — — sur 36 à 42. — —
- de 70 — — sur 43 à 49. — —
- de 80 — — sur 50 à 56. — —

de cendrée de Tournai, pour assises
- de 30 centimètres de longueur, sur 21 centimètres de hauteur et au-dessous.
- de 40 — — sur 22 à 28 centimètres de hauteur.
- de 50 — — sur 29 à 35. — —
- de 60 — — sur 36 à 42. — —
- de 70 — — sur 43 à 49. — —
- de 80 — — sur 50 à 56. — —

MAÇONNERIE DE PIERRES DE TAILLE DE QUEVAUCAMPS OU DE BAZÈCLES, EN MORTIER

de chaux grasse du pays et sable de plaine, pour assises
- de 30 centimètres de longueur, sur 21 centimètres de hauteur et au-dessous.
- de 40 — — sur 22 à 28 centimètres de hauteur.
- de 50 — — sur 29 à 35. — —
- de 60 — — sur 36 à 42. — —
- de 70 — — sur 43 à 49. — —
- de 80 — — sur 50 à 56. — —

de chaux grasse du pays et ciment aussi du pays, pour assises
- de 30 centimètres de longueur, sur 21 centimètres de hauteur et au-dessous.
- de 40 — — sur 22 à 28 centimètres de hauteur.
- de 50 — — sur 29 à 35. — —
- de 60 — — sur 36 à 42. — —
- de 70 — — sur 43 à 49. — —
- de 80 — — sur 50 à 56. — —

de chaux grasse du pays et cendres de houille, pour assises
- de 30 centimètres de longueur, sur 21 centimètres de hauteur et au-dessous.
- de 40 — — sur 22 à 28 centimètres de hauteur.
- de 50 — — sur 29 à 35. — —
- de 60 — — sur 36 à 42. — —
- de 70 — — sur 43 à 49. — —
- de 80 — — sur 50 à 56. — —

de cendrée de Tournai, pour assises
- de 30 centimètres de longueur, sur 21 centimètres de hauteur et au dessous.
- de 40 — — sur 22 à 28 centimètres de hauteur.
- de 50 — — sur 29 à 35 — —
- de 60 — — sur 36 à 42. — —
- de 70 — — sur 43 à 49. — —
- de 80 — — sur 50 à 56. — —

PRIX ÉLÉMENTAIRES (non-compris les faux-frais ni le bénéfice).			VALEUR d'un mètre cube de maçonnerie de pierres, y compris les faux-frais et le bénéfice.	PLUS OU MOINS-VALUE par mètre cube de maçonnerie, pour chaque franc que coûterait en plus ou en moins		
du mètre cube de pierre brute rendu à pied-d'œuvre.	du mètre cube de mortier rendu à pied-d'œuvre.	de la main-d'œuvre d'un mètre cube de maçonnerie		le mètre cube de pierre brute rendu à pied-d'œuvre.	le mètre cube de mortier rendu à pied-d'œuvre.	la main-d'œuvre d'un mètre cube de pierre mis en place
fr. c.	fr. c.	fr. c.	fr. c.	fr. mil.	fr. c.	fr. c.
		40 38	172 15	1 375	0 09	
		31 05	158 27	1 342	0 07	
	4 10	25 48	148 78	1 309	0 06	
		21 73	141 40	1 276	0 05	
		19 84	137 20	1 254	0 04	
		17 84	132 86	1 232	0 03	
		40 38	172 87	1 375	0 09	
		31 05	158 81	1 342	0 07	
	11 97	25 48	149 23	1 309	0 06	
		21 73	141 76	1 276	0 05	
		19 84	137 52	1 254	0 04	
		17 84	133 13	1 232	0 03	1 16
91 00		40 38	172 32	1 375	0 09	
		31 05	158 40	1 342	0 07	
	5 97	25 48	148 89	1 309	0 06	
		21 73	141 49	1 276	0 05	
		19 84	137 27	1 254	0 04	
		17 84	132 92	1 232	0 03	
		40 38	175 15	1 375	0 09	
		31 05	159 03	1 342	0 07	
	15 00	25 48	149 40	1 309	0 06	
		21 73	141 90	1 276	0 05	
		19 84	137 64	1 254	0 04	
		17 84	133 23	1 232	0 03	
		40 38	108 90	1 375	0 09	
		31 05	96 54	1 342	0 07	
	4 10	25 48	88 57	1 309	0 06	
		21 73	82 70	1 276	0 05	
		19 84	79 52	1 254	0 04	
		17 84	76 19	1 232	0 03	
		40 38	109 62	1 375	0 09	
		31 05	97 08	1 342	0 07	
	11 97	25 48	89 02	1 309	0 06	
		21 73	83 06	1 276	0 05	
		19 84	79 84	1 254	0 04	
		17 84	76 46	1 232	0 03	1 16
45 00		40 38	109 07	1 375	0 09	
		31 05	96 67	1 342	0 07	
	5 97	25 48	88 68	1 309	0 06	
		21 73	82 79	1 276	0 05	
		19 84	79 59	1 254	0 04	
		17 84	76 25	1 232	0 03	
		40 38	109 90	1 375	0 09	
		31 05	97 30	1 342	0 07	
	15 00	25 48	89 19	1 309	0 06	
		21 73	83 20	1 276	0 05	
		19 84	79 96	1 254	0 04	
		17 84	76 56	1 232	0 03	

SUITE DE LA MAÇONNERIE EN PIERRES DE TAILLE DURES BLEUES.

MAÇONNERIE DE PIERRES DE TAILLE DE BELLIGNIES OU DE GHISSIGNIES, EN MORTIER

de chaux grasse du pays et sable de plaine, pour assises
- de 30 centimètres de longueur, sur 21 centimètres de hauteur et au-dessus
- de 40 — — sur 23 à 28 centimètres de hauteur.
- de 50 — — sur 29 à 35 —
- de 60 — — sur 36 à 42 —
- de 70 — — sur 43 à 49 —
- de 80 — — sur 50 à 56 —

de chaux grasse du pays et ciment aussi du pays, pour assises
- de 30 centimètres de longueur, sur 21 centimètres de hauteur et au-dessus
- de 40 — — sur 22 à 28 centimètres de hauteur.
- de 50 — — sur 29 à 35 —
- de 60 — — sur 36 à 42 —
- de 70 — — sur 43 à 49 —
- de 80 — — sur 50 à 56 —

de chaux grasse du pays et cendres de houille, pour assises
- de 30 centimètres de longueur, sur 21 centimètres de hauteur et au-dessus
- de 40 — — sur 22 à 28 centimètres de hauteur.
- de 50 — — sur 29 à 35 —
- de 60 — — sur 36 à 42 —
- de 70 — — sur 43 à 49 —
- de 80 — — sur 50 à 56 —

de cendrée de Tournai, pour assises
- de 30 centimètres de longueur, sur 21 centimètres de hauteur et au-dessus
- de 40 — — sur 22 à 28 centimètres de hauteur.
- de 50 — — sur 29 à 35 —
- de 60 — — sur 36 à 42 —
- de 70 — — sur 43 à 49 —
- de 80 — — sur 50 à 56 —

2°. En pierres de taille dures de grès.

MAÇONNERIE DE PIERRES DE TAILLE DE GRÈS DU PAYS, EN MORTIER

de chaux grasse du pays et sable de plaine, pour assises
de 20 à 30 centimètres de longueur, sur 21 centimètres de hauteur et au-dessous.

de chaux grasse du pays et ciment aussi du pays, pour assises
de 20 à 30 centimètres de longueur, sur 21 centimètres de hauteur et au-dessous.

de chaux grasse du pays et cendres de houille, pour assises
de 20 à 30 centimètres de longueur, sur 21 centimètres de hauteur et au-dessous.

de cendrée de Tournai, pour assises
de 20 à 30 centimètres de longueur, sur 21 centimètres de hauteur et au-dessous.

PRIX ÉLÉMENTAIRES (non-compris les faux-frais, ni le bénéfice),			VALEUR d'un mètre cube de maçonnerie de pierres, y compris les faux-frais et le bénéfice.	PLUS OU MOINS-VALUE par mètre cube de maçonnerie, pour chaque franc que coûterait en plus ou en moins		
du mètre cube de pierre brute rendu à pied-d'œuvre.	du mètre cube de mortier rendu à pied-d'œuvre.	de la main-d'œuvre d'un mètre cube de maçonnerie.		le mètre cube de pierre brute rendu à pied-d'œuvre.	le mètre cube de mortier rendu à pied-d'œuvre.	la main-d'œuvre d'un mètre cube de pierre mis en place.
fr. c.	fr. c.	fr. c.	fr. c.	fr. mil.	fr. c.	fr. c.
60 00	4 10	40 38	129 52	1 375	0 09	1 16
		34 05	116 67	1 342	0 07	
		25 48	108 20	1 309	0 06	
		21 73	101 84	1 276	0 05	
		19 84	98 33	1 254	0 04	
		17 84	94 67	1 232	0 03	
	11 97	40 38	130 24	1 375	0 09	
		31 05	117 21	1 342	0 07	
		25 48	108 65	1 309	0 06	
		21 73	102 20	1 276	0 05	
		19 84	98 65	1 254	0 04	
		17 84	94 94	1 232	0 03	
	5 97	40 38	129 69	1 375	0 09	
		31 05	116 80	1 342	0 07	
		25 48	108 31	1 309	0 06	
		21 73	101 95	1 276	0 05	
		19 84	98 40	1 254	0 04	
		17 84	94 73	1 232	0 03	
	15 00	40 38	130 52	1 375	0 09	
		31 05	117 43	1 342	0 07	
		25 48	108 82	1 309	0 06	
		21 73	102 34	1 276	0 05	
		19 84	98 77	1 254	0 04	
		17 84	95 04	1 232	0 03	
58 60	4 10	15 30	70 85	1 100	0 09	1 16
	11 97		71 58			
	5 97		71 02			
	15 00		71 86			

3°. *En pierres de taille tendres.*

MAÇONNERIE DE PIERRES DE TAILLE D'AVESNES LE-SEC, EN MORTIER

de chaux grasse du pays et sable de plaine, pour assises

- de 30 centimètres de longueur, sur 21 centimètres de hauteur et au-dessous.
- de 40 — — sur 22 à 28 centimètres de hauteur.
- de 50 — — sur 29 à 35 — —
- de 60 — — sur 36 à 42 — —
- de 70 — — sur 43 à 49 — —
- de 80 — — sur 50 à 56 — —

de chaux grasse du pays et ciment aussi du pays, pour assises

- de 30 centimètres de longueur, sur 21 centimètres de hauteur et au-dessous.
- de 40 — — sur 22 à 28 centimètres de hauteur.
- de 50 — — sur 29 à 35 — —
- de 60 — — sur 36 à 42 — —
- de 70 — — sur 43 à 49 — —
- de 80 — — sur 50 à 56 — —

de chaux grasse du pays et cendres de houille, pour assises

- de 30 centimètres de longueur, sur 21 centimètres de hauteur et au-dessous.
- de 40 — — sur 22 à 28 centimètres de hauteur.
- de 50 — — sur 29 à 35 — —
- de 60 — — sur 36 à 42 — —
- de 70 — — sur 43 à 49 — —
- de 80 — — sur 50 à 56 — —

de cendrée de Tournai, pour assises

- de 30 centimètres de longueur, sur 21 centimètres de hauteur et au-dessous.
- de 40 — — sur 22 à 28 centimètres de hauteur.
- de 50 — — sur 29 à 35 — —
- de 60 — — sur 36 à 42 — —
- de 70 — — sur 43 à 49 — —
- de 80 — — sur 50 à 56 — —

MAÇONNERIE DE PIERRES DE TAILLE D'HORDAING, EN MORTIER

de chaux grasse du pays et sable de plaine, pour assises

- de 30 centimètres de longueur, sur 21 centimètres de hauteur et au-dessous.
- de 40 — — sur 22 à 28 centimètres de hauteur.
- de 50 — — sur 29 à 35 — —
- de 60 — — sur 35 à 42 — —
- de 70 — — sur 43 à 49 — —
- de 80 — — sur 50 à 56 — —

de chaux grasse du pays et ciment aussi du pays, pour assises

- de 30 centimètres de longueur, sur 21 centimètres de hauteur et au-dessous.
- de 40 — — sur 22 à 28 centimètres de hauteur.
- de 50 — — sur 29 à 35 — —
- de 60 — — sur 36 à 42 — —
- de 70 — — sur 43 à 49 — —
- de 80 — — sur 50 à 56 — —

de chaux grasse du pays et cendres de houille, pour assises

- de 30 centimètres de longueur, sur 21 centimètres de hauteur et au-dessous.
- de 40 — — sur 22 à 28 centimètres de hauteur.
- de 50 — — sur 29 à 35 — —
- de 60 — — sur 36 à 42 — —
- de 70 — — sur 43 à 49 — —
- de 80 — — sur 50 à 56 — —

de cendrée de Tournai, pour assises

- de 30 centimètres de longueur, sur 21 centimètres de hauteur et au-dessous.
- de 40 — — sur 22 à 28 centimètres de hauteur.
- de 50 — — sur 29 à 35 — —
- de 60 — — sur 36 à 42 — —
- de 70 — — sur 43 à 49 — —
- de 80 — — sur 50 à 56 — —

PRIX ÉLÉMENTAIRES (non compris les faux-frais, ni le bénéfice).			VALEUR d'un MÈTRE CUBE de maçonnerie de pierres, y compris les faux-frais et le bénéfice.	PLUS OU MOINS-VALUE par mètre cube de maçonnerie, pour chaque franc que coûterait en plus ou en moins		
du mètre cube de pierre brute rendu à pied-d'œuvre.	du mètre cube de mortier rendu à pied-d'œuvre.	de la main-d'œuvre d'un mètre cube de maçonnerie.		le mètre cube de pierre brute rendu à pied-d'œuvre.	le mètre cube de mortier rendu à pied-d'œuvre.	la main-d'œuvre d'un mètre cube de pierre mis en place.
fr. c.	fr. c.	fr. c.	fr. c.	fr. mil.	fr. c.	fr. c.
25 00	4 10	9 33	47 45	1 452	0 09	1 16
		7 77	44 45	1 408	0 07	
		6 83	42 23	1 364	0 06	
		6 21	40 63	1 331	0 05	
		6 53	40 16	1 298	0 04	
		6 20	38 92	1 265	0 03	
	11 97	9 33	48 18	1 452	0 09	
		7 77	45 00	1 408	0 07	
		6 83	42 68	1 364	0 06	
		6 21	41 00	1 331	0 05	
		6 53	40 48	1 298	0 04	
		6 20	39 19	1 265	0 05	
	5 97	9 33	47 62	1 452	0 09	
		7 77	44 58	1 408	0 07	
		6 83	42 33	1 364	0 06	
		6 21	40 72	1 331	0 05	
		6 53	40 24	1 298	0 04	
		6 20	38 99	1 265	0 03	
	15 00	9 33	48 46	1 452	0 09	
		7 77	45 21	1 408	0 07	
		6 83	42 85	1 364	0 06	
		6 21	41 14	1 331	0 05	
		6 53	40 61	1 298	0 04	
		6 20	39 29	1 265	0 03	
21 00	4 10	9 33	41 64	1 452	0 09	1 16
		7 77	38 82	1 408	0 07	
		6 83	36 77	1 364	0 06	
		6 21	35 31	1 331	0 05	
		6 53	34 97	1 298	0 04	
		6 20	33 86	1 265	0 03	
	11 97	9 33	42 37	1 452	0 09	
		7 77	39 37	1 408	0 07	
		6 83	37 22	1 364	0 06	
		6 21	35 68	1 331	0 05	
		6 53	35 29	1 298	0 04	
		6 20	34 13	1 265	0 03	
	5 97	9 33	41 81	1 452	0 09	
		7 77	38 95	1 408	0 07	
		6 83	36 87	1 364	0 06	
		6 21	35 40	1 331	0 05	
		6 53	35 05	1 298	0 04	
		6 20	35 95	1 265	0 03	
	15 00	9 33	42 65	1 452	0 09	
		7 77	39 58	1 408	0 07	
		6 83	37 59	1 364	0 06	
		6 21	35 82	1 331	0 05	
		6 53	33 42	1 298	0 04	
		6 20	34 23	1 265	0 03	

SUITE DE LA MAÇONNERIRIE DE PIERRES DE TAILLE TENDRES.

MAÇONNERIE DE PIERRES DE TAILLE D'ESTREUX, EN MORTIER

de chaux grasse du pays et sable de plaine, pour assises :

de 30	centimètres de longueur	sur 21 centimètres de hauteur et au-dessous.	
de 40	—	sur 22 à 28 centimètres de hauteur.	
de 50	—	sur 29 à 35	—
de 60	—	sur 36 à 42	—
de 70	—	sur 43 à 49	—
de 80	—	sur 50 à 56	—

de chaux grasse du pays et ciment aussi du pays, pour assises :

de 30	centimètres de longueur,	sur 21 centimètres de hauteur et au-dessous.	
de 40	—	sur 22 à 28 centimètres de hauteur.	
de 50	—	sur 29 à 35	—
de 60	—	sur 36 à 42	—
de 70	—	sur 43 à 49	—
de 80	—	sur 50 à 56	—

de chaux grasse du pays et cendres de houille, pour assises :

de 30	centimètres de longueur,	sur 21 centimètres de hauteur et au-dessous.	
de 40	—	sur 22 à 28 centimètres de hauteur.	
de 50	—	sur 29 à 35	—
de 60	—	sur 36 à 42	—
de 70	—	sur 43 à 49	—
de 80	—	sur 50 à 56	—

de cendrée de Tournai, pour assises :

de 30	centimètres de longueur,	sur 21 centimètres de hauteur et au-dessous.	
de 40	—	sur 22 à 28 centimètres de hauteur.	
de 50	—	sur 29 à 35	—
de 60	—	sur 36 à 42	—
de 70	—	sur 43 à 49	—
de 80	—	sur 50 à 56	—

MAÇONNERIE DE PIERRES DE TAILLE DES ENVIRONS D'ARRAS, EN MORTIER

de chaux grasse du pays et sable de plaine, pour assises :

de 30	centimètres de longueur,	sur 21 centimètres de hauteur et au-dessous.	
de 40	—	sur 22 à 28 centimètres de hauteur.	
de 50	—	sur 29 à 35	—
de 60	—	sur 36 à 42	—
de 70	—	sur 43 à 49	—
de 80	—	sur 50 à 56	—

de chaux grasse du pays et ciment aussi du pays, pour assises :

de 30	centimètres de longueur,	sur 21 centimètres de hauteur et au-dessous.	
de 40	—	sur 22 à 28 centimètres de hauteur.	
de 50	—	sur 29 à 35	—
de 60	—	sur 36 à 42	—
de 70	—	sur 43 à 49	—
de 80	—	sur 50 à 59	—

de chaux grasse du pays et cendres de houille, pour assises :

de 30	centimètres de longueur,	sur 21 centimètres de hauteur et au-dessous.	
de 40	—	sur 22 à 28 centimètres de hauteur.	
de 50	—	sur 29 à 35	—
de 60	—	sur 36 à 42	—
de 70	—	sur 43 à 49	—
de 80	—	sur 50 à 56	—

de cendrée de Tournai, pour assises :

de 30	centimètres de longueur,	sur 21 centimètres de hauteur et au-dessous.	
de 40	—	sur 22 à 28 centimètres de hauteur.	
de 50	—	sur 29 à 35	—
de 60	—	sur 36 à 42	—
de 70	—	sur 43 à 49	—
de 80	—	sur 50 à 56	—

PRIX ÉLÉMENTAIRES (non compris les faux-frais ni le bénéfice).			VALEUR d'un mètre cube de maçonnerie de pierres, y compris les faux-frais et le bénéfice.	PLUS OU MOINS-VALUE par mètre cube de maçonnerie, pour chaque franc que coûterait en plus ou en moins		
du mètre cube de pierre brute rendu à pied-d'œuvre.	du mètre cube de mortier rendu à pied-d'œuvre.	de la main-d'œuvre d'un mètre cube de maçonnerie		le mètre cube de pierre brute rendu à pied-d'œuvre.	le mètre cube de mortier rendu à pied-d'œuvre.	la main-d'œuvre d'un mètre cube de pierre mis en place.
fr. c.	fr. c.	fr. c.	fr. c.	fr. m.	fr. c.	fr. c.
16 00	4 10	9 33	34 48	1 452	0 09	1 16
		7 77	31 78	1 408	0 07	
		6 83	29 95	1 364	0 06	
		6 21	28 65	1 331	0 05	
		6 53	28 48	1 298	0 04	
		6 20	27 53	1 265	0 03	
	11 97	9 33	35 11	1 452	0 09	
		7 77	32 33	1 408	0 07	
		6 83	30 40	1 364	0 06	
		6 21	29 02	1 331	0 05	
		6 53	28 80	1 298	0 04	
		6 20	27 80	1 265	0 03	
	5 97	9 33	34 55	1 452	0 09	
		7 77	31 91	1 408	0 07	
		6 83	30 05	1 364	0 06	
		6 21	28 74	1 331	0 05	
		6 53	28 56	1 298	0 04	
		6 20	27 60	1 265	0 03	
	15 00	9 33	35 39	1 452	0 09	
		7 77	32 54	1 408	0 07	
		6 83	30 57	1 364	0 06	
		6 21	29 16	1 331	0 05	
		6 53	28 93	1 298	0 04	
		6 20	27 90	1 265	0 03	
9 00	4 10	9 33	24 22	1 452	0 09	1 16
		7 77	21 93	1 408	0 07	
		6 83	20 40	1 364	0 06	
		6 21	19 34	1 331	0 05	
		6 53	19 39	1 298	0 04	
		6 20	18 68	1 265	0 03	
	11 97	9 33	24 95	1 452	0 09	
		7 77	22 47	1 408	0 07	
		6 83	20 86	1 364	0 06	
		6 21	19 70	1 331	0 05	
		6 53	19 71	1 298	0 04	
		6 20	18 95	1 265	0 03	
	5 97	9 33	24 39	1 452	0 09	
		7 77	22 05	1 408	0 07	
		6 83	20 51	1 364	0 06	
		6 21	19 42	1 331	0 05	
		6 53	19 47	1 298	0 04	
		6 20	18 75	1 265	0 03	
	15 00	9 33	25 23	1 452	0 9	
		7 77	22 68	1 408	0 7	
		6 83	21 03	1 364	0 6	
		6 21	19 84	1 331	0 5	
		6 53	19 84	1 298	0 4	
		6 20	19 05	1 265	0 3	

ARTICLE III.

MAÇONNERIE DE MOELLONS.

1°. *En moellons de pierres dures.*

MAÇONNERIE DE MOELLONS DE PIERRES DURES DE SOIGNIES OU DE MAFFLES, EN MORTIER

de chaux grasse du pays et sable de plaine,
- pour massifs.
- pour murs à un parement vu.
- pour murs à deux parements vus.

de chaux grasse du pays et ciment aussi du pays,
- pour massifs.
- pour murs à un parement vu.
- pour murs à deux parements vus.

de chaux grasse du pays et cendres de houille,
- pour massifs.
- pour murs à un parement vu.
- pour murs à deux parements vus.

de cendrée de Tournai,
- pour massifs.
- pour murs à un parement vu.
- pour murs à deux parements vus.

MAÇONNERIE DE MOELLONS DE PIERRES DURES DE QUEVAUCAMPS OU DE BAZÈCLES, EN MORTIER

de chaux grasse du pays et sable de plaine,
- pour massifs.
- pour murs à un parement vu.
- pour murs à deux parements vus.

de chaux grasse du pays et ciment aussi du pays,
- pour massifs.
- pour murs à un parement vu.
- pour murs à deux parements vus.

de chaux grasse du pays et cendres de houille,
- pour massifs.
- pour murs à un parement vu.
- pour murs à deux parements vus.

de cendrée de Tournai,
- pour massifs.
- pour murs à un parement vu.
- pour murs à deux parements vus.

MAÇONNERIE DE MOELLONS DE PIERRES DURES DE BELLIGNIES OU DE GHISSIGNIES, EN MORTIER

de chaux grasse du pays et sable de plaine,
- pour massifs.
- pour murs à un parement vu.
- pour murs à deux parements vus.

de chaux grasse du pays et ciment aussi du pays,
- pour massifs.
- pour murs à un parement vu.
- pour murs à deux parements vus.

de chaux grasse du pays et cendres de houille,
- pour massifs.
- pour murs à un parement vu.
- pour murs à deux parements vus.

de cendrée de Tournai,
- pour massifs.
- pour murs à un parement vu.
- pour murs à deux parements vus.

| PRIX ÉLÉMENTAIRES (non-compris les faux-frais, ni le bénéfice), | | | VALEUR d'un mètre cube de maçonnerie de moellons, y compris les faux-frais et le bénéfice. | PLUS OU MOINS-VALUE par mètre cube de maçonnerie, pour chaque franc que coûterait en plus ou en moins | | |
| du mètre cube de moellons bruts rendu à pied-d'œuvre. | du mètre cube de mortier rendu à pied-d'œuvre. | de la main-d'œuvre d'un mètre cube de maçonnerie. | | le mètre cube de moellons bruts rendu à pied-d'œuvre. | le mètre cube de mortier rendu à pied-d'œuvre. | la main-d'œuvre d'un mètre cube de moellons mis en place. |
fr. c.	fr. c.	fr. c.	fr. c.	fr. mil.	fr. c.	fr. c.
24 00	4 10	2 26	29 69	1 122	0 04	
		2 37	30 59	1 155	0 03	
		2 48	32 02	1 210	0 03	
	11 97	2 26	29 99	1 122	0 04	
		2 37	30 84	1 155	0 03	
		2 48	32 24	1 210	0 03	1 16
	5 97	2 26	29 76	1 122	0 04	
		2 37	30 65	1 155	0 03	
		2 48	32 07	1 210	0 03	
	15 00	2 26	30 11	1 122	0 04	
		2 37	30 93	1 155	0 03	
		2 48	32 32	1 210	0 03	
19 00	4 10	2 26	24 08	1 122	0 04	
		2 37	24 81	1 155	0 03	
		2 48	25 97	1 210	0 03	
	11 97	2 26	24 38	1 122	0 04	
		2 37	25 06	1 155	0 03	
		2 48	26 19	1 210	0 03	1 16
	5 97	2 26	24 15	1 122	0 04	
		2 37	25 87	1 155	0 03	
		2 48	26 02	1 210	0 03	
	15 00	2 26	24 50	1 122	0 04	
		2 37	25 15	1 155	0 03	
		2 48	26 27	1 210	0 03	
22 00	4 10	2 26	27 45	1 122	0 04	
		2 37	28 28	1 155	0 03	
		2 48	29 60	1 210	0 03	
	11 97	2 26	27 75	1 122	0 04	
		2 37	28 53	1 155	0 03	
		2 48	29 82	1 210	0 03	1 16
	5 97	2 26	27 52	1 122	0 04	
		2 37	28 34	1 155	0 03	
		2 48	29 65	1 210	0 03	
	15 00	2 26	27 87	1 122	0 04	
		2 37	28 62	1 155	0 03	
		2 48	29 90	1 210	0 03	

2°. En moellons de pierres tendres.

MAÇONNERIE DE MOELLONS DE PIERRES TENDRES D'AVESNES-LE-SEC OU D'HORDAING, EN MORTIER

de chaux grasse du pays et sable de plaine,
- pour massifs.
- pour murs à un parement vu.
- pour murs à deux parements vus.

de chaux grasse du pays et ciment aussi du pays,
- pour massifs.
- pour murs à un parement vu.
- pour murs à deux parements vus.

de chaux grasse du pays et cendres de houille,
- pour massifs.
- pour murs à un parement vu.
- pour murs à deux parements vus.

de cendrée de Tournai,
- pour massifs.
- pour murs à un parement vu.
- pour murs à deux parements vus.

MAÇONNERIE DE MOELLONS DE PIERRES TENDRES D'ESTREUX, EN MORTIER

de chaux grasse du pays et sable de plaine,
- pour massifs.
- pour murs à un parement vu.
- pour murs à deux parements vus.

de chaux grasse du pays et ciment aussi du pays,
- pour massifs.
- pour murs à un parement vu.
- pour murs à deux parements vus.

de chaux grasse du pays et cendres de houille,
- pour massifs.
- pour murs à un parement vu.
- pour murs à deux parements vus.

de cendrée de Tournai,
- pour massifs.
- pour murs à un parement vu.
- pour murs à deux parements vus.

MAÇONNERIE DE MOELLONS DE PIERRES TENDRES DES ENVIRONS D'ARRAS, EN MORTIER

de chaux grasse du pays et sable de plaine,
- pour massifs.
- pour murs à un parement vu.
- pour murs à deux parements vus.

de chaux grasse du pays et ciment aussi du pays,
- pour massifs.
- pour murs à un parement vu.
- pour murs à deux parements vus.

de chaux grasse du pays et cendres de houille,
- pour massifs.
- pour murs à un parement vu.
- pour murs à deux parements vus.

de cendrée de Tournai,
- pour massifs.
- pour murs à un parement vu.
- pour murs à deux parements vus.

PRIX ÉLÉMENTAIRES (non-compris les faux-frais ni le bénéfice).			VALEUR d'un mètre cube de maçonnerie de moellons, y compris les faux-frais et le bénéfice.	PLUS U MOINS-VALUE par mètre cube de maçonnerie, pour chaque franc que coûterait en plus ou en moins		
du mètre cube de moellons bruts rendu à pied-d'œuvre.	du mètre cube de mortier rendu à pied-d'œuvre.	de la main-d'œuvre d'un mètre cube de maçonnerie.		le mètre cube de moellons bruts rendu à pied-d'œuvre.	le mètre cube de mortier rendu à pied-d'œuvre.	la main-d'œuvre d'un mètre cube de moellons mis en place
fr. c.	fr. c.	fr. c.	fr. c.	fr. mil.	fr. c.	fr. c.
11 50	4 10	2 26	15 67	1 122	0 04	1 16
		2 37	16 15	1 155	0 03	
		2 48	16 89	1 210	0 03	
	11 97	2 26	15 96	1 122	0 04	
		2 37	16 40	1 155	0 03	
		2 48	17 11	1 210	0 03	
	5 97	2 26	15 73	1 122	0 04	
		2 37	16 21	1 155	0 03	
		2 48	16 94	1 210	0 03	
	15 00	2 26	16 08	1 122	0 04	
		2 37	16 49	1 155	0 03	
		2 48	17 19	1 210	0 03	
9 00	4 10	2 26	12 86	1 122	0 04	1 16
		2 37	13 26	1 155	0 03	
		2 48	13 87	1 210	0 03	
	11 97	2 26	13 16	1 122	0 04	
		2 37	13 51	1 155	0 03	
		2 48	14 09	1 210	0 03	
	5 97	2 26	12 93	1 122	0 04	
		2 37	13 32	1 155	0 03	
		2 48	13 92	1 210	0 03	
	15 00	2 26	13 28	1 122	0 04	
		2 37	13 60	1 155	0 03	
		2 48	14 17	1 210	0 03	
2 00	4 10	2 26	5 01	1 122	0 04	1 16
		2 37	5 18	1 155	0 03	
		2 48	5 40	1 210	0 03	
	11 97	2 26	5 31	1 122	0 04	
		2 37	5 43	1 155	0 03	
		2 48	5 62	1 210	0 03	
	5 97	2 26	5 08	1 122	0 04	
		2 37	5 24	1 155	0 03	
		2 48	5 45	1 210	0 03	
	15 00	2 26	5 43	1 122	0 04	
		2 37	5 52	1 155	0 03	
		2 48	5 70	1 210	0 03	

ARTICLE IV.

MAÇONNERIE DE LIBAGES.

1° En libages de pierres dures.

MAÇONNERIE DE LIBAGES DE PIERRES DURES DE SOIGNIES OU DE MAFFLES, EN MORTIER

- de chaux grasse du pays et sable de plaine,
  - pour massifs.
  - pour murs à un parement vu.
  - pour murs à deux parements vus.
- de chaux grasse du pays et ciment aussi du pays,
  - pour massifs.
  - pour murs à un parement vu.
  - pour murs à deux parements vus.
- de chaux grasse du pays et cendres de houille,
  - pour massifs.
  - pour murs à un parement vu.
  - pour murs à deux parements vus.
- de cendrée de Tournai,
  - pour massifs.
  - pour murs à un parement vu.
  - pour murs à deux parements vus.

MAÇONNERIE DE LIBAGES DE PIERRES DURES DE QUEVAUCAMPS OU DE BAZÈCLES, EN MORTIER

- de chaux grasse du pays et sable de plaine,
  - pour massifs.
  - pour murs à un parement vu.
  - pour murs à deux parements vus.
- de chaux grasse du pays et ciment aussi du pays,
  - pour massifs.
  - pour murs à un parement vu.
  - pour murs à deux parements vus.
- de chaux grasse du pays et cendres de houille,
  - pour massifs.
  - pour murs à un parement vu.
  - pour murs à deux parements vus.
- de cendrée de Tournai,
  - pour massifs.
  - pour murs à un parement vu.
  - pour murs à deux parements vus.

MAÇONNERIE DE LIBAGES DE PIERRES DURES DE BELLIGNIES OU DE GUSSIGNIES, EN MORTIER

- de chaux grasse du pays et sable de plaine,
  - pour massifs.
  - pour murs à un parement vu.
  - pour murs à deux parements vus.
- de chaux grasse du pays et ciment aussi du pays,
  - pour massifs.
  - pour murs à un parement vu.
  - pour murs à deux parements vus.
- de chaux grasse du pays et cendres de houille,
  - pour massifs.
  - pour murs à un parement vu.
  - pour murs à deux parements vus.
- de cendrée de Tournai,
  - pour massifs.
  - pour murs à un parement vu.
  - pour murs à deux parements vus.

PRIX ÉLÉMENTAIRES (non compris les faux-frais, ni le bénéfice).			VALEUR d'un MÈTRE CUBE de maçonnerie de libages, y compris les faux-frais et le bénéfice.	PLUS OU MOINS-VALUE par mètre cube de maçonnerie, pour chaque franc que coûterait en plus ou en moins		
du mètre cube de libages bruts rendu à pied-d'œuvre.	du mètre cube de mortier rendu à pied-d'œuvre.	de la main-d'œuvre d'un mètre cube de maçonnerie.		le mètre cube de libages bruts rendu à pied-d'œuvre.	le mètre cube de mortier rendu à pied-d'œuvre.	la main-d'œuvre d'un mètre cube de libages mis en place.
fr. c.	fr. c.	fr. c.	fr. c.	fr. mil.	fr. c.	fr. c.
62 00	4 10	6 01	76 67	1 122	0 04	
		6 13	78 82	1 155	0 03	
		6 24	82 34	1 210	0 03	
	11 97	6 01	76 97	1 122	0 04	
		6 13	79 07	1 155	0 03	
		6 24	82 56	1 210	0 03	1 16
	5 97	6 01	76 74	1 122	0 04	
		6 13	78 88	1 155	0 03	
		6 24	82 39	1 210	0 03	
	15 00	6 01	77 09	1 122	0 04	
		6 13	79 17	1 155	0 03	
		6 24	82 64	1 210	0 03	
50 00	4 10	6 01	40 77	1 122	0 04	
		6 13	41 86	1 155	0 03	
		6 24	43 62	1 210	0 03	
	11 97	6 01	40 07	1 122	0 04	
		6 13	42 11	1 155	0 03	
		6 24	43 84	1 210	0 03	1 16
	5 97	6 01	40 84	1 122	0 04	
		6 13	41 92	1 155	0 03	
		6 24	43 67	1 210	0 03	
	15 00	6 01	41 19	1 122	0 04	
		6 13	42 21	1 155	0 03	
		6 24	43 92	1 210	0 03	
55 00	4 10	6 01	44 13	1 122	0 04	
		6 13	45 32	1 155	0 03	
		6 24	47 25	1 210	0 03	
	11 97	6 01	44 43	1 122	0 04	
		6 13	45 57	1 155	0 03	
		6 24	47 47	1 210	0 03	1 16
	5 97	6 01	44 20	1 122	0 04	
		6 13	45 38	1 155	0 03	
		6 24	47 30	1 210	0 03	
	15 00	6 01	44 55	1 122	0 04	
		6 13	45 67	1 155	0 03	
		6 24	47 53	1 210	0 03	

2°. En libages de pierres tendres.

MAÇONNERIE DE LIBAGES DE PIERRES TENDRES D'AVESNES-LE-SEC OU D'MORDAING, EN MORTIER

de chaux grasse du pays et sable de plaine,
- pour massifs.
- pour murs à un parement vu.
- pour murs à deux parements vus.

de chaux grasse du pays et ciment aussi du pays,
- pour massifs.
- pour murs à un parement vu.
- pour murs à deux parements vus.

de chaux grasse du pays et cendres de houille,
- pour massifs.
- pour murs à un parement vu.
- pour murs à deux parements vus.

de cendrée de Tournai,
- pour massifs.
- pour murs à un parement vu.
- pour murs à deux parements vus.

MAÇONNERIE DE LIBAGES DE PIERRES TENDRES D'ESTREUX, EN MORTIER

de chaux grasse du pays et sable de plaine,
- pour massifs.
- pour murs à un parement vu.
- pour murs à deux parements vus.

de chaux grasse du pays et ciment aussi du pays,
- pour massifs.
- pour murs à un parement vu.
- pour murs à deux parements vus.

de chaux grasse du pays et cendres de houille,
- pour massifs.
- pour murs à un parement vu.
- pour murs à deux parements vus.

de cendrée de Tournai,
- pour massifs.
- pour murs à un parement vu.
- pour murs à deux parements vus.

MAÇONNERIE DE LIBAGES DE PIERRES TENDRES DES ENVIRONS D'ARRAS, EN MORTIER

de chaux grasse du pays et sable de plaine,
- pour massifs.
- pour murs à un parement vu.
- pour murs à deux parements vus.

de chaux grasse du pays et ciment aussi du pays,
- pour massifs.
- pour murs à un parement vu.
- pour murs à deux parements vus.

de chaux grasse du pays et cendres de houille,
- pour massifs.
- pour murs à un parement vu.
- pour murs à deux parements vus.

de cendrée de Tournai,
- pour massifs.
- pour murs à un parement vu.
- pour murs à deux parements vus.

PRIX ÉLÉMENTAIRES (non compris les faux-frais, ni le bénéfice).			VALEUR d'un MÈTRE CUBE de maçonnerie de libages, y compris les faux-frais et le bénéfice.	PLUS OU MOINS-VALUE par mètre cube de maçonnerie, pour chaque franc que coûterait en plus ou en moins		
du mètre cube de libages bruts rendu à pied-d'œuvre.	du mètre cube de mortier rendu à pied-d'œuvre.	de la main-d'œuvre d'un mètre cube de maçonnerie.		le mètre cube de libages bruts rendu à pied-d'œuvre.	le mètre cube de mortier rendu à pied-d'œuvre.	la main-d'œuvre d'un mètre cube de libages mis en place.
fr. c.	fr. c.	fr. c.	fr. c.	fr. mil.	fr. c.	fr. c.
13 00	4 10	2 87	18 06	1 122	0 04	1 16
		2 98	18 39	1 155	0 03	
		3 09	19 42	1 210	0 03	
	11 97	2 87	18 36	1 122	0 04	
		2 98	18 84	1 155	0 03	
		3 09	19 63	1 210	0 03	
	5 97	2 87	18 13	1 122	0 04	
		2 98	18 65	1 155	0 03	
		3 09	19 47	1 210	0 03	
	15 00	2 87	18 48	1 122	0 04	
		2 98	18 94	1 155	0 03	
		3 09	19 72	1 210	0 03	
10 00	4 10	2 87	14 69	1 122	0 04	1 16
		2 98	15 12	1 155	0 03	
		3 09	15 79	1 210	0 03	
	11 97	2 87	14 99	1 122	0 04	
		2 98	15 37	1 155	0 03	
		3 09	16 00	1 210	0 03	
	5 97	2 87	14 76	1 122	0 04	
		2 98	15 18	1 155	0 03	
		3 09	15 84	1 210	0 03	
	15 00	2 87	15 11	1 122	0 04	
		2 98	15 47	1 155	0 03	
		3 09	16 09	1 210	0 03	
8 40	4 10	2 87	12 89	1 122	0 04	1 16
		2 98	13 28	1 155	0 03	
		3 09	13 85	1 210	0 05	
	11 97	2 87	13 20	1 122	0 04	
		2 98	13 53	1 155	0 03	
		3 09	14 06	1 210	0 03	
	5 97	2 87	12 97	1 122	0 04	
		2 98	12 34	1 155	0 03	
		3 09	13 90	1 210	0 03	
	15 00	2 87	13 31	1 122	0 04	
		2 98	13 63	1 155	0 03	
		3 9	14 15	1 210	0 03	

ARTICLE V.

DE LA TAILLE DES PIERRES.

Tailles Planes.

	VALEUR D'UN MÈTRE SUPERFICIEL DE TAILLE (y compris les faux-frais et le bénéfice).		
	en pierres de grés.	en pierres bleues.	en pierres blanches.
	fr. c.	fr. c.	fr. c.
1°. *Taille des parements droits , rustiqués.*			
Taille ordinaire de parements droits seulement rustiqués.	4 67	1 86	0 31
Taille fine de parements droits , rustiqués , avec ciselure au pourtour des arêtes.	9 34	3 72	0 62
2°. *Taille des parements droits layés.*			
Taille ordinaire de parements droits , layés sur toute la face.	» »	4 62	0 77
Taille fine de parements droits , layés sur toute la face.	» »	5 20	0 86
3°. *Des ragréments de parement droits (1).*			
Ragrément simple de parements droits , rustiqués ou layés.	0 89	0 52	0 09
Ragrément au vif de parements droits , rustiqués ou layés.	2 22	1 30	0 22
4°. *Des ravalements de parements droits (1).*			
Ravalement de parements droits , rustiqués ou layés.	» »	» »	0 22
Des Tailles circulaires.			
1°. *Taille des parements circulaires , rustiqués.*			
Taille ordinaire de parements cylindriques, seulement rustiqués.	5 93	2 34	0 39
Taille fine de parements cylindriques , rustiqués , avec ciselure au pourtour des arêtes.	11 86	4 69	0 78
2°. *Taille des parements circulaires , layés.*			
Taille ordinaire de parements cylindriques , layés sur toute la face.	» »	6 15	1 02
Taille fine de parements cylindriques, layés sur toute la face.	» »	6 94	1 15
3°. *Des ragréments de parements circulaires.*			
Ragrément simple de parements cylindriques , rustiqués ou layés.	1 19	0 70	0 12
Ragrément au vif de parements cylindriques , rustiqués ou layés.	2 97	1 74	0 29
4°. *Des ravalements de parements circulaires.*			
Ravalement de parements cylindriques , rustiqués ou layés.	» »	» »	0 29

(1) Lorsque les ragréments et les ravalements seront faits à plus de 2 mètres de hauteur au-dessus du sol, il faudra y ajouter les frais d'échafauds.

De la Taille Moulurée.

1°. *Taille des parements moulurés, rustiqués, y compris les épannelages.*

	VALEUR D'UN MÈTRE SUPERFICIEL DE TAILLE (y compris les faux-frais et le bénéfice).		
	en pierres de grès.	en pierres bleues.	en pierres blanches.
	fr. c.	fr. c.	fr. c.
Taille ordinaire de parements moulurés, rustiqués.	16 12	6 37	1 06
Taille fine de parements moulurés, rustiqués.	32 24	12 74	2 12
2°. *Taille des parements moulurés, layés, y compris les épannelages.*			
Taille ordinaire de parements moulurés, layés sur toute la face.	» »	16 74	2 76
Taille fine de parements moulurés, layés sur toute la face.	» »	18 86	3 13
3°. *Des ragréments de moulures.*			
Ragrément simple de parements moulurés, rustiqués ou layés.	3 45	1 90	0 33
Ragrément au vif de parements moulurés, rustiqués ou layés.	8 06	4 72	0 78
4°. *Des ravalements de moulures.*			
Ravalement de parements moulurés, rustiqués ou layés.	» »	» »	0 78

De la pierre jetée bas.

1°. *Abattage simple ou plumée de la pierre.*

	VALEUR D'UN MÈTRE CUBE (y compris les faux-frais et le bénéfice).		
	en pierres de grès.	en pierres bleues.	en pierres blanches.
	fr. c.	fr. c.	fr. c.
Abattage simple de pierres.	76 48	37 21	6 23
2°. *Evidements simples.*			
Evidement simple, fait sur le chantier.	88 94	43 28	7 18
idem. sur le tas.	97 83	47 61	7 90
3°. *Des refouillements simples.*			
Refouillement simple, fait sur le chantier.	155 64	76 08	12 58
idem sur le tas.	175 09	85 59	14 15

4°. *Des refouillements de trous.*

	VALEUR D'UN MÈTRE DE SCELLEMENT (y compris les faux-frais et le bénéfice).		
	dans la pierre de grès.	dans la pierre bleue.	dans la pierre blanche.
	fr. c.	fr. c.	fr. c.
Trou de scellement de 4 centimètres de côté ou de diamètre, sur 4 centimètres de profondeur.	0 37	0 17	0 06
Plus ou moins-value pour chaque centimètre de profondeur en sus de celle précédente.	0 09	0 04	0 01
Trous de scellement de 6 centimètres de côté ou de diamètre, sur 4 centimètres de profondeur.	0 59	0 28	0 10
Plus ou moins-value pour chaque centimètre de profondeur en sus de celle précédente.	0 15	0 07	0 03

§ 2°. — DES GROS OUVRAGES DE MAÇONNERIE.
AUTRES QUE CEUX EN PIERRE.

ARTICLE PREMIER.
MAÇONNERIE DE BRIQUES ROUGES DU PAYS, POUR MURS DROITS ET OUVRAGES ANALOGUES.

MAÇONNERIE DE BRIQUES, EN MORTIER DE CHAUX GRASSE DU PAYS ET SABLE DE PLAINE,

pour massifs
- de 24 centimètres d'épaisseur.
- de 37, de 62 ou de 74 centimètres d'épaisseur.
- de 49 centimètres d'épaisseur.
- de 87 id.
- de 1 m. 00 id.

pour murs à un parement vu
- de 24 centimètres d'épaisseur.
- de 37, de 62 ou de 74 centimètres d'épaisseur.
- de 49 centimètres d'épaisseur.
- de 87 id.
- de 1 m. 00 id.

pour murs à deux parements vus
- de 24 centimètres d'épaisseur.
- de 37, de 62 ou de 74 centimètres d'épaisseur.
- de 49 centimètres d'épaisseur.
- de 87 id.
- de 1 m. 00 id.

MAÇONNERIE DE BRIQUES, EN MORTIER DE CHAUX GRASSE DU PAYS ET CIMENT AUSSI DU PAYS,

pour massifs
- de 24 centimètres d'épaisseur.
- de 37, de 62 ou de 74 centimètres d'épaisseur.
- de 49 centimètres d'épaisseur.
- de 87 id.
- de 1 m. 00 id.

pour murs à un parement vu
- de 24 centimètres d'épaisseur.
- de 37, de 62 ou de 74 centimètres d'épaisseur.
- de 49 centimètres d'épaisseur.
- de 87 id.
- de 1 m. 00 id.

pour murs à deux parements vus
- de 24 centimètres d'épaisseur.
- de 37, de 62 ou de 74 centimètres d'épaisseur.
- de 49 centimètres d'épaisseur.
- de 87 id.
- de 1 m. 00 id.

MAÇONNERIE DE BRIQUES, EN MORTIER DE CHAUX GRASSE DU PAYS ET CENDRES DE HOUILLE,

pour massifs
- de 24 centimètres d'épaisseur.
- de 37, de 62 ou de 74 centimètres d'épaisseur.
- de 49 centimètres d'épaisseur.
- de 87 id.
- de 1 m. 00 id.

pour murs à un parement vu
- de 24 centimètres d'épaisseur.
- de 37, de 62 ou de 74 centimètres d'épaisseur.
- de 49 centimètres d'épaisseur.
- de 87 id.
- de 1 m. 00 id.

pour murs à deux parements vus
- de 24 centimètres d'épaisseur.
- de 37, de 62 ou de 74 centimètres d'épaisseur.
- de 49 centimètres d'épaisseur.
- de 87 id.
- de 1 m. 00 id.

MAÇONNERIE DE BRIQUES, EN MORTIER DE CENDRÉE DE TOURNAI,

pour massifs
- de 24 centimètres d'épaisseur.
- de 37, de 62 ou de 74 centimètres d'épaisseur.
- de 49 centimètres d'épaisseur.
- de 87 id.
- de 1 m. 00 id.

pour murs à un parement vu
- de 24 centimètres d'épaisseur.
- de 37, de 62 ou de 74 centimètres d'épaisseur.
- de 49 centimètres d'épaisseur.
- de 87 id.
- de 1 m. 00 id.

pour murs à deux parements vus
- de 24 centimètres d'épaisseur.
- de 37, de 62 ou de 74 centimètres d'épaisseur.
- de 49 centimètres d'épaisseur.
- de 87 id.

PRIX ÉLÉMENTAIRES (non compris les faux-frais ni le bénéfice).			VALEUR d'un mètre cube de maçonnerie de briques, y compris les faux-frais et le bénéfice.	PLUS OU MOINS-VALUE par mètre cube de maçonnerie, pour chaque franc que coûterait en plus ou en moins		
du mille de briques rendu à pied-d'œuvre.	du mètre cube de mortier rendu à pied-d'œuvre.	de la main-d'œuvre d'un mètre cube de maçonnerie		le mille de briques rendu à pied-d'œuvre.	le mètre cube de mortier rendu à pied-d'œuvre.	la main-d'œuvre d'un mètre cube de pierre mis en place.
fr. c.	fr. c.	fr. c.	fr. c.	fr. c.	fr. c.	fr. c.
			12 49	0 61	0 20	
			12 29	0 59	0 21	
		2 26	12 41	0 60	0 21	
			12 24	0 59	0 21	
			12 18	0 58	0 21	
			12 75	0 61	0 20	
			12 55	0 59	0 21	
15 00	4 10	2 48	12 67	0 60	0 21	
			12 49	0 59	0 21	
			12 44	0 58	0 21	
			13 01	0 61	0 20	
			12 81	0 59	0 21	
		2 71	12 93	0 60	0 21	
			12 75	0 59	0 21	
			12 70	0 58	0 21	
			14 05	0 61	0 20	
			13 93	0 59	0 21	
		2 26	14 05	0 60	0 21	
			13 87	0 59	0 21	
			13 82	0 58	0 21	
			14 31	0 61	0 20	
			14 19	0 59	0 21	
15 00	11 97	2 48	14 31	0 60	0 21	
			14 13	0 59	0 21	
			14 08	0 58	0 21	
			14 57	0 61	0 20	
			14 45	0 59	0 21	
		2 71	14 57	0 60	0 21	1 16
			14 39	0 59	0 21	
			14 34	0 58	0 21	
			12 86	0 61	0 20	
			12 68	0 59	0 21	
		2 26	12 80	0 60	0 21	
			12 61	0 59	0 21	
			12 56	0 58	0 21	
			13 12	0 61	0 20	
			12 94	0 59	0 21	
15 00	5 97	2 48	13 06	0 60	0 21	
			12 87	0 59	0 21	
			12 83	0 58	0 21	
			13 38	0 61	0 20	
			13 20	0 59	0 21	
		2 71	13 32	0 60	0 21	
			13 15	0 59	0 21	
			13 09	0 58	0 21	
			14 65	0 61	0 20	
			14 57	0 59	0 21	
		2 26	14 68	0 60	0 21	
			14 50	0 59	0 21	
			14 43	0 58	0 21	
			14 01	0 61	0 20	
			14 83	0 59	0 21	
15 00	15 00	2 48	14 94	0 60	0 21	
			14 76	0 59	0 21	
			14 71	0 58	0 21	
			15 17	0 61	0 20	
			15 09	0 59	0 21	
		2 71	15 20	0 60	0 21	
			15 02	0 59	0 21	

ARTICLE II.

MAÇONNERIE DE BRIQUES POUR VOUTES OU PARTIES CYLINDRIQUES.

MAÇONNERIE DE BRIQUES,
EN MORTIER DE CHAUX GRASSE DU PAYS ET SABLE DE PLAINE,

- pour voûtes ou parties cylindriques ordinaires,
  - d'une demi-brique.
  - d'une brique.
  - d'une brique et demie.
  - de deux briques.
- pour voûtes ou parties cylindriques de sujétion,
  - d'une demi-brique.
  - d'une brique.
  - d'une brique et demie.
  - de deux briques.

MAÇONNERIE DE BRIQUES,
EN MORTIER DE CHAUX GRASSE DU PAYS ET CIMENT AUSSI DU PAYS,

- pour voûtes ou parties cylindriques ordinaires,
  - d'une demi-brique.
  - d'une brique.
  - d'une brique et demie.
  - de deux briques.
- pour voûtes ou parties cylindriques de sujétion,
  - d'une demi-brique.
  - d'une brique.
  - d'une brique et demie.
  - de deux briques.

MAÇONNERIE DE BRIQUES,
EN MORTIER DE CHAUX GRASSE DU PAYS ET CENDRES DE HOUILLE,

- pour voûtes ou parties cylindriques ordinaires,
  - d'une demi-brique.
  - d'une brique.
  - d'une brique et demie.
  - de deux briques.
- pour voûtes ou parties cylindriques de sujétion,
  - d'une demi-brique.
  - d'une brique.
  - d'une brique et demie.
  - de deux briques.

MAÇONNERIE DE BRIQUES,
EN MORTIER DE CENDRÉE DE TOURNAI,

- pour voûtes ou parties cylindriques ordinaires,
  - d'une demi-brique.
  - d'une brique.
  - d'une brique et demie.
  - de deux briques.
- pour voûtes ou parties cylindriques de sujétion,
  - d'une demi-brique.
  - d'une brique.
  - d'une brique et demie.
  - de deux briques.

§ 3ᵉ.—DES LÉGERS OUVRAGES DE MAÇONNERIE.

ARTICLE PREMIER.

CLOISONS EN BRIQUES ROUGES DU PAYS.

CLOISONS DE BRIQUES EN MORTIER

- de chaux grasse du pays et sable de plaine,
  - pour ouvrages en briques de champ ou de 6 centimètres d'épaisseur.
  - id. en briques de plat ou de 12   id.
- de chaux grasse du pays et ciment aussi du pays,
  - id. en briques de champ ou de 6   id.
  - id. en briques de plat ou de 12   id.
- de chaux grasse du pays et cendres de houille,
  - id. en briques de champ ou de 6   id.
  - id. en briques de plat ou de 12   id.
- de cendrée de Tournai,
  - id. en briques de champ ou de 6   id.
  - id. en briques de plat ou de 12   id.

PRIX ÉLÉMENTAIRES (non-compris les faux-frais, ni le bénéfice),			VALEUR d'un mètre cube de maçonnerie de briques y compris, les faux-frais et le bénéfice.	PLUS OU MOINS-VALUE par mètre cube de maçonnerie, pour chaque franc que coûterait en plus ou en moins		
du mille de briques rendu à pied-d'œuvre.	du mètre cube de mortier rendu à pied-d'œuvre.	de la main-d'œuvre d'un mètre cube de maçonnerie.		le mille de briques rendu à pied-d'œuvre.	le mètre cube de mortier rendu à pied-d'œuvre.	la main-d'œuvre d'un mètre cube de maçonnerie de briques.
fr. c.	fr. c.	fr. c.	fr. c.	fr. c.	fr. c.	fr. c.
13 00	4 10	2 26	12 56	0 57	0 29	
			12 39	0 55	0 39	
			12 56	0 57	0 35	
			12 23	0 55	0 40	
		3 16	13 40	0 57	0 29	
			13 43	0 55	0 39	
			13 61	0 57	0 35	
			13 27	0 55	0 40	
13 00	11 97	2 26	14 61	0 57	0 29	
			15 41	0 55	0 39	
			15 33	0 57	0 35	
			15 35	0 55	0 40	
		3 16	15 65	0 57	0 29	
			16 46	0 55	0 39	
			16 37	0 57	0 35	
			16 39	0 55	0 40	
13 00	5 97	2 26	12 89	0 57	0 29	1 16
			13 10	0 55	0 39	
			13 22	0 57	0 35	
			12 97	0 55	0 40	
		3 16	13 95	0 57	0 29	
			14 15	0 55	0 39	
			14 26	0 57	0 35	
			14 01	0 55	0 40	
13 00	15 00	2 26	15 48	0 57	0 29	
			16 58	0 55	0 39	
			16 40	0 57	0 35	
			16 55	0 55	0 40	
		3 16	16 52	0 57	0 29	
			17 62	0 55	0 39	
			17 44	0 57	0 35	
			17 59	0 55	0 40	

PRIX ÉLÉMENTAIRES (non compris les faux-frais ni le bénéfice).			VALEUR d'un mètre carré de cloisons en briques, y compris les faux-frais et le bénéfice.	PLUS OU MOINS-VALUE par mètre superficiel de cloison, pour chaque franc que coûterait en plus ou en moins		
du mille de briques rendu à pied-d'œuvre.	du mètre cube de mortier rendu à pied-d'œuvre.	de la main-d'œuvre d'un mètre superficiel de cloisons.		le mille de briques rendu à pied-d'œuvre.	le mètre cube de mortier rendu à pied-d'œuvre.	la main-d'œuvre d'un mètre superficiel mis en place.
fr. c.	fr. c.	fr. c.	fr. c.	fr. c.	fr. c.	fr. c.
15 09	4 10	0 30	0 92	0 04	0 01	
		0 45	1 71	0 07	0 03	
	11 97	0 30	0 97	0 04	0 01	1 16
		0 45	1 91	0 07	0 03	
	5 97	0 30	0 93	0 04	0 01	
		0 45	1 76	0 07	0 03	
	15 00	0 30	0 99	0 04	0 01	
		0 45	1 99	0 07	0 03	

ARTICLE II.

JOINTOIEMENTS ET REJOINTOIEMENTS.

1°. *Jointoiements.*

		VALEUR d'un mètre superficiel de jointoiements ou de rejointoiements (y compris les faux-frais et le bénéfice), pour joints, fouillés et grattés		
		à 2 centimètres de profondeur.	à 3 centimètres de profondeur.	à 4 centimètres de profondeur.
		fr. c.	fr. c.	fr. c.
jointoiement de maçonnerie neuve de pierres de taille, en mortier	de chaux grasse du pays et sable de plaine. . .	0 08	0 08	0 08
	id. et ciment aussi du pays.	0 11	0 11	0 11
	id. et cendres de houille. .	0 09	0 09	0 09
	de cendrée de Tournai.	0 13	0 13	0 13
jointoiement de maçonnerie neuve de briques, en mortier	de chaux grasse du pays et sable de plaine. . .	0 19	0 20	0 21
	id. et ciment aussi du pays.	0 23	0 27	0 30
	id. et cendres de houille. .	0 20	0 22	0 23
	de cendrée de Tournai.	0 25	0 30	0 33

2ª. *Rejointoiements.*

		à 2 centimètres de profondeur.	à 3 centimètres de profondeur.	à 4 centimètres de profondeur.
rejointoiement de vieille maçonnerie de pierres de taille, en mortier	de chaux grasse du pays et sable de plaine. . .	0 09	0 09	0 09
	id. et ciment aussi du pays.	0 13	0 13	0 13
	id. et cendres de houille. .	0 10	0 10	0 10
	de cendrée de Tournai.	0 14	0 14	0 14
rejointoiement de vieille maçonnerie de briques, en mortier	de chaux grasse du pays et sable de plaine. . .	0 23	0 24	0 25
	id. et ciment aussi du pays.	0 27	0 31	0 34
	id. et cendres de houille. .	0 24	0 26	0 27
	de cendrée de Tournai. , ...	0 29	0 34	0 37

ARTICLE III.

CHAPES DE VOUTES OU AIRES.

1° *En mortier.*

		PRIX élémentaire du mètre cube de mortier de béton ou de matières pulvérulentes, rendu à pied-d'œuvre, non-compris les faux-frais, ni le bénéfice.	VALEUR d'un mètre superficiel de chapes de voûtes ou aires, y compris les faux-frais et le bénéfice.	Plus ou moins-value par mètre carré de chapes de voûtes ou aires, pour chaque franc que coûterait en plus ou en moins le mètre cube de mortier, ou de béton, ou de matières pulvérulentes
		fr. c.	fr. c.	fr. c.
Chapes de voûtes ou aires de 1 centimètre d'épaisseur, en mortier	de chaux grasse du pays et sable de plaine. . .	4 10	0 22	
	id. et ciment aussi du pays.	11 97	0 31	
	id. et cendres de houille. .	5 97	0 24	0 01
	de cendrée de Tournai.	15 00	0 34	
Chapes de voûtes ou aires de 2 centimètres d'épaisseur, en mortier	de chaux grasse du pays et sable de plaine. . .	4 10	0 27	
	id. et ciment aussi du pays.	11 97	0 45	
	id. et cendres de houille. .	5 97	0 31	0 02
	de cendrée de Tournai.	15 00	0 52	
Chapes de voûtes ou aires de 3 centimètres d'épaisseur, en mortier	de chaux grasse du pays et sable de plaine. . .	4 10	0 40	
	id. et ciment aussi du pays.	11 97	0 67	
	id. et cendres de houille. .	5 97	0 47	0 03
	de cendrée de Tournai.	15 00	0 77	
Chapes de voûtes ou aires de 4 centimètres d'épaisseur, en mortier	de chaux grasse du pays et sable de plaine. . .	4 10	0 45	
	id. et ciment aussi du pays.	11 97	0 84	
	id. et cendres de houille. .	5 97	0 54	0 05
	de cendrée de Tournai.	15 00	0 95	

SUITE DES CHAPES DE VOUTES OU AIRES EN MORTIER.

		PRIX élémentaire du mètre cube de mortier de béton ou de matières pulvérulentes, rendu à pied-d'œuvre, nou-compris les faux-frais, ni le bénéfice.		VALEUR d'un mètre superficiel de chapes de voûtes ou aires, y compris les faux-frais et le bénéfice.		Plus ou moins-value par mètre carré de chapes de voûtes ou aires, pour chaque franc que coûterait en plus ou en moins le mètre cube de mortier, ou de béton, ou de matières pulvérulentes	
		fr.	c.	fr.	c.	fr.	c.
Chapes de voûtes ou aires de 5 centimètres d'épaisseur, en mortier	de chaux grasse du pays et sable de plaine. . .	4	10	0	58		
	id. et ciment aussi du pays.	11	97	1	03		
	id. et cendres de houille. .	5	97	0	69	0	06
	de cendrée de Tournai.	15	00	1	21		
Chapes de voûtes ou aires de 6 centimètres d'épaisseur, en mortier	de chaux grasse du pays et sable de plaine. . .	4	10	0	63		
	id. et ciment aussi du pays.	11	97	1	18		
	id. et cendres de houille. .	5	97	0	76	0	07
	de cendrée de Tournai.	15	00	1	39		

2°. En béton.

Aires de 5 centimètres d'épaisseur, en béton de chaux hydraulique du pays,	de graviers et de sable de plaine.	6	30	0	62		
	de briques concassées et de sable de plaine. .	5	64	0	58	0	06
	de graviers, de briques concassées et de sable. .	6	03	0	61		
Aires de 6 centimètres d'épaisseur, en béton de chaux hydraulique du pays,	de graviers et de sable de plaine.	6	30	0	70		
	de briques concassées et de sable de plaine. .	5	64	0	65	0	07
	de graviers, de briques concassées et de sable. .	6	03	0	78		
Aires de 7 centimètres d'épaisseur, en béton de chaux hydraulique du pays,	de graviers et de sable de plaine.	6	30	0	77		
	de briques concassées et de sable de plaine. .	5	64	0	71	0	08
	de graviers, de briques concassées et de sable. .	6	03	0	75		
Aires de 8 centimètres d'épaisseur, en béton de chaux hydraulique du pays,	de graviers et de sable de plaine.	6	30	0	84		
	de briques concassées et de sable de plaine. .	5	64	0	78	0	09
	de graviers, de briques concassées et de sable. .	6	03	0	82		
Aires de 9 centimètres d'épaisseur, en béton de chaux hydraulique du pays,	de graviers et de sable de plaine.	6	30	0	91		
	de briques concassées et de sable de plaine. .	5	64	0	84	0	10
	de graviers, de briques concassées et de sable. .	6	03	0	88		
Aires de 10 centimètres d'épaisseur, en béton de chaux hydraulique du pays,	de graviers et de sable de plaine.	6	30	0	99		
	de briques concassées et de sable de plaine. .	5	64	0	91	0	12
	de graviers, de briques concassées et de sable. .	6	03	0	96		

3°. En matières pulvérulentes.

Aires de 5 centimètres d'épaisseur, en matières réduites en poudre. .				0	35	0	06
Aires de 6				0	38	0	07
Aires de 7		3	00	0	42	0	08
Aires de 8				0	45	0	09
Aires de 9				0	48	0	10
Aires de 10				0	52	0	12

ARTICLE IV.

DES ENDUITS, CRÉPIS OU PLAFONDS.

1°. *Enduits, crépis ou plafonds au gris, sur moellons, sur murs en briques ou sur vieilles lattes restant en place.*

Enduits, crépis ou plafonds au gris,	VALEUR d'un mètre superficiel d'enduits, crépis ou plafonds au gris (y compris les faux-frais et le bénéfice). EN MORTIER			de cendrée de Tournai.
	DE CHAUX GRASSE DU PAYS			
	et sable de plaine.	et ciment du pays.	et cendres de houille.	
	fr. c.	fr. c.	fr. c.	fr. c.
à 1 couche de 0 m. 005 mil. d'épaiss.	0 20	0 24	0 24	0 26
— de 0 m. 01 cent. —	0 25	0 34	0 27	0 37
à 2 — de id. —	0 35	0 44	0 37	0 47
— de 0 m. 015 mill. —	0 44	0 55	0 45	0 60
— de 0 m. 020 — —	0 47	0 65	0 51	0 72
à 3 — de 0 m. 015 — —	0 48	0 62	0 52	0 67
— de 0 m. 020 — —	0 54	0 72	9 58	0 79
— de 0 m. 025 — —	0 59	0 82	0 65	0 94

2°. *Enduits, crépis ou plafonds au gris., sur lattes neuves.*

Enduits, crépis ou plafonds au gris, sur lattes neuves,	et sable de plaine.	et ciment du pays.	et cendres de houille.	de cendrée de Tournai.
à 1 couche de 0 m. 005 mill. d'épaiss.	0 81	0 85	0 82	0 87
— de 0 m. 010 — —	0 86	0 95	0 88	0 98
à 2 — de 0 m. 015 — —	1 10	1 24	1 14	1 30
— de 0 m. 020 — —	1 16	1 34	1 20	1 41
à 3 — de 0 m. 015 — —	1 24	1 38	1 28	1 43
— de 0 m. 020 — —	1 30	1 48	1 34	1 55
— de 0 m. 025 — —	1 36	1 58	1 41	1 67

3°. *Enduits, crépis ou plafonds au blanc, sur moellons, sur murs en briques ou sur vieilles lattes restant en place.*

1°. En chaux grasse du pays.

VALEUR d'un mètre superficiel de plafonds au blanc y compris les faux-frais et le bénéfice.

fr. c.

Enduits, crépis ou plafonds au blanc, à 1 couche de 0 m. 005 mill. d'épaisseur. . .	0 23
— — de 0 m. 010 — . . .	0 32
— — à 2 couches de 0 m. 010 — . .	0 42
— — de 0 m. 015 — . .	0 51

2°. En plâtre de Montmartre.

Enduits, crépis ou plafonds au blanc, de 0 m. 005 mill. d'épaisseur.	1 13
— — de 0 m. 010 mill. —	1 90
— — de 0 m. 015 mill. —	2 68

ARTICLE V.

BLANCHISSAGES AU LAIT DE CHAUX.

	VALEUR d'un mètre superficiel de blanchissage au lait de chaux, y compris les faux-frais et le bénéfice.
	fr. c.
Blanchissages au lait de chaux, sur une couche.	0 015
Plus-value au prix de 0 m. 015 mill. pour chaque couche en sus de la première. . .	0 010

ARTICLE VI.

CIMENTS ROMAINS ET CHAUX HYDRAULIQUE EN POUDRE DE SAINT-QUENTIN.

1°. Pour enduits, crépis ou plafonds, sans fournitures de lattes.

	PRIX élémentaire des cent kilogrammes de ciment rendus à pied-d'œuvre, non compris les faux-frais, ni le bénéfice.	VALEUR d'un mètre superficiel, y compris les faux-frais et le bénéfice	Plus ou moins - value par mètre carré, pour chaque franc que coûterait en plus ou en moins les cent kilogrammes de ciment.
	fr. c.	fr. c.	fr. c.
Enduits, crépis ou plafonds de 0 m. 010 d'épaiss., en ciment ou en chaux hydr.		1 19	0 07
— — de 0 m. 020 — —	11 00	2 03	0 15
— — de 0 m. 030 — —		2 87	0 22

2°. Pour jointoiements et rejointoiements.

	PRIX élémentaire des cent kilogrammes de ciment rendus à pied-d'œuvre, non compris les faux-frais, ni le bénéfice.	VALEUR d'un mètre superficiel, y compris les faux-frais et le bénéfice	Plus ou moins - value par mètre carré, pour chaque franc que coûterait en plus ou en moins les cent kilogrammes de ciment.
	fr. c.	fr. c.	fr. c.
Jointoiement ou rejointoiement de maçonnerie de pierres de taille, en ciment ou en chaux hydraulique de Saint-Quentin.		0 49	0 03
Jointoiement ou rejointoiement de maçonnerie de briques, dont les joints sont fouillés et grattés à 2 centimètres de profondeur, en même ciment que ci-dessus.	11 00	0 99	0 06
Jointoiement ou rejointoiement de maçonnerie de briques, dont les joints sont fouillés et grattés à 3 centimètres de profondeur, en ciment comme ci-dessus.		1 15	0 07

§ 4°. — DES FAUX-FRAIS ACCIDENTELS.

ARTICLE PREMIER.

DU BARDAGE DES PIERRES.

		VALEUR du bardage d'un mètre cube de pierre dure ou tendre.
		fr. c.
	à 50 mètres.	2 72
	à 60 —	2 81
DISTANCES DES BARDAGES. . .	à 70 —	2 89
	à 80 —	2 98
	à 90 —	3 06

SUITE DU BARDAGE DES PIERRES.

		VALEUR du bardage d'un mètre cube de pierre dure ou tendre.	
		fr.	c.
DISTANCES DES BARDAGES. . . {	à 100 mètres.	3	15
	à 120 —	3	32
	à 140 —	3	49
	à 160 —	3	66
	à 180 —	3	83
	à 200 —	4	00

ARTICLE II.

DU MONTAGE DES PIERRES.

		VALEUR du montage d'un mètre cube de pierre dure ou tendre.	
		fr.	c.
MESURE DES HAUTEURS. . . . {	à 2 mètres.	2	20
	à 4 —	2	48
	à 6 —	2	76
	à 8 —	3	05
	à 10 —	3	33
	à 12 —	3	61
	à 14 —	3	89
	à 16 —	4	18
	à 18 —	4	46
	à 20 —	4	74

FIN DE L'ÉVALUATION DE LA MAÇONNERIE.

TROISIÈME CATÉGORIE.

CHARPENTE.

PRÉLIMINAIRE.

Définition de la Charpente.

On appelle charpente l'assemblage de bois qui soutient la couverture des bâtiments et l'ensemble de tous les gros ouvrages en bois d'un édifice.

Des qualités et propriétés des bois de charpente.

Les bois de charpente sont ceux qui méritent la plus grande attention dans leur destination ; les ouvrages auxquels ils sont employés ordinairement, exigent qu'ils soient de bonne qualité, solides et durables. Souvent ils sont destinés à soutenir de très-grands fardeaux, à résister aux plus grands efforts et à être exposés aux intempéries des saisons. Selon le pays, les coutumes et les circonstances, ces bois composent la totalité des édifices, ou n'y entrent que comme parties, en s'unissant aux autres genres de construction. Presque toujours ils servent à former les planchers et les combles. Dans tous ces cas, ils sont susceptibles d'une grande durée lorsqu'ils ont la force et les dimensions proportionnées aux efforts qu'ils ont à supporter.

Les propriétés du bois sont d'être moins fragile que la pierre, et d'être plus facile à travailler et à transporter que tous les autres matériaux employés dans la construction. Le bois étant formé de fibres longitudinales, très-raides et fortement unies entr'elles, peut également servir à tirer et à porter. Il peut être posé debout, en travers ou incliné. Les autres matériaux, et notamment la pierre, au contraire, étant composé de parties grenues réunies en tous sens, ne peut résister solidement qu'à l'effet de la pression, étant posée l'une sur l'autre. En général, de tous les matériaux à bâtir, le bois est celui qui rend le plus de service.

Le plus grand inconvénient qui résulte de l'emploi du bois, c'est qu'il se tourmente, change de forme et de volume, et qu'il s'enflamme facilement.

Cette dernière raison, plus que toute autre, a contribué à discréditer les constructions en bois et à en diminuer l'usage. C'est à cette cause qu'il faut attribuer le perfectionnement de l'art des voûtes en briques et en béton, au point de suppléer aux toits de charpente et aux planchers.

De la classification des bois et de la division de la charpente.

Dans le commerce on distingue les bois de charpente en plusieurs classes en raison de leur grosseur et de leur longueur. Ces classes peuvent se réduire à deux principales ; savoir : les bois ordinaires et les bois de qualité en grosseur et en longueur.

Les bois ordinaires comprennent ceux qui ont jusqu'à 30 centimètres de grosseur réduite, et jusqu'à 7 mètres de longueur.

Les bois de qualité se subdivisent en raison de leur grosseur et de leur longueur, depuis 30 centimètres jusqu'à 70, et depuis 7 mètres jusqu'à 14.

La charpente peut se diviser de la manière suivante, savoir :

1º.— CHARPENTE EN BOIS BRUT, avec ou sans assemblage ;

2º.— CHARPENTE EN BOIS REFAIT ;

3º.— CHARPENTE EN BOIS BRUT, pour échafaud, étaiement, etc.

PREMIÈRE PARTIE.

Éléments et bases de l'évaluation.

PREMIÈRE SECTION.

DES FOURNITURES.

CHAPITRE UNIQUE.

DES BOIS.

---

§ 1ᵉʳ. — DES CONDITIONS ET DES DIFFÉRENTES ESSENCES DES BOIS DE CHARPENTE.

Les bois de charpente doivent remplir deux conditions importantes : ils doivent d'abord être communs et abondants, par conséquent d'un prix peu élevé ; il faut, en second lieu, qu'ils soient capables de résister aux injures des saisons pour les ouvrages placés à l'extérieur. Ainsi, dans chaque pays, les bois qui sont en même temps les plus communs et les plus incorruptibles, sont préférés pour la charpente. En général, en France, ce sont les chênes et les sapins qui réunissent ces conditions ; aussi ce sont ceux dont on fait le

37.

plus d'usage et qui sont particulièrement propres à la construction. Ces arbres ont chacun des qualités distinctes, et présentent entr'eux des différences essentielles.

1°.— Du bois de chêne.

Le chêne est un des meilleurs bois qu'on puisse employer dans les ouvrages de charpente ; il réunit toutes les qualités nécessaires, telle que la grandeur, la force, la fermeté et la résistance. Il se trouve des chênes assez grands pour procurer des pièces de bois de 18 à 24 mètres de long, sur 60 à 70 centimètres d'équarrissage. Dans l'emploi ordinaire, les plus grandes poutres n'excèdent pas 12 à 14 mètres de longueur, sur 50 à 60 centimètres de grosseur. Les pièces de bois de ces dimensions passent pour être de la première qualité et se vendent fort cher.

Quant à la dureté de son bois, le chêne a l'avantage sur tous les autres arbres qui peuvent fournir d'aussi grandes pièces. Il est aussi le plus pesant, celui qui se conserve le mieux à l'air, plongé dans l'eau ou enfoncé dans la terre.

Dans le commerce on débite les échantillons suivants :

1°.— LE CHEVRON, de 0 m. 080 carrés ;

2°.— LA SOLIVE, de 0 m. 080 d'épaisseur et 0 m. 11 de largeur ;

3°.—   —   de 0 m. 080 d'épaisseur et 0 m. 16 de largeur;

4°.—   —   de 0 m. 110 d'épaisseur et 0 m. 11 de largeur;

5°.— LE MADRIER, de 0 m. 080 d'épaisseur et 0 m. 27 de largeur ;

6°.— LA POUTRELLE, de 0 m. 12 à 0 m. 20 d'équarrissage ;

7°.— LA PETITE POUTRE, de 0 m. 21 à 0 m. 30 d'équarrissage ;

8°.— LA GROSSE POUTRE, de 0 m. 31 à 0 m. 40 d'équarrissage.

2°. — Du bois de sapin.

Le sapin est un des plus beaux arbres résineux qui croissent ordinairement sur les hautes montagnes, telles que les Alpes, les Pyrénées et les Vosges. Son tronc est fort droit et très-élevé, revêtu d'une écorce unie, blanchâtre et comme cendrée.

Ce bois, qui est léger, tendre et facile à travailler, est également propre aux ouvrages de charpente et de menuiserie ; on en fait encore usage pour la construction des bâteaux et de toutes sortes de bâtiments de mer.

Quelquefois le sapin, avant d'être débité, est saigné pour en extraire la résine, qui est d'un grand produit dans le commerce ; mais cette extraction lui fait perdre beaucoup de sa qualité.

L'étranger nous fournit considérablement de ce bois. Les principales importations nous viennent de la Suède, de la Norwège et de la Russie.

Il n'y a guère qu'une vingtaine d'années que le sapin, déjà en usage dans nos ports de mer du Nord, a été introduit dans nos provinces.

Ces bois se composent de diverses variétés de pins et de sapins. Dans le commerce on les distingue en sapin blanc et en sapin rouge ; ce dernier est plus facile à travailler et contient beaucoup de résine, ce qui le rend propre à remplacer le chêne pour les ouvrages faits à l'extérieur.

Les échantillons du sapin dont on fait le plus d'usage, sont les suivants :

    1º.— LE CHEVRON, de 0 m. 080 carrés ;
    2º.— LA SOLIVE, de 0 m. 080 d'épaisseur et 0 m. 11 de largeur ;
    3º.—   idem   de 0 m. 110 d'épaisseur et 0 m. 11 de largeur;
    4º.— LE MADRIER, de 0 m. 050 d'épaisseur et 0 m. 22 de largeur ;
    5º.—   idem   de 0 m. 065 d'épaisseur et 0 m. 18 de largeur;
    6º.—   idem   de 0 m. 065 d'épaisseur et 0 m. 22 de largeur ;
    7º.—   idem   de 0 m. 080 d'épaisseur et 0 m. 22 de largeur;
    8º.—   idem   de 0 m. 110 d'épaisseur et 0 m. 22 de largeur ;
    9º.— LA POUTRELLE, de 0 m. 13 à 0 m. 20 d'équarrissage ;
    10º.— LA PETITE POUTRE, de 0 m. 21 à 0 m. 30 d'équarrissage ;
    11º.— LA POUTRE, de 0 m. 31 à 0 m. 40 d'équarrissage.

---

§ 2º. — DU PRIX DES BOIS.

Je m'étais proposé dans l'introduction (page 8), de présenter toutes les fois que je l'aurais reconnu utile, un tableau du prix des matériaux, etc., à différentes époques, d'après lequel j'aurais fixé les prix moyens adoptés dans cet ouvrage. Mais cette méthode, toute théorique qu'elle était, ne pouvait cependant répondre au besoin de tous les pays, puisque la valeur des matériaux et de la main-d'œuvre des ouvrages n'est pas la même partout. Dans le cours de l'impression de ce Traité, je me suis arrêté à une autre combinaison beaucoup plus générale et plus utile, sans attacher une bien grande importance au prix des bois. Ainsi j'ai imaginé dans le bordereau des prix qui suivra les sous-détails, une plus ou moins-value à la valeur des ouvrages, en rapport avec toutes les localités et toutes les circonstances ; de manière qu'il suffira de connaître simplement le prix de revient des fournitures rendues au chantier, pour pouvoir déterminer celui de l'unité des ouvrages de charpente.

On ne devra donc considérer les prix des bois que je donne dans le tableau ci-après , que comme éléments servant à la formation des sous-détails. Les prix de la première colonne de ce tableau comprennent les droits d'octroi ; dans ceux de la seconde sont compris les frais du chargement et du déchargement ; la distance du transport du magasin au chantier est supposée de une demi-lieue ; la troisième colonne comprend donc les prix des bois rendus au chantier , tous frais faits.

TABLE DU PRIX DES BOIS RENDUS AU CHANTIER ,

ADOPTÉS POUR LA FORMATION DES SOUS-DÉTAILS DES OUVRAGES DE CHARPENTE.

1°. Bois de Chêne.

	PRIX du mètre cube de bois pris au magasin.		FRAIS de transport du magasin au chantier.		PRIX du mètre cube de bois rendu au chantier.	
	fr.	c.	fr.	c.	fr.	c.
Le bois de chêne ordinaire , tels que chevrons , solives , madriers , poutrelles et petites poutres confondus , jusqu'à 30 centimètres de grosseur , coûte dans le pays..	130	00	3	00	133	00
Le bois de chêne de qualité , tels que poutres et pièces de 31 à 40 centimètres d'équarrissage , coûte dans le pays.	150	00	3	00	153	00

2°. Bois de Sapin rouge.

	PRIX du mètre cube de bois pris au magasin.		FRAIS de transport du magasin au chantier.		PRIX du mètre cube de bois rendu au chantier.	
Le bois de sapin rouge ordinaire , tels que chevrons , solives , madriers , poutrelles et petites poutres confondus , jusqu'à 30 centimètres de grosseur , vaut dans le pays.	60	00	3	00	63	00
Le bois de sapin rouge de qualité , tels que poutres et pièces de 31 à 40 centimètres d'équarrissage , revient dans le pays à.	70	00	3	00	73	00

DEUXIÈME SECTION.

DE LA MAIN-D'ŒUVRE.

CHAPITRE Iᵉʳ.

DE LA VALEUR DES JOURNÉES D'OUVRIERS.

La valeur de la main-d'œuvre n'étant que le résultat de la dépense occasionnée pour l'exécution des ouvrages, il est nécessaire, pour l'établir, de bien connaître le prix de la journée des ouvriers charpentiers.

Dans quelques ouvrages les bois sont posés sans assemblages; dans d'autres les pièces sont assemblées à tenons et mortaises; quelquefois les bois sont aussi ou refendus à la scie, ou refaits sur une ou plusieurs de leurs faces; ce qui exige des prix particuliers toujours basés sur le taux des journées.

DÉTAIL DE LA VALEUR DE LA JOURNÉE DES OUVRIERS CHARPENTIERS ET DE CELLE DES SCIEURS DE LONG, de dix heures de travail effectif.	PRIX DE LA JOURNÉE	
	du charpentier.	du scieur de long.
	fr. c.	fr. c.
Prix de la journée de l'ouvrier.	2 500	3 000
Premier déboursé.	2 500	3 000
Faux-frais, 1/10 pour la journée du charpentier et 1/20 pour celle du scieur de long.	0 250	0 150
Déboursé total.	2 750	3 150
Bénéfice, 1/20 de la dépense. . . .	0 275	0 315
Valeur de la journée.	3 025	3 465

CHAPITRE II.

DES DIVERSES OPÉRATIONS DE LA MAIN-D'OEUVRE.

La main-d'œuvre des bois pour la charpente, comprend plusieurs éléments qu'il est essentiel de bien connaître pour parvenir à trouver la juste valeur des ouvrages.

Ces éléments sont les suivants , savoir :

    1º. La façon ;
    2º. Le transport du chantier au bâtiment ;
    3º. Le levage ;
    4º. La pose.

1º.—De la façon.

On entend par façon l'appropriation des bois de charpente prêts à être mis en place ; elle peut se diviser en deux parties principales , qui sont :

    1º. La façon proprement dite ;
    2º. Les bois refaits.

De la façon proprement dite.

La façon proprement dite comprend : 1º le tracé de l'épure , qui est le plan ou l'élévation de grandeur d'exécution des ouvrages à construire ; 2º l'établissement de l'appareil , ou le choix des bois convenables et leur placement sur l'épure pour tracer les coupes de débit et leurs assemblages ; 3º les assemblages. Ces trois opérations, lorsqu'elles ont lieu ensemble, sont toujours confondues et n'en forment qu'une, désignée comme il est dit ci-dessus.

Dans plusieurs ouvrages , tels que la charpente des planchers sans assemblages , la façon proprement dite ne consiste qu'à choisir les bois d'après l'épure tracée , et à les couper de longueur.

Des bois refaits.

On distingue par bois refaits , tous les bois blanchis ou dressés , soit à la varlope ou au rabot , ou de plus feuillés ou moulurés , comme pour sablières d'égoût , des poteaux et contrefiches de hangar , des huisseries , des poteaux et lisses de barrières , etc. , etc.

Cette dépense fait aussi partie du mètre cube de bois.

2°.—Du transport du chantier au bâtiment.

En supposant que la charpente serait établie sur un chantier préparé tout exprès et placée à proximité des constructions , il y a presque toujours néanmoins à compter la charge et le transport des bois à dos d'homme , depuis le chantier jusqu'au lieu du levage et de la pose. La distance entre ces deux points peut être portée en moyenne à 50 mètres.

Si , par la disposition du terrain , la charpente doit être établie sur un point plus éloigné, il faudra tenir compte également de la différence de cette dépense dans les sous-détails , quel que soit le mode employé pour effectuer le transport.

3°.—Du levage et de la pose.

Le levage consiste dans l'élévation de toutes les pièces de bois à l'épaule ou à la chèvre , sur le tas où doit être établie la charpente.

On entend par pose la mise en place et à demeure des bois par les charpentiers.

Ces deux opérations sont toujours estimées ensemble.

TROISIÈME SECTION.

DES FAUX-FRAIS.

Les faux-frais de la profession de charpentier comprennent :

1°. La location d'un terrain servant de chantier sur lequel on établit un hangar servant à tracer les épures et à mettre les ouvriers à l'abri une partie de l'année pour l'exécution des charpentes ;

2°. Les frais de patente et le droit fixe et proportionnel à la location de ce chantier ;

3°. L'acquisition , l'entretien et le renouvellement des équipages ;

4°. Les frais de chargement et du transport des équipages du magasin au bâtiment et du bâtiment au magasin.

Le montant de tous ces frais pour un chantier ordinaire, employant toute l'année dix ouvriers qui auront coûté 10,850 francs de main-d'œuvre, peut s'élever à 730 francs ; il en résulte que les faux-frais de la charpente sont au montant de la dépense de la main-d'œuvre, à peu près comme un est à quinze, ou le quinzième de la solde des ouvriers, taux auquel j'ai fixé les faux-frais de cette profession dans mes sous-détails.

Nota. Par les mêmes considérations que celles dont il est parlé dans la maçonnerie (pages 153 et 156), le bénéfice de la profession du charpentier doit être fixé de la même manière que pour cette première catégorie du bâtiment.

Voir du reste ce qui a été dit pages 7 à 14 du présent volume.

DEUXIÈME PARTIE.

Applications.

PREMIÈRE SECTION.

DE L'ANALYSE OU DE L'ÉVALUATION DES TRAVAUX DE CHARPENTE.

CHAPITRE I⁰ʳ.

Du classement des Bois et du métrage des Ouvrages.

---

§ 1ᵉʳ. — DU CLASSEMENT DES BOIS.

Tous bois qui auront jusqu'à 30 centimètres de grosseur, quelle que soit leur longueur, seront désignés sous le nom de bois ordinaire ; on distinguera parmi eux : 1° les bois ordinaires sans assemblage, ceux qui ne porteront ni entailles, ni tenons, ni mortaises ; 2° les bois ordinaires avec assemblages, ceux ayant des tenons, des mortaises ou autres assemblages.

Tous les bois de plus de 30 centimètres carrés ou de plus de 30 centimètres de largeur seront séparés des bois de plus petite dimension, et désignés sous le nom de bois de qualité.

38.

Au surplus, les mêmes distinctions qui viennent d'être faites pour les bois ordinaires seront faites aussi pour les bois de qualité, c'est-à-dire qu'on séparera les bois assemblés de ceux qui ne le seront pas, et les bois de sciage ou refaits de ceux qui auront été employés bruts.

Le classement des bois neufs, mais à façon, ainsi que celui de tous les vieux bois remployés, sera dans tous les cas semblable à tout ce qui vient d'être dit à l'égard de bois fournis.

Quant aux bois employés pour des étaiements et des étrésillons, que ces bois soient fournis ou non, ils seront classés ou plutôt réunis en un seul article, sous le nom d'étais. Les bois employés pour des échafauds et ceux pour des cintres de voûtes formeront une classe à part sous le nom de cintres.

§ 2°. — DU MÉTRAGE DES OUVRAGES.

Des longueurs.

Chaque pièce de bois droite ou courbe, pour plancher, pan de bois, comble, etc., sera mesurée selon sa longueur en œuvre, sans aucune fraction de centimètre; c'est-à-dire que pour 5 millimètres et au-dessous, il ne sera rien accordé, et que pour 6 millimètres et plus, on comptera un centimètre.

A ces longueurs en œuvre, seront ajoutées les portées ou scellement, dans les murs ou pans de bois; les tenons dans les mortaises et la longueur du biseau ou onglet pour les jointures, suivant leur longueur effective, lorsque toutefois par des attachements pris au fur et à mesure on aura constaté ces longueurs. Mais s'il arrivait qu'il ne restât aucune trace de ces dimensions cachées, on opérerait alors de la manière suivante : les scellements en mur seraient comptés, à 25 centim. de longueur, pour les poutres, poutrelles, poitrails, entraits, solives d'enchevêtures, sablières principales, blochets et pannes; et à 15 centimètres pour les solives ordinaires, et tous autres petits bois; ces mêmes scellements qui seront faits dans des pans de bois, ne seront tous comptés que pour 10 centimètres de longueur. Les tenons des principales pièces, tels qu'arbalétriers, chevêtres, etc., seront comptés aussi à 10 centimètres de longueur, et les tenons de solives ou pièces semblables, et tous ceux de plus petits bois, seront ajoutés à la longueur visible pour 8 centimètres.

Des grosseurs.

La mesure des grosseurs de toutes les pièces de bois brutes , ou refaites , sera prise au milieu ou aux deux bouts , dont on prendra alors la moitié pour moyenne. Aucune fraction de centimètre ne sera comprise dans ces mesures , c'est-à-dire que pour toute fraction jusqu'à 5 millimètres il ne sera rien compté , et que toute fraction au-dessus de 5 millimètres sera comptée pour un centimètre ; ainsi 10 centimètres 5 millimètres seront comptés pour 10 centimètres seulement , et 10 centimètres 6 millimètres seront comptés pour 11 centimètres.

Les pièces de bois courbes , cintrées naturellement , ou qui le seront par des levées , seront mesurées à leur plus grande largeur , c'est-à-dire, sans déduction du vide du segment du cercle. Au surplus, on observera les mêmes principes que ci-dessus pour les fractions de centimètres.

Aucune calle, ou bout de bois placé sous des portées de solives d'enchevêtrures et autres pièces, ne sera comptée; il en sera de même des chevilles, des tasseaux, et enfin de tous petits morceaux de bois dont l'emploi sera devenu indispensable pour la confection de la pose des ouvrages, attendu que ces portions de bois font partie du déchet accordé dans les divers sous-détails des prix.

Tous tenons et mortaises, trous de boulons, de chevillettes, de clous, feuillures, coupement, entailles et paumes faits dans les bois neufs, soit au chantier, soit sur le tas, lors de la pose, ne seront pas comptés séparément de l'ouvrage; mais lorsque ces mêmes ouvrages seront exécutés sur des vieux bois qui seront en place, pour raccorder ceux-ci avec les bois neufs, ils seront alors estimés à part, et en raison du temps qui y aura été employé.

Des Étais et des Cintres.

Quant aux bois employés pour des étaiements, des étrésillons, des chevalements, des échafauds et des cintres, que ces bois soient fournis ou non , leur mesurage sera le même que pour tous les autres ouvrages.

Des vieux Bois en démolition.

Pour le mesurage des vieux bois en démolition, on observera les mêmes règles que pour les bois neufs; seulement tous bois gros ou petits, assemblés ou non, seront confondus dans une même classe; tous les coupements ou déchevillages indispensables pour ces déposes feront partie du prix de cet ouvrage; en conséquence, aucune évaluation de ce genre ne sera accordée séparément.

CHAPITRE II.

DES SOUS-DÉTAILS DES OUVRAGES.

Je ne développerai qu'un très petit nombre d'exemples variés et choisis, de manière à faire suffisamment connaître les procédés de la méthode d'application que j'offre, au moyen desquels chacun aura alors les bases et les principes nécessaires pour former tous les prix dont il pourra avoir besoin. Mais comme il se présente dans la charpente plusieurs ouvrages qu'on peut désigner comme usuels, et qu'il est utile d'en avoir les résultats sous les yeux, afin d'éviter des pertes de temps et des recherches, je donnerai après les sous-détails qui vont suivre, un bordereau de prix de charpente de presque tous les cas que peut subir cette partie du bâtiment.

Toutefois, il est à remarquer que la valeur des fournitures et de la main-d'œuvre variant dans presque toutes les localités, ces résultats ne pourraient servir dans aucun pays, si en regard des prix des ouvrages, il ne se trouvait une plus ou moins-value pour la variante de ces éléments, de manière à né laisser aucun doute sur l'appréciation des ouvrages, et pouvant répondre à tous les besoins, pour toutes les circonstances et pour toutes les localités.

Numéros d'ordre.	DÉSIGNATION.	VALEURS	
		partielles.	totales.
		fr. mil.	fr. mil.

§ 1er. — Charpente en bois de chêne brut.

ARTICLE PREMIER.

BOIS SANS ASSEMBLAGE.

1 Sous-détail d'un mètre cube de charpente en bois de chêne brut, ordinaire, jusqu'à 30 centimètres de grosseur, employé sans assemblage, coupé de mesure seulement, tel que pour des chevrons, solives, madriers, poutrelles et petites poutres confondus.

	partielles	totales
Fournitures. Bois en œuvre, rendu au chantier, un m. cube, p. 288 .	133 000	139 650
— Déchet produit par les tailles, un vingtième. . . .	6 650	
Main-d'œuvre. Façon pour la taille, 16 heures 30 minutes de charpentiers, à 275 millièmes l'heure, page 289. . . .	4 538	
— Transport des bois du chantier au bâtiment, à une distance de 50 mètres environ, 3 heures de charpentier, au même prix que ci-dessus.	0 825	7 746
— Levage et pose, 8 heures 40 minutes de charpentier, au même prix que ci-dessus.	2 383	
Premier déboursé. .	» »	147 396
Faux-frais, 1/15 de la main-d'œuvre. .	» »	0 516
Déboursé total.	» »	147 912
Bénéfice, 1/10 de la valeur. .	» »	14 791
Valeur d'un mètre cube. .	» »	162 703

2 Sous-détail d'un mètre cube de charpente en bois de chêne brut, de qualité, de 31 à 40 centimètres d'équarrissage, employé sans assemblage, coupé de mesure seulement, pour poitraux et ouvrages semblables.

	partielles	totales
Fournitures. Bois en œuvre, rendu au chantier, un m. cube, page 288.	153 000	160 650
— Déchet produit par les tailles, 1/20.	7 650	
Main-d'œuvre, Taille, 15 heures 30 minutes de charpentier, au même prix qu'au numéro 1.	4 263	
— Transport, comme au numéro 1.	0 825	8 296
— Levage et pose, 11 heures 40 minutes de charpentier, au même prix qu'au numéro 1. . . .	3 208	
Premier déboursé. . .	» »	168 946
Faux-frais, 1/15 de la main-d'œuvre. .	» »	0 553
Déboursé total. .	» »	169 499
Bénéfice, 1/10 de la dépense. .	» »	16 950
Valeur d'un mètre cube. .	» »	186 449

Numéros d'ordre.	DÉSIGNATION.	VALEURS			
		partielles.		totales.	
		fr.	mil.	fr.	mil.
	ARTICLE II.				
	BOIS AVEC ASSEMBLAGE.				
3	Sous-détail d'un mètre cube de charpente en bois de chêne brut, ordinaire, jusqu'à 30 centimètres de grosseur, employé avec assemblages, pour planchers, pans de bois et combles confondus.				
	Fournitures. Bois en œuvre et déchet produit par les tailles, comme au numéro 1.	»	»	139	650
	Main-d'œuvre. Façon pour la taille, 36 heures de charpentier.	9	900		
	— Transport, comme au numéro 1.	0	825	43	933
	— Levage, pose, assemblage et chevillage, 11 heures 40 minutes de charpentier.	3	208		
	Premier déboursé.	»	»	153	583
	Faux-frais, 1/15 de la main-d'œuvre.	»	»	0	929
	Déboursé total.	»	»	154	512
	Bénéfice, 1/10 de la dépense.	»	»	15	451
	Valeur d'un mètre cube.	»	»	169	963
4	Sous-détail d'un mètre cube de charpente en bois de chêne brut, de qualité, de 31 à 40 centimètres d'équarrissage, employé avec assemblage, pour poteaux, poutres de planchers et ouvrages semblables.				
	Fournitures. Bois en œuvre et déchet produit par les tailles, comme au numéro 2.	»	»	160	650
	Main-d'œuvre. Façon de la taille, 30 h. 10 m. de charpentier.	8	296		
	— Transport, comme au numéro 1.	0	825	43	154
	— Levage, pose, assemblage et chevillage, 14 heures 40 minutes de charpentier.	4	033		
	Premier déboursé.	»	»	173	804
	Faux-frais, 1/15 de la main-d'œuvre.	»	»	0	877
	Déboursé total.	»	»	174	681
	Bénéfice, 1/10 de la dépense.	»	»	17	468
	Valeur d'un mètre cube.	»	»	192	149

Numéros d'ordre.	DÉSIGNATION.	VALEURS			
		Partielles.		Totales.	
		fr.	mil.	fr.	mil.
	§ 2°. — Charpente en bois de chêne refait.				
5	Sous-détail d'un mètre cube de charpente en bois de chêne ordinaire , refait sur une face , avec feuillure , chanfrein ou moulure , tel que pour tabliers d'égout , poteaux d'huisserie et ouvrages semblables.				
	Fournitures. Bois en œuvre , comme au numéro 1.	133	000	140	600
	— Déchet, 2ǀ35.	7	600		
	Main-d'œuvre. Façon de la taille , 43 heures de charpentier. . .	11	825	15	858
	— Transport , levage , pose , assemblage et chevillage , comme au numéro 5.	4	033		
	Premier déboursé. .	»	»	156	458
	Faux-frais , 1ǀ15 de la main-d'œuvre. .	»	»	1	057
	Déboursé total. .	»	»	157	515
	Bénéfice, 1ǀ10 de la dépense. .	»	»	15	752
	Valeur d'un mètre cube. .	»	»	173	267
6	Sous-détail d'un mètre cube de charpente en bois de chêne ordinaire , refait sur deux faces , avec feuillure , chanfrein ou moulure , comme au numéro précédent.				
	Fournitures. Bois en œuvre , comme au numéro 1.	133	000	141	866
	— Déchet, 1ǀ15.	08	866		
	Main-d'œuvre. Façon de la taille , 50 heures de charpentier. . .	13	750	17	783
	— Transport , levage , pose , assemblage et chevillage , comme au numéro 5.	4	033		
	Premier déboursé. .	»	»	159	649
	Faux-frais , 1ǀ15 de la main-d'œuvre. .	»	»	1	186
	Déboursé total. .	»	»	160	835
	Bénéfice, 1ǀ10 de la dépense. .	»	»	16	084
	Valeur d'un mètre cube de bois refait à deux faces.	»	»	176	919
	Et la valeur d'un m. cube de même bois , refait à 1 face, étant de 173 f. 267, comme au n° précédent.	»	»	173	267
	Celle de la plus-value par mètre cube, pour chaque face refaite en sus de la première, sera de . .	»	»	3	652

Numéros d'ordre.	DÉSIGNATION.	VALEURS partielles. fr. mil.		totales. fr. mil.	
	§ 3°. — Charpente en bois de chêne brut, POUR ÉCHAFAUDS, ÉTAIS ET CINTRES DE VOUTES (1).				
7	Sous-détail d'un mètre cube d'échafaud en bois de chêne brut ordinaire, avec ou sans assemblage.				
	Fournitures. Bois en œuvre et déchet produit par les tailles, comme au numéro 1.	»	»	139	650
	Main-d'œuvre. Taille ou assemblage, 16 heures 30 m. de charpentier.	4	538		
	— Transport du chantier au bâtiment, comme au n° 1,. .	0	825	9	351
	— Levage et pose, 14 heures 30 m. de charpentier. .	3	988		
	Premier déboursé. .	»	»	149	001
	Faux-frais, 1|15 de la main-d'œuvre. .	»	»	0	623
	Déboursé total. .	»	»	149	624
	Bénéfice, 1|10 de la dépense. .	»	»	14	962
	Valeur d'un mètre cube d'échafaud en bois neuf (fournitures comprises). . . .	»	»	164	586
	Les mêmes bois, repris en compte sur place par l'entrepreneur, valant un cinquième en moins le mètre cube sur leur valeur primitive, qui est supposée de 133 francs, ci.	106	400	»	»
	Déchet causé par les tenons et les entailles, 1|20.	5	320	»	»
	Reste pour le déboursé total. .	101	080	»	»
	Bénéfice, 1|10 de la dépense. .	10	108	»	»
	Valeur à déduire. .	111	188	111	188
	Valeur d'un mètre cube d'échafaud en bois neuf, fourni et repris par l'entrepreneur. . . .	»	»	53	398
8	Sous-détail d'un mètre cube d'étaiement en bois de chêne brut, ordinaire, avec ou sans assemblage.				
	Fournitures. Bois en œuvre et déchet, comme au numéro 1.	»	»	139	650
	Main-d'œuvre. Façon, 5 heures de charpentier.	1	375		
	— Transport, comme au numéro 1.	0	825	7	883
	— Levage, pose et dépose, 20 h. 40 m. de charpentier. .	5	683		
	A reporter.	»	»	147	533

(1) Si l'on suppose que les bois provenant de la démolition des cintres, etc., seront repris en compte par l'entrepreneur après l'achèvement des constructions, ou plutôt six ou huit mois après leur emploi, on peut en conclure que par l'effet du temps et de leur taille, etc., ces bois éprouveront une dépréciation d'environ un cinquième sur leur valeur primitive.

Numéros d'ordre.	DÉSIGNATION.	VALEURS	
		Partielles.	Totales.
		fr. mil.	fr. mil.
	Report.	» »	147 533
	Premier déboursé.	» »	147 533
	Faux-frais , 1¡15 de la main-d'œuvre.	» »	0 526
	Déboursé total.	» »	148 059
	Bénéfice , 1¡10 de la dépense.	» »	14 806
	Valeur d'un mètre cube d'étaiement en bois neuf, fournitures comprises.	» »	162 865
	Les mêmes bois étant repris en compte sur place par l'entrepreneur, comme au n° 11.	» »	111 188
	Valeur d'un mètre cube d'étaiement en bois neuf, fourni et repris par l'entrepreneur.	» »	51 677
9	Sous-détail d'un mètre cube d'échafaudage , ou cintre de voûtes, en bois de chêne brut , ordinaire , avec ou sans assemblage.		
	Fournitures. Bois en œuvre et déchet ; comme au numéro 1.	» »	139 650
	Main-d'œuvre. Taille ou façon, 30 heures de charpentier.	8 250	
	— Transport , comme au numéro 1.	0 825	14 300
	— Levage et pose , 10 heures de charpentier.	2 750	
	— Dépose des mêmes bois , 9 heures de charpentier.	2 475	
	Premier déboursé.	» »	153 950
	Faux-frais , 1¡15 de la main-d'œuvre.	» »	0 953
	Déboursé total.	» »	154 903
	Bénéfice , 1¡10 de la dépense.	» »	15 490
	Valeur d'un mètre cube d'échafaudage ou de cintre, fournitures comprises.	» »	170 393
	Les mêmes bois , étant repris en compte sur place par l'entrepreneur, comme au n° 11.	» »	111 188
	Valeur d'un mètre cube d'échafaudage ou de cintre, en bois neuf , fourni et repris par l'entrepreneur.	» »	59 205
10	Sous-détail d'un mètre superficiel de planche, en flaches ou plats-bords de chêne sur échafaud.		
	Fournitures. Un mètre superficiel.	1 000	1 200
	— Déchet, 1¡20.	0 200	
	A reporter	» »	1 200

Numéros d'ordre.		DÉSIGNATION.	VALEURS			
			Partielles.		totales.	
			fr.	mil.	fr.	mil.
		Report.	»	»	4	200
1	Main-d'œuvre.	Façon pour couper les planches de longueur, les transporter, les poser et les déposer, 2 h. de charpentier.	»	»	0	550
		Premier déboursé. .	»	»	4	750
		Faux-frais, 1⁄15 de la main-d'œuvre. .	»	»	0	037
		Déboursé total. .	»	»	4	787
		Bénéfice , 1⁄10 de la dépense. .	»	»	0	479
		Valeur d'un mètre superficiel, fournitures comprises.	»	»	5	266
		Les bois étant repris par l'entrepreneur, valent 1⁄5 en moins sur leur valeur primitive	3	200	»	»
		Bénéfice 1⁄10 de la dépense. .	0	320	»	»
		Valeur à déduire.	3	520	3	520
		Valeur d'un m. superficiel de plancher en bois neuf, fourni et repris par l'entrepreneur.	»	»	1	746

§ 4e. — DÉMOLITION DE CHARPENTE.

Numéros d'ordre.		DÉSIGNATION.	Partielles.		totales.	
11		Sous-détail d'un mètre cube de démolition de plancher, cloison, comble , etc. , les bois descendus à la chèvre, rangés et empilés par assortiment.				
	Main-d'œuvre.	Temps pour désassembler , décheviller ou couper les bois , et les descendre , 15 h. de charpentier. . .	»	»	4	125
		Premier déboursé. .	»	»	4	125
		Faux-frais, 1⁄15 de la main-d'œuvre. .	»	»	0	275
		Déboursé total. .	»	»	4	400
		Bénéfice , 1⁄10 de la dépense. .	»	»	0	440
		Valeur d'un mètre cube de démolition. .	»	»	4	840

DEUXIÈME SECTION.

BORDEREAU DES PRIX DES OUVRAGES.

Les prix du bordereau que je donne ci-après, sont: ou l'extrait des sous-détails de la section précitée, ou le résultat des prix basés sur ces mêmes sous-détails. Ce bordereau forme une série presque complète de la valeur des ouvrages de charpente qui se présentent ordinairement dans les constructions. De plus, par la disposition des colonnes, il offre les mêmes avantages que celui que j'ai fait pour la maçonnerie; c'est-à-dire que sans aucun développement, les personnes qui n'ont aucune connaissance, ni pratique des travaux de construction, ou qui n'auraient pas le temps de se livrer aux recherches qu'exige la combinaison des sous-détails, pourront, au moyen des plus ou moins-values que je présente, déterminer les différents prix qui concourent à l'appréciation des ouvrages.

Dans l'analyse que je viens de donner, ainsi que dans le bordereau qui va suivre, je n'ai pas fait de distinction entre les bois grossièrement équarris et ceux qui le sont à vives arêtes, quoique les prix d'acquisition de ces derniers soient de beaucoup supérieurs aux premiers; mais comme le déchet et la main-d'œuvre sont identiques pour l'une ou pour l'autre classe de ces bois, aussi bien que pour toutes les essences qu'on emploie, il ne faudra, pour obtenir la valeur de l'unité, qu'ajouter ou diminuer aux prix désignés ci-après, selon l'espèce d'ouvrage, autant de fois la plus ou moins-value qu'il y aura de différence entre les bois adoptés, et ceux sur lesquels on devra opérer.

Je ne pouvais adopter de méthode plus simple ni plus claire que celle-ci, puisqu'il est impossible de donner des bases invariables pour plusieurs localités.

Si l'on veut obtenir le taux de la façon par mètre cube d'ouvrage, revenant à l'entrepreneur, il faudra ajouter aux prix de la 2e. colonne du présent bordereau un quinzième pour faux-frais, plus un dixième de bénéfice au résultat de cette première opération; et le total définitif donnera la valeur de la main-d'œuvre de l'unité des ouvrages, à laquelle aura droit le constructeur.

§ 1er. — CHARPENTE EN BOIS BRUT.

ARTICLE PREMIER.

BOIS SANS ASSEMBLAGE.

| | PRIX ÉLÉMENTAIRES (non compris les faux-frais ni le bénéfice). | | | | VALEUR d'un mètre cube d'ouvrage, y compris les faux-frais et le bénéfice. | | PLUS OU MOINS-VALUE par mètre cube d'ouvrage, pour chaque franc que coûterait en plus ou en moins | | | |
| | du mètre cube de bois rendu au chantier. | | de la main-d'œuvre d'un mètre cube d'ouvrage. | | | | le mètre cube de bois rendu au chantier. | | la main-d'œuvre d'un mètre cube d'ouvrage. | |
	fr.	c.	fr.	c.	fr.	c.	fr.	m.	fr.	c.
Charpente en bois de chêne brut, ordinaire, jusqu'à 30 centimètres de grosseur, employé sans assemblage, coupé de mesure seulement, tel que pour chevrons, solives, madriers, poutrelles et petites poutres confondus.	130	00	7	75	162	70	1	155	1	17
Charpente en bois de sapin, comme ci-dessus. . . .	63	00	7	75	81	85	1	155	1	17
Charpente en bois de chêne brut, de qualité, de 31 à 40 centimètres de grosseur, employé sans assemblage, coupé de mesure seulement, pour poitraux et ouvrages semblables. . . .	153	00	8	30	186	45	1	155	1	17
Charpente en bois de sapin, comme ci-dessus. . . .	73	00	8	30	94	05	1	155	1	17

ARTICLE II.

BOIS AVEC ASSEMBLAGE.

Charpente en bois de chêne brut, ordinaire, jusqu'à 30 centimètres de grosseur, employé avec assemblage, pour planchers, pans de bois et combles confondus. . . .	133	00	13	93	169	96	1	155	1	17
Charpente en bois de sapin, comme ci-dessus. . . .	63	00	13	93	89	11	1	155	1	17
Charpente en bois de chêne brut, de qualité, de 30 à 40 centimètres de grosseur, employé avec assemblage, pour poteaux, poutres de planchers et ouvrages semblables. . . .	153	00	13	45	192	45	1	155	1	17
Charpente en bois de sapin, comme ci-dessus. . . .	73	00	13	45	99	75	1	155	1	17

§ 2e. — CHARPENTE EN BOIS REFAIT.

Charpente en bois de chêne ordinaire, refait sur une face, avec feuillure, chanfrein ou moulure, tel que pour sablières d'égout, poteaux d'huisserie et ouvrages semblables. . . .	133	00	15	86	173	27	1	163	1	17
Charpente, comme ci-dessus, refait sur 2 faces. . . .	133	00	17	78	176	92	1	174	1	17
— — sur 3 faces. . . .	133	00	19	71	180	57	1	185	1	17
— — sur 4 faces. . . .	133	00	21	63	184	22	1	196	1	17
Charpente en bois de sapin, comme ci-dessus, refait sur une face. . . .	63	00	15	86	94	86	1	163	1	17
Charpente comme ci-dessus, refait sur 2 faces. . . .	63	00	17	78	94	74	1	174	1	17
— — sur 3 faces. . . .	63	00	19	71	97	62	1	185	1	17
— — sur 4 faces. . . .	63	00	21	63	100	50	1	196	1	17

§ 3e. — CHARPENTE D'ÉCHAFAUDS, ÉTAIS ET CINTRES DE VOÛTES.

1°. *Échafauds.*

	PRIX ÉLÉMENTAIRES (non compris les faux-frais ni le bénéfice).		VALEUR d'un mètre cube d'ouvrage, y compris les faux-frais et le bénéfice.		PLUS-OU MOINS-VALUE par mètre cube d'ouvrage, pour chaque franc que coûterait en plus ou en moins	
	du mètre cube de bois rendu au chantier.	de la main-d'œuvre d'un mètre cube d'ouvrage.			le mètre cube de bois, rendu au chantier.	la main-d'œuvre d'un mètre cube d'ouvrage.
	fr. c.	fr. c.	fr. c.		fr. c.	fr. c.
Échafaud en chêne brut, ordinaire, avec ou sans assemblage, les bois étant fournis et abandonnés par l'entrepreneur.	133 00	9 35	164 59		1 155	1 17
Échafaud en chêne brut, ordinaire, avec ou sans assemblage, les bois étant fournis et repris par l'entrepreneur.	133 00	9 35	53 40		0 319	1 17
Échafaud en sapin, comme ci-dessus, les bois étant fournis et abandonnés par l'entrepreneur.	63 00	9 35	83 74		1 155	1 17
Échafaud en sapin, comme ci-dessus, les bois étant fournis et repris par l'entrepreneur.	63 00	9 35	34 07		0 319	1 17
2°. *Étais.*						
Étaiement en chêne brut, ordinaire, avec ou sans assemblage, les bois étant fournis et abandonnés par l'entrepreneur.	133 00	7 88	162 87		1 155	1 17
Étaiement en chêne brut, ordinaire, avec ou sans assemblage, les bois étant fournis et repris par l'entrepreneur.	133 00	7 88	51 68		0 319	1 17
Étaiement en sapin, comme ci-dessus, les bois étant fournis et abandonnés par l'entrepreneur.	63 00	7 88	82 02		1 155	1 17
Étaiement en sapin, comme ci-dessus, les bois étant fournis et repris par l'entrepreneur.	63 00	7 88	29 35		0 319	1 17
3°. *Cintres de voûtes.*						
Cintres de voûtes en chêne brut, ordinaire, avec ou sans assemblage, les bois étant fournis et abandonnés par l'entrepreneur.	133 00	14 30	170 39		1 155	1 17
Cintres de voûtes en chêne brut, ordinaire, avec ou sans assemblage, les bois étant fournis et repris par l'entrepreneur.	133 00	14 30	59 24		0 319	1 17
Cintres de voûtes en sapin, comme ci-dessus, les bois étant fournis et abandonnés par l'entrepreneur.	63 00	14 30	89 543		1 155	1 17
Cintres de voûtes en sapin, comme ci-dessus, les bois étant fournis et repris par l'entrepreneur.	63 00	14 30	36 88		0 319	1 17

§ 4e. — DÉMOLITION DE CHARPENTE.

	PRIX ÉLÉMENTAIRES		VALEUR		PLUS-OU MOINS-VALUE	
Démolition de plancher, cloison, etc., les bois descendus à la chèvre, rangés et empilés par assortiment.	» »	4 13	4 84		» »	1 17

Établissement de plancher.

PRIX ÉLÉMENTAIRES (non compris les faux-frais, ni le bénéfice).		VALEUR d'un mètre carré de plancher, y compris les faux-frais et le bénéfice.	PLUS OU MOINS-VALUE par mètre superficiel de plancher, pour chaque franc que coûterait en plus ou en moins	
du mètre carré de bois, rendu au chantier.	de la main-d'œuvre d'un mètre carré de plancher.		de mètre carré de bois, rendu au chantier.	la main-d'œuvre d'un mètre carré de plancher.
fr. c.	fr. c.	fr. c.	fr. c.	fr. c.
4 00	0 55	5 27	1 155	1 17
4 00	0 55	4 75	0 275	1 47

Plancher en flaches ou plats-bords de chêne, sur échafaud, les bois étant fournis et abandonnés par l'entrepreneur.

Plancher en flaches ou plats-bords de chêne, sur échafaud, les bois étant fournis et repris par l'entrepreneur.

FIN DE L'ÉVALUATION DE LA CHARPENTE.

QUATRIÈME CATÉGORIE.

COUVERTURE.

PREMIÈRE PARTIE.

Éléments et bases de l'évaluation.

PREMIÈRE SECTION.

DES FOURNITURES.

CHAPITRE PREMIER.

DES MATÉRIAUX.

§ 1.ᵉʳ — DES DIFFÉRENTES ESPÈCES DE MATÉRIAUX.

Les matières employées pour la couverture des bâtiments, sont: l'ardoise, la tuile plate, la tuile creuse, le lattis ou voliges, latteaux et lattes, les clous, etc.

1.° — De l'Ardoise.

L'ardoise est une sorte de schiste, qui a la propriété de pouvoir se débiter en lames fort minces, très-unies et légères; elle nous fournit une couverture qui n'était point en usage chez les anciens, et qui est une des meilleures que nous puissions employer relativement à son prix.

40.

Nos carrières d'ardoises les plus estimées sont celles de Fumay, de Rimogne et de Devillé, dans le département des Ardennes, et celles d'Angers, dans le département de Maine-et-Loire. Mais outre ces grandes exploitations, qui exportent leurs produits au loin, il en existe une infinité d'autres qui fournissent aux besoins des pays dans lesquels on les a ouvertes. Ainsi, on peut citer encore les ardoisières de Saint-Lô et de Cherbourg, département de la Manche; celles des environs de Grenoble, département de l'Isère; celles de Traversac et de Villac, près de Brives, départements de la Dordogne et de Corrèze; celles de Blâmont, près Lunéville, département de la Meurthe; de Redon, département de l'Ile-et-Vilaine; celles de Kaysersech, dans l'électorat du Mayence; celles de Taninge et de Conflans, en Savoie; et enfin toutes les petites ardoisières qui sont ouvertes dans presque toutes les vallées des Alpes et des Pyrénées.

Comme on le voit, les Ardennes possèdent trois principaux antres d'exploitation, et chacun de ces antres présente des espèces d'ardoises différentes et a également des débouchés dans nos contrées.

Les ardoises qui se tirent de Fumay situé sur la Meuse, et provenant de l'ardoisière du moulin Sainte-Anne, sont d'un noir roux; elles sont sans contredit meilleures, plus pesantes, plus fortes et moins spongieuses que celles des autres ardoisières connues en France. On a éprouvé, dit M. Rondelet, qu'au bout de dix ans une couverture faite de cette ardoise exposée au Nord n'acquiert presque pas de mousse et peut durer quarante ans, tandis qu'à la même exposition, celles d'Angers, réputées pour les meilleures après celles-ci, sont déjà marquetées au bout de quatre ans et ne durent pas vingt ans.

Les principaux débouchés de ces ardoises sont les Pays-Bas, la Flandre et la Picardie, et l'on peut à peine suffire aux demandes du commerce.

On débite dans les carrières de Fumay, des ardoises de quatre échantillons distincts, qui ne diffèrent que par leurs dimensions, puisqu'ils sont pris indifféremment dans le même bloc de pierre, savoir:

1°. L'ardoise blocs, de 27 centimètres de longueur sur 16 centimètres de largeur et 0 m. 003 millimètres d'épaisseur; le mille en nombre pèse 250 kilogrammes;

2°. L'ardoise dite le grand Saint-Louis, de 30 centimètres de long sur 19 centimètres de large et 0 m. 0036 d'épaisseur; le poids du mille en nombre est de 343 kilogrammes;

3°. La flamande, de même longueur et de même largeur que l'ardoise blocs, dont l'épaisseur est de 0 m. 0027; le mille en nombre est évalué à 235 kilogrammes;

4°. La commune , de 26 centimètres de longueur sur 11 centimètres de largeur et de même épaisseur que la précédente ; son poids par mille en nombre est de 172 kilogrammes.

Parmi ces échantillons il s'en trouve quelques-uns qui sont un peu plus minces , et d'autres qui sont un peu plus faibles que les dimensions moyennes désignées ci-dessus.

Les ardoisières de Rimogne et de Devillé, ou des environs de Charleville, sont situées à peu de distance de cette ville, et s'étendent le long de la Meuse jusqu'à Fumay. La principale est ouverte à Rimogne vers le sommet d'une colline. Les ardoises qu'on exploite de ces carrières sont les plus estimées après celles de Fumay et d'Angers; il s'en fait une grande consommation, tant en France qu'en Hollande et dans les Pays-Bas. Celles de Rimogne sont bleues et celles de Devillé sont grises. Quoique ces deux espèces soient d'une assez bonne qualité, la surface de ces ardoises est cependant moins lisse que celles de Fumay et d'Angers; elles sont aussi plus grossières et plus cassantes; on en forme de deux échantillons différents, savoir :

Le grand Saint-Louis et la flamande , ayant les mêmes dimensions et le même poids à peu près que celles des mêmes échantillons de Fumay.

Les ardoises d'Angers sont après celles de Fumay les meilleures connues. Ces carrières sont si abondantes, qu'il s'en fait un commerce considérable, tant pour la France que pour les pays étrangers. Elles sont d'un bleu foncé.

Il serait inutile d'entrer dans de plus grands développements sur cette dernière espèce d'ardoises, qui ne peut être employée avec succès dans nos contrées, à cause des difficultés et de la distance du transport.

Les seules ardoises dont on se sert dans le Nord sont celles du département des Ardennes, notamment celles de Fumay qui sont les meilleures. Aussi ne ferai-je de sous-détails que pour ces dernières.

La partie visible de l'ardoise ou le pureau doit toujours être le tiers de sa hauteur.

<h3 align="center">2°. — De la Tuile.</h3>

Je ne parlerai que de la tuile employée dans la circonscription de Douai, puisque chaque arrondissement possède généralement plusieurs fabrications de ces matériaux, et que les prix d'acquisition en sont presque toujours uniformes.

La tuile dont on se sert dans nos environs se tire d'Orchies et de Mortagne. Relativement à la forme, on en distingue de deux espèces qui sont le plus en usage : 1°. La tuile creuse ou la tuile à double courbure formant S, de 34 centimètres de longueur sur 25 centimètres de largeur et 0 m. 012 millimètres d'épaisseur ; 2°. La tuile plate sans rebord, de 27 centimètres de long sur 16 centimètres de large et de 0 m. 012 millimètres d'épaisseur. Ces deux espèces de tuiles sont surmontées l'une et l'autre d'un mentonnet ou crochet pour être attachées sur les latteaux ou lattes.

La tuile creuse se pose à 27 et 20 centimètres de pureau.

La tuile plate se pose à 9 et 16 centimètres de pureau ou à un peu plus du tiers de sa hauteur.

Quant aux tuiles faîtières, vanneaux ou arétières, leur longueur est presque toujours de 30 centimètres.

3°. — Du Lattis.

Le lattis se fait de différentes manières; ce lattis est tout-à-fait différent pour l'ardoise ou pour la tuile.

Pour la couverture en ardoises, l'usage actuel est de se servir de voliges de bois-blanc ou de sapin, au lieu de lattes et contre-lattes en chêne dont on se servait autrefois, et qu'on a abandonnées comme étant de plus mauvaise construction que la volige. Celle-ci se vend au mètre linéaire ; chaque planche porte 22 centimètres de largeur sur 0 m. 013 d'épaisseur. La volige se pose sur les chevrons, en observant 10 à 15 millimètres d'intervalle entre chaque planche; elle doit être arrêtée avec trois clous sur chaque chevron ; il faut alors 41 clous par mètre superficiel de volige.

Le lattis pour la couverture en tuiles creuses se fait avec des latteaux de bois-blanc ou de sapin, de 4 centimètres de largeur sur 0 m. 027 d'épaisseur. Ces latteaux sont posés à 27 centimètres de distance l'un de l'autre; ils sont fixés par un clou sur chaque chevron. Ils se vendent aussi au mètre linéaire.

Le lattis pour la couverture en tuiles plates se fait avec la latte ordinaire de cœur de chêne, qui a 1 m. 30 de longueur, de manière qu'elle porte sur quatre chevrons; elle se fixe aussi au moyen d'un clou sur chaque chevron. Cette latte se pose à 10 centimètres d'intervalle; elle se vend à la botte de cent lattes.

4°. — Des Clous.

Pour fixer le lattis ainsi que l'ardoise, on emploie plusieurs espèces de clous, que l'on achète chez les couvreurs ou les marchands quincailliers. Le clou qui sert à attacher la volige pour la couverture en ardoises, et que l'on nomme pour cette raison clou à volige, a de 0 m. 036 à 0 m. 054 millimètres de long. Chaque kilogramme de clous, portant 36 millimètres de longueur, en contient 160 environ; le kilogramme de ceux de 4 centimètres, 320, et celui de clous de 0 m. 054 millimètres, 240.

Le clou qui attache le latteau pour la couverture en tuiles creuses, est le même que la dernière espèce de ceux qui fixent la volige.

Le clou qui arrête la latte pour couverture en tuiles plates, a 0 m. 027 millimètres de long; il en faut 580 pour un kilogramme.

Le clou qui s'emploie à fixer l'ardoise sur la volige, et que l'on appelle clou à ardoise, est le plus fin; il porte de 0 m. 018 millimètres à 0 m. 02 centimètres de long; chaque kilogramme de clous, lorsqu'il a 0 m. 018 millim., en contient 1140, et lorsqu'il a 0 m. 02 centimètres, il n'en contient que 980.

§ 2. — DU PRIX DES MATÉRIAUX RENDUS A PIED-D'OEUVRE.

Ardoises de Fumay.

fr. c.

Le mille d'ardoises désignées sous le nom de blocs, se vend aux ardoisières 13 francs; les frais de transport, chargement et déchargement compris, sont de 20 centimes par lieue, et la distance de Fumay à Douai est d'environ 40 lieues, ce qui donne 8 francs; les droits d'octroi à l'entrée en ville, s'élèvent à 1 franc 20 ; c'est donc par mille rendu au magasin 22 francs 20 centimes; ce qui porte le millier rendu à pied-d'œuvre, à environ. 23 00

L'ardoise flamande s'achète 14 fr. 50 c. le mille à Fumay ; le prix du transport, chargement et déchargement compris , est de 19 c. par lieue , ou 7 fr. 60 c. , rendu à Douai ; ce qui, avec les droits d'octroi , fait revenir le mille rendu en magasin , à 23 fr. 30 , et le millier , rendu au bâtiment, revient à environ. 24 00

L'ardoise appelée le grand Saint-Louis, coûte 18 francs le mille aux carrières ; le transport de ces ardoises, chargement et déchargement comptés , est de 27 centimes par lieue , ce qui donne 10 fr. 80 c. ; les droits d'octroi sont comme ci-dessus ; ce qui élève le mille à 30 fr. , rendu en ville , et le millier rendu à pied-d'œuvre, à environ. 31 00

Le mille d'ardoises communes se paie aux ardoisières de Fumay 6 fr. 50 ; le transport , y compris le chargement et le déchargement , est de 14 c. par lieue, ou 5 fr. 60 jusqu'à Douai ; les droits d'octroi à l'entrée en ville sont les mêmes que ci-dessus , ce qui fait pour un mille d'ardoises communes, rendu en magasin , 13 fr. 30 , et pour le mille à pied-d'œuvre. 14 00

Ardoises de Rimogne ou des environs de Charleville.

fr. c.

Le mille d'ardoises de ces carrières se vend 3 francs en moins
que celles de Fumay ; les frais de transport , y compris chargement
et déchargement,et les droits d'octroi sont les mêmes, ce qui porte
le millier , rendu à pied-d'œuvre , comme suit :

Ardoise *dite* le Grand Saint-Louis. 28 00

Ardoise flamande. 21 00

Tuiles.

Le mille de tuiles creuses non remisées , rendu au bâtiment ,
coûte environ. 60 00

Le mille de tuiles creuses , vernissées , coûte , rendu à pied-
d'œuvre , environ. 110 00

Le millier de tuiles plates peut coûter, rendu au bâtiment. . 30 00

Le cent de tuiles faîtières triangulaires , non vernissées , pour
couverture en ardoises, peut s'élever, rendu au bâtiment, à environ 25 00

Le cent de tuiles faîtières triangulaires , vernissées , pour
même couverture que ci-dessus , vaut. 40 00

Le cent de tuiles faîtières ou arêtières arrondies , non vernissées , pour couverture en tuiles , coûte environ. 25 00

Le cent de tuiles faîtières ou arêtières arrondies, vernissées,
pour même couverture, revient à. 40 00

Le cent d'arêtiers ou vanneaux , non vernissés , peut s'élever à 12 50

Le mètre linéaire de volige de bois-blanc ou de sapin, vaut,
rendu au bâtiment. 00 27

Le mètre courant de latteaux de bois-blanc ou de sapin, revient,
rendu à pied-d'œuvre , à. 00 08

La botte de lattes de cœur de chêne , ou le cent de lattes , vaut ,
rendu au bâtiment. 3 00

Le kilogramme de clous à voliges , de 0 m. 036 à 0 m. 054 millimètres de long , ou les 300 , coûte 80 cent. , ce qui porte le cent à 00 27

Le kilogramme de clous à ardoises , de 0 m. 018 à 0 m. 020 millimètres , ou le mille , vaut 1 fr. 20 c. , ce qui élève le cent à. . 00 12

Celui de clous à latteaux, de 0 m. 054 de longueur, ou les 240 ,
revient à 76 centimes , ce qui donne pour le cent. 00 32

Celui de clous à lattes , de 0 m. 027 de longueur, ou les 580 ,
vaut 86 centimes , ce qui fait par cent. 00 15

CHAPITRE II.

DES MENUES FOURNITURES.

Je classe sous le titre de menues fournitures , les accessoires que les couvreurs fournissent ordinairement en dehors des matériaux dont il vient d'être parlé.

Parmi ces fournitures il en est qui ne font pas partie intégrante de la couverture ; ainsi le mortier et la bourre grise pour le jointoiement des tuiles , solins, etc. , sont ordinairement fournis par le maçon ; le zinc et le plomb, pour les noues , arêtiers, faîtages , etc. , sont livrés indifféremment par le couvreur ou le plombier ; néanmoins ces deux espèces de métaux appartiennent à cette dernière profession.

Du prix des menues fournitures.

Le mètre cube de mortier , de chaux grasse du pays et sable , coûte rendu au bâtiment (page 175 , n° 73). 4 10

Le kilogramme de bourre grise vaut , rendu à pied-d'œuvre. . 0 40

Et comme il entre 15 kilogrammes de bourre par mètre cube de mortier , le mètre cubique de mortier mélangé vaut donc. . . 10 10

Le kilogramme de zinc , rendu au bâtiment, revient à. . . . 00 80

Le kilogramme de plomb vaut , rendu à pied-d'œuvre. . . . 00 70

DEUXIÈME SECTION.

DE LA MAIN-D'ŒUVRE.

La valeur de la main-d'œuvre , comme je l'ai déjà dit pages 23 , 115 et 289 , ne pouvant être autre chose que celle du temps employé à l'exécution des ouvrages , le prix moyen de la journée des ouvriers de la profession nécessaire à ce travail doit être la base de l'évaluation de cette opération.

Ayant aussi démontré l'insuffisance des prix actuels des journées d'ouvriers (page 7) , j'ai cru devoir fixer ces prix de la manière suivante , pour la journée de 10 heures de travail effectif.

Journée du compagnon.

Le taux de la journée du compagnon couvreur est de.	. 2	500
Premier déboursé.	. 2	500
Faux-frais , 1/20 du prix de la journée.	. 0	125
Déboursé total.	. 2	625
Bénéfice , 1/10 de la dépense.	. 0	263
Valeur de la journée.	. 2	888

Journée du manœuvre (1).

La journée est de.	1	500
Déboursé total.	. 1	500
Bénéfice , 1/10 de la dépense.	. 0	150
Valeur de la journée.	. 1	650

La journée du compagnon non compris le dixième de bénéfice, est donc de 2 francs 625 millièmes, et celle du manœuvre de 1 franc 500 millièmes , ce qui fait pour les deux 4 fr. 125 , ou 413 millièmes par heure , prix auquel je me suis arrêté dans mes évaluations.

Je suppose ici , comme on le voit , et il en sera de même dans les sous-détails , que chaque compagnon a son garçon pour le servir ; il en est effectivement ainsi toutes les fois que ces compagnons travaillent seuls ; mais lorsqu'ils sont plusieurs sur un même toit , que l'ouvrage se fasse à la journée ou à la tâche , souvent deux, et quelquefois jusqu'à trois , n'ont qu'un manœuvre pour les servir.

Il y aura donc dans certaines circonstances une différence dans le prix de la main-d'œuvre, à laquelle on devra avoir égard.

La main-d'œuvre de la profession de couvreur, comprend comme toutes les autres catégories du bâtiment, plusieurs opérations: telles que le clouage des voliges, la taille, le montage et la pose des ardoises ou des tuiles, la dépose de ces mêmes matériaux, etc. Toutes ces opérations sont ordinairement confondues ensemble.

---

(1) Il n'y a point de faux-frais à compter pour la journée du manœuvre , puisqu'il n'a point d'outils.

TROISIÈME SECTION.

DES FAUX-FRAIS.

Les faux-frais de la profession de couvreur, sont :

1°. La location d'un magasin ou hangar qui lui devient nécessaire pour y déposer ses tuiles , ses ardoises et ses outils ;

2°. Les frais de patente et le droit fixe et proportionnel, à la location du magasin;

3°. La fourniture et l'entretien des équipages nécessaires pour l'exécution de toutes les couvertures du bâtiment; consistant en échelles et petits cordages ;

4°. La dépense accidentelle de doubles transports de tuiles ou d'ardoises du magasin au bâtiment, et du bâtiment au magasin pour les matériaux restant après l'achèvement de la couverture.

Toutes ces dépenses , année commune, peuvent s'élever à 350 francs; ce couvreur ayant employé pendant ce même temps trois compagnons et autant de manœuvres, la valeur des journées s'élève à peu près à 6750 francs; c'est donc environ un vingtième pour la dépense des faux-frais , terme auquel je la fixe dans mes détails.

DEUXIÈME PARTIE.

APPLICATIONS.

PREMIÈRE SECTION.

DE L'ANALYSE OU DE L'ÉVALUATION DES TRAVAUX DE COUVERTURE.

CHAPITRE Iᵉʳ.

DU MÉTRAGE DES OUVRAGES.

Chaque partie de couverture sera mesurée et calculée géométriquement et sans usage.

La longueur du toit sera celle de l'égoût; et du milieu d'un arêtier à l'autre, quand il s'agira de croupes, que ces arêtiers soient couverts en plomb ou en tuiles ; lorsque deux noues formeront l'extrémité de la couverture , cette longueur sera prise sur le bord du tranchis ; la hauteur de ce même toit se prendra du bord de l'égoût jusque sous le faîtage, qu'il soit en plomb ou bien en tuiles. Tous vides quelconques seront déduits de ces surfaces ; le surplus sera évalué en superficie selon la nature de l'ouvrage, tuiles ou ardoises, en désignant l'espèce et la qualité de ces ouvrages ; de plus, on désignera si la couverture est neuve ou remaniée, ainsi que le lattis qui la reçoit; si ce plancher est vieux, on fera connaître s'il a été rattaché ou non.

Les lattis ou planchers avec ou sans enduit, destinés à recevoir les diverses parties de couvertures en plomb et autres ouvrages, seront comptés au mètre superficiel comme le reste de la couverture, en indiquant l'espèce du lattis, et s'il est ou non recouvert d'enduit. Le prix de ces ouvrages comprendra l'enduit avec le lattis.

Tous lattis et enduits autres que ceux désignés ci-dessus sont compris dans le prix de la couverture ou des ouvrages accessoires. Ainsi, on ne tiendra aucun compte des lattis ou enduits placés sous les arêtiers et noues de plomb, d'ardoises ou de tuiles, ainsi que de ceux placés sous les faîtages, attendu que ces crépis et planchers font partie des éléments qui composent le détail de chacun de ces ouvrages accessoires.

Les enduits visibles, au contraire, tels que ruellées, dérivures ou solins, seront estimés séparément de la couverture et au mètre courant.

Les faîtages en tuiles creuses seront séparés de ceux en plomb et payés au mètre linéaire. Le prix des faîtes en tuiles comprendra tous les enduits; la mesure de ceux couverts en plomb sera celle de la largeur de la nappe pourtournée, et sera prise ainsi, afin d'y comprendre le mortier servant à sceller sous ces sortes de faîtes le dernier rang d'ardoises; en conséquence, ce dernier pureau sera considéré avec le reste de la toiture, et il ne sera rien alloué pour le scellement de ces pièces.

Les faîtages en plomb seront comptés superficiellement ou linéairement, et leur prix comprendra le lattis et l'enduit ou parement en mortier qui sera fait au-dessous.

Dans la couverture en ardoises on distinguera les arêtiers sans enduit au-dessus, de ceux faits avec filets en mortiers, de même ceux revêtus en plomb seront distingués de ces deux premiers; quant à la mesure du lattis recouvert de mortier, elle sera la même pour les arêtiers sous plomb que pour les faîtages ci-dessus, c'est-à-dire celle de toute la largeur de la nappe, afin d'y comprendre aussi le scellement des pièces sur les rives de l'arêtier; ces derniers arêtiers en plomb seront, de même que les faîtages, évalués en superficie ou en linéaire.

Les arêtiers en tuiles ou vanneaux seront séparés de ceux ci-dessus, et leur prix comprendra, comme pour ceux en ardoises, les enduits du dessous et le filet du dessus. Les tranchis seront évalués séparément au mètre courant.

Les noues en ardoises seront séparées de celles en tuiles; leur prix au mètre linéaire comprendra naturellement les deux tranchis des rives, ainsi que la valeur du glacis fait au-dessous. Le lattis fera évidemment partie du reste de la couverture, puisque ces noues sont évaluées linéairement, et qu'elles ne comprennent que le supplément de travail.

Les ruellées, dérivures ou solins, les filets et les tranchis seront, comme il a déjà été dit, désignés par leur nom, et leur prix comprendra le déchet des ardoises ou des tuiles nécessité par les coupes, ainsi que la main-d'œuvre et les enduits faits au-dessous des pièces; il comprendra de plus les parements faits en retour sur les murs pignons pour les dérivures, ruellées ou solins.

On indiquera de même que pour le reste de la couverture, si tous ces ouvrages accessoires sont en tuiles ou en ardoises.

Les ardoises et les tuiles posées en recherche, seront évaluées indifféremment au cent de nombre ou comptées au mètre superficiel; dans ce dernier cas, la mesure des couvertures sera prise de la même manière que si l'ouvrage était neuf. Cette dernière méthode d'estimer ces sortes de réparations sera la préférable, lorsque toutefois on pourra constater exactement le nombre de tuiles ou d'ardoises employées sur le toit.

Relativement aux couvertures remaniées, le démontage des tuiles ou des ardoises et la dépose du lattis feront toujours partie du prix alloué pour ces vieux matériaux remployés; mais lorsque ces vieux matériaux seront remplacés par des neufs, leur démolition sera estimée à part de l'ouvrage neuf et en superficie, appelée découverture, et en faisant observer si elle est en ardoises ou en tuiles.

Les combles revêtus de bons matériaux déposés avec soin, descendus et rangés dans un endroit à proximité du bâtiment, seront de même estimés en superficie, tous vides déduits; mais ces découvertures formeront un article séparé des déposes ou démolitions précédentes.

Tous les ouvrages de plomberie feront partie de cette profession; néanmoins si les couvreurs font la pose de certaines parties de plomb, elle leur sera comptée soit en superficie, soit au poids, en distinguant les plombs posés en petites parties et cloués, tels que les piédroits, etc., des plombs posés en grandes parties, comme noues, faîtages, arêtiers et chêneaux; le vieux plomb pour dépose et repose ou pour redressage et battage, sera, de même que le plomb neuf, évalué superficiellement ou au poids, et de la même manière que ci-dessus.

Dans ce cas le plomb fourni sera estimé au poids rendu au bâtiment, sans comprendre de main-d'œuvre, selon les évaluations de la septième catégorie du présent volume.

CHAPITRE II.

DES SOUS-DÉTAILS DES OUVRAGES.

Les sous-détails ou analyses de prix sont non seulement une justification du détail estimatif des travaux, mais ils sont encore indispensables pour servir de base à l'évaluation des ouvrages semblables à ceux que je présente, et dont les élémens d'appréciation ne seraient pas les mêmes.

J'ai divisé ce chapitre en deux paragraphes, savoir : la couverture en ardoises et la couverture en tuiles. Cette dernière comprend les tuiles plates et les tuiles creuses. Chacune de ces parties est elle-même subdivisée en cinq autres, qui sont :

1°. Couverture neuve ;

2°. Remaniement de couverture ;

3°. Matériaux employés en recherche;

4°. Découverture ;

5°. Ouvrages accessoires aux couvertures.

L'étude et l'expérience nous ont appris que le pureau ou la partie visible de l'ardoise ou de la tuile plate, doit toujours être le tiers de sa hauteur ; et que celui de la tuile creuse doit être les 4\5 de sa hauteur et de sa largeur ; aussi les évaluations que je donne ci-après, sont-elles établies sur ces principes ; mais il arrive souvent que ces règles ne sont pas observées par les couvreurs, notamment pour l'ardoise et la tuile plate ; dans ce cas, il peut en résulter une différence notable dans le prix de la couverture, qu'il est bon de signaler, d'autant plus que cette différence varie en raison des limites dont on s'écarte. Cette considération m'a amené à dresser un tableau indiquant le nombre d'ardoises ou de tuiles nécessaires par mètre carré, selon les divers pureaux que pourraient avoir ces matériaux mis en œuvre. Au moyen de ce tableau et à l'aide d'une réduction que je donne dans les sous-détails , pour chaque ardoise ou pour chaque tuile employée en moins par mètre superficiel , on pourra estimer à sa juste valeur les ouvrages qui seraient exécutés en dehors des principes cités plus haut.

Tableau du nombre d'ardoises ou de tuiles plates nécessaires pour un mètre carré de couvertures, suivant plusieurs pureaux.

	DIMENSIONS DU PUREAU.		QUANTITÉ nécessaire pour un mètre superficiel.
	HAUTEUR en centimètres.	LARGEUR en centimètres	
Ardoises blocs ou flamandes posées à.	09	16	69
id. id. id. . . .	10	16	62
id. id. id. . . .	11	16	57
id. id. id. . . .	12	16	52
id. id, id. . . .	13	16	48
Ardoises dites le grand Saint-Louis , posées à. . .	10	19	53
id. id. id. . . .	11	19	48
id. id. id. . . .	12	19	44
id. id, id. . . .	13	19	41
id. id, id. . . .	14	19	38
Ardoises communes posées à.	08	11	114
id. id. id. . . .	09	11	101
id. id. id. . . .	10	11	91
id. id. id. . . .	11	11	83
id. id. id. . . .	12	11	76
Tuiles plates posées à.	09	16	69
id. id. id. . . .	10	16	62
id. id. id. . . .	11	16	57
id. id. id. . . .	12	16	52
.d. id. id. . . .	13	16	48

§ 1er. — COUVERTURE EN ARDOISES.

EN ARDOISES NEUVES FLAMANDES, POSÉES A 9 ET 16 CENTIMÈTRES DU PUREAU OU AU TIERS
DE L'ARDOISE (1).

1. Sous-détail d'un mètre superficiel de couverture en ardoises neuves,
sur voliges neuves de bois-blanc ou de sapin.

Fournitures : 69 ardoises en œuvre, à 24 fr. le mille rendu au bâtiment, p. 313   1   656
      Déchet, 1/50.   0   033
      Voliges en œuvre pour recevoir les ardoises, 4 mètres 40 centim.
      linéaires, à 27 centimes le mètre courant ; page 314.   1   188
      Déchet, 1/20.   0   059
      Clous pour attacher les ardoises, 138, à 0 f. 12 c. le 100, p. 314.   0   166
      Clous pour fixer les voliges, 41, à 27 cent. le 100, page 314. .   0   111
Main-d'œuvre : Façon pour clouer les voliges, 16 minutes de compa-
      gnon et de manœuvre, à 0 fr. 413 millièmes l'heure
      ensemble, page 316. . . . . 0 110   0   654
—   Taille, montage et pose des ardoises, 1 heure 19 m. de
      compagnon et de manœuvre, à 0 f. 413 mil. l'heure,
      page 316. . . . . 0 544
          Faux-frais, 1/20 de la main-d'œuvre   0   033

                   Déboursé total. . .   3   900
         Bénéfice, 1/10 de la dépense, ...   0   390

         Valeur d'un mètre superficiel. . . .   4   290

2. Sous-détail d'un mètre superficiel de couverture en ardoises neuves,
posées sur vieilles voliges restées en place.

Fournitures : Ardoises en œuvre, déchet et clous pour les fixer, comme au n°. 1.   1   855
Main-d'œuvre : Taille, montage et pose des ardoises, comme au n°. 1.   0   544
         Faux-frais, 1/20 de la main-d'œuvre.   0   027

                   Déboursé total. . .   2   426
         Bénéfice, 1/10 de la dépense. . .   0   243

         Valeur d'un mètre superficiel. .   2   669

(1) Les seules ardoises dont on fasse usage pour ainsi dire dans le Nord sont les ardoises flamandes ;
aussi ne présenterai-je de sous-détails que pour cet échantillon ; néanmoins, je donnerai les prix des autres
espèces dans le bordereau qui suivra les évaluations des ouvrages.

3. Sous-détail d'un mètre superficiel de couverture en ardoises neuves, sur vieilles voliges déposées et reclouées entièrement.

Fournitures : Ardoises, déchet, clous à ardoises et clous à voliges, comme au n° 1. 1 966

Main-d'œuvre : Façon pour rattacher les voliges , 11 minutes de compagnon et de manœuvre, à 113 mil. l'heure, page 316. 0 076
Taille , montage et pose des ardoises , comme au n° 1. 0 544 } 0 620

Faux-frais , 1/20 de la main-d'œuvre. . 0 031

Déboursé total. . 2 617

Bénéfice , 1/10 de la dépense. . 0 262

Valeur d'un mètre superficiel. . 2 879

4. Moins-value aux prix des numéros 1 à 3 , pour chaque ardoise employée en moins de 69 par mètre carré. 0 040

5. Plus ou moins-value aux prix des numéros 1 à 3 , pour chaque franc que coûterait en plus ou en moins de 24 francs le mille d'ardoises , rendu à pied-d'œuvre. 0 078

REMANIEMENT DE COUVERTURE EN ARDOISES.

6. Sous-détail d'un mètre superficiel de couverture en ardoises vieilles , déposées et reposées sur voliges neuves de bois-blanc ou de sapin.

Fournitures : Voliges , déchet , clous à ardoises et clous à voliges , comme au numéro 1. . . . . 1 524

Main-d'œuvre : Façon pour déposer les vieilles ardoises et les voliges , clouer les voliges neuves et rattacher les anciennes ardoises, 1 heure 17 m. de compagnon et de manœuvre , à 113 m. l'heure , page 316. 0 737

Faux-frais , 1/20 de la main-d'œuvre. . 0 037

Déboursé total. . 2 298

Bénéfice , 1/10 de la dépense. . 0 230

Valeur d'un mètre superficiel. . 2 528

7. Sous-détail d'un mètre superficiel de couverture en ardoises vieilles , déposées et reposées sur vieilles voliges restées en place.

Fournitures : Clous à ardoises , comme au numéro 4. . . . . 0 166

Main-d'œuvre : Dépose et repose des vieilles ardoises, 1 heure 29 minutes de compagnon et de manœuvre , à 113 millièmes l'heure. 0 613

Faux-frais , 1/20 de la main-d'œuvre. . 0 031

Déboursé total. . 0 810

Bénéfice , 1/10 de la dépense. . . 0 081

Valeur d'un mètre superficiel. . 0 891

8. Sous-détail d'un mètre superficiel de couverture en ardoises vieilles ,
déposées ainsi que la volige , et le tout recloué.

Fournitures : Clous à ardoises et clous à voliges, comme au numéro 4. . . . . 0 277
Main-d'œuvre : Dépose et repose des vieilles ardoises et des vieilles voliges ,
    1 heure 40 minutes. 0 688

Faux-frais , 1/20 de la main-d'œuvre.   . 0 034

Déboursé total.   . 0 999
Bénéfice , 1/10 de la dépense.   . 0 100

Valeur d'un mètre superficiel.   . 1 099

9. Moins-value aux prix des numéros 6 à 8 , pour chaque ardoise employée
en moins de 69 par mètre carré.   0 013

Ardoises employées en recherche.

10. Sous-détail d'un cent d'ardoises neuves , employées en recherche.

Fournitures : Un cent d'ardoises, à 24 fr. le mille. 2 400
Clous pour les fixer , 200 à 12 centimes le cent. 0 240
Main-d'œuvre : Taille , montage et pose des ardoises neuves , 10 heures de com-
    pagnon et de manœuvre , à 413 millièmes l'heure. 4 130

Faux-frais , 1/20 de la main-d'œuvre.   . 0 207

Déboursé total.   . 6 977
Bénéfice , 1/10 de la dépense.   . 0 698

Valeur d'un cent d'ardoises.   . 7 675

Valeur d'un mètre à 5 par mètre.   . 0 384

11. Plus ou moins-value au prix de 7 francs 675 millièmes , pour chaque
franc que coûterait en plus ou en moins de 24 francs le mille d'ardoises ,
rendu au bâtiment.   0 110

et celle au prix de 0 f. 384 millièmes serait de   0 006

Découverture d'Ardoises.

12. Sous-détail d'un mètre superficiel de démolition de vieilles ardoises.

Main-d'œuvre : Façon pour la dépose des vieilles ardoises , 11 minutes de compa-
    pagnon et de manœuvre , à 413 millièmes l'heure. 0 076

Faux-frais., 1/20 de la main-d'œuvre.   . 0 004

Déboursé total.   . 0 080
Bénéfice , 1/10 de la dépense.   . 0 008

Valeur d'un mètre superficiel.   . 0 088

13. Sous-détail d'un mètre superficiel de dépose de bonnes ardoises et de
voliges pour être remployées, la dépose étant faite avec soin, et le tout
descendu sur le sol.

Main-d'œuvre : Façon pour déposer les ardoises, les voliges, les descendre à terre,
  20 min. de compagnon et de manœuvre, à 413 m. l'heure. . . 0 138
        Faux-frais, 1|20 de la main-d'œuvre. . 0 007
          Déboursé total. . 0 145
       Bénéfice, 1|10 de la dépense. . 0 015
      Valeur d'un mètre superficiel. , 0 160

Ouvrages accessoires à la couverture en ardoises.

14. Sous-détail d'un mètre linéaire de noue, d'arêtier et tranchis doubles,
en ardoises.

Fournitures : Ardoises pour le déchet des coupes d'onglet et autres, 12, à 24 fr.
  le mille, rendu au bâtiment, page 313. . . . . 0 288
Main-d'œuvre : Façon pour les coupes partielles, 30 minutes de compagnon et de
  manœuvre, à 413 millièmes l'heure. . . . : 0 207
       Faux-frais, 1|20 de la main-d'œuvre. . 0 010
         Déboursé total. . 0 505
       Bénéfice, 1|10 de la dépense. . 0 051
      Valeur d'un mètre linéaire. . 0 556

15. Sous-détail d'un mètre linéaire de noue, d'arêtier et tranchis doubles,
en ardoises avec enduit en mortier.

Fournitures : Ardoises pour le déchet des coupes d'onglet, comme au n° 14. . 0 288
 — Mortier en œuvre, 0 m. 002 millimètres cubes, à 10 fr. 10 c. le
  mètre cube, page 315. . . . . 0 020
Main-d'œuvre : Façon pour les coupes partielles et le parement, 35 minutes. . 0 241
       Faux-frais, 1|20 de la main-d'œuvre. . 0 012
         Déboursé total. . 0 564
       Bénéfice, 1|10 de la dépense. . 0 056
      Valeur d'un mètre linéaire. . 0 617

16. Sous-détail d'un mètre linéaire de dérivure, ruellée ou solin en
ardoises.

Fournitures : Ardoises pour le déchet des coupes d'onglet et autres, 6, à 24 fr.
  le mille, rendu au bâtiment, page 313. . . . . . . 0 144
Main-d'œuvre : Façon pour les coupes partielles, 15 minutes. . 0 103
      Faux-frais, 1|20 de la main-d'œuvre. . . 0 005
         Déboursé total. . 0 252
       Bénéfice, 1|10 de la dépense. . . 0 025
      Valeur d'un mètre linéaire. , 0 277

17. Sous-détail d'un mètre linéaire de dérivure, ruellée ou solin en ardoises, avec enduit en mortier.

Fournitures :	Ardoises pour le déchet des coupes, comme au numéro 20. . .	0	144
—	Mortier, comme au numéro 15. . . . , ...	0	020
Main-d'œuvre :	Façon pour les coupes partielles et le parement, 20 minutes. . .	0	138
	Faux-frais, 1|20 de la main-d'œuvre. .	0	007
	Déboursé total. .	0	309
	Bénéfice, 1|10 de la dépense. .	0	031
	Valeur d'un mètre linéaire. .	0	340

§ 2°. — COUVERTURE EN TUILES.

1°. En tuiles creuses non vernissées, posées à 27 et 20 centimètres de pureau.

18. Sous-détail d'un mètre superficiel de couverture en tuiles creuses, neuves, posées sur latteaux en bois-blanc ou de sapin.

Fournitures :	Tuiles creuses en œuvre, y compris déchet, 19, à 60 francs le mille, rendu au bâtiment.	1	140
—	Latteaux en œuvre, y compris déchet, 3 m. 80 c. linéaires, à 0 fr. 08 centimes le mètre courant, page 344.	0	304
—	Clous à latteaux, 12, à 32 centimes le cent, page 344. . . .	0	038
Main-d'œuvre :	Façon pour latter, monter les tuiles et les poser, 45 minutes de compagnon et de manœuvre, à 413 millièmes l'heure. . .	0	310
	Faux-frais, 1|20 de la main-d'œuvre. .	0	016
	Déboursé total. .	1	808
	Bénéfice, 1|10 de la dépense. .	0	181
	Valeur d'un mètre superficiel. .	1	989

19. Sous-détail d'un mètre superficiel de couverture en tuiles creuses, neuves, posées sur vieux lattis resté en place.

Fournitures :	Tuiles, comme au numéro précédent.	1	140
Main-d'œuvre :	Façon pour monter les tuiles et les poser, 37 minutes, à 413 millièmes l'heure.	0	255
	Faux-frais, 1|20 de la main-d'œuvre. .	0	013
	Déboursé total. .	1	408
	Bénéfice, 1|10 de la dépense. .	0	141
	Valeur d'un mètre superficiel. .	1	549

20. Sous-détail d'un mètre superficiel de couverture en tuiles creuses, neuves, posées sur vieux lattis déplacé et recloué entièrement.

Fournitures : Tuiles et clous pour fixer les latteaux, comme au numéro 33. . 1 478
Main-d'œuvre et faux-frais, comme au numéro 33. . . . . 0 326

Déboursé total. . . 1 504
Bénéfice, 1|10 de la dépense. . 0 150

Valeur d'un mètre superficiel. . 1 654

21. Plus ou moins-value aux prix des numéros 18 à 20, pour chaque franc
que coûterait en plus ou en moins de 60 francs le mille de tuiles creuses,
non vernissées, rendu au bâtiment.　　　　　　　　　　0 021

2°. En tuiles plates, posées à 9 et 16 centimètres de pureau.

22. Sous-détail d'un mètre superficiel de couverture en tuiles plates,
neuves, posées sur lattis neuf de lattes de cœur de chêne.

Fournitures : Tuiles en œuvre, y compris déchet, 70, à 30 francs le mille, rendu
au bâtiment, page 314. . . . . 2 100
— 　　　Lattes, 9 de 1 m. 30 de longueur, à 3 fr. le cent. 0 270
— 　　　Clous, 36, à 15 c. le cent, page 314. . . . . 0 054
— 　　　Mortier au-dessous des tuiles, 0 m. 04 centimètre cube, à 10 fr.
10 c. le mètre cube, page 314. . . . . 0 404
Main-d'œuvre : Façon pour latter, monter les tuiles, les garnir et les poser, 57
minutes de compagnon et de manœuvre, à 413 m. l'heure. . 0 392

Faux-frais, 1|20 de la main-d'œuvre. . 0 020

Déboursé total. . 2 937

Bénéfice, 1|10 de la dépense. . 0 294

Valeur d'un mètre superficiel. . 3 231

23. Sous-détail d'un mètre superficiel de couverture en tuiles plates,
neuves, posées sur vieux lattis restant en place.

Fournitures : Tuiles et mortier, comme au numéro précédent. 2 204
Main-d'œuvre : Façon pour monter les tuiles, les garnir et les poser, 47 minutes
à 413 millièmes l'heure. 0 324

Faux-frais, 1|20 de la main-d'œuvre. . 0 016

Déboursé total. . 2 544

Bénéfice, 1|10 de la dépense. . 0 254

Valeur d'un mètre superficiel. . 2 795

24. Sous-détail d'un mètre superficiel de couverture en tuiles plates,
neuves, posées sur vieux lattis déplacé et recloué entièrement.

Tuiles, clous, mortier, façon et faux-frais, comme au numéro 22. 2 667
Déboursé total. . 2 667
Bénéfice, 1|10 de la dépense. . 0 267
Valeur d'un mètre superficiel. . 2 934

25. Moins-value aux prix des numéros 22 à 24 , pour chaque tuile plate , employée en moins de 69 par mètre carré.   0 042

26. Plus ou moins-value aux prix des numéros 22 à 24 , pour chaque franc que coûterait en plus ou en moins de 30 francs le mille de tuiles plates , rendu au bâtiment.   0 077

REMANIEMENT DE COUVERTURE EN TUILES.

1°. *En Tuiles creuses.*

27. Sous-détail d'un mètre superficiel de couverture en vieilles tuiles creuses , déposées et reposées sur latteaux neufs de bois-blanc ou de sapin.

Fournitures : Latteaux et clous pour les fixer , comme au numéro 18. . . 0 342
Main-d'œuvre : Façon pour la dépose des vieilles tuiles et du lattis , pour attacher les latteaux neufs et pour la repose des anciennes tuiles , 43 minutes à 443 millièmes l'heure. 0 296
Faux-frais , 1/20 de la main-d'œuvre. . 0 015
Déboursé total. . 0 653
Bénéfice , 1/10 de la dépense. . 0 065
Valeur d'un mètre superficiel. . 0 718

28. Sous-détail d'un mètre superficiel de couverture en vieilles tuiles creuses , déposées et reposées sur vieux lattis de sapin ou de bois-blanc.

Main-d'œuvre : Façon pour la dépose et la repose des vieilles tuiles , 32 minutes à 443 millièmes l'heure. 0 220
Faux-frais , 1/20 de la main-d'œuvre . 0 011
Déboursé total. . 0 231
Bénéfice , 1/10 de la dépense. . 0 023
Valeur d'un mètre superficiel. . 0 254

29. Sous-détail d'un mètre superficiel de couverture en vieilles tuiles creuses , déposées et reposées sur un ancien lattis déplacé et recloué en entier.

Fournitures : Clous pour fixer le lattis , comme au numéro 18. . . . . . 0 038
Main-d'œuvre : Façon pour la dépose et la repose des vieilles tuiles et du vieux lattis , 40 minutes. 0 275
Faux-frais, 1/20 de la main-d'œuvre. . 0 011
Déboursé total. . 0 327
Bénéfice , 1/10 de la dépense. . 0 033
Valeur d'un mètre superficiel. . 0 360

2°. *Tuiles plates.*

30. Sous-détail d'un mètre superficiel de couverture en vieilles tuiles plates, déposées et reposées sur lattis neuf de chêne.

Fournitures : Lattes, clous et mortier , comme au numéro 22. . . . . . . 0 425
Main-d'œuvre : Façon pour la dépose des vieilles tuiles et du lattis , pour attacher les lattes neuves et pour la repose des vieilles tuiles , 57 minutes , à 413 millièmes l'heure. 0 392
Faux-frais, 1|20 de la main-d'œuvre. . 0 020

Déboursé total. . 0 837
Bénéfice , 1|10 de la dépense. . 0 084
Valeur d'un mètre superficiel. . 0 921

31. Sous-détail d'un mètre superficiel de couverture en vieilles tuiles plates, déposées et reposées sur vieux lattis restant en place.

Fournitures : Mortier , comme au numéro 22. . . . . 0 101
Main-d'œuvre : Façon pour la dépose et la repose des vieilles tuiles , 44 m. . 0 303
Faux-frais, 1|20 de la main-d'œuvre. . 0 015

Déboursé total. . 0 419
Bénéfice , 1|10 de la dépense. . 0 042
Valeur d'un mètre superficiel. . 0 461

32. Sous-détail d'un mètre superficiel de couverture en vieilles tuiles plates, déposées et reposées sur un ancien lattis , déplacé et recloué en entier.

Fournitures : Mortier et clous , comme au numéro 22. . . . . 0 155
Main-d'œuvre : Façon pour la dépose et la repose des vieilles tuiles et du vieux lattis , 53 minutes. 0 365
Faux-frais , 1/20 de la main-d'œuvre. 0 018

Déboursé total. . 0 538
Bénéfice , 1/10 de la dépense. . 0 054
Valeur d'un mètre superficiel. . 0 592

TUILES EMPLOYÉES EN RECHERCHE.

1°. *En Tuiles creuses.*

33. Sous-détail d'un cent de tuiles creuses neuves , non vernissées , employées en recherche.

Fournitures : Tuiles en œuvre , 100 , à 60 francs le mille.. . . . . 6 000
Mortier pour le jointoiement , 0 m. 05 centimètres cubes. . . . 0 505
Main-d'œuvre : Façon pour la pose des tuiles neuves et la repose partielle des

A reporter. . . 6 505

Report.	6	505
vieilles , 11 heures.	4	543
Faux-frais , 1|20 de la main-d'œuvre. . .	0	227
Déboursé total. . 11	11	275
Bénéfice, 1|10 de la dépense. .	1	128
Valeur d'un cent. .	12	403
Valeur d'un mètre carré à 2 par mètre. .	0	248

2°. *En tuiles plates.*

34. Sous-détail d'un cent de tuiles plates neuves , employées en recherche.

Fournitures : Tuiles en œuvre , 100 , à 30 francs le mille.	3	000
— Mortier , 0 m. 015 mill. cubes, à 10 francs le mètre cube. . .	0	152
Main-d'œuvre : Façon , y compris le nettoiement du comble , 7 heures. . . .	2	891
Faux-frais , 1|20 de la main-d'œuvre. . .	0	145
Déboursé total. .	6	188
Bénéfice , 1|10 de la dépense. .	0	619
Valeur d'un cent. .	6	807
Valeur d'un mètre carré à 5 par mètre. .	0	340

DÉCOUVERTURE DE TUILES.

35. Sous-détail d'un mètre superficiel de démolition de vieilles tuiles creuses ou plates.

Main-d'œuvre : Façon pour la dépose des vieilles tuiles , 7 minutes , à 413 millièmes l'heure	0	048
Faux-frais , 1|20 de la main-d'œuvre. . .	0	002
Déboursé total. .	0	050
Bénéfice , 1|10 de la dépense. .	0	005
Valeur d'un mètre superficiel. .	0	055

36. Sous-détail d'un mètre superficiel de dépose de bonnes tuiles creuses ou plates et de lattis , pour être remployés, la dépose étant faite avec soin, et le tout descendu sur le sol.

Main-d'œuvre : Façon pour déposer les tuiles , le lattis , et descendre le tout à terre ; 11 m. de compagnon et de manœuvre , à 413 m. l'heure.	0	076
Faux-frais , 1|20 de la main-d'œuvre. .	0	004
Déboursé total. . 0	0	080
Bénéfice , 1|10 de la dépense. .	0	008
Valeur d'un mètre superficiel. .	0	088

OUVRAGES ACCESSOIRES AUX COUVERTURES EN TUILES.

1°. *A celle en tuiles creuses.*

37. Sous-détail d'un mètre linéaire de tranchis double.

Fournitures : Tuiles pour le déchet causé par les coupes angulaires des deux
    côtés , 4 , à 60 francs le mille rendu au bâtiment, page 314. 0 240

Main-d'œuvre : Façon pour la coupe partielle de ces pièces , 20 minutes de compa-
    gnon et de manœuvre , à 413 millièmes l'heure. 0 138

           Faux-frais , 1|20 de la main-d'œuvre. . 0 007

               Déboursé total. . 0 385

           Bénéfice , 1|10 de la dépense. . 0 039

         Valeur d'un mètre linéaire. . 0 424

38. Sous-détail d'un mètre linéaire de noue ou d'arêtier.

Fournitures : Arêtières en œuvre, 4 à 25 fr. le cent, rendu au bâtiment, page 314. 1 000

    Mortier pour le scellement , 0 m. 0015 cubes à 10 francs 10 le
    mètre cube . page 314. . . . . 0 015

Main-d'œuvre : Façon pour poser et sceller les arêtières , 35 minutes. . . 0 241

           Faux-frais , 1|20 de la main-d'œuvre. . 0 012

               Déboursé total. . 1 268

          Bénéfice , 1|10 de la dépense. . 0 127

        Valeur d'un mètre linéaire. . 1 395

39. Sous-détail d'un mètre linéaire de dérivure, ruellée ou solin en mortier.

Fournitures : Mortier en œuvre, 0 m. 001 mil. cube, à 10 fr. 10 le m. cube, . 0 010

Main-d'œuvre : Façon pour le filet , 10 minutes. 0 069

           Faux-frais , 1|20 de la main-d'œuvre. . 0 003

               Déboursé total. . 0 082

          Bénéfice , 1|10 de la dépense. . 0 008

         Valeur d'un mètre linéaire. . 0 090

40. Sous-détail d'un mètre superficiel de jointoiement , en mortier de chaux et sable , mélangé avec bourre grise.

Fournitures : Mortier en œuvre , comme au numéro 39. . . . . 0 010

Main-d'œuvre : Façon pour garnir les tuiles , 30 minutes. 0 207

           Faux-frais , 1|20 de la main-d'œuvre. . 0 010

               Déboursé total. . 0 227

          Bénéfice , 1|10 de la dépense. . 0 023

        Valeur d'un mètre superficiel. . 0 250

2°. *A la couverture en tuiles plates.*

41. Sous-détail d'un mètre linéaire de tranchis, d'arêtier ou de noue en tuiles plates, avec parement au-dessous et filet au-dessus.

Fournitures : Tuiles pour la perte causée par les coupes angulaires des deux côtés, 11 à 30 francs le mille. 0   330
—   Mortier pour le parement au-dessous et le filet du dessus, 0 m. 003 millimètres cubes, à 10 fr. 10 le mètre cube. 0   030
Main-d'œuvre : Façon pour les coupes partielles, le parement et le filet, 50 min. à 413 millièmes l'heure. 0   344
Faux-frais, 1|20 de la main-d'œuvre. . 0   017

Déboursé total. . 0   721
Bénéfice, 1|10 de la dépense. . 0   072
Valeur d'un mètre superficiel. . 0   793

42. Sous-détail d'un mètre linéaire d'arêtier ou vanneaux, avec parement au-dessous et filet au-dessus.

Fournitures : Vanneaux ou arêtiers en œuvre, 11, à 12 fr. 50 le cent, page 314. 1   375
—   Mortier pour le parement au-dessous et le filet du dessus, 0 m. 005 millimètres cubes, à 10 fr. 10 le mètre cube. 0   051
Main-d'œuvre : Façon pour garnir les vanneaux et les poser, 1 h. 30 m. . . 0   620
Faux-frais, 1|20 de la main-d'œuvre. . 0   031

Déboursé total. . 2   077
Bénéfice, 1|10 de la dépense. . 9   208
Valeur d'un mètre linéaire. . 2   285

43. Sous-détail d'un mètre linéaire de dérivure, ruellée ou solin, avec parement au-dessous et filet au-dessus.

Fournitures : Tuiles pour le déchet des coupes angulaires ou autres, 3, à 30 fr. le m. 0   090
—   Mortier pour le parement et le filet, comme au numéro 39. . . 0   010
Main-d'œuvre : Façon pour les coupes partielles, le parement et le filet, 20 min. 0   138
Faux-frais, 1|20 de la main-d'œuvre. . 0   007

Déboursé total. . 0   245
Bénéfice, 1|10 de la dépense. . 0   025
Valeur d'un mètre linéaire. . 0   270

§ 3°. — OUVRAGES ACCESSOIRES AUX DIFFÉRENTS GENRES DE COUVERTURES QUI PRÉCÈDENT.

44. Sous-détail d'un mètre linéaire de tuiles faitières, non vernissées, mises en places.

Fournitures : Faîtières en œuvre, 3 1|3, à 25 fr. le cent, rendu au bâtiment, page 314. 0   833
    —   Mortier pour les crêtes et les embarrures , 0 m. 002 millimètres
                cubes , à 10 fr. 10 le mètre cube. 0   020
Main-d'œuvre : Façon pour garnir le dessous des faîtières , les poser et les sceller ;
                30 minutes. 0   207
                                    Faux-frais , 1|20 de la main-d'œuvre. . 0   010

                                            Déboursé total. . . 1   070
                                    Bénéfice , 1|10 de la dépense. . 0   107

                                    Valeur d'un mètre linéaire. . 1   477

45. Sous-détail d'un mètre linéaire de tuiles faîtières , vernissées , mises en place.

Fournitures : Faîtières en œuvre, 3 1|3, à 40 francs le cent , page 314. . . 1   333
    —   Mortier , main-d'œuvre et faux-frais , comme au n° précédent. . 0   237

                                            Déboursé total. . 1   570
                                    Bénéfice , 1|10 de la dépense. . 0   157

                                    Valeur d'un mètre linéaire. . 1   727

46. Sous-détail de la pose de cent kilogrammes de plomb neuf , faite pour de grandes parties , telles que des faîtages , noues , arêtiers , etc.

Main-d'œuvre : Façon de la pose , 5 heures 40 minutes de compagnon et de ma-
                nœuvre , à 443 millièmes l'heure. 2   340
                Faux-frais , 1|20 de la main-d'œuvre. . . 0   117

                                            Déboursé total. . 2   457
                                    Bénéfice , 1|10 de la dépense. . 0   246

                                    Valeur de cent kilogrammes. . 2   703

47. Sous-détail de la pose de cent kilogrammes de plomb neuf, pour petites parties , telles que piédroits , embases et autres petites bandes attachées avec des clous.

Main-d'œuvre : Façon de la pose , 10 heures des mêmes ouvriers. 4   130
                Eaux-frais , 1|20 de la main-d'œuvre. . . . 0   207

                                            Déboursé total. . 4   337
                                    Bénéfice , 1|10 de la dépense. . 0   434

                                    Valeur de cent kilogrammes. . 4   771

48. Sous-détail de la dépose de cent kilogrammes de vieux plomb , roulé , battu et reposé , pour grandes parties.

Main-d'œuvre : Façon de la dépose , du remaniement et de la repose , 6 h. 50 m. 2   822
                Faux-frais , 1|20 de la main-d'œuvre. . 0   141
                                            Déboursé total. . 2   963
                                    Bénéfice , 1|10 de la dépense. . 0   296

                                    Valeur de cent kilogrammes. . 3   259

49. Sous-détail de la dépose de cent kilogrammes de vieux plomb, roulé, battu et reposé pour petites parties.

Main-d'œuvre : Façon pour la dépose, le remaniement et la repose, 12 heures. 4 956
Faux-frais, 1|20 de la main-d'œuvre. . 0 248
Déboursé total. . 5 204
Bénéfice, 1|10 de la dépense. . 0 520
Valeur de cent kilogrammes. . 5 724

50. Sous-détail de cent kilogrammes de vieux plomb, rebattu seulement.

Main-d'œuvre : Façon du remaniement, 3 heures dix minutes. 1 308
Faux-frais, 1|20 de la main-d'œuvre. . 0 065
Déboursé total. . 1 373
Bénéfice, 1|10 de la dépense. . 0 137
Valeur de cent kilogrammes. . 1 510

DEUXIÈME SECTION.

PRIX DES OUVRAGES.

CHAPITRE UNIQUE.

PRIX D'APPLICATION.

Les prix qui composent le bordereau ci-après, sont en partie le résultat des sous-détails que j'ai donnés précédemment, en partie basés sur les principes de l'évaluation des ouvrages de ces mêmes sous-détails.

Comme je l'ai déjà dit, page 321, puisque le pureau de l'ardoise ou de la tuile n'a pas toujours les dimensions prescrites par l'étude et l'expérience, et qu'il peut en résulter une différence considérable dans le prix de la couverture, on trouvera dans ce bordereau une moins-value aux prix de l'unité pour chacun de ces matériaux employés en moins par mètre carré. Pour effectuer cette opération, il faudra, lors du métrage, prendre les dimensions de la partie visible de l'ardoise ou de la tuile, et voir d'après le tableau (page 322) combien il en faut pour un mètre superficiel, puis chercher la différence entre ce nombre et la quantité sur laquelle sont établis les prix des ouvrages; multiplier ensuite cette différence par la moins-value pour chaque ardoise employée en moins par mètre, et le produit sera la réduction totale à opérer sur les prix des travaux en matériaux neufs par mètre superficiel. •

Ainsi par exemple :

On trouvera qu'une couverture en ardoises neuves flamandes de Fumay, posées à 9 et 16 centimètres de pureau sur voliges neuves de bois-blanc ou de sapin, vaut du mètre carré, d'après le bordereau. 4,29

Mais si au lieu de 9 et 16 centimètres de pureau, l'ardoise en a 10 et 16, la quantité par mètre carré sera de 62 au lieu de 69, ce qui constituera une différence de 7 ardoises en moins par mètre superficiel, qui, à raison de 4 centimes l'une, donneront 28 centimes pour la réduction à opérer sur le prix de 4 francs 29 centimes, ci.   0,28

4,01

Restent donc 4 francs 01 centime pour le prix d'un mètre carré de couverture en ardoises neuves flamandes, comme il est indiqué ci-dessus, mais l'ardoise posée à 10 et 16 centimètres de pureau au lieu de 9 et 16.

On voit donc qu'il est de la plus grande importance de prendre les dimensions du pureau de l'ardoise ou de la tuile lors du métré, afin de ne point léser les droits du propriétaire, et pour n'accorder que le juste salaire du couvreur.

PRÉLIMINAIRE.

	POUR COUVERTURE EN ARDOISES DITES					
	flamandes de Fumay.	blocs de Fumay.	le grand St.-Louis de Fumay.	communes de Fumay.	flamandes de Rimogne.	le grand St-Louis de Rimogne.
Nombre d'ardoises nécessaires par mètre carré, suivant le tiers du pureau, d'après lequel sont établis les prix de couverture.	69	69	53	114	69	53
	fr. c.	fr. c.	fr. c.	fr. c.	fr. c.	fr. c.
Prix du mille d'ardoises, rendu au bâtiment.	24 »	23 »	31 »	14 »	21 »	28 »

§ 1er. COUVERTURE EN ARDOISES.

1.° EN ARDOISES NEUVES.

	flamandes de Fumay.	blocs de Fumay.	le grand St.-Louis de Fumay.	communes de Fumay.	flamandes de Rimogne.	le grand St-Louis de Rimogne.
Ardoises neuves sur voliges neuves de bois-blanc ou de sapin, le mètre carré.	4 29	4 21	4 09	4 76	4 06	3 94
Les mêmes sur vieilles voliges restés en place, le mètre superficiel.	2 67	2 59	2 54	3 02	2 44	2 33
Les mêmes sur vieilles voliges déposées et reclouées entièrement, le mètre carré.	2 88	2 80	2 72	3 22	2 65	2 54
Moins-value aux prix ci-dessus pour chaque ardoise employée en moins par mètre carré,	0 04	0 03	0 04	0 03	0 03	0 04
Plus ou moins-value aux mêmes prix, pour chaque franc que coûterait en plus ou en moins le mille d'ardoise rendu à pied-d'œuvre.	0 08	0 08	0 06	0 13	0 08	0 06

2°. REMANIEMENT DE COUVERTURE EN ARDOISES.

	flamandes de Fumay.	blocs de Fumay.	le grand St.-Louis de Fumay.	communes de Fumay.	flamandes de Rimogne.	le grand St-Louis de Rimogne.
Ardoises vieilles déposées et reposées sur voliges neuves de bois-blanc ou de sapin, le mètre carré.	2 53	2 53	2 32	3 11	2 53	2 32
Les mêmes déposées et reposées sur vieilles voliges, de bois-blanc ou de sapin, restées en place, le mètre superficiel	0 89	0 89	0 68	1 47	0 89	0 68
Les mêmes déposées ainsi que la volige, et le tout recloué, le mètre carré	1 10	1 10	0 89	1 57	1 40	0 ,89
Moins value aux prix de couverture en ardoises remaniées, pour chaque ardoise employée en moins, par mètre carré.	0 01	0 01	0 01	0 01	0 01	0 01

3°. ARDOISES EMPLOYÉES EN RECHERCHE.

	flamandes de Fumay.	blocs de Fumay.	le grand St.-Louis de Fumay.	communes de Fumay.	flamandes de Rimogne.	le grand St-Louis de Rimogne.
Ardoises neuves employées en recherche, le cent.	7 68	6 57	8 45	6 58	7 35	8 42
idem le mètre carré à 5 par mètre.	0 38	0 33	0 42	0 33	0 37	0 44
Plus ou moins-value au cent, pour chaque franc que coûterait en plus ou en moins le mille rendu à pied-d'œuvre.	0 11	0 11	0 11	0 11	0 11	0 11
Plus ou moins-value au mètre carré, pour la même raison	0 01	0 01	0 01	0 01	0 01	0 01

4°. DÉCOUVERTURE D'ARDOISES.
—

	POUR COUVERTURE EN ARDOISES DITES					
	flamandes de Fumay.	blocs de Fumay.	le grand St.-Louis de Fumay	communes de Fumay.	flamandes de Rimogne.	le grand St-Louis de Rimogne.
	fr. c.	fr. c.	fr. c.	fr. c.	fr. c.	fr. c.
Démolitions de vieilles ardoises, le mètre carré.	0 09	0 09	0 09	0 09	0 09	0 09
Dépose de bonnes ardoises et de voliges, pour être remployées, la dépose étant faite avec soin, et le tout descendu sur le sol, le mètre carré.	0 16	0 16	0 16	0 16	0 16	0 16
5°. OUVRAGES ACCESSOIRES A LA COUVERTURE EN ARDOISES. —						
Noue, arêtier et tranchis doubles en ardoises, le mètre courant	0 56	0 54	0 65	0 42	0 52	0 64
Noue, arêtier et tranchis doubles en ardoises, avec enduit en mortier au-dessous, le mètre linéaire.	0 62	0 60	0 71	0 49	0 58	0 67
Dérivure, ruellée ou solin en ardoises, le mètre linéaire.	0 28	0 27	0 32	0 22	0 26	0 31
Dérivure, ruellée ou solin en ardoises, avec enduit en mortier sous l'ardoise et sur le mur pignon, le mètre linéaire.	0 34	0 33	0 39	0 27	0 32	0 37

PRÉLIMINAIRE.

Nombre de tuiles nécessaires par mètre carré, suivant le pureau indiqués page 312 et 322, d'après lequel sont établis les prix de couverture de ce genre.

Prix du mille de tuiles, rendu à pied d'œuvre.

	POUR COUVERTURE EN TUILES		
	CREUSES		plates.
	non vernissées.	vernissées.	
	19	19	69
	fr. c.	fr. c.	fr. c.
Prix du mille de tuiles, rendu à pied d'œuvre.	60 00	110 00	30 00

§ 2. COUVERTURE EN TUILES.

1°. EN TUILES NEUVES.

	non vernissées.	vernissées.	plates.
Tuiles neuves posées sur lattis neuf, le mètre carré	1 99	3 04	3 23
id. posées sur vieux lattis resté en place, le mètre superficiel.	1 55	2 60	2 80
id. posées sur vieux lattis déplacé et recloué entièrement, le mètre carré.	1 65	2 70	2 93
Moins-value aux prix ci-dessus pour chaque tuile employée en moins par mètre carré.	» »	» »	0 04
Plus ou moins-value aux mêmes prix, pour chaque franc que coûterait en plus ou en moins le mille de tuiles, rendu au bâtiment.	0 02	0 02	0 08

2°. REMANIEMENT DE COUVERTURE EN TUILES.

	non vernissées.	vernissées.	plates.
Vieilles tuiles déposées et reposées sur lattis neuf, le mètre carré.	0 72	0 72	0 92
id. déposées et reposées sur vieux lattis resté en place, le mètre carré.	0 25	0 25	0 46
id. déposées et reposées sur un ancien lattis déplacé et recloué en entier, le mètre carré.	0 36	0 36	0 59

3°. TUILES EMPLOYÉES EN RECHERCHE.

	non vernissées.	vernissées.	plates.
Tuiles neuves employées en recherche, le cent.	12 40	17 90	6 81
Plus ou moins-value au cent, pour chaque franc que coûterait en plus ou en moins le mille de tuiles, rendu au bâtiment.	0 11	0 11	0 11

4°. DÉCOUVERTURE DE TUILES.

	non vernissées.	vernissées.	plates.
Démolitions de vieilles tuiles, le mètre carré.	0 06	0 06	0 06
Dépose de bonnes tuiles et de lattis, pour être remployés; la dépose étant faite avec soin, et le tout descendu sur le sol, le mètre carré.	0 09	0 09	0 09

5°. OUVRAGES ACCESSOIRES AUX COUVERTURES EN TUILES.

	non vernissées.	vernissées.	plates.
T anchis doublé pour tuiles creuses, le mètre linéaire.	0 42	0 64	» »
Noue et arêtier pour tuiles creuses, faits en arêtières, le mètre linéaire	1 40	2 06	» »

	POUR COUVERTURE EN TUILES		
	CREUSES		plates.
	non vernissées.	vernissées.	
	fr. c.	fr. c.	fr. c.
Dérivure, ruellée ou solin en mortier pour tuiles creuses, le mètre courant.	0 09	0 09	» »
Jointoiement de couverture en tuiles creuses, le mètre carré.	0 25	0 25	» »
Tranchis, arêtier ou noue en tuiles plates, avec parement au-dessous et filet au-dessus, le mètre linéaire.	» »	» »	0 79
Arêtier ou vanneaux, avec parement au-dessous et filet au-dessus, le mètre courant.	» »	» »	2 29
Dérivure, ruellée ou solin, avec parement au-dessous et filet au-dessus, le mètre linéaire.	» »	» »	0 27

§ 3. OUVRAGES ACCESSOIRES AUX DIFFÉRENTS GENRES DE COUVERTURES QUI PRÉCÈDENT.

	POUR COUVERTURE		
	en ardoises.	en tuiles creuses.	en tuiles plates.
	fr. c.	fr. c.	fr. c.
Tuiles faitières triangulaires ou arrondies, non vernissées, mises en place, le mètre courant	1 18	1 18	1 18
Id. vernissées id.	1 73	1 73	1 73
Pose de plomb neuf, faite pour grandes parties, telles que des faîtages, noues, arêtiers, etc., les cent kilogrammes.	2 70	2 70	2 70
Pose de plomb neuf, pour petites parties, telles que piédroits, embases et autres petites bandes attachées avec des clous, les cent kilog.	4 77	4 77	4 77
Dépose de vieux-plomb, roulé, battu et reposé, pour grandes parties, les cent kilog.	3 26	3 26	3 26
Dépose de vieux plomb, roulé, battu et reposé, pour petites parties, les cent kilog.	5 72	5 72	5 72
Remaniement de vieux plomb rebattu seulement, les cent kilog.	1 51	1 51	1 51

FIN DE L'ÉVALUATION DE LA COUVERTURE.

CINQUIÈME CATÉGORIE.

MENUISERIE.

PREMIÈRE PARTIE.

Principes, éléments et bases de l'évaluation.

PREMIÈRE SECTION.

DES FOURNITURES.

CHAPITRE PREMIER.

DES BOIS.

§ 1er.—DES CONDITIONS QUE DOIVENT REMPLIR LES BOIS.

Les bois qu'on emploie dans la menuiserie doivent remplir trois conditions : 1º. ils doivent être communs et abondants, par conséquent d'un prix peu élevé ; 2º. ils doivent être assez faciles à travailler pour ne point augmenter le prix de la main-d'œuvre, et, sous ce rapport, ils doivent offrir une grande facilité pour les assemblages, qui font une partie importante du travail ; 3º. enfin, ils doivent être homogènes pour résister aux injures de l'air pour les ouvrages extérieurs. Ainsi les bois qui sont en même temps les plus communs, les plus faciles à travailler et les plus incorruptibles, sont préférés pour la menuiserie.

NOTA. Je me suis écarté le moins possible pour cette partie du bâtiment, de la méthode adoptée par BOILEAU et BELLOT, auteurs d'un traité sur l'*Évaluation de la Menuiserie*; cependant, j'ai appporté sur cette matière de nombreuses modifications qui sont d'une grande importance.

§ 2°.—LIEUX D'EXPLOITATION DES BOIS.

Quoique inégalement réparties sur le terrritoire français , il se trouve des forêts dans presque tous les départements. Les plus grandes sont celles des Ardennes , de Compiègne , de Villers-Cotterets , de Lions, de Rambouillet , de Fontainebleau , d'Orléans , du Jura , du Morvan , des Cévennes, des Landes , des Pyrénées, etc. , etc. La superficie de la totalité boisée de la France est aujourd'hui , compris la Corse , de 7,078,534 hectares (1). Le chêne en occupe à lui seul plus de la moitié , ou environ quatre millions d'hectares , ce qui fait voir que c'est le bois le plus commun de notre pays.

L'étranger nous fournit tous les ans , d'après les registres des douanes , pour plus de trente millions de bois , en merrains , matures , bois de construction , madriers et planches de sapin. L'Etat, avec toutes ses forêts , n'en produit annuellement que pour vingt à vingt-six millions, et toute la France pour cent trente millions au plus.

La plupart des bois importés viennent des mers du Nord. La Baltique nous expédie une grande quantité de sapins de toutes les longueurs. Quant à l'exportation de la France , elle est presque nulle sous ce rapport.

---

§ 3°.—ESSENCES DE BOIS EMPLOYÉES DANS LA MENUISERIE.

En général , en France , ce sont les chênes et les sapins qui réunissent les conditions propres aux ouvrages de menuiserie ; aussi le commerce exploite-t-il presque exclusivement ces deux essences de bois.

Cependant il y a des exceptions à cette règle. A Lyon et dans une partie du Midi , on emploie beaucoup de noyer , tandis que dans une partie du Nord l'orme est plus répandu. Dans d'autres endroits , où le hêtre est dominant , on fait davantage de menuiserie avec ce bois. Le peuplier et le bois-blanc , qui croissent sur le bord des cours d'eau et dans les lieux gras et humides , sont aussi employés dans bien des endroits.

Plusieurs autres essences de bois sont aussi employées dans la menuiserie; mais en si petite quantité qu'il est inutile d'en parler.

1.° Du Chêne.

Le chêne employé dans le pays se tire principalement de la Champagne.

---

(1) Dictionnaire du Commerce et des Marchandises , par une réunion de savants et de négociants , publié par Guillaumin , libraire à Paris.

Les bois de cette contrée réunissent toutes les conditions désirables de solidité et de dureté pour la menuiserie peinte ou en bâtiment.

Dans le chêne de Champagne on débite pour le commerce les onze échantillons suivants :

1°. Le feuillet de 0 m. 013 d'épaisseur, et 0 m. 22 de largeur ;

2°. Le panneau de 0 m. 020 d'épaisseur, et 0 m. 22 de largeur ;

3°. L'entrevous de 0 m. 027 d'épaisseur, et 0 m. 13 de largeur ;

4°.   idem   et 0 m. 27 de largeur ;

5°. La planche de 0 m. 040 d'épaisseur, et 0 m. 16 de largeur ;

6°.   idem   et 0 m. 27 de largeur ;

7°. La doublette de 0 m. 050 d'épaisseur, et 0 m. 27 de largeur ;

8°. Le chevron de 0 m. 080 carrés ;

9°. La membrure de 0 m. 080 d'épaisseur, et 0 m. 11 de largeur ;

10°.   idem   et 0 m. 16 de largeur ;

11°.   idem   et 0 m. 27 de largeur.

Les longueurs de ces échantillons sont de 0 m. 30, en 0 m. 30 centimètres, depuis 1 m. 90 jusqu'à 4 m. 00 et même 5 m. 00. Toutefois les longueurs au-dessus de 4 m. 00 sont déjà fort rares, elles sont même considérées comme grande longueur.

2°. Du Sapin.

Le sapin employé en France, nous est importé principalement de la Suède, de la Norwège et de la Russie.

Ces bois se composent de diverses variétés de pins et de sapins. Dans le commerce, on les distingue en sapin blanc et en sapin rouge. Ce dernier est plus facile à travailler et contient beaucoup de résine, ce qui le rend propre à remplacer le chêne pour les ouvrages à l'extérieur.

Le pin de Riga, un des plus beaux de ces bois, s'emploie pour faire des cadres et autres objets vernis.

Les échantillons de sapin du Nord sont les onze suivants :

1°. La volige de 0 m. 008 d'épaisseur, et 0 m. 22 de largeur ;

2°. Le feuillet de 0 m. 013 d'épaisseur, et 0 m. 22 de largeur ;

3°. Le panneau de 0 m. 020 d'épaisseur, et 0 m. 22 de largeur ;

4°. L'entrevous de 0 m. 027 d'épaisseur, et 0 m. 22 de largeur ;

5°. La planche de 0 m. 033 d'épaisseur, et 0 m. 22 de largeur ;

6°.   idem   de 0 m. 040 d'épaisseur, et 0 m. 22 de largeur ;

7°. La doublette de 0 m. 050 d'épaisseur, et 0 m. 22 de largeur ;

8°. La membrette de 0 m. 065 d'épaisseur, et 0 m. 18 de largeur ;

9°.   idem   et 0 m. 22 de largeur ;

10°. Le chevron de 0 m. 08 carrés;

11°. Le madrier de 0 m. 08 d'épaisseur, et 0 m. 22 de largeur;

Les longueurs de ces échantillons vont de tiers en tiers mètre; il y en a depuis 2 m. 00 jusqu'à 6 m. 00 et au-dessus.

Le sapin du Nord, quoique plus étroit que celui de la Lorraine, est préféré à ce dernier, à cause des nombreux avantages qu'il présente, et dont les principaux sont : d'avoir des longueurs plus assorties, d'être plus facile à travailler, d'éprouver peu de déchet dans l'emploi et d'être exempt de la détérioration que le flottage cause au sapin de Lorraine.

3°. Du Bois-Blanc.

Ce bois est principalement employé pour voligeage de couverture; dessus de tables, panneaux de portes intérieures ordinaires, etc.

Les échantillons de ces bois sont les 4 suivants :

1°. La volige de 0 m. 013 d'épaisseur, et 0 m. 22 de largeur;

2°. La planche de 0 m. 027 d'épaisseur, et 0 m. 30 de largeur;

3°.   idem   de 0 m. 040 d'épaisseur, et 0 m. 30 de largeur;

4°.   idem   de 0 m. 050 d'épaisseur, et 0 m. 30 de largeur;

Ces bois ont ordinairement depuis 2 m. 00 jusqu'à 4 m. de longueur.

4°. Du Hêtre.

Le sciage de hêtre qui provient principalement de la forêt de Compiègne, est surtout recherché pour les fortes pièces de fatigue , telles que dessus d'établis, tables de cuisine, étaux de bouchers, etc.

Le hêtre ne doit pas flotter, ce mode de transport le détériore beaucoup.

Dans le commerce on fait les cinq échantillons suivants :

1°. Le feuillet de 0 m. 013 d'épaisseur, et de 0 m. 22 de largeur;

2°. L'entrevous de 0 m. 027 d'épaisseur, et de 0 m. 27 de largeur;

3°. La planche de 0 m. 040 d'épaisseur, et de 0 m. 27 de largeur;

4°.   idem   de 0 m. 050 d'épaisseur, et de 0 m. 27 de largeur;

5°. La doublette de 0 m. 080 d'épaisseur, et de 0 m. 27 de largeur;

La longueur de ces bois varie depuis 2 m. 00 jusqu'à 5 m. 00.

5°. De l'Orme.

L'orme est un des plus grands arbres qui croissent dans presque toutes nos forêts. Il remplace quelquefois le hêtre et pour le même usage , mais on l'emploie plus généralement pour le charronnage.

Les échantillons et les dimensions de ce bois sont les mêmes que ceux de hêtre.

§ 4. DU PRIX DES BOIS DE SCIAGE.

Pour les mêmes raisons que celles que j'ai données page 288, et contrairement au principe démontré dans l'introduction, page 7, j'ai adopté pour base définitive de l'estimation des ouvrages de cette catégorie, les prix de cette année.

Le tableau ci-après présente les prix des bois supposés rendus à l'atelier, droits d'octroi, frais de déchargement et rentrée en magasin compris.

	DIMENSIONS.		PRIX DU MÈTRE LINÉAIRE.	
	épaisseur en millimètres	largeur en centimètr.	bois ordinaire.	bois de choix.
			fr. c.	fr. c.
1°. BOIS DE CHÊNE (1).				
Feuillet.	013	22	0 40	0 57
Panneau.	020	22	0 61	0 84
Entrevous.	027	13	0 40	0 57
idem.	027	27	0 80	1 14
Planche.	040	16	» »	1 14
idem.	040	27	1 20	1 70
Doublette.	050	27	1 60	2 28
Chevron.	080	08	0 80	1 14
Membrure.	080	11	1 20	» »
idem.	080	16	1 70	» »
idem.	080	27	2 40	3 40
2°. BOIS DE SAPIN (2).				
Volige.	008	22	0 20	0 22
Feuillet.	013	22	0 26	0 28
Panneau.	020	22	0 31	0 34
Entrevous.	027	22	0 36	0 42
Planche.	033	22	0 45	0 51
idem.	040	22	0 51	0 61
Doublette.	050	22	0 72	0 82
Membrette.	065	18	0 67	0 75
idem.	065	22	0 78	0 82
Chevron.	080	08	0 36	0 42
Madrier.	080	22	1 02	1 13
3°. BOIS-BLANC.				
Volige.	013	22	0 27	» »
Planche.	027	30	0 55	» »
Planche.	040	30	0 80	» »
Planche.	050	30	1 10	» »
4°. BOIS DE HÊTRE ET BOIS D'ORME.				
Feuillet.	013	22	0 40	» »
Entrevous.	027	27	0 80	» »
Planche.	040	27	1 20	» »
Planche.	050	27	1 60	» »
Doublette.	080	27	2 40	» »

(1) Dans le chêne on appelle bois ordinaires ceux dits de faux quartier, et ceux dits de qualités sont les bois sciés sur quartier.

(2) Dans le sapin les bois ordinaires représentent le sapin blanc; les bois de qualités sont le sapin rouge.

CHAPITRE II.

DU DÉCHET.

La quantité de bois brut qu'il faut employer pour exécuter un ouvrage, comparée avec la quantité de bois façonné qui existe dans cet ouvrage après son achèvement, donne le rapport du bois en œuvre avec le bois employé, et la différence entre ces deux quantités est le déchet que le bois a subi lors de sa mise en œuvre.

Dans la menuiserie, le déchet varie selon la nature de l'ouvrage, l'essence du bois et l'espèce de l'échantillon employé. On distingue trois sortes de déchet :

1°. Le déchet occasionné par la longueur déterminée des planches, et par la nécessité de supprimer les fentes ou gerçures, les nœuds et autres défectuosités du bois ;

2°. Le déchet qu'éprouvent les planches dans les ouvrages bruts ou non, par le rétrécissement du dressage des rives qui a lieu pour toutes, et par celui de l'enlèvement des flaches et de l'aubier, qui a lieu seulement pour quelques-unes ;

3°. Le déchet qui résulte de la diminution du trait de scie et du dressage des pièces de bois de plus petites dimensions que l'échantillon : comme planchers en planches refendues, plinthes, tringles et autres morceaux aussi refendus.

L'expérience n'est pas absolument nécessaire pour connaître la quotité de la première sorte de déchet ; on peut aussi la déterminer par le raisonnement ; il suffit pour cela de comparer les longueurs mises en œuvre avec celle du bois dans lequel ces longueurs auront été prises, et de tenir compte des retranchements opérés pour purger les bois. La proportion de ce déchet pour les ouvrages de bâtiment, varie du 1/15 au 1/6 selon la nature de l'ouvrage et celle du bois employé ; on en trouvera son application dans les sous-détails des ouvrages.

Pour déterminer la seconde sorte de déchet, suivant Morisot, il faut augmenter le prix des échantillons en raison de la diminution de leur surface après le rétrécissement occasionné par l'enlèvement de la moyenne des flaches et des aubiers, pour porter ensuite ces nouveaux prix de bois aux détails. Le tableau ci-après donne le prix des bois établis de cette manière, défalcation faite du déchet sur la largeur. On verra par la seconde colonne de dimension à quelle largeur chaque échantillon a été réduit sur celle primitive (page 347). Ce tableau donne le prix du mètre linéaire et superficiel de chaque échantillon de sciage de bois du commerce, selon leur essence et leur qualité.

Pour obtenir le déchet de la troisième sorte, il faut augmenter la largeur des planches refendues de celles d'un trait de scie, ou d'un trait de scie et d'un dressage, quand ces deux opérations ont lieu en même temps. Cette largeur est de 0 m. 004 dans le premier cas, et de 0 m. 007 dans le second.

Nota. Les languettes ne peuvent être considérées comme un déchet, puisqu'elles font partie du bois en œuvre; il faudra donc ajouter aux quantités de bois des détails, la dimension des languettes pour les ouvrages rainés.

TABLEAU du prix des bois, déduction faite du premier déchet sur la largeur, pour la formation des sous-détails des ouvrages (1).

	DIMENSIONS.		BOIS ORDINAIRE.		BOIS DE CHOIX.	
			PRIX DU MÈTRE			
	épaisseur en millimètres.	largeur en centimètr.	linéaire.	superficiel.	linéaire.	superficiel.
			fr. c.	fr. c.	fr. c.	fr. c.
1°. BOIS DE CHÊNE.						
Feuillet.	013	21	0 40	1 90	0 57	2 7l
Panneau.	020	21	0 61	2 90	0 84	4 00
Entrevous.	027	12	0 40	3 33	0 57	4 75
idem.	027	26	0 80	3 08	1 14	4 39
Planche.	040	15	» »	» »	1 14	7 60
idem.	040	26	1 20	4 61	1 70	6 54
Doublette.	050	26	1 60	6 16	2 28	8 77
Chevron.	080	08	0 80	10 00	1 14	14 25
Membrure.	080	11	1 20	10 91	» »	» »
idem.	080	16	1 70	10 63	» »	» »
idem.	080	26	2 40	9 23	3 40	13 08
2°. BOIS DE SAPIN.						
Volige.	008	21	0 20	0 95	0 22	1 05
Feuillet.	013	21	0 26	1 24	0 28	l 33
Panneau.	020	21	0 31	1 48	0 34	1 62
Entrevous.	027	21	0 36	1 71	0 42	2 00
Planche.	033	21	0 45	2 14	0 51	2 43
idem.	040	21	0 51	2 43	0 61	2 90
Doublette.	050	21	0 72	3 43	0 82	3 90
Membrette.	065	17	0 67	3 94	0 75	4 41
idem.	065	21	0 78	3 71	0 82	3 90
Chevron.	080	08	0 36	4 50	0 42	5 25
Madrier.	080	21	1 02	4 86	1 13	5 38

(1) Ne devant traiter exclusivement que du chêne et du sapin dans les sous-détails, je n'ai pas établi de réduction pour les autres essences de bois. On verra plus loin les considérations qui m'ont déterminé à ne point m'arrêter aux autres natures de matériaux.

CHAPITRE III.

DES MENUES FOURNITURES.

On comprend sous le titre de menues fournitures, les matières accessoires fournies ordinairement en dehors des bois.

Parmi ces fournitures, il en est qui ne font point partie intégrante de la menuiserie ; telles sont les clous, les vis, les pattes et les broches, qui peuvent-être livrées indifféremment par le menuisier, le serrurier ou le quincaillier ; néanmoins, ces fournitures appartiennent à ces deux dernières professions. Il est encore d'autres matières dont le peintre se charge quelquefois ; mais la fourniture de colle fait nécessairement partie de la menuiserie. Je renverrai, pour les objets qui ne sont pas fournis directement par le menuisier, aux professions qui les concernent.

La colle forte de bonne qualité que l'on emploie ordinairement pour cette profession, vaut 2 fr. à 2 fr. 20 le kilog. ; quant au combustible nécessaire pour la fondre, il ne donne lieu à aucune dépense, les rognures de bois et les copeaux de l'atelier étant plus que suffisants pour en opérer la liquéfaction.

On trouvera dans le tableau suivant la valeur de la colle nécessaire pour les joints et les assemblages, selon leur force et leur genre, y compris le déchet ou la perte qui a lieu.

	PRIX.
	fr. c.
1°. Valeur de colle, par mètre linéaire de joints, embrèvements et plats-joints.	
Pour joints et embrèvements de 0 m. 01 cent.	0 020
Plus-value par centimètre de largeur en sus.	0 008
Pour plats-joints de 0 m. 01 cent. de largeur.	0 010
Plus-value par centimètre de largeur en sus.	0 007

2°. Valeur de colle par assemblages.

Pour assemblages de 0 m. 025 d'épaiss., 0 m. 08 de prof. et 0 m. 10 c. de larg.	0 026
Plus-value par centimètre de largeur en sus.	0 002
Pour assemblages de 0 m. 050 d'épaisseur, 0 m. 10 de prof. et 0 m. 10 de larg.	0 035
Plus-value par centimètre de largeur en sus.	0 003
Pour assemblages de 0 m. 080 m. d'ép., 0 m. 10 c. de prof. et 0 m. 10 de largeur.	0 038
Plus-value par centimètre de largeur en sus.	0 003

DEUXIÈME SECTION.

DE LA MAIN-D'ŒUVRE.

CHAPITRE Ier.

DES DIVERSES OPÉRATIONS DE LA MAIN-D'ŒUVRE.

Le prix moyen de la journée des ouvriers menuisiers, qui est la base de la valeur de la main-d'œuvre de cette profession, peut être fixé de la manière suivante pour la journée de dix heures de travail effectif, savoir :

1°. Pour le menuisier de première classe, à 3 fr. 00 c. ;

2°. Pour celui ordinaire. . . . . . à 2 fr. 50.

La main-d'œuvre se compose de plusieurs opérations, qui sont :

1°. Le sciage ;

2°. Le blanchissage, corroyage ou dressage ;

3°. Le redressage ;

4°. L'assemblage ;

5°. L'élégissement ;

6°. Le montage ;

7°. Le collage ;

8°. L'aplanissage ou affleurage ;

9°. Le replanissage ;

10°. Et le placement.

Toutes ces opérations embrassent tout ce qui est relatif à la façon et à la pose des ouvrages de menuiserie.

Les tableaux de prix de ces diverses opérations qui se trouvent ci-après, sont tous basés sur la valeur des journées indiquées ci-dessus.

CHAPITRE II.

DE LA VALEUR·DES OPÉRATIONS SIMPLES.

§ 1er.—DU SCIAGE.

Mode d'évaluation.

Le sciage se comptera de deux manières différentes , savoir :

1°. En linéaire pour les bois jusqu'à 0 m. 30 de longueur de trait ;

2°. A la pièce pour les coupes droites ou biaises.

Chaque genre de sciage se divisera en bois dur et en bois tendre.

Seront considérés bois dur, les chêne, orme, hêtre, noyer, frêne, acacia, etc;

Et bois tendre , les sapin , peuplier , bois-blanc , tilleul , etc.

1°—Du sciage en linéaire.

Le sciage en linéaire se subdivisera en quatre classes , savoir :

Le sciage droit , c'est-à-dire celui fait suivant le fil du bois , soit pour refente, levées, dérasements , etc. ;

Le sciage à travers bois , sera compté ainsi , celui exécuté contre les fils du bois , lorsque la largeur excédera 0 m. 30 ;

Le sciage chantourné, comprend celui fait sur les rives extérieures des planches pour parties arrondies , consoles , etc. ;

Le sciage découpé, est celui fait dans des intérieurs de panneaux, de portes, etc. , pour y pratiquer des jours , tels que orifices de siége d'aisance , etc..

Nota. Je ne parlerai point du sciage qui se compte en superficie , comme étant presque nul dans la menuiserie , et spécialement affecté aux scieurs de long.

Le sciage fait dans de vieux bois, sera payé le double de celui exécuté dans du bois neuf , selon la classe à laquelle il appartiendra, pour compenser les clous que l'on rencontre et qui détériorent les scies.

2°.—Du sciage à la pièce.

On entend par sciage à la pièce , tout sciage de coupe fait à travers bois pour des largeurs au-dessous de 0 m. 30 ; au-dessus de cette dimension, ce sciage sera compté en linéaire et à travers bois.

Les coupes d'onglet, obliques ou circulaires , ne seront considérées coupes que lorsqu'elles seront faites isolément , ou réunies à bois de bout seulement ; celles faites pour des assemblages à mi-bois , ou de toute autre manière , seront rejetées dans cette dernière opération.

Les sciages de coupes se subdivisent en coupes droites , obliques et circulaires.

Toute coupe d'équerre est réputée droite. Les coupes d'onglet sont aussi réputées droites ; mais dans ce cas on prend la longueur de la coupe pour la largeur du bois.

Les autres coupes seront considérées obliques.

Seront réputées coupes circulaires toutes celles cintrées.

Bases de la formation des prix de sciage.

Eu égard au tracé des bois et aux interruptions qu'exige chaque pièce pour la retourner ou en prendre une autre , il faut environ à un menuisier payé 3 francs par jour :

1°. 4 minutes pour le sciage droit d'un mètre linéaire de bois dur , sur 0 m. 01 de face de sciage ;

2°. Les 2|3 de ce temps ou de ce prix pour chaque centimètre d'épaisseur en sus de celle de la première.

Le sciage de bois tendre demande 1|5 moins de temps que celui du bois dur , dans tous les cas possibles.

Le sciage à travers bois vaut le double de celui de fil pour la première épaisseur , puis il doit diminuer graduellement jusqu'à redevenir à-peu-près au même prix que ce dernier , pour 0 m. 30 centimètres de largeur de face de sciage.

Le sciage chantourné , vaut aussi le double de celui à travers bois pour la première épaisseur , et quatre fois ce prix pour le 0 m. 30 centimètres.

Le sciage découpé , vaut deux fois et demie celui chantourné pour toutes les épaisseurs correspondantes.

Le sciage de coupes droites étant identique à celui du mètre linéaire à travers bois , doit être établi d'après cette dernière opération , en ajoutant une augmentation pour dérangement occasionné par la coupe des morceaux.

Les coupes obliques valent moitié en sus de celles droites.

Les coupes circulaires seront comptées pour trois coupes obliques. Elles sont peu fréquentes dans la menuiserie.

Les coupes à la pose, telles que les coupes droites, obliques et circulaires, seront évaluées double, vu la gêne, et n'ayant pas souvent les outils nécessaires lors de leur exécution.

Les longueurs au-dessous de 0 m. 50 seront considérées sur cette même longueur, afin de compenser le dérangement causé par les petits morceaux pour la main-d'œuvre seulement.

Les prix ci-après sont établis d'après les considérations qui précèdent.

Tableaux des prix du sciage.

1°. — *Prix du sciage au mètre linéaire pour bois jusqu'à 0 m. 01 cent. d'épaisseur*.

	BOIS	
	dur.	tendre.
	fr. m.	fr. m.
SCIAGE DROIT.		
Prix du mètre linéaire.	0 020	0 016
Plus-value par centimètre d'épaiss. en sus.	0 013	0 010
SCIAGE A TRAVERS BOIS.		
Prix du mètre linéaire.	0 040	0 032
Plus-value par centimètre d'épaiss. en sus.	0 012	0 010
SCIAGE CHANTOURNÉ.		
Prix du mètre linéaire.	0 080	0 064
Plus-value par centimètre d'épaiss. en sus.	0 051	0 041
SCIAGE DÉCOUPÉ.		
Prix du mètre linéaire.	0 200	0 160
Plus-value par centimètre d'épaiss. en sus.	0 127	0 102

2°.—*Prix du sciage de coupes à la pièce, pour bois jusqu'à 0 m. 10 centimètres de largeur* (1).

	BOIS	
	dur.	tendre.
SCIAGE DE COUPES DROITES.	fr. m.	fr. m.
De 0 mètre 01 centimètre d'épaisseur. .	0 015	0 012
Plus ou moins-value par cent. de largeur.	0 001	0 001
De 0 mètre 02 centimètres d'épaisseur.	0 017	0 014
Plus ou moins-value par cent. de large.	0 001	0 001
De 0 mètre 03 centimètres d'épaisseur. .	0 020	0 016
Plus ou moins-value par cent. de largeur.	0 001	0 001
De 0 mètre 04 centimètres d'épaisseur	0 023	0 018
Plus ou moins-value par cent. de largeur.	0 001	0 001
De 0 mètre 05 centimètres d'épaisseur.	0 027	0 022
Plus ou moins-value par cent. de largeur.	0 002	0 002
De 0 mètre 08 centimètres d'épaisseur. .	0 037	0 030
Plus ou moins-value par cent. de largeur.	0 002	0 002
SCIAGE DE COUPES OBLIQUES.		
De 0 mètre 01 centimètre d'épaisseur. .	0 022	0 018
Plus ou moins-value par cent. de largeur.	0 001	0 001
De 0 mètre 02 centimètres d'épaisseur. .	0 025	0 020
Plus ou moins-value par cent. de largeur.	0 001	0 001
De 0 mètre 03 centimètres d'épaisseur. .	0 030	0 024
Plus ou moins-value par cent. de largeur.	0 002	0 002
De 0 mètre 04 centimètres d'épaisseur. .	0 035	0 028
Plus ou moins-value par cent. de largeur.	0 002	0 002
De 0 mètre 05 centimètres d'épaisseur.	0 040	0 032
Plus ou moins-value par cent. de largeur.	0 003	0 002
De 0 mètre 08 centimètres d'épaisseur. .	0 055	0 044
Plus ou moins-value par cent. de largeur.	0 003	0 002

(1) Les coupes circulaires étant peu fréquentes, je n'ai pas cru devoir en établir les prix; mais on sait qu'elles valent trois fois celui des coupes obliques.

§ 2°.—DU BLANCHISSAGE, CORROYAGE ET DRESSAGE.

Ces trois opérations comprennent le rabotage du fil des planches, ou l'enlèvement des traits de scie au moyen du rabot, le dégauchissement, le dressage et la mise d'équerre des bois à la varlope. Elles se compteront de trois manières : 1°. en linéaire, lorsque la largeur aura moins de 0 m. 30 ; 2°. en superficie, lorsque la largeur excédera cette dimension ; 3°. à la pièce pour toutes les coupes.

1°. Du blanchissage, etc., en linéaire.

Les bois comptés en linéaire seront divisés en deux classes principales, savoir : les rives et les faces au-dessus de 0 m. 30 de largeur. La première de ces deux classes se subdivisera elle-même en rives droites de fil, de travers, courbes et chantournées.

Les rives droites de fil servent d'unité aux autres rives.

Le bois tendre vaut toujours 1/5 de moins que le bois dur.

Les rives droites à travers bois valent 3 fois le prix de l'unité.

Les rives obliques comprennent une rive mise à la fausse équerre pour pan coupé ou autres. Elles valent 2/3 de plus que les rives droites.

Les rives courbes pour parties cintrées ou autres, valent 6 fois les rives droites de fil.

Les rives chantournées pour consoles, etc., sont payées 8 fois le prix de l'unité.

On ne fera point de distinction entre ces trois opérations en linéaire; elles seront toujours confondues en une seule.

Les longueurs au-dessous de 0 mètre 50 suivent les mêmes principes que le sciage en linéaire.

Les faces au-dessous de 0 m. 08 de largeur seront considérées et payées comme rives.

Les angles de poteaux ou autres pièces arrondies, seront comptées comme blanchissage de rives, en prenant pour largeur le développement de la partie courbée.

2.° Du Blanchissage, du Corroyage et du Dressage en surface.

Le blanchissage, le corroyage et le dressage seront estimés en superficie et séparément lorsque les bois auront plus de 0 m. 30 de largeur, ce qui n'a guère lieu que pour des vieux objets qu'on doit reblanchir ou corroyer, tels que vieilles cloisons, tablettes, dessus de table, etc.

Le blanchissage comprend seulement le travail fait au rabot, sans être dégauchi, ni dressé; le corroyage comprend, au contraire, le dégauchissement et la mise d'équerre des bois; et le dressage n'est autre chose que le corroyage, mais fait avec plus de soin, comme pour dessus de buffet, de tables, etc. et tous objets devant rester apparents sans inégalité, sans toutefois être replanis.

3.° Du Blanchissage, etc., à la pièce.

On comprend sous ce titre le blanchissage de coupe fait aux extrémités des bois sciés, soit au rabot, au guillaume, au ciseau ou autrement, suivant la largeur de la coupe. Il se divise comme le sciage de coupe, c'est-à-dire en coupes droites et en coupes obliques.

Ces trois opérations sont confondues en une seule.

Tableaux des prix du blanchissage, corroyage ou dressage.

1°. Prix des Rives au mètre linéaire. (1)

	BOIS	
	dur.	tendre.
	fr. m.	fr. m.
RIVES DROITES DE FIL.		
De 0 m. 01 cent. d'épaisseur	0 007	0 006
De 0 m. 02 idem	0 012	0 010
De 0 m. 03 idem	0 018	0 014
De 0 m. 04 idem	0 022	0 018
De 0 m. 05 idem	0 030	0 024
De 0 m. 08 idem	0 044	0 035
RIVES DROITES A TRAVERS BOIS.		
De 0 m. 01 cent. d'épaisseur	0 021	0 018
De 0 m. 02 idem	0 036	0 030
De 0 m. 03 idem	0 054	0 042
De 0 m. 04 idem	0 066	0 054
De 0 m. 05 idem	0 090	0 072
De 0 m. 08 idem	0 132	0 105
RIVES COURBES		
De 0 m. 01 cent. d'épaisseur	0 042	0 036
De 0 m. 02 idem	0 072	0 060
De 0 m. 03 idem	0 108	0 084
De 0 m. 04 idem	0 132	0 108
De 0 m. 05 idem	0 180	0 144
De 0 m. 08 idem	0 264	0 210
RIVES CHANTOURNÉES.		
De 0 m. 01 cent. d'épaisseur	0 056	0 048
De 0 m. 02 idem	0 096	0 080
De 0 m. 03 idem	0 144	0 112
De 0 m. 04 idem	0 176	0 144
De 0 m. 05 idem	0 240	0 192
De 0 m. 08 idem	0 352	0 280

2°. Prix des Faces au mètre linéaire pour 10 cent. de largeur.

	BOIS	
	dur.	tendre.
	fr. m.	fr. m.
Pour l'épaisseur de 0 m. 01 cent.	0 020	0 016
Plus ou moins-value par cent. de larg.	0 002	0 002
Pour l'épaisseur de 0 m. 02 cent.	0 041	0 035
Plus ou moins-value par cent. de larg.	0 005	0 004
Pour l'épaisseur de 0 m. 03 c. et au-dessus.	0 064	0 051
Plus ou moins-value par cent. de larg.	0 008	0 006

3°. Prix des Faces au mètre superficiel, pour largeur au-delà de 0 m. 30 cent.

	dur.	tendre.
De blanchissage.	0 430	0 360
De corroyage.	0 550	0 440
De dressage.	0 750	0 600

4°. Prix du Dressage de coupes à la pièce jusqu'à 0 m. 30 c. de large.

	dur.	tendre.
COUPES DROITES.		
De 0 m. 01 cent. d'épaisseur	0 012	0 010
De 0 m. 02 idem	0 014	0 011
De 0 m. 03 idem	0 016	0 013
De 0 m. 04 idem	0 018	0 014
De 0 m. 05 idem	0 020	0 016
De 0 m. 08 idem	0 030	0 024
COUPES OBLIQUES.		
De 0 m. 01 idem	0 017	0 014
De 0 m. 02 idem	0 020	0 016
De 0 m. 03 idem	0 023	0 018
De 0 m. 04 idem	0 026	0 021
De 0 m. 05 idem	0 030	0 024
De 0 m. 08 idem	0 040	0 032

(1) Les rives obliques ayant rarement lieu, j'ai pensé qu'il était inutile d'en établir les prix. On sait du reste qu'elles valent 2/3 en sus de celles droites.

§ 3. DU REDRESSAGE.

Mode d'Évaluation.

On entend par redressage, les rives dressées isolément, c'est-à-dire celles qui ne sont pas mises d'équerre avec les faces. Cette opération est particulière aux assemblages à plats-joints et aux autres ouvrages du même genre. Il se divise en quatre classes, qui sont le redressage des rives droites à bois de fil et à bois debout, les rives courbées et les rives chantournées.

Le redressage se comptera en linéaire; on indiquera la force et la nature du bois sur lequel il sera fait. Il sera payé la moitié du prix des élégissements de rainures pour tous les cas correspondants.

Pour les longueurs au-dessous de 0 m. 50, on observera les mêmes principes que pour le blanchissage.

TABLEAU des prix du redressage de rives au mètre linéaire.

	BOIS				BOIS	
	dur.	tendre.			dur.	tendre.
	fr. m.	fr. m.			fr. m.	fr. m.
RIVES DROITES A BOIS DE FIL.			RIVES COURBÉES.			
De 0 mèt. 01 centimètre d'épaisseur.	0 004	0 003	De 0 mèt. 01 centimètre d'épaisseur.		0 016	0 013
Plus-value par cent. d'épais. en sus.	0 001	0 .001	Plus-value par cent. d'épais. en sus.		0 004	0. 003
RIVES DROITES A BOIS DE BOUT.			RIVES CHANTOURNÉES.			
De 0 mèt. 01 centimètre d'épaisseur.	0 012	0 010	De 0 mèt. 01 centimètre d'épaisseur.		0 024	0 019
Plus-value par cent. d'épais. en sus.	0 .003	0 002	Plus-value par cent. d'épais. en sus.		0 006	0 .005

§ 4. DE L'ASSEMBLAGE.

Mode d'Évaluation.

Les assemblages seront comptés à la pièce; on indiquera leur espèce, leur force et l'essence du bois employé, comme pour le sciage et le blanchissage. Ils se diviseront en quatre classes, savoir :

1º. Les assemblages en coupe qui comprendront ceux vifs d'onglet et ceux carrés à rainure et languette. Leur prix est le $\frac{1}{2}$ de celui ordinaire qui sert d'unité pour tous les autres assemblages.

2º. Sous le titre d'assemblages à mi-bois, on comprend ceux de ce nom, ceux à enfourchement, soit à tenon, soit à queue d'aronde seulement, ceux vifs en fausse coupe et ceux d'onglet à rainure et languette. Ces assemblages valent les $\frac{2}{3}$ de l'unité ou de ceux ordinaires.

3º. Sous la dénomination d'assemblages ordinaires, on comprend ceux à tenons et mortaises, à arasement carré, ceux à clés, ceux à queue d'aronde, ceux en coupe oblique à rainure et languette. Le prix pour la première épaisseur et pour la première largeur est le résultat du temps passé à cet ouvrage par le prix de la journée, et la plus ou moins-value par centimètre de largeur, par mètre linéaire, et par chaque épaisseur, vaut $1/10$ du prix de l'unité jusqu'à 2 centimètres de grosseur ou d'épaisseur incluse, et le $1/11$ de ce même prix au-delà de cette dimension.

Ces sortes d'assemblages servent d'unité pour tous les autres.

4º. Quand aux assemblages d'onglet, ils comprennent ceux arasés ainsi de toute la largeur du bois, à tenons et mortaises, et ceux à queues recouvertes, comme pour tête de tiroirs. Ils valent ¼ en sus de l'unité.

Les autres assemblages non énoncés ci-dessus, seront payés comparativement à ceux de ces 4 catégories qui auront le plus d'analogie de travail.

Lorsque les assemblages seront mixtes, c'est-à-dire en chêne et en sapin, comme il arrive quelquefois pour des emboîtures de portes pleines en sapin, on prendra la moitié des prix réunis de chaque assemblage.

Les assemblages comprennent le montage et le chevillage, et l'affleurage lorsque les ouvrages ne seront pas replanis.

TABLEAUX DES PRIX D'ASSEMBLAGE.

Prix à la pièce pour bois de 0 m. 10 cent. de largeur.	BOIS dur. fr. m.	BOIS tendre. fr. m.
ASSEMBLAGE EN COUPE.		
De 0 m. 01 centimètre d'épaisseur . .	0 037	0 030
Plus ou moins-value par cent. de largeur.	0 004	0 003
De 0 mètre 02 centimètres d'épaisseur.	0 046	0 037
Plus ou moins-value par cent. de largeur.	0 004	0 003
De 0 m. 03 centimètres d'épaisseur. . .	0 055	0 044
Plus ou moins-value par cent. de largeur	0 005	0 004
De 0 m. 04 centimètres d'épaisseur. . .	0 066	0 053
Plus ou moins-value par cent. de largeur.	0 006	0 005
De 0 mètre 05 centimètres d'épaisseur. .	0 075	0 060
Plus ou moins-value par cent. de largeur.	0 007	0 006
De 0 mètre 08 centimètres d'épaisseur. .	0 096	0 077
Plus ou moins-value par cent. de largeur.	0 009	0 007
ASSEMBLAGE A MI-BOIS.		
De 0 mètre 01 centimètre d'épaisseur. .	0 074	0 059
Plus ou moins-value par cent. de largeur.	0 007	0 006
De 0 mètre 02 centimètres d'épaisseur. .	0 092	0 074
Plus ou moins-value par cent. de largeur.	0 009	0 007
De 0 mètre 03 centimètres d'épaisseur. .	0 110	0 088
Plus ou moins-value par cent. de largeur.	0 010	0 008
De 0 mètre 04 centimètres d'épaisseur. .	0 132	0 106
Plus ou moins-value par cent. de largeur.	0 012	0 010
De 0 mètre 05 centimètres d'épaisseur. .	0 150	0 120
Plus ou moins-value par cent. de largeur.	0 013	0 010
De 0 mètre 08 centimètres d'épaisseur. .	0 192	0 154
Plus ou moins-value par cent. de largeur.	0 017	0 014

Suite des prix à la pièce pour bois de 0 m. 10 cent. de largeur.	BOIS dur. fr. m.	BOIS tendre. fr. m.
ASSEMBLAGE ORDINAIRE.		
De 0 mètre 01 centimètre d'épaisseur. .	0 110	0 089
Plus ou moins-value par cent. de largeur.	0 011	0 009
De 0 mètre 02 centimètres d'épaisseur. .	0 138	0 110
Plus ou moins-value par cent. de largeur.	0 013	0 010
De 0 mètre 03 centimètres d'épaisseur. .	0 165	0 132
Plus ou moins-value par cent. de largeur.	0 015	0 012
De 0 mètre 04 centimètres d'épaisseur. .	0 198	0 158
Plus ou moins-value par cent. de largeur.	0 017	0 014
De 0 mètre 05 centimètres d'épaisseur. .	0 225	0 180
Plus ou moins-value par cent. de largeur.	0 020	0 016
De 0 mètre 08 centimètres d'épaisseur. .	0 288	0 230
Plus ou moins-value par cent. de largeur.	0 026	0 021
ASSEMBLAGE D'ONGLET.		
De 0 mètre 01 centimètre d'épaisseur. .	0 139	0 111
Plus ou moins-value par cent. de largeur.	0 014	0 011
De 0 mètre 02 centimètres d'épaisseur. .	0 172	0 138
Plus ou moins-value par cent. de largeur.	0 016	0 013
De 0 mètre 03 centimètres d'épaisseur. .	0 206	0 165
Plus ou moins-value par cent. de largeur.	0 019	0 015
De 0 mètre 04 centimètres d'épaisseur. .	0 247	0 198
Plus ou moins-value par cent. de largeur.	0 021	0 017
De 0 mètre 05 centimètres d'épaisseur. .	0 281	0 225
Plus ou moins-value par cent. de largeur.	0 025	0 020
De 0 mètre 08 centimètres d'épaisseur. .	0 360	0 288
Plus ou moins-value par cent. de largeur.	0 032	0 026

§ 5e. DE L'ÉLÉGISSEMENT.

Mode d'évaluation.

On appelle élégissement, les rainures, feuillures ou moulures faites dans le bois, sans aucun aplanissage, affleurage ou replanissage ; c'est-à-dire les rainures faites telles que l'outil les laisse , et les feuillures et moulures seulement ébauchées ou dressées grossièrement.

Quelle que soit l'espèce d'élégissement , il sera toujours compté en linéaire. Toutefois on indiquera l'essence du bois dans lequel il est fait, et s'il est à bois de fil , de bout ou de travers , à bois courbé ou à bois chantourné.

Les élégissements à bois de fil servent d'unité.

Ceux à travers bois ou de bout valent trois fois le prix de l'unité.

Ceux à bois courbé quatre fois ce prix.

Ceux à bois chantourné six fois ce même prix.

Les élégissements de rainures et languettes comprennent le redressage des rives isolées.

On remarquera que les embrèvements ne nécessitent ni redressage de rives, ni élégissement ; ils valent moitié moins que les rainures et languettes pour tous les cas possibles.

Les élégissements de moulures se diviseront en moulures simples et en moulures riches ; leur développement suivra les contours du profil.

On comprend sous le titre de moulures à profil simple , celles ordinaires , sans filet ni baguette.

Par moulure riche on entend celle accompagnée d'un filet ou d'une baguette , ou d'un profil refouillé et compliqué.

Les personnes , du reste , étrangères à la menuiserie , pourront toujours bien juger à l'aspect si la moulure est simple ou riche.

ÉVALUATION DE LA MENUISERIE.

Tableaux des prix d'élégissement.

1°.—Prix des rainures et des languettes au mètre linéaire.

	BOIS	
	dur.	tendre.
	fr. c.	fr. c.
A BOIS DE FIL.		
De 0 mètre 015 millimètres d'épaisseur.	0 008	0 006
Plus-value par centim. d'épaisseur en sus.	0 002	0 002
A BOIS DE TRAVERS.		
De 0 mètre 015 millimètres d'épaisseur.	0 024	0 019
Plus-value par centim. d'épaisseur en sus.	0 008	0 005
A BOIS COURBÉ.		
De 0 mètre 015 millimètres d'épaisseur.	0 032	0 026
Plus-value par centim. d'épaisseur en sus.	0 008	0 006
A BOIS CHANTOURNÉ.		
De 0 mètre 015 millimètres d'épaisseur.	0 048	0 038
Plus-value par centim. d'épaisseur en sus.	0 012	0 010

2°.—Prix des embrèvements au mètre linéaire.

	BOIS	
	dur.	tendre.
	fr. c.	fr. c.
A BOIS DE FIL.		
De 0 mètre 015 millimètres d'épaisseur.	0 004	0 003
Plus-value par centim. d'épaisseur en sus.	0 001	0 001
A BOIS DE TRAVERS.		
De 0 mètre 015 millimètres d'épaisseur.	0 012	0 010
Plus-value par centim. d'épaisseur en sus.	0 003	0 002
A BOIS COURBÉ.		
De 0 mètre 015 millimètres d'épaisseur.	0 016	0 013
Plus-value par centim. d'épaisseur en sus.	0 004	0 003
A BOIS CHANTOURNÉ.		
De 0 mètre 015 millimètres d'épaisseur.	0 024	0 019
Plus-value par centim. d'épaisseur en sus.	0 006	0 005

3°. — Prix des feuillures au mètre linéaire.

FEUILLURES DE 0 M. 03 DE LARGEUR JUSQU'A 0 M. 02 DE PROFONDEUR	BOIS	
	dur.	tendre.
	fr. c.	fr. c.
A bois de fil.	0 030	0 024
Plus-value par centim. de largeur en sus.	0 007	0 006
A bois de travers.	0 090	0 072
Plus-value par centim. de largeur en sus.	0 021	0 017
A bois courbé.	0 120	0 096
Plus-value par centim. de largeur en sus.	0 028	0 022
A bois chantourné.	0 180	0 144
Plus-value par centim. de largeur en sus.	0 042	0 034

FEUILLURES DE 0 M. 03 DE LARGEUR ET DE 0 M. 03 DE PROFONDEUR.	BOIS	
	dur.	tendre.
	fr. c.	fr. c.
A bois de fil.	0 060	0 048
Plus-value par cent. de largeur en sus.	0 014	0 012
A bois de travers.	0 180	0 144
Plus-value par centim. de largeur en sus.	0 042	0 034
A bois courbé.	0 240	0 192
Plus-value par centim. de largeur en sus.	0 056	0 045
A bois chantourné.	0 360	0 288
Plus-value par centim. de largeur en sus.	0 084	0 067

FEUILLURES DE 0 M. 03 DE LARGEUR ET DE 0 M. 04 A 0 M. 05 DE PROFONDEUR.	BOIS	
	dur.	tendre.
	fr. c.	fr. c.
A bois de fil.	0 072	0 058
Plus-value par cent. de larg. en sus.	0 016	0 013
A bois de travers.	0 216	0 174
Plus-value par cent. de larg. en sus.	0 048	0 039
A bois courbé.	0 288	0 230
Plus-value par centim. de largeur en sus.	0 064	0 052
A bois chantourné.	0 432	0 346
Plus-value par centim. de largeur en sus.	0 096	0 077

4°. — Prix des moulures au mètre linéaire.

	BOIS	
	dur.	tendre.
	fr. c.	fr. c.
A BOIS DE FIL.		
Simple. Pour 0 m. 02 cent. de développ.	0 030	0 024
Profil. Plus-value par cent. de dév. en sus.	0 017	0 014
Riche. Pour 0 m. 02 cent. de développem.	0 036	0 029
Profil. Plus-value par cent. de dév. en sus	0 020	0 016
A BOIS DE TRAVERS.		
Simple. Pour 0 m. 02 cent. de développ.	0 090	0 072
Profil. Plus-value par cent. de dév. en sus.	0 051	0 042
Riche. Pour 0 m. 02 cent. de développ.	0 108	0 085
Profil. Plus-value par cent. de dév. en sus.	0 060	0 048
A BOIS COURBÉ.		
Simple. Pour 0 m. 02 cent. de développ.	0 120	0 096
Profil. Plus-value par cent. de dév. en sus.	0 068	0 056
Riche. Pour 0 m. 02 cent. de développ.	0 144	0 115
Profil. Plus-value par cent. de dév. en sus	0 080	0 064
A BOIS CHANTOURNÉ.		
Simple. Pour 0 m. 02 cent. de développ.	0 180	0 144
Profil. Plus-value par cent. de dév. en sus.	0 102	0 084
Riche. Pour 0 m. 02 cent. de développ.	0 216	0 174
Profil. Plus-value par cent. de dév. en sus.	0 120	0 096

§ 6°. — DU MONTAGE.

Mode d'évaluation.

Cette opération se comptera en linéaire. On distinguera les joints rainés des embrèvements, en indiquant la largeur de la rive ou de la face du joint.

Le montage des joints et embrèvements se divisera en deux classes, qui sont les droits et les courbes. Les prix de la première classe servent d'unité à la seconde ; ils sont établis pour un centimètre d'épaisseur, et chaque centimètre en sus vaut la moitié de ce prix. Les joints et embrèvements courbes valent le double des droits.

J'établis également une différence d'un 1|5 pour ces sortes d'ouvrages, entre le prix du bois dur et celui du bois tendre ; car il faut remarquer que l'essence du premier étant plus coriace que celle du second, elle est plus susceptible de se jeter, et demande par conséquent plus de difficulté lors de sa mise en œuvre, ce qui fait qu'on peut établir également une distinction entre ces deux espèces de bois, aussi bien que pour les autres opérations.

Tableaux des prix du montage.

1°. — Prix pour joints et embrèvements droits au mètre linéaire.

	BOIS	
	dur.	tendre.
	fr. m.	fr. m.
JOINTS.		
De 0 mètre 01 centimètre d'épaisseur. .	0 007	0 006
Plus-value par centim. d'épaisseur en sus.	0 003	0 002
EMBRÈVEMENTS.		
De 0 mètre 01 centimètre d'épaisseur. .	0 009	0 007
Plus-value par centim. d'épaisseur en sus.	0 005	0 004

2°. — Prix pour joints et embrèvements courbes ou chantournés au mètre linéaire.

	BOIS	
	dur.	tendre.
	fr. m.	fr. m.
JOINTS.		
De 0 mètre 01 centimètre d'épaisseur. .	0 014	0 012
Plus-value par centim. d'épaisseur en sus.	0 006	0 005
EMBRÈVEMENTS.		
De 0 mètre 01 centimètre d'épaisseur. .	0 018	0 014
Plus-value par centim. d'épaisseur en sus.	0 010	0 008

§ 7°.—DU COLLAGE.

Mode d'évaluation.

Le collage sera compté en linéaire.

Il se divisera en deux classes, qui sont les joints et embrèvements droits ou courbes ; ils se subdivisent eux-mêmes en joints rainés, embrèvements et plats-joints.

On indiquera la force et l'essence des bois de chacun de ces ouvrages.

Les joints et embrèvements courbes valent le double des joints et embrèvements droits.

Tableaux des prix du collage.

1°.— Prix pour joints et embrèvements droits au mètre linéaire.

	BOIS		
	dur.		tendre.
	fr. m.		fr. m.
JOINTS RAINÉS.			
De 0 mètre 01 centimètre d'épaisseur. .	0 015		0 012
Plus-value par centim. d'épaisseur en sus.	0 004		0 003
EMBRÈVEMENTS.			
De 0 mètre 01 centimètre d'épaisseur. .	0 017		0 014
Plus-value par centim. d'épaisseur en sus.	0 004		0 003
PLATS-JOINTS.			
De 0 mètre 01 centimètre d'épaisseur. .	0 020		0 016
Plus-value par centim. d'épaisseur en sus.	0 003		0 004

2°. — Prix pour joints et embrèvements courbes ou chantournés au mètre linéaire.

	BOIS		
	dur.		tendre.
	fr. m.		fr. m.
JOINTS RAINÉS.			
De 0 mètre 01 centimètre d'épaisseur. .	0 030		0 024
Plus-value par centim. d'épaisseur en sus.	0 008		0 006
EMBRÈVEMENTS.			
De 0 mètre 01 centimètre d'épaisseur. .	0 034		0 028
Plus-value par centim. d'épaisseur en sus.	0 008		0 006
PLATS-JOINTS.			
De 0 mètre 01 centimètre d'épaisseur. .	0 040		0 032
Plus-value par centim. d'épaisseur en sus.	0 010		0 008

§ 8°.—APLANISSAGE OU AFFLEURAGE.

Mode d'évaluation.

L'aplanissage ou affleurage consiste uniquement à réduire deux corps contigus, saillants l'un sur l'autre, à un même niveau, sans replanissage. Cette opération n'a ordinairement lieu que pour des planchers, tablettes, cloisons ordinaires et autres ouvrages analogues.

L'aplanissage se comptera de deux manières différentes :

1°. En linéaire pour les champs, jusqu'à 0 m. 30 de largeur.

On comptera chaque face affleurée pour un champ , et non le pourtour de plusieurs faces pour un seul champ.

Les champs se divisent en champs droits , courbés et chantournés.

Les champs droits servent d'unité aux deux autres classes; leurs prix sont établis pour 10 centimètres de largeur , et chaque centimètre en sus vaut le 1/10 de ce prix.

Les champs courbés valent le double des champs droits.

Ceux chantournés valent trois fois le prix de l'unité.

Pour les longueurs au-dessous de 0 m. 50 centimètres , on suivra les mêmes principes que pour le sciage.

2°. En superficie , pour les panneaux ou parties au-dessus de 0 m. 30.

Cette classe se divise en surface unie et en surface arasée.

La première sert d'unité à la seconde , c'est-à-dire que la surface arasée vaut la moitié en sus du prix de celle unie.

Tableau des prix d'aplanissage ou affleurage.

	BOIS	
	DUR.	TENDRE.
	fr. m.	fr. m.
1°. Prix pour champs au mètre linéaire.		
Champs droits de 0 mètre 10 centimètres de largeur.	0 020	0 016
Plus ou moins-value par cent. de largeur en sus.	0 002	0 004
Champs courbés de 0 mètre 10 centimètres de largeur.	0 040	0 032
Plus ou moins-value par cent. de largeur en sus.	0 004	0 003
Champs chantournés de 0 mètre 10 centimètres de largeur.	0 060	0 048
Plus ou moins-value par cent. de largeur en sus.	0 006	0 005
2°. Prix pour faces de plus de 0 m. 30 de largeur au mètre superficiel.		
Surface unie.	0 150	0 120
Surface arasée.	0 225	0 180

§ 9°. — REPLANISSAGE.

Mode d'évaluation.

Le replanissage comprend non seulement l'aplanissage ou affleurage dont il vient d'être parlé précédemment, mais il comprend encore le fini au rabot et racloir des faces unies, à la peau de chien ou au papier de verre pour les moulures, ainsi que le ponçage des parties en sapin.

Le replanissage se comptera, comme l'aplanissage ou affleurage, en linéaire et en superficie ; il suivra de plus exactement les mêmes principes que cette dernière opération, hors la plus-value, qui est la moitié de l'unité à peu de chose près. Les prix du replanissage valent deux fois ceux d'aplanissage.

Seulement il comprendra encore, indépendamment des subdivisions de l'affleurage, le replanissage des feuillures et des moulures, lorsque ces objets seront visibles, ainsi qu'il a déjà été dit au paragraphe élégissement.

Les moulures se subdiviseront, comme les champs, en trois classes : les moulures droites, courbées et chantournées. Chacune de ces classes sera elle-même subdivisée en profil riche et en profil simple.

Les moulures droites, simples ou riches serviront d'unité aux autres classes de moulures. Leur prix est établi pour deux centimètres de développement, et chaque centimètre de largeur en plus vaut à peu près la moitié du prix de l'unité.

Les moulures courbes , simples ou riches valent deux fois le prix des moulures droites.

Celles chantournées valent trois fois le prix de l'unité.

Les raccords d'angle de moulures seront comptés pour 0 m. 50 de replanissage suivant leur classe.

Pour les longueurs au-dessous de 0 m. 50, on suivra les mêmes principes que pour l'aplanissage.

Tableaux des prix du replanissage.

1.° Prix du Replanissage des champs au mètre linéaire.	BOIS	
	dur.	tendre.
	fr. m.	fr. m.
CHAMPS DROITS.		
De 0 m. 010 cent. de largeur ou d'épais.	0 040	0 032
Plus ou moins-value par cent.	0 004	0 003
CHAMPS COURBÉS.		
De 0 m. 010 cent. de largeur ou d'épais.	0 080	0 064
Plus ou moins-value par cent.	0 008	0 006
CHAMPS CHANTOURNÉS.		
De 0 m. 010 cent. de largeur ou d'épais.	0 120	0 096
Plus ou moins-value par cent.	0 012	0 010
2.° Prix du Replanissage des faces au-dessus de 0 m. 30 cent. de largeur au mètre carré.		
Surface unie.	0 300	0 240
Surface arasée.	0 450	0 360

3.° Prix du Replanissage des moulures au mètre linéaire.	BOIS	
	dur.	tendre.
	fr. m.	fr. m.
MOULURES DROITES DE FIL OU DE TRAVERS.		
Simple. Profil. { Pour 0 m. 02 de développement	0 010	0 008
Plus-value par cent. de dével.	0 005	0 004
Riche Profil. { Pour 0 m. 02 cent. de dévelop.	0 012	0 010
Plus-value par cent. de dévelop.	0 007	0 006
MOULURES COURBES.		
Simple Profil. { Pour 0 m. 02 cent. de dévelop.	0 020	0 016
Plus-value par cent. de dévelop.	0 010	0 008
Riche Profil. { Pour 0 m. 02 cent. de dévelop.	0 024	0 020
Plus-value par cent. de dévelop.	0 014	0 012
MOULURES CHANTOURNÉES.		
Simple Profil. { Pour 0 m. 02 cent. de dévelop.	0 030	0 024
Plus-value par cent. de dévelop.	0 015	0 012
Riche Profil. { Pour 0 m. 02 cent. de dévelop.	0 036	0 030
Plus-value par cent. de dévelop.	0 021	0 018

§ 10. DU PLACEMENT.

Mode d'Évaluation.

Le placement comprend la prise de mesures, la mise de niveau et à plomb, et la fixation à demeure des bois, au moyen de clous ou pattes selon la force des objets à attacher.

La pose des vis et des broches formera un article à part, dépendant de la serrurerie.

Les opérations faites entièrement à l'aide de l'échelle seront payées le double des prix portés dans le tableau ci-après.

Quoique le placement comprenne la fixation des bois avec clous ou pattes, néanmoins lorsque les objets à attacher auront exigé préalablement des percements de trous, quels qu'ils soient, ils seront estimés à part suivant des attachements pris à cet effet. Toutefois, on ne devra tolérer cette dépense que lorsqu'elle aura été reconnue indispensable.

Le placement sera divisé en chêne et en sapin.

Il sera compté au mètre courant jusqu'à 0 m. 30 de largeur, en ayant soin d'indiquer les dimensions des objets.

Au-dessus de cette largeur il sera compté au mètre superficiel; pour le surplus, il suivra les mêmes principes que ci-dessus.

Tableaux des prix du placement.

	BOIS	
	DUR.	TENDRE.
	fr. m.	fr. m.
1°. Prix du mètre linéaire pour objets de 0 m. 010 de largeur.		
Sur 0 m. 02 d'épaisseur et au-dessous.	0 047	0 038
Plus ou moins-value par centimètre de largeur.	0 003	0 002
Sur 0 m. 03 d'épaisseur.	0 057	0 046
Plus ou moins-value par centimètre de largeur.	0 004	0 003
Sur 0 m. 04 d'épaisseur.	0 063	0 050
Plus ou moins-value par centimètre de largeur.	0 004	0 003
Sur 0 m. 05 d'épaisseur.	0 069	0 055
Plus ou moins-value par centimètre de largeur.	0 005	0 004
Sur 0 m. 08 d'épaisseur.	0 084	0 067
Plus ou moins-value par centimètre de largeur.	0 006	0 005
2°. Prix du mètre superficiel pour objets au-delà de 0 m. 30 de largeur.		
Sur 0 m. 02 d'épaisseur et au-dessous.	0 300	0 240
Plus-value par centimètre d'épaisseur en sus.	0 038	0 030

CHAPITRE II.

DE LA VALEUR DES OPÉRATIONS COMPOSÉES.

On comprend sous le titre d'opérations composées, plusieurs subdivisions de main-d'œuvre dissemblables qui, se trouvant unies ensemble par la circonstance et la nature de l'ouvrage, forment une seule et unique opération, appelée opération composée ; tel est, par exemple, un joint rainé, collé ; cette opération se compose de deux autres opérations simples bien différentes l'une de l'autre, qui sont : 1°. L'élégissement d'une rainure et d'une languette ; 2°. Le collage de ces deux objets. Comme on le voit, les deux opérations simples : élégissement et collage, n'en forment qu'une qu'on peut appeler et timbrer pour cette raison opération composée ou joint rainé, collé. Dans d'autres cas ces deux opérations simples pourraient se trouver également liées ensemble, et former une seule opération aussi composée, mais bien distincte, car il faut remarquer qu'on ne colle pas tous les joints rainés ; tel est, par exemple, un joint rainé, monté, non-collé pour planchers et autres ouvrages semblables.

De même une coupe sciée, dressée, comprend deux opérations bien distinctes qui, cependant, n'en forment qu'une seule, composée de deux subdivisions simples, qui sont : 1°. le sciage ; 2°. le dressage de coupe selon l'espèce et le genre du travail.

Quoiqu'il en soit, on a néanmoins quelquefois besoin de recourir aux opérations simples, car on peut scier une coupe sans la dresser ; on peut également, ainsi que je l'ai déjà dit précédemment, faire une feuillure sans la replanir ; il en est de même de presque toutes les autres opérations simples.

Les tableaux ci-après comprennent toutes les opérations les plus susceptibles de s'allier ensemble. Pour éviter de les confondre avec les opérations simples et pour que chacun puisse les distinguer de ces dernières, voici la manière de les former :

Les coupes sciées et dressées, comprennent :

1°. Le sciage de coupe droite ou de coupe oblique ;

2°. Le dressage de l'une ou l'autre de ces deux coupes.

Les joints et embrèvements montés , non-collés, comprennent :

POUR LES JOINTS MONTÉS NON-COLLÉS

1°. L'élégissement d'une rainure et d'une languette ;

2°. Le montage.

POUR LES EMBRÈVEMENTS MONTÉS , NON-COLLÉS.

1°. L'élégissement d'une rainure et d'un embrèvement ;

2°. Le montage.

Les joints et embrèvements collés, désignent :

POUR LES JOINTS RAINÉS , COLLÉS.

1°. L'élégissement d'une rainure et d'une languette ;

2°. Le collage.

1°. Deux redressages de rives isolées ;

2°. Le collage.

POUR LES EMBRÈVEMENTS COLLÉS.

1°. L'élégissement d'une rainure et d'une languette ;

2°. Le collage.

Les joints à languettes rapportées, montés, non-collés, comprennent :

1°. 2 rainures selon la nature de l'ouvrage ;

2°. 1 languette à bois de fil, quelle que soit l'espèce du travail ;

3°. 1 sciage droit du 1/3 de l'épaisseur du bois pour refente de la languette, quelle que soit aussi l'espèce de l'ouvrage ;

4°. Le montage.

Les joints à languettes rapportées, collés, comprennent les mêmes articles que ci-dessus, excepté que le montage est remplacé par le collage.

Les feuillures élégies et replanies, sont :

1°. L'élégissement ;

2°. Le replanissage.

Les moulures élégies et replanies, se composent :

1°. De l'élégissement ;

2°. Du replanissage ;

Tableaux de la valeur des opérations composées.

1°. *Prix des coupes sciées et dressées à la pièce.*

Coupes droites jusqu'à 0 m. 30 de largeur.

	BOIS			
	dur.		tendre.	
	fr.	m.	fr.	m.
De 0 m. 01 cent. d'épaisseur.	0	027	0	022
De 0 m. 02 idem	0	031	0	025
De 0 m. 03 idem	0	036	0	029
De 0 m. 04 idem	0	041	0	032
De 0 m. 05 idem	0	047	0	038
De 0 m. 08 idem	0	067	0	054

Coupes obliques jusqu'à 0 m. 30 de larg.

	BOIS			
	dur.		tendre.	
	fr.	m.	fr.	m.
De 0 m. 01 cent. d'épaisseur.	0	039	0	032
De 0 m. 02 idem	0	045	0	036
De 0 m. 03 idem	0	053	0	042
De 0 m 04 idem	0	061	0	049
De 0 m. 05 idem	0	070	0	056
Du 0 m. 08 idem	0	095	0	076

2°. *Prix des joints et embrèvements montés et collés, au mètre linéaire.*

Pour ceux montés, non-collés.

A BOIS DE FIL.

		BOIS			
		dur.		tendre.	
		fr.	m.	fr.	m.
Joints Rainés	De 0 m. 015 d'épaisseur.	0	023	0	018
	Plus-value par c. d'ép. en sus.	0	007	0	006
Embrè-vements	De 0 m. 015 d'épaisseur.	0	021	0	016
	Plus-value par c. d'ép. en sus.	0	008	0	007

A BOIS COURBÉ.

		BOIS			
Joints rainés	De 0 m. 015 d'épaisseur.	0	078	0	064
	Plus-value par c. d'ép. en sus.	0	022	0	017
Embrè-vements	De 0 m. 015 d'épaisseur.	0	066	0	053
	Plus-value par c. d'ép. en sus.	0	022	0	017

A BOIS CHANTOURNÉ.

		BOIS			
Joints rainés	De 0 m. 015 d'épaisseur.	0	110	0	088
	Plus-value par c. d'ép. en sus.	0	030	0	025
Embrè-vements	De 0 m. 015 d'épaisseur.	0	090	0	071
	Plus-value par c. d'ép. en sus.	0	028	0	023

ÉVALUATION DE LA MENUISERIE.

Suite de la valeur des opérations composées.

Suite des joints et embrèvements montés et collés, au mètre linéaire.

Pour ceux montés et collés.

A BOIS DE FIL.

		BOIS dur.	BOIS tendre.
		fr. m.	fr. m.
Joints rainés	De 0 m. 015 d'épaisseur.	0 031	0 024
	Plus-value par c. d'ép. en sus.	0 008	0 007
Plats-joints	De 0 m. 015 d'épaisseur.	0 028	0 022
	Plus-value par c. d'ép. en sus.	0 007	0 006
Embrè-vements	De 0 m. 015 d'épaisseur.	0 029	0 023
	Plus-value par c. d'ép. en sus.	0 007	0 006

A BOIS COURBÉ.

		BOIS dur.	BOIS tendre.
Joints rainés	Pour 0 m. 015 d'épaisseur.	0 094	0 075
	Plus-value par c. d'ép. en sus.	0 024	0 018
Plats-joints	Pour 0 m. 015 d'épaisseur.	0 072	0 058
	Plus-value par c. d'ép. en sus.	0 018	0 014
Embrè-vements	Pour 0 m. 015 d'épaisseur.	0 082	0 067
	Plus-value par c. d'ép. en sus.	0 020	0 015

A BOIS CHANTOURNÉ.

		BOIS dur.	BOIS tendre.
Joints rainés	Pour 0 m. 015 d'épaisseur.	0 126	0 100
	Plus-value par c. d'ép. en sus.	0 032	0 026
Plats-joints	Pour 0 m. 015 d'épaisseur.	0 088	0 070
	Plus-value par c. d'ép. en sus.	0 022	0 018
Embrè-vements	Pour 0 m. 015 d'épaisseur.	0 106	0 085
	Plus-value par c. d'ép. en sus.	0 026	0 021

3°. Prix des joints à languettes rapportées, façon des languettes comprise, au mètre linéaire.

Pour ceux montés non-collés.

A BOIS DE FIL.

	BOIS dur.	BOIS tendre.
De 0 m. 015 millimètres d'épaisseur.	0 051	0 040
De 0 m. 02 centimètres idem	0 060	0 048
De 0 m. 03 idem	0 069	0 056
De 0 m. 04 idem	0 078	0 064
De 0 m. 05 idem	0 087	0 072
De 0 m. 08 idem	0 140	0 016

A BOIS COURBÉ.

	BOIS dur.	BOIS tendre.
De 0 m. 015 millimètres d'épaisseur.	0 106	0 086
De 0 m. 02 centimètres idem	0 130	0 105
De 0 m. 03 idem	0 154	0 124
De 0 m. 04 idem	0 178	0 143
De 0 m. 05 idem	0 202	0 162
De 0 m. 08 idem	0 300	0 239

A BOIS CHANTOURNÉ.

	BOIS dur.	BOIS tendre.
De 0 m. 015 millimètres d'épaisseur.	0 138	0 110
De 0 m. 02 centimètres idem	0 170	0 137
De 0 m. 03 idem	0 202	0 164
De 0 m. 04 idem	0 234	0 191
De 0 m. 05 idem	0 266	0 218
De 0 m. 08 idem	0 588	0 319

Suite des joints à languettes rapportées, au mètre linéaire.

Pour ceux montés et collés.

A BOIS DE FIL.

	BOIS dur.	BOIS tendre.
	fr. m.	fr. m.
De 0 m. 015 millimètres d'épaisseur.	0 059	0 046
De 0 m. 02 centimètres idem	0 069	0 055
De 0 m. 03 idem	0 079	0 064
De 0 m. 04 idem	0 089	0 073
De 0 m. 05 idem	0 099	0 082
De 0 m. 08 idem	0 155	0 129

A BOIS COURBÉ.

	BOIS dur.	BOIS tendre.
De 0 m. 015 millimètres d'épaisseur.	0 122	0 098
De 0 m. 02 centimètres idem	0 148	0 118
De 0 m. 03 idem	0 174	0 138
De 0 m. 04 idem	0 200	0 158
De 0 m. 05 idem	0 226	0 178
De 0 m. 08 idem	0 330	0 258

A BOIS CHANTOURNÉ.

	BOIS dur.	BOIS tendre.
De 0 m. 015 millimètres d'épaisseur.	0 154	0 122
De 0 m. 02 centimètres idem	0 188	0 150
De 0 m. 03 idem	0 222	0 178
De 0 m. 04 idem	0 256	0 206
De 0 m. 05 idem	0 290	0 234
De 0 m. 08 idem	0 418	0 338

4°. Prix des feuillures élégies et replanies, au mètre linéaire.

A BOIS DE FIL.

	BOIS dur.	BOIS tendre.
De 0 m. 03 de larg. jusqu'à 0 m. 02 de p.	0 050	0 039
Plus-value par cent. de largeur en sus.	0 011	0 009
De 0 m. 03 de larg. jusqu'à 0 m. 03 de pr.	0 084	0 066
Plus-value par cent de largeur en sus.	0 018	0 015
De 0 m. 03 de larg. et de 0 m. 04 à 0 m. 05 de profondeur.	0 104	0 082
Plus-value par cent. de largeur en sus.	0 020	0 016

A BOIS DE TRAVERS.

	BOIS dur.	BOIS tendre.
De 0 m. 03 de larg. jusqu'à 0 m. 02 de p.	0 110	0 087
Plus-value par cent. de largeur en sus.	0 025	0 020
De 0 m. 03 de larg. jusqu'à 0 m. 03 de pr.	0 204	0 162
Plus-value par cent. de largeur en sus.	0 040	0 037
De 0 m. 03 de larg. et de 0 m. 04 à 0 m. 05 de profondeur.	0 248	0 198
Plus-value par cent. de largeur en sus.	0 052	0 042

A BOIS COURBÉ.

	BOIS dur.	BOIS tendre.
De 0 m. 03 de larg. jusqu'à 0 m. 02 de pr.	0 160	0 128
Plus-value par cent. de largeur en sus.	0 036	0 028
De 0 m. 03 de larg. jusqu'à 0 m. 03 de pr.	0 288	0 230
Plus-value par cent. de largeur en sus.	0 064	0 051
De 0 m. 03 de larg. et de 0 m. 04 à 0 m. 05 de profondeur.	0 352	0 281
Plus-value par centim. de largeur en sus.	0 074	0 058

A BOIS CHANTOURNÉ.

	BOIS dur.	BOIS tendre.
De 0 m. 03 de larg. jusqu'à 0 m. 02 de pr.	0 240	0 192
Plus-value par cent. de largeur en sus.	0 054	0 044
De 0 m. 03 de larg. jusqu'à 0 m. 03 de pr.	0 432	0 346
Plus-value par cent. de largeur en sus.	0 096	0 077
De 0 m. 03 de larg. et de 0 m. 04 à 0 m. 05 de profondeur.	0 526	0 423
Plus-value par cent. de largeur en sus.	0 108	0 087

Suite de la valeur des opérations composées.

5°. *Prix des moulures élégies et replanies au mètre linéaire.*

		BOIS	
		dur.	tendre.
		fr. m.	fr. m.
DROITES DE FIL.			
Simple Profil.	Pour 0 m. 02 cent. de dévelop.	0 040	0 032
	Plus-value par cent. en sus.	0 022	0 018
Riche Profil.	Pour 0 m. 02 cent. de dévelop.	0 048	0 039
	Plus-value par cent. en sus.	0 027	0 022
DROITES A TRAVERS BOIS.			
Simple Profil.	Pour 0 m. 02 cent. de dévelop.	0 100	0 080
	Plus-value par cent. en sus.	0 056	0 046
Riche Profil.	Pour 0 m. 02 cent. de dévelop	0 120	0 095
	Plus-value par cent. en sus.	0 067	0 054

		BOIS	
		dur.	tendre.
		fr. m.	fr. m.
COURBES.			
Simple Profil.	Pour 0 m. 02 cent. de dévelop.	0 140	0 112
	Plus-value par cent. en sus.	0 078	0 064
Riche Profil.	Pour 0 m. 02 cent. de dévelop.	0 168	0 135
	Plus-value par cent. en sus.	0 094	0 076
CHANTOURNÉES.			
Simple Profil.	Pour 0 m. 02 cent. de dévelop.	0 210	0 168
	Plus-value par cent. en sus.	0 117	0 096
Riche Profil	Pour 0 m. 02 cent. de dévelop	0 252	0 203
	Plus-value par cent. en sus.	0 141	0 114

TROISIÈME SECTION.

DES FAUX-FRAIS.

Les faux-frais relatifs à la profession de menuisier, sont :

1°. La valeur de la location de l'atelier destiné aux ouvriers, et des hangars (*et non de l'habitation de l'entrepreneur*), pour y déposer les bois et le matériel nécessaire à cette profession ;

2°. Le droit fixe de la patente d'entrepreneur de menuiserie, et le droit proportionnel à la valeur locative de cet atelier et de ces hangars ;

3°. Les frais de conservation, tels que réparations locatives et prime d'assurance contre l'incendie, des bois, du matériel et des ouvrages ;

4°. La fourniture, l'entretien et le renouvellement du matériel et des ustensiles fournis par l'entrepreneur, ainsi que les intérêts des capitaux représentant la valeur de ce matériel ;

5°. La dépense occasionnée pour le transport des ouvrages, etc., de l'atelier au bâtiment ;

6°. Les frais de mouvement des bois ;

7°. Les menus frais , tels que ports de lettres , frais de bureaux (*et non les appointements de commis*) , et autres analogues.

Le montant de toutes ces dépenses annuelles pour un atelier ordinaire , employant toute l'année 10 ouvriers , peut s'élever à 850 francs.

Maintenant si on suppose que chaque ouvrier travaille 300 journées par an , défalcation faite des dimanches et fêtes chômées , on trouvera pour le travail des 10 ouvriers réunis , un nombre total de 3,000 journées qui , à raison de 2 francs 75 centimes par jour (prix moyen entre les menuisiers de première classe et les ouvriers ordinaires), donnent pour la somme totale de la main-d'œuvre par an 8250 francs , ci . . . . 8250 fr.

Il s'en suivra donc que le chiffre des faux-frais , qui est de . . 850 fr. sera au montant de la main-d'œuvre à peu près comme un est à dix , ou le dixième de la solde des ouvriers. Ainsi les faux-frais sont donc le dixième de la dépense de la main-d'œuvre , terme auquel je les ai fixés dans les sous-détails.

Nota.—Pour les mêmes considérations que celles données pag. 7 à 14 et 153 à 156, le bénéfice de la profession de menuisier sera fixé au 10e. de la dépense totale des ouvrages.

Je m'étais proposé dans l'introduction de démontrer à chaque catégorie d'ouvrages les motifs qui m'ont déterminé à m'arrêter à la quotité d'un dixième pour le bénéfice de l'entrepreneur ; mais comme je crois avoir suffisamment exposé mes raisons pages 153 et 156 (titre de la maçonnerie) , d'autant plus que les causes des autres professions sont à peu près identiques à cette dernière , je ne tiendrai en conséquence aucun compte de cette injonction.

DEUXIÈME PARTIE.

APPLICATIONS.

- - -

PREMIÈRE SECTION.

DE L'ANALYSE OU DE L'ÉVALUATION DES TRAVAUX DE MENUISERIE.

- - -

CHAPITRE Ier.

DU CLASSEMENT ET DU MÉTRAGE DES OUVRAGES.

- - -

§ 1er. — DES OUVRAGES QUI SE COMPTENT EN LINÉAIRE.

Tous les ouvrages qui n'excéderont pas la largeur d'une planche seront comptés en linéaire, qu'ils soient assemblés ou non, avec ou sans moulures. Or, cette largeur pourra varier suivant l'échantillon du bois dans lequel ces ouvrages seront pris. Ainsi les ouvrages exécutés en ENTREVOUS, en PLANCHE, en DOUBLETTE, ou en MEMBRURE de CHÊNE ne pourront être comptés linéairement que jusqu'à 0 m. 30 de largeur, tandis que les mêmes ouvrages faits en FEUILLETS de CHÊNE ou en tous autres échantillons de sapin, ne pourront excéder 0 m. 22 ; au-dessus de ces largeurs, ils seront estimés en superficie. Il en sera de même de tous les autres échantillons et essences de bois autres que ceux désignés ci-dessus.

Ainsi seront comptés linéairement tous les objets suivants , tels que les LAMBOURDES , FOURRURES, OU BARRES BRUTES ; les TRINGLES OU CHAMPS, BARRES, TABLETTES , POTEAUX , PLINTHES , BANDEAUX à plusieurs parements ; les ALAISES , FRISES OU ÉBRASEMENTS unis ; les BATIS , HUISSERIES ; les CIMAISES OU MOULURES de toutes espèces ; les CADRES rapportés , BAGUETTES et DEMI-BAGUETTES ; les CORNICHES d'une seule pièce de tous genres . MASSIVES OU VOLANTES ; les CHAM-BRANLES , etc. , et tous ouvrages exécutés d'une seule largeur de planche , quel que soit le travail qu'ils auront subi.

De même on estimera en linéaire , les CORNICHES VOLANTES OU CHAMBRANLES embrevées en plusieurs membres ; toutefois , on établira le détail de chaque membre qu'on réunira ensuite , pour n'en former qu'un seul prix pour chaque chambranle ou corniche.

On indiquera au timbre de chaque ouvrage compté linéairement : 1°. la nature du travail , 2° l'essence du bois , 3° les dimensions de l'échantillon dans lequel il aura été pris , 4° le travail qu'il aura subi.

Les LAMBOURDES posées sous les parquets ou planchers seront timbrés par leur nom ; tous les autres ouvrages analogues , qui n'auront nécessité d'autre travail que d'être coupés de mesure , posés de niveau ou à plomb , sans être fixé au moyen de clous , seront classés dans cette catégorie d'ouvrages.

Les FOURRURES OU BARRES brutes comprennent les tringles cachées , quelquefois grossièrement ébauchées et dressées pour ajustage , entaillées et clouées.

Les TRINGLES , CHAMPS , BARRES , TABLETTES , etc. , comprennent tous les ouvrages blanchis , corroyés ou dressés à un ou plusieurs parements, ainsi que tous les autres ouvrages du même genre sans assemblages , coupés , posés isolément et cloués. On indiquera tout ouvrage supplétif , tel qu'arrondis ou moulures faites sur les rives , angles aussi arrondis ou entaillés , contre-profils pour jonction avec corniches , etc. Ce travail supplémentaire sera payé à part pour ce qu'il sera. Enfin, les moulures ou feuillures seront rejetées hors marge et seront timbrées suivant leurs noms propres, en indiquant leur espèce et leur développement.

Les ALAISES , FRISES OU ÉBRASEMENTS unis sont tous les ouvrages blanchis , corroyés ou dressés à un ou plusieurs parements, et RAINÉS , EMBREVÉS OU FEUILLÉS.

Les BATIS SIMPLES comprennent ceux à un ou plusieurs parements assemblés carrément sans feuillure.

Les BATIS DE PORTE sont ceux feuillés et assemblés carrément; ils sont à un ou plusieurs parements. Lorsqu'ils seront assemblés d'onglet, cet assemblage

sera compté à part ; ou lorsqu'ils seront élégis de double feuillure ou moulure , elles seront aussi comptées séparément. Ceux élégis d'une moulure et
assemblés d'onglet , seront timbrés CHAMBRANLES SIMPLES. On timbrera tous
ces objets bâtis jusqu'à 0 m. 055 d'épaisseur.

Les HUISSERIES commencent à 0 m. 080 d'épaisseur jusqu'à 0 m. 11 ; elles
suivent exactement les mêmes principes que les bâtis.

Les PLINTHES , STYLOBATES , BANDEAUX , etc. , comprennent tous les objets
à un ou plusieurs parements ajustés avec traînées de compas sur une rive et
posés d'onglet ; il en est de même de tous les ouvrages qui auront subi le
même travail ; ceux qui ne rempliraient pas les conditions ci-dessus , seraient
rejetés dans les tringles.

Les moulures profilées sur les rives des STYLOBATES, seront comptées séparément de ces mêmes ouvrages , en indiquant leur développement et si elles
sont riches ou simples. Si au contraire on veut les confondre avec les plinthes ou stylobates , etc., pour n'en former qu'un seul article, il faudra alors
aux prix des plinthes , etc. , présentés dans le bordereau , ajouter la plus-
value des moulures faites sur les rives.

Les MOULURES , CIMAISES et CORNICHES MASSIVES d'une pièce sont blanchies ,
corroyées ou dressées sur toutes les faces , élégies en plein bois et posées
d'onglet ; on les distingue en moulures riches et en moulures simples.

Les CADRES MOULURÉS, RAPPORTÉS sur des portes ou sur d'autres objets pour
figurer panneaux , seront distingués et comptés à part des autres moulures,
à cause de leur plus grand nombre d'assemblages d'onglet, et des feuillures
qui se trouvent élégies au-dessous pour former recouvrement sur les bâtis.
Ils se divisent également comme les autres moulures en profil simple et
en profil riche.

Les CORNICHES MASSIVES ou d'une pièce posées à l'aide de l'échelle , seront
distinguées des autres moulures semblables , à cause de la difficulté de la
pose , qui vaut le double de celle ordinaire. On ajoutera dans ce cas aux prix
des ouvrages que je donne , une plus-value y compris les faux-frais et le
bénéfice , proportionnée au double du placement.

Quant aux CORNICHES VOLANTES , chaque membre qui les compose sera
compté à part , de même que les moulures précédentes, et tous les membres
de la même corniche seront ensuite réunis ensemble pour ne former qu'un
seul prix.

Les CHAMBRANLES et CONTRE-CHAMBRANLES élégis de moulures , bien qu'assemblés à tenons et mortaises d'onglet , seront considérés et payés comme
moulures, bordures, cimaises, etc. Pour se rendre compte de cette similitude

de prix, on remarquera que si les chambranles demandent plus de façon que les moulures pour les assemblages, ils en exigent moins pour le replanissage de raccords d'angle qui ne sont pas aussi multipliés. Ainsi, la main-d'œuvre se trouve être la même pour ces deux sortes d'ouvrages.

Quant aux socles placés à leur partie inférieure, ils seront toujours comptés à part. (*Voir les ouvrages à la pièce*).

Les TRAVERSES D'IMPOSTE élégies de moulures et assemblées de quelque manière que ce soit, seront réputées chambranles ; si elles ne sont pas assemblées, elles se classeront dans les corniches.

Tous les autres ouvrages non désignés précédemment seront assimilés et comptés avec les objets les plus analogues. Si aucun des timbres énoncés ci-dessus ne se trouvait pouvoir remplir toutes les exigences voulues, ou réunir toutes les opérations qu'ils auraient subies ; ils seraient dans ce cas détaillés et comptés à part, en se conformant aux principes de la méthode adoptée dans cette catégorie du bâtiment.

Le prix des ouvrages au mètre linéaire comprend la pose (et non la fourniture) des clous, des pattes et des broches, lorsqu'ils n'auront point nécessité de percement de trous préalablement ; mais s'ils ont exigé ce travail, dans ce cas leur mise en œuvre devra être comptée à part suivant des attachements pris à cet effet ou des détails particuliers. La pose de vis sera toujours comptée séparément.

Les tenons du croisement des bois pour assemblages et autres bouts cachés, seront ajoutés à la longueur en œuvre.

§ II.—DES OUVRAGES QUI SE COMPTENT EN SUPERFICIE.

Tous les objets qui ne pourront être exécutés d'une seule largeur de planche, seront comptés superficiellement, en indiquant la nature du travail, l'essence du bois et son épaisseur ; ainsi tous les ouvrages unis, comme cloisons, tablettes, planchers en planches entières, revêtements, volets, etc., seront timbrés *ouvrages simples unis* ; on désignera s'ils sont en chêne ou en sapin, s'ils sont bruts ou blanchis, corroyés ou dressés à un ou plusieurs parements, s'ils sont rainés-montés ou rainés-collés, s'ils sont avec ou sans assemblages, s'ils sont emboîtés, etc.

Lorsque les ouvrages simples unis comporteront des barres derrière, elles seront comptées à part et en linéaire, suivant le travail auquel elles appartiendront.

Tout travail supplémentaire aux ouvrages simples unis, tels que : ANGLES arrondis , MOULURES de rives , FEUILLURES *(excepté pour* les parties emboîtées, *puisque les prix comprennent toujours des feuillures sur 3 sens)* , embrèvements entaillés , etc. , seront rejetés hors marge , dénommés et comptés selon la classe à laquelle ils seront adhérents.

Les parties angulaires pour encadrements d'onglet , seront payés séparément comme assemblages d'onglet selon leur force.

Tous les autres ouvrages d'assemblages seront également comptés au mètre superficiel ; tels que PARQUET DE GLACE , LAMBRIS de toute nature , CHASSIS VITRÉS , CROISÉES , PERSIENNES , JALOUSIES , VOLETS et tous objets composés de bâtis et panneaux ou de petits bois.

Dans les planchers en frises posés à l'anglaise , on indiquera l'essence du bois et son épaisseur , ainsi que la largeur des frises ou planches refendues.

Pour les parquets en points de Hongrie , outre les désignations énoncées ci-dessus , il faudra encore indiquer la longueur des travées.

Pour ceux en feuilles , on fera connaître les dimensions des bâtis et des panneaux , des frises ou planches refendues selon le genre du parquet.

Les lambourdes seront comptées séparément et au mètre linéaire, comme il a été dit précédemment. On pourra cependant les comprendre dans le prix du plancher ou du parquet ; dans ce cas il serait nécessaire d'ajouter au timbre que les lambourdes sont comprises dans le prix, en observant les mêmes principes qui ont été dictés dans les ouvrages au mètre linéaire.

Les planchers et parquets se mesurent géométriquement et sans usage , c'est-à-dire selon leurs dimensions effectives , et en déduisant tous les vides quelconques , tels que foyers , etc.

Pour les armoires-placards , on compte quelquefois les portes au même prix que les bâtis ; mais c'est une grave erreur que de confondre ainsi ces deux articles en un seul , surtout lorsque ce sont des portes d'assemblages. Les bâtis doivent être payés en linéaire selon leur classe , et les portes en superficie selon celle qui leur est assignée. Les feuillures ne seront pas comptées à part.

Ainsi que je l'ai dit , dans les ouvrages en linéaire , les feuillures au pourtour des portes pleines ne seront pas comptées à part de ces ouvrages ; mais elles le seront pour des volets brisés, à cause de leur plus grande multiplicité; il en sera de même de toutes les petites moulures que l'on pousserait au pourtour de ces volets.

Les CHASSIS VITRÉS sans dormants seront distingués de ceux avec dormants ; on indiquera l'essence du bois avec laquelle ils seront faits , les dimensions des bâtis et celles des dormants, s'ils sont avec ou sans moulures,

ou s'il n'en existe que sur les petits bois , s'ils sont à petits ou à grands
carreaux (*ceux à grands carreaux en comportent deux à trois par mètre*); les châssis en petits bois seront comptés en linéaire ou estimés à la pièce s'ils sont
de petites dimensions.

Les CHASSIS de COMBLE et à TABATIÈRE pourront être également comptés en
superficie.

Les CROISÉES se compteront au mètre superficiel , celles de petites dimensions seront évaluées en détail ; on indiquera leur mode de fermeture et
l'épaisseur des dormants et châssis.

Les CROISÉES sans PETITS BOIS , celles avec congés renforcés aux angles ,
celles à imposte carrée ou cintrée , ainsi que toutes celles à compartiments
multipliés ou inégaux , seront évaluées d'après des détails particuliers , et
non payées par analogie aux autres ouvrages, comme on le fait très-souvent ;
car il est matériellement impossible d'établir d'avance des bases de prix pour
des ouvrages dont l'imagination ne peut prévoir à la fois toutes les variétés
de forme , de genre et de richesse qu'on peut donner à ces objets. Ce n'est
donc que sur les ouvrages exécutés ou d'après des dessins bien arrêtés qu'on
peut estimer ces sortes de travaux à leur juste valeur.

Les PERSIENNES , de même que les croisées , seront comptées en superficie
en indiquant les dimensions des bâtis et celles des lames , si ces persiennes
sont tout en chêne , ou bâtis en chêne et lames en sapin , ou tout en sapin.
On désignera de plus celles qui seront brisées pour se replier dans les tableaux.

Les PERSIENNES CINTRÉES en élévation , de quelque manière que ce soit, offrant moins de diversité que les croisées dont il vient d'être parlé , les prix
des persiennes ordinaires pourront sans inconvénient leur être appliqués
dans plusieurs circonstances avec plus de précision et d'équité que l'on ne
pourrait le faire pour des croisées , attendu que ce genre de travail est
plus uniforme.

Lorsque ces persiennes comporteront des dormants , ils seront toujours
comptés à part , suivant les principes déterminés précédemment.

Les JALOUSIES seront aussi comptées en superficie , en désignant si elles
sont en chêne ou en sapin ; les cordons ou tirants, les poulies, les vis , etc.,
seront compris dans le prix au mètre superficiel.

Tous les ouvrages, composés de bâtis et panneaux , seront timbrés LAM-
BRIS , quel que soit d'ailleurs le travail qu'ils aient subi. Leur timbre indiquera la nature du bois , des panneaux , des bâtis et des cadres , s'il y en a ;

on désignera de plus si ces panneaux sont à glace ou à plate-bande , si ces plates-bandes sont simples , ou à moulures , leur largeur , combien il y a de panneaux par mètre, et la façon du deuxième parement, s'il est brut , à glace, arasé , à petits ou à grands cadres , ou semblable au premier parement. Pour les largeurs de bâtis , on observera les mêmes principes que les châssis dont il a été parlé ci-dessus. Les feuillures ainsi que les languettes d'embrèvements seront comptées dans les prix de ces lambris.

Les CLOISONS VITRÉES seront métrées et comptées en deux parties , prises au milieu de la traverse d'appui ; la partie haute sera considérée châssis et la partie basse timbrée lambris , chacune selon sa valeur.

Les CLOISONS avec SOUBASSEMENTS unis d'assemblages ou à cadres, barreaux ou traverses , seront, comme les cloisons vitrées, divisées en deux parties : le bas sera timbré LAMBRIS et compté en superficie , et le haut sera compté en linéaire , et considéré comme BATIS ou CHAMBRANLES à profil simple ou profil riche , suivant la nature du travail.

Les MOULURES , BORDURES , ENCADREMENTS , PLINTHES , CIMAISES , etc. , rapportés ou embrevés avec le lambris , seront toujours comptés à part et en linéaire , comme il a été expliqué ci-devant.

Les ESCALIERS pourront être comptés en superficie ou à la marche ; dans le premier cas les limons et cremaillères seront distingués et évalués séparément des marches et contre-marches , et les marches et contre-marches, limons , etc. ; seront payés pour ce qu'ils vaudront. Dans le second cas , le prix de la marche comprendra la contre-marche, les limons ou crémaillères, noyau , etc. , suivant leur lorme et l'essence du bois avec lequel ils seront construits.

Les portes charretières ou cochères , qui sont d'une très-grande variété , et susceptibles de recevoir différentes formes , qu'on ne peut déterminer à l'avance , seront mesurées , détaillées et payées suivant des détails particuliers établis d'après les principes énoncés ci-dessus et relatifs à chaque nature de travail.

---

§ 3ᵉ. — DES OUVRAGES QUI SE COMPTENT A LA PIÈCE.

Tous les objets qui n'offriront pas un rapport constant et satisfaisant de leur mesure avec leur valeur , et entre ceux de même espèce , ou qui n'auront point suffisamment d'analogie avec les ouvrages portés au bordereau , seront alors comptés à la pièce. Tels sont les SOCLES de moulures et de chambranles , ainsi que toute partie d'assemblages de petites dimensions ; tels sont aussi les tréteaux , les tiroirs , etc.

Seront également estimés à la pièce les ouvrages de main-d'œuvre particulière, tels que arrondissements d'angles de tablettes, les entailles, contreprofilées pour jonction avec corniches ou moulures , entailles circulaires pour plinthes d'escalier , celles à mi-bois pour retours de tablettes , refouillement de plinthes et cimaises pour développement de portes , etc.

En général , tout travail comportant une assez grande main-d'œuvre qui ne sera pas en rapport avec d'autres ouvrages , ou qui sera de trop petites dimensions pour être mesuré , sera compté à la pièce , suivant les mêmes principes que les évaluations développées dans cette catégorie du bâtiment.

§ 4ᵉ. – DES OUVRAGES COMPTÉS EN ARGENT.

Les ouvrages accidentels ou exceptionnels , et tous ceux pour lesquels on ne peut établir de prix moyens, seront évalués en bloc si l'on n'a point une base de comparaison quelconque suffisante , ou détaillés d'après des notes prises avec exactitude lors de leur exécution , s'il n'existe aucun terme d'identité. Sont dans cette catégorie les ouvrages tels que parties cintrées en plan ou en élévation , les châssis vitrés et lambris de forme irrégulière ou bizarre , les parties en raccord , les objets élégis de moulures exécutées à la main , tels que chapiteaux tournés , sculptés ou autrement , et en général tous les objets du même genre. Sont encore dans ce même cas les clous destinés à attacher les divers ouvrages en bois ; ils doivent être payés au poids d'après des attachements reconnus , et les prix courants lors de l'exécution des travaux , attendu qu'ils sont susceptibles d'une grande variation. Quoi qu'il en soit , on ne sera sans doute pas fâché de connaître au moins un aperçu de la valeur des clous nécessaires à la fixation des objets. Le tableau ci-après présente les prix moyens de clous nécessaires par mètre linéaire et superficiel , suivant les épaisseurs de bois jusqu'à 0 m. 050 ; au-dessus de cette épaisseur , il faut des broches ou des pattes ; ces fournitures se comptent à la pièce.

TABLEAU de la valeur des clous entrant par mètre linéaire ou superficiel pour attacher les bois de menuiserie.

1°. *Pour les ouvrages en linéaire de 0 m. 05 centim. de largeur.*

	PRIX pour 0 m. 03 de largeur.		PLUS-VALUE par cent. de largeur en sus	
	fr.	m.	fr.	m.
Sur 0 m. 015 millimètres d'épaisseur.	0	010	0	001
Sur 0 m. 02 centimètres d'épaisseur.	0	025	0	001
Sur 0 m. 03 idem.	0	040	0	001
Sur 0 m. 04 idem.	0	055	0	002
Sur 0 m. 05 idem.	0	070	0	004

2°. Pour les ouvrages en superficie.

	PRIX.	
	fr.	*c.*
De 0 m. 015 millimètres d'épaisseur, quelle que soit la largeur.	0	060
De 0 m. 002 centimètres, idem.	0	135
De 0 m. 003 idem.	0	195
De 0 m. 004 idem.	0	261
De 0 m. 005 idem.	0	330

CHAPITRE II.

DES SOUS-DÉTAILS DES OUVRAGES.

Dans les sous-détails qui vont suivre, je ne présente qu'un exemple d'analyse pour une seule épaisseur et pour une seule largeur de bois, selon les différents cas qui peuvent se rencontrer ; de manière à faire suffisamment connaître les procédés et le mécanisme de la méthode d'application ; mais dans la série de prix qui suivra ces analyses, je déterminerai la valeur des ouvrages pour les principaux échantillons de bois susceptibles d'être employés le plus communément dans la menuiserie ; je donnerai également les bases nécessaires pour obtenir les prix pour toutes les largeurs d'ouvrages possibles, ainsi que le moyen de varier ces prix sans aucun calcul ni aucune difficulté, selon les exigences des localités.

Voici comment les sous-détails sont établis :

Pour tous les ouvrages en linéaire, quels qu'ils soient, assemblés ou non en coupe, mais sans assemblages à tenons, les sous-détails ont été établis sur un mètre de longueur, en ajoutant un déchet pour les coupes selon la nature du travail, puis les faux-frais et le bénéfice.

Pour les ouvrages en linéaire, avec assemblages à tenons, tels que bâtis, huisseries, chambranles, etc., les évaluations ont été établies aussi sur un mètre, auquel on a ajouté un déchet proportionnel pour les pertes de bois ; on a compté de plus deux cinquièmes d'assemblages par mètre courant, suivant la nature du travail, puis les faux-frais et le bénéfice, comme aux ouvrages précédents.

Je n'ai pas fait de distinction pour les ouvrages en linéaire, entre les planches entières et celles refendues, bien que les premières semblent tout d'abord ne pas nécessiter de sciage droit pour refente ; mais l'aubier qui se trouve sur les rives exige presque toujours que cette opération soit faite, ou que ces défectuosités soient enlevées à la varlope sur une forte épaisseur, ce qui compense le trait de sciage.

Pour les ouvrages simples, unis en superficie, les détails ont été établis sur un mètre carré, ou sur une porte pleine pour les parties emboîtées ou barrées, puis on a opéré comme précédemment.

ÉVALUATION DE LA MENUISERIE.

§ 1ᵉʳ. — **Ouvrages au mètre linéaire** (Supposés exécutés en BOIS DE CHOIX).

ARTICLE PREMIER.

Sous-détail d'un mètre linéaire de BARRES, FOURRURES, LAMBOURDES, POTEAUX, *et généralement toutes parties brutes, isolées, coupées et posées de niveau ou à plomb.*

1   BARRES, etc., de 0 m. 013 m. d'épaisseur sur 0 m. 10 cent. de largeur.

	EN CHÊNE.		EN SAPIN.	
	fr. m.	fr. m.	fr. m,	fr. m.
Fournitures : Bois 0 m. 104 millim. superficiels, à 2 fr. 71 cent. pour le chêne et à 1 fr. 33 cent. pour le sapin. (Page 349) (1)	» »	0 282	» »	0 138
Déchet pour les coupes, 1/15.	» »	0 019	» »	0 009
Façon : Sciage droit pour refente.	0 020	» »	0 016	» »
Pose : 1 sciage de coupe droite (pour 1/2 sciage ordinaire.) (2).	0 015	» »	0 012	» »
Placement.	0 047	0 082	0 038	0 066
Faux-frais, 1/10 de la main-d'œuvre.	» »	0 008	» »	0 007
Déboursé total.	» »	0 391	» »	0 220
Bénéfice, 1/10 de la dépense.	» »	0 039	» »	0 022
Valeur d'un mètre linéaire.	» »	0 430	» »	0 242

ARTICLE DEUXIÈME.

Sous-détail d'un mètre linéaire de TRINGLES, CHAMPS, BARRES, TABLETTES, POTEAUX, *etc., blanchis, corroyés ou dressés, sur plusieurs parements, sans assemblages, coupés, posés isolément et cloués s'il est nécessaire.*

2   TRINGLES, etc., de 0 m. 013 mill. d'épais. sur 0 m. 10 c. de large, à 2 parements [1 rive et 1 face].

	EN CHÊNE.		EN SAPIN.	
Fournitures : Bois 0 m. 107 superficiels aux mêmes prix qu'au numéro précédent.	» »	0 290	» »	0 142
Déchet, 1/9 pour le chêne et 1/10 pour le sapin.	» »	0 032	» »	0 014
Façon : Sciage droit pour refente.	0 020	» »	0 016	» »
blanchissage, pour la rive et la face.	0 027	» »	0 022	» »
Pose : Comme au numéro précédent.	0 062	0 109	0 030	0 088
Faux-frais, 1/10 de la main-d'œuvre.	» »	0 011	» »	0 009
Déboursé total.	» »	0 442	» »	0 253
Bénéfice, 1/10 de la dépense.	» »	0 044	» »	0 025
Valeur d'un mètre linéaire.	» »	0 486	» »	0 278

(1) On n'ajoute ici pour la 3ᵉ. sorte de déchet que 0 m. 004 mil. sur la largeur, vu qu'il n'y a à tenir compte simplement que de la perte causée par le trait de sciage pour refente du bois, puisque ces objets ne sont pas dressés. (Page 349).

(2) On remarquera que dans certains cas il pourrait y avoir un peu plus ou un peu moins d'un demi-sciage de coupe par mètre courant, puisque cette opération varie en raison de la longueur des fourrures. Ainsi, il est évident qu'une barre de un mètre de long exigera également deux demi-sciages de coupes (comptés pour 2 sciages entiers, devant être doublés, page 354.) comme pour une barre de 3 mètres, ce qui constituera cependant une différence par mètre linéaire. Quoiqu'il en soit, les sciages de coupes, ainsi que les assemblages, tels qu'ils sont déterminés dans les détails, peuvent être considérés comme terme moyen entre les différents cas qui se présentent.

		EN CHÊNE.		EN SAPIN.	
		fr. m.	fr. m.	fr. m.	fr. m.
3	TRINGLES, etc., comme ci-dessus, mais à 3 parements [2 rives et 1 face].				
	Façon : Valeur du blanchissage du 3e parement. .	» »	0 0070	» »	0 0060
	Faux-frais, 1/10 de la main d'œuvre.	» »	0 0007	» »	0 0006
	Déboursé total. . .	» »	0 0077	» »	0 0066
	Bénéfice, 1/10 de la dépense. .	» »	0 0008	» »	0 0007
	Valeur du supplément. .	» »	0 008	» »	0 007
	Valeur des tringles à 2 parements (n° 2).	» »	0 486	» »	0 278
	Valeur d'un mètre linéaire de tringles à 3 parements.	» »	0 494	» »	0 285
4	TRINGLES, etc., comme au n° 2, mais à 4 parements.				
	Façon : Valeur du blanchissage du 1e parement. .	» »	0 0200	» »	0 0160
	Faux-frais, 1/10 de la main-d'œuvre.	» »	0 0020	» »	0 0016
	Déboursé total. . .	» »	0 0220	» »	0 0176
	Bénéfice, 1/10 de la dépense. .	» »	0 0022	» »	0 0018
	Valeur du supplément. .	» »	0 024	» »	0 019
	Valeur des tringles à 3 parements. (n.° 3). . .	» »	0 494	» »	0 285
	Valeur d'un mètre linéaire de tringles à 4 parements.	» »	0 518	» »	0 304

ARTICLE TROISIÈME.

Sous-détail d'un mètre linéaire de PLINTHES, BANDEAUX et généralement tous objets à plusieurs parements, ajustés avec traînées de compas sur une rive et posés d'onglet.

Pour obtenir la valeur des plinthes, on ajoute aux prix des tringles à plusieurs parements (n.°s 2 à 4.)
   1.° 0 m. 01 de bois pour déchet de la traînée ;
   2.° Le déchet causé par les coupes, ou 1/9 pour le chêne et 1/10 pour le sapin ;
   3.° 1 sciage droit pour refente de la traînée ;
   4.° 1 dressage de coupe droite pour ajustage des planches aux extrémités ;
   5.° Les faux-frais et le bénéfice de ces 4 articles supplétifs.

Quant aux petites coupes obliques que l'on fait aux angles rentrants et saillants, ce travail se trouve compensé par le dressage de coupe droite compté dans ce détail, et supposé exécuté tous les mètres de distance, tandis qu'il n'existe réellement que tous les 3 à 4 mètres, puisque les planches pour plinthes, bandeaux, etc., sont toujours posées à plus de 1 mètre de longueur.

		fr. m.	fr. m.	fr. m.	fr. m.
5	PLINTHES, etc., de 0 m. 013 d'épaisseur sur 0 m. 10 de largeur.				
	Fournitures : Bois 0 m. 01 superficiel pour traînée aux mêmes prix qu'au numéro 1.	» »	0 027	» »	0 013
	Déchet, 1/9 en chêne et 1/10 en sapin. .	» »	0 003	» »	0 004
	Pose : 1 sciage droit pour refente de la traînée. .	0 020	» »	0 016	» »
	1 dressage de coupe droite.	0 012	0 032	0 010	0 026
	Faux-frais, 1/10 de la main-d'œuvre.	» »	0 003	» »	0 003
	Déboursé total. . .	» »	0 065	» »	0 043
	Bénéfice, 1/10 de la dépense. .	» »	0 006	» »	0 004
	Valeur du supplément. . .	» »	0 074	» »	0 047
	Valeur des tringles ordinaires à deux parements, n° 2.	» »	0 486	» »	0 278
	Valeur d'un mètre linéaire de plinthes à 2 parements. .	» »	0 557	» »	0 325
	Valeur du 3e parement. (n.° 3). . . .	» »	0 008	» »	0 007
	Valeur d'un mètre linéaire de plinthes à 3 parements. .	» »	0 565	» »	0 332
	Valeur du 4e parement. (n° 4). . . .	» »	0 024	» »	0 019
	Valeur d'un mètre linéaire de plinthes à 4 parements. .	» »	0 589	» »	0 351

49.

ARTICLE QUATRIÈME.

ALAISES RAINÉES ET COLLÉES.

Pour trouver la valeur des alaises rainées et collées, il faut ajouter les articles suivants aux prix des tringles (numéros 2 à 4) , savoir :

1.° La fourniture de colle pour un ou deux joints, selon qu'il y aura une ou deux rives rainées;
2.° 1 joint ou 2, rainés et collés, suivant le même cas que précédemment;
3.° 1 replanissage ou 2, de champs de 0 m. 10 cent. de largeur pour affleurement;
4.° Les faux-frais et le bénéfice de ces articles supplémentaires.

On ne déterminera point la largeur des alaises, attendu qu'elle n'influe en rien sur le prix du joint; le replanissage de champ sur 0 m. 10 cent. doit être considéré comme terme moyen.

		EN CHÊNE.		EN SAPIN.	
6	ALAISES de 0 m. 013 d'épaisseur, replanies sur 1 ou 2 champs.				
		fr. m.	fr. m.	fr. m.	fr. m.
	Fournitures : Colle pour un joint.	» »	0 020	» »	0 020
	Façon 1 joint rainé et collé	0 031	» »	0 024	» »
	1 replanissage de champ de 0 m. 10 cent.	0 040	0 071	0 032	0 056
	Faux-frais, 1|10 de la main-d'œuvre.	» »	0 007	» »	0 006
	Déboursé total.	» »	0 098	» »	0 082
	Bénéfice, 1|10 de la dépense.	» »	0 040	» »	0 008
	Somme à ajouter à chaque tringle et par chaque rive rainée, pour obtenir le prix des alaises replanies d'un seul côté.	» »	0 108	» »	0 090
	Valeur du replanissage du 2ᵉ champ.	0 040	» »	0 032	» »
	Faux-frais. 1|10 de la main-d'œuvre.	0 004	» »	0 003	» »
	Déboursé total.	0 044	» »	0 035	» »
	Bénéfice, 1|10 de la dépense.	0 004	» »	0 003	» »
	Valeur du supplément..	» »	0 048	» »	0 038
	Valeur à ajouter à chaque tringle et par chaque rive rainée , pour obtenir le prix des alaises replanies sur les deux faces.	» »	0 156	» »	0 128

ARTICLE CINQUIÈME.

Sous-détails d'un mètre linéaire de BATIS *et tous objets bruts, assemblés carrément à tenons et mortaises, ou à queue d'arronde sans feuillures.*

		EN CHÊNE.		EN SAPIN.	
7	BATIS , etc. , de 0 m. 013 d'épaisseur , sur 0 m. 10 c. de largeur.				
	Fournitures : Bois 0 m. 104 superficiels à 2 fr. 71 cent. en chêne et à 1 fr. 33 cent. en sapin.	» »	0 282	» »	0 138
	Déchet pour les coupes, 1|8 en chêne et 1|9 en sapin.	» »	0 035	» »	0 015
	Façon : Sciage droit pour refente.	0 020	» »	0 016	» »
	2|5 d'assemblage ordinaire. (1).	0 044	» »	0 036	» »
	Pose : 1 sciage de coupe droite (pour 1|2 sciage).	0 015	» »	0 012	» »
	Placement.	0 047	0 126	0 038	0 102
	Faux-frais, 1|10 de la main-d'œuvre.	» »	0 013	» »	0 010
	Déboursé total.	» »	0 156	» »	0 265
	Bénéfice, 1|10 de la dépense.	» »	0 046	» »	0 026
	Valeur d'un mètre linéaire.	» »	0 502	» »	0 291

(1) On compte 2 assemblages pour 5 mètres linéaires, ou 2|5 d'assemblage pour un seul mètre courant

ARTICLE SIXIÈME.

Sous-détails d'un mètre linéaire de BATIS *et généralement tous objets blanchis, corroyés ou dressés sur plusieurs parements, assemblés carrément à tenons et mortaises, ou à queue d'arronde, sans feuillures.*

		EN CHÊNE.		EN SAPIN.	
		fr. m.	fr. m.	fr. m.	fr. m.
8	BATIS, etc., de 0 m. 013 d'épaisseur, et 0 m. 10 cent. de large à 2 parements. (1 rive et 1 face).				
	Fournitures : bois 0 m. 107 superficiels, à 2 fr. 71 cent. en chêne et à 1 fr. 33 cent. en sapin. . .	» »	0 290	» »	0 142
	Déchet pour les coupes,1┃8 en chêne et 1┃9 en sapin.	» »	0 035	» »	0 015
	Façon : Sciage droit pour refente.	0 020	» »	0 016	» »
	Blanchissage pour la rive et la face. . .	0 027	» »	0 022	» »
	2┃5 d'assemblage ordinaire.	0 044	» »	0 036	» »
	Pose : Comme au numéro précédent.	0 062		0 050	
			0 153		0 124
	Faux-frais, 1┃10 de la main-d'œuvre. . . . · . . .	» »	0 015	» »	0 012
	Déboursé total. . .	» »	0 193	» »	0 293
	Bénéfice, 1┃10 de la dépense. . .	» »	0 049	» »	0 029
	Valeur d'un mètre linéaire.	» »	0 542	» »	0 322
9	BATIS, etc., comme au numéro précédent, mais à 3 parements (2 rives et 1 face.)				
	Valeur du blanchissage du 3.⁰ parement, comme au n° 3.	» »	0 008	» »	0 007
	Valeur des bâtis à 2 parements, (n° 8).	» »	0 542	» »	0 322
	Valeur d'un mètre linéaire de bâtis à 3 parements. .	» »	0 550	» »	0 329
10	BATIS, etc., comme au n°. 7, mais à 4 parements.				
	Valeur du blanchissage du 4.⁰ parement, comme au n° 4.	» »	0 024	» »	0 019
	Valeur des bâtis à 3 parements (n.° 9). . .	» »	0 550	» »	0 329
	Valeur d'un mètre linéaire de bâtis à 4 parements. .	» »	0 574	» »	0 348

ARTICLE SEPTIÈME.

Bâtis, Huisseries, etc., comme aux articles 5 et 6, mais avec feuillures.
Pour connaître la valeur des bâtis, etc., feuillés, il faut ajouter les éléments ci-après, aux prix des bâtis non feuillés (n° 7 à 10), savoir :

1°. La feuillure replanie, selon son élégissement;
2°. Les faux-frais et le bénéfice du prix de cette feuillure.

		fr. m.			
11	Feuillure faible de 0 m. 01 de profondeur sur 0 m. 01 de largeur.				
	Façon : Elégissement d'une rainure à bois de fil, pour feuillure faible.	0 0080	» »	0 0060	» »
	Replanissage de feuillure sur 0 m. 02 de dével.	0 0080	0 0060	0 0080	0 0140
	Faux-frais, 1┃10 de la main-d'œuvre. .	» »	0 0016	» »	0 0044
	Déboursé total.	» »	0 0176	» »	0 0164
	Bénéfice, 1┃10 de la dépense,	» »	0 0018	» »	0 0015
	Somme à ajouter aux bâtis non feuillés, pour obtenir la valeur des bâtis avec feuillures faibles de 0 m. 01 cent. de profondeur sur 0 m. 01 cent. de largeur.	» »	0 019	» »	0 047

12	Feuillure forte de 0 m. 02 de profondeur , sur 0 m. 03 de largeur.	EN CHÊNE.		EN SAPIN.	
		fr. m.	fr. m.	fr. m.	fr. m.
	Façon. Feuillure replanie.	» »	0 050	» »	0 039
	Faux-frais , 1/10 de la main-d'œuvre.	» »	0 005	» »	0 004
	Déboursé total.	» »	0 055	» »	0 043
	Bénéfice , 1/10 de la dépense.	» »	0 005	» »	0 004
	Somme à ajouter aux bâtis non feuillés , pour obtenir la valeur des bâtis avec feuillures fortes , de 0 m. 02 de profondeur sur 0 m. 03 de largeur.	» »	0 060	» »	0 047

ARTICLE HUITIÈME.

Sous-détails d'un mètre linéaire des MOULURES , CIMAISES , BORDURES , CORNICHES , BASES , CHAMBRANLES *à moulures et tous objets blanchis, corroyés ou dressés sur les quatre faces, élégis de moulures et posés en coupe d'onglet jusqu'à un demi-assemblage par mètre courant ; ceux en plus seront estimés à part, ou timbrés cadres moulurés si les coupes d'onglet sont plus multipliées.*

13	MOULURES de 0 m. 013 d'épaisseur et 0 m. 10 de largeur. Profil simple.				
	Fournitures. Bois 0 m. 107 superficiels , aux mêmes prix qu'au n° 1.	» »	0 290	» »	0 142
	Déchet pour les coupes, 1/8 chêue, 1/9 sapin.	» »	0 036	» »	0 016
Façon.	Sciage droit pour refente.	0 020	» »	0 016	» »
	Blanchissage des quatre faces.	0 054	» »	0 044	» »
	Moulures simples replanies , les 7/10 de la largeur du bois environ , ou 0 m. 07 de développement en moyenne.	0 150	» »	0 122	» »
	2 replanissages de rives , de 0 m. 013.	0 016	» »	0 016	» »
	2 replanissages de champs de 0 m. 03.	0 024	» »	0 022	» »
Pose.	1/2 assemblage de coupe.	0 018	» »	0 015	» »
	Placement (1).	0 047	» »	0 038	» »
	0 m. 50 de replanissage de raccords d'angle , pour affleurement.	0 025	0 354	0 020	0 293
Faux-frais.	1/10 de la main-d'œuvre.	» »	0 035	» »	0 029
	Déboursé total.	» »	0 715	» »	0 480
	Bénéfice , 1/10 de la dépense.	» »	0 071	» »	0 048
	Valeur d'un mètre linéaire.	» »	0 786	» »	0 528

(1) Lorsque les moulures seront posées au plafond ou ailleurs, et qu'on devra employer le secours de l'échelle , il faudra alors doubler le prix du placement.

44 MOULURES comme ci-dessus , mais en riche profil.	EN CHÊNE.		EN SAPIN.	
	fr. m.	fr. m.	fr. m.	fr. m.
Fournitures. Bois et déchet comme au numéro précédent.	» »	0 326	» »	0 158
Façon. Sciage droit et blanchissage comme au n° précéd.	0 074	» »	0 060	» »
Moulures riches replanies, les 8/10 de la largeur du bois environ , ou 0 m. 08 de développ.	0 210	» »	0 174	» »
2 replanissages de rives , de 0 m. 013.	0 016	» »	0 016	» »
2 replanissages de champs de 0 m. 02.	0 016	» »	0 016	» »
Pose. Assemblage et placement comme au n° préc.	0 065	» »	0 053	» »
0 m. 50 de replanissage de raccords d'angle , pour ragréage.	0 034	0 445	0 029	0 345
Faux-frais. 1/10 de la main-d'œuvre.	» »	0 044	» »	0 034
Déboursé total.	» »	0 782	» »	0 537
Bénéfice , 1/10 de la dépense.	» »	0 078	» »	0 054
Valeur d'un mètre linéaire.	» »	0 860	» »	0 594

ARTICLE NEUVIÈME.

Sous-détails d'un mètre linéaire de CADRES MOULURÉS, *rapportés sur portes , lambris , etc.,
figurant cadres embrevés , avec feuillure au-dessous pour recouvrement sur bâtis.*

Pour déterminer le prix des cadres moulurés , il faut opérer ainsi qu'il suit :

1o. On prend le 1/10 du bois des moulures , pour compenser le déchet occasionné par les coupes qui sont plus multipliées pour ces sortes d'ouvrages que pour les moulures précédentes;

2o. On ajoute une rainure selon sa force ;

2o. Un assemblage de coupe par mètre courant , en sus du 1/2 assemblage déjà compté;

4o. Le replanissage de raccords d'angle de ces moulures pour affleurement ;

5o. Les faux-frais et le bénéfice , suivant les mêmes principes que précédemment ;

6o. Et on ajoute ensuite à ce total celui des moulures correspondantes , et l'on obtient ainsi le prix des cadres moulurés.

45 CADRES MOULURÉS de 0 m. 013 d'épaisseur et 0 m. 40 de largeur. Profil simple.				
1/10 du bois compris déchet.	» »	0 033	» »	0 016
Rainure de 0 m. 015 d'épais. , pour feuillure en-dessous.	0 008	» »	0 006	» »
1 assemblage de coupe.	0 037	» »	0 030	» »
1 m. 00 de replanissage de moul. simple pour racc. d'angle.	0 050	0 095	0 040	0 076
Faux-frais, 1/10 de la main-d'œuvre.	» »	0 009	» »	0 008
Déboursé total.	» »	0 137	» »	0 100
Bénéfice , 1/10 de la dépense.	» »	0 044	» »	0 040
Valeur du supplément.	» »	0 151	» »	0 110
Valeur des moulures (n° 13).	» »	0 786	» »	0 528
Valeur d'un mètre de cadres moulurés.	» »	0 937	» »	0 638

	EN CHÊNE		EN SAPIN	
	fr. m.	fr. m.	fr. m.	fr. m.
16 **CADRES MOULURÉS** de 0 m. 013 d'épaisseur et 0 m. 10 de largeur , en riche profil.				
1/10 du bois compris déchet , comme au n° précédent.	» »	0 033	» »	0 016
Rainure et assemblage. idem.	0 045	» »	0 036	» »
1 m. 00 de replanissage de moul. riche, pour racc. d'angle.	0 068	0 113	0 054	0 090
Faux-frais , 1/10 de la main-d'œuvre.	» »	0 011	» »	0 009
Déboursé total.	» »	0 157	» »	0 115
Bénéfice , 1/10 de la dépense,	» »	0 016	» »	0 011
Valeur du supplément.	» »	0 173	» »	0 126
Valeur des moulures ordinaires (n° 14).	» »	0 860	» »	0 591
Valeur d'un mètre de cadres moulurés.	» »	1 033	» »	0 717

§ 2e. — Ouvrages au mètre superficiel.

ARTICLE PREMIER.

Sous-détails d'un mètre superficiel de bois unis pour cloisons , revêtements , planchers en planches entières , tablettes , portes pleines , etc. (1).

	EN CHÊNE		EN SAPIN	
17 **BOIS UNIS** de 0 m. 013 d'épaisseur , bruts , coupés de mesure , non dressés et posés jointifs , sans être affleurés ni replanis.				
Fournitures. Bois, 1,00 superf. , au même prix qu'au n° 1.	» »	2 710	» »	1 330
Déchet pour les coupes 1/10 chêne 1/11 sapin.	» »	0 271	» »	0 121
Pose. 2 m. 00 de sciage à travers bois.	0 080	» »	0 064	» »
Placement , 1 m. 00 superficiel.	0 300	0 380	0 240	0 304
Faux-frais , 1/10 de la main-d'œuvre.	» »	0 038	» »	0 030
Déboursé total.	» »	3 399	» »	1 785
Bénéfice , 1/10 de la dépense,	» »	0 340	» »	0 178
Valeur d'un mètre superficiel.	» »	3 739	» »	1 963
18 Bois unis de 0 m. 013 d'épaisseur , bruts , dressés sur les rives , coupés de mesure et posés jointifs , sans être affleurés ni replanis.				
Fournitures : bois 1 m. 03 superficiels, à 2 fr. 71 en chêne et 1 fr. 33 en sapin.	» »	2 791	» »	1 370
Déchet pour les coupes , 1/10 en chêne et 1/11 en sapin.	» »	0 279	» »	0 125
Façon : 10 m. 00 de dressage de rives de 0 m. 013 d'épais.	0 070	» »	0 060	» »
Pose : Comme au numéro précédent.	0 380	0 450	0 304	0 364
Faux-frais, 1/10 de la main-d'œuvre.	» »	0 045	» »	0 036
Déboursé total.	» »	3 565	» »	1 895
Bénéfice, 1/10 de la dépense.	» »	0 356	» »	0 189
Valeur d'un mètre superficiel.	» »	3 921	» »	2 084

(1) La fourniture de pointes ou de clous n'est point comprise dans le prix de ces ouvrages ; mais si on veut le savoir approximativement , on peut consulter le tableau page 378,

	EN CHÊNE.		EN SAPIN.	
	fr. m.	fr. m.	fr. m.	fr. m.
19 Bois unis de 0 m. 013 d'épaisseur , bruts , rainés et montés , non collés, et coupés de mesure , sans être affleurés ni replanis.				
Fournitures : bois 1 m. 07 superficiels, à 2 fr. 71 en chêne et 1 fr. 33 en sapin.	» »	2 900	» »	1 423
Déchet pour les coupes, 1{10 en chêne, 1{11 en sapin.	» »	0 290	» »	0 129
Façon : 5 m. 00 de joints, rainés et montés de 0 m. 013 d'épaisseur.	0 115	» »	0 090	» »
Pose : Comme au numéro 17.	0 380	0 495	0 304	0 394
Faux-frais, 1{10 de la main-d'œuvre.	» »	0 049	» »	0 039
Déboursé total.	» »	3 734	» »	1 985
Bénéfice, 1{10 de la dépense.	» »	0 373	» »	0 198
Valeur d'un mètre superficiel.	» »	4 107	» »	2 183
20 Bois unis de 0 m. 013 d'épaisseur , bruts , rainés , collés et coupés de mesure, sans être affleurés ni replanis.				
Fournitures : bois et déchet comme au n° précédent.	» »	3 190	» »	1 552
Colle, 5 m. 00 de joints de 0 m. 013 d'épaisseur.	» »	0 100	» »	0 100
Façon : 5 m. de joints rainés , collés.	0 155	» »	0 120	» »
Pose : Comme au numéro 17.	0 380	0 535	0 304	0 424
Faux-frais, 1{10 de la main-d'œuvre.	» »	0 053	» »	0 042
Déboursé total.	» »	3 878	» »	2 118
Bénéfice, 1{10 de la dépense.	» »	0 388	» »	0 212
Valeur d'un mètre superficiel.	» »	4 266	» »	2 330
21 Blanchissage d'un mètre superficiel de bois unis.				
Façon d'un parement , blanchissage, 5 planches ou 5 faces de 1 mètre de longueur sur 0 m. 20 c. de largeur en moyenne.	» »	0 200	» »	0 180
Faux-frais, 1{10 de la main-d'œuvre.	» »	0 020	» »	0 018
Déboursé total.	» »	0 220	» »	0 198
Bénéfice, 1{10 de la dépense.	» »	0 022	» »	0 020
Valeur à ajouter aux numéros 17 à 20 , pour obtenir la valeur d'un mètre superficiel de bois unis, avec un parement blanchi sans être affleuré ni replani (1).	» »	0 242	» »	0 218
22 Affleurage d'un mètre superficiel de bois unis.				
Façon d'un parement, aplanissage 0 m. 50 superficiel de surface unie.	» »	0 075	» »	0 060
Faux-frais, 1{10 de la main-d'œuvre.	» »	0 007	» »	0 006
Déboursé total.	» »	0 082	» »	0 066
Bénéfice, 1{10 de la dépense.	» »	0 008	» »	0 007
Valeur à ajouter aux numéros 17 à 20 , pour obtenir la valeur d'un mètre superficiel de bois unis, avec un parement affleuré ou aplani (1).	» »	0 090	» »	0 073

(1) Pour obtenir la valeur de ces mêmes ouvrages , mais à deux parements ; il faudra ajouter deux fois cette somme.

23	Replanissage d'un mètre superficiel de bois unis.	EN CHÊNE.		EN SAPIN.	
		fr. m.	fr. m.	fr. m.	fr. m.
	Façon d'un parement : 1 m. 00 superficiel de replanissage de surface unie.	» »	0 300	» »	0 240
	Faux-frais, 1|10 de la main-d'œuvre. . .	» »	0 030	» »	0 024
	Déboursé total. . .	» »	0 330	» »	0 264
	Bénéfice, 1|10 de la dépense. . .	» »	0 033	» »	0 026
	Valeur à ajouter aux numéros 17 à 20, pour obtenir la valeur d'un mètre superficiel de bois unis, avec un parement replani (1).	» »	0 363	» »	0 290

ARTICLE DEUXIÈME.

Sous-détails d'un mètre superficiel de planchers.

24	Planchers à frises à l'anglaise, de 0 m. 013 d'épaisseur sur 0 m. 10 à 0 m. 11 de large (ceux en planches entières seront considérés bois unis) ; posés sur poutrelles ou lambourdes, assemblés à rainures et languettes (2).				
	Fournitures : Bois 1 m. 14 superficiels, compris sciage, dressage et languettes, à 2 fr. 71 c. en chêne et 1 fr. 33 c. en sapin. (3). . .	» »	3 089	» »	1 516
	Déchet pour les coupes, 1|10 en chêne et 1|11 en sapin	» »	0 309	» »	0 138
	Façon : Sciage droit pour refente des planches, 5 m. 00 linéaires.	0 100	» »	0 080	» »
	Blanchissage, 10 planches ou 10 faces de 1 m. 00 de long sur 0 m. 10 de largeur moyenne.	0 200	» »	0 180	» »
	Elégissement : 10 rainures de 0 m. 013 d'épaisseur (4).	0 080	» »	0 060	» »
	10 languettes de 0 m. 013 d'épaisseur.	0 080	» »	0 060	» »
	Pose : Sciage à travers bois, 2 m. 00 de long. .	0 080	» »	0 064	» »
	Placement ou pose du plancher et piquage des clous, 10 planches ou 10 faces de 1 m. de long sur 0 m. 10 de large. . . .	0 470	1 010	0 380	0 824
	Faux-frais, 1|10 de la main-d'œuvre.	» »	0 101	» »	0 082
	Déboursé total. . .	» »	4 509	» »	2 560
	Bénéfice, 1|10 de la dépense. .	» »	0 451	» »	0 256
	Valeur d'un mètre superficiel. . .	» »	4 960	» »	2 816

(1) Pour obtenir la valeur de ces mêmes ouvrages, mais à 2 parements, il faudra ajouter deux fois cette somme.

(2) On ne fait jamais de planchers ni de parquets de 0 m. 013 à 0 m. 015 d'épaisseur; mais comme il n'est pas impossible qu'on en fasse de cette force, le sous-détail ci-dessus est établi sur cet échantillon, qui servira de terme de comparaison, pour le prix des autres épaisseurs que je donnerai dans le bordereau.

(3) J'ai compté 10 joints par mètre superficiel à 0 m. 014 par chacun, dont 0 m. 007 de languettes, et 0 m. 007 pour refente, répartie ainsi : 0 m. 004 pour le trait de scie et 0 m. 003 pour le dressage.

(4) Il n'y a pas de montage à compter, puisque ce travail n'est pas fait séparément. Il n'y a qu'un placement qui comprend à la fois la pose des planchers et le montage des joint rainés.

La pose des pointes ou clous est comprise dans le prix de détail; mais la fourniture de ces mêmes pointes forme un article à part dépendant de la serrurerie. Cependant si l'on veut le savoir approximativement, on peut consulter le tableau, page 278.

25	Affleurage ou aplanissage d'un mètre superficiel de planchers.	EN CHÊNE.		EN SAPIN.	
		fr., m.	fr. m.	fr. m,	fr. m.
Façon :	10 champs de 10 cent. de large sur 1 m. de long ou 1 m. superficiel.	» »	0 150	» »	0 120
Faux-frais, 1|10 de la main-d'œuvre.		» »	0 015	» »	0 012
	Déboursé total.	» »	0 165	» »	0 132
	Bénéfice, 1|10 de la dépense.	» »	0 016	» »	0 013
	Valeur d'un mètre superficiel.	» »	0 181	» »	0 145

ARTICLE TROISIÈME.
CHASSIS ET CROISÉES.

1° Châssis vitrés et parties hautes de portes, et cloisons vitrées, élégis de moulures (1).

26. *Sous-détails d'un châssis, etc., de 2 mètres de hauteur sur 1 m. de largeur, ou 2 mètres superficiels; ayant 6 carreaux ou 3 par mètre carré. En bois de 0 m. 027 d'épaisseur, les bâtis de 0 m. 10 de largeur.*

Fournitures :

2 battans de bâtis de $2^m.00 = 4^m.00$ }
2 travers idem de $1^m.00 = 2^m.00$ } $6^m.00 \times 0,10 = 0,600.$
Montans de petits bois ens^e. $= 2^m.00$ }
2 traverses id. de $1^m.00 = 2^m.00$ } $4^m.00 \times 0,132 = 0,128$

	EN CHÊNE		EN SAPIN	
A 4 f. 39 pour le chêne, et à 2 f. 00 pour le sapin. 0,728	» »	3 196	» »	1 456
Déchet 1|8 en chêne, et 1|9 en sapin.	» »	0 399	» »	0 162
Façon :				
Sciage droit pour refente ; 6 m. 00 linéaires de battants de 0 m. 027 d'épaisseur.	0 276	» »	0 216	» »
Sciage droit pour refente : 4 m. 00 linéaires de petits bois de 0 m. 027 d'épaisseur.	0 184	» »	0 144	» »
Sciage de coupes droites, 8 coupes de 0 m. 10 de largeur, sur 0 m. 027 pour le bâtis.	0 160	» »	0 128	» »
Sciage de coupes droites, 14 coupes de 0 m. 03 de largeur, sur 0 m. 027 pour les petits-bois.	0 182	» »	0 126	» »
Blanchissage des bâtis sur les 4 côtés, 12 m. 00 de faces, de 0 m. 10 sur 0 m. 027 millimètres.	0 768	» »	0 612	» »
12 m. 00 de rives sur 0 m. 027 d'ép.	0 216	» »	0 168	» »
Blanchissage des petits bois sur les 4 côtés, 8 m. 00 de rives de 0 m. 03 de larg.	0 144	» »	0 112	» »
8 m. 00 de rives de 0 m. 027 d'épaiss.	0 144	» »	0 112	» »
4 Assemblages ord. pour les bâtis, de 0 m. 10 sur 0 m. 027.	0 660	» »	0 528	» »
6 assemblages ordinaires pour traverses et montants de petits bois, de 0 m. 03 sur 0 m. 027.	0 360	» »	0 288	» »
4 assemblages à mi-bois pour les montans d'idem de 0 m. 03 sur 0 m. 027.	0 160	» »	0 128	» »
Pour feuillures à verre des bâtis, 6 m. 00 de rainures à bois de fil.	0 048	» »	0 036	» »
idem. des petits bois, 8 m. 00 de rainures à bois de fil.	0 064	» »	0 048	» »
A reporter.	3 366	3 595	2 646	1 618

(1) On entend par châssis toute partie de menuiserie fixe, sans dormants, rejets d'eau, ni battants de milieu, destinée à recevoir des carreaux de vitres pour éclairer les appartements.

	EN CHÊNE.		EN SAPIN.	
	fr. m.	fr. m.	fr. m.	fr. m.
Report. ...	3 366	3 595	2 646	1 618
6 m. 00 de moulures simples replanies de 0 m. 02 de développement pour bâtis.	0 240	» »	0 192	» »
8 m. 00 idem. pour petits bois,	0 320	» »	0 256	» »
12 m. 00 de replanissage de moulures simples de 0 m. 02 de dével. pour raccords des 24 angles. - - -	0 120	» »	0 096	» »
12 m. de replanis. pour 2 faces du bâtis de 0 m. 10 de larg.	0 480	» »	0 384	» »
6 m. de replanissage de champs intérieurs de 0 m. 027 de dével. pour bâtis. - - - - - - - - - - -	0 072	» »	0 066	» »
12 m. 00 d'idem pour les trois champs des petits bois de 0 m. 027 d'épais. - - - - - - - - -	0 144	» »	0 132	» »
18 m. 00 de dressage pour rainures extérieures de 0 m. 01.	0 126	» »	0 108	» »
Pose : Placement de 2 m. superficiels de 0 m. 027 d'épais.	0 676	5 544	0 540	4 420
Faux-frais, 1|10 de la main-d'œuvre.	» »	0 554	» »	0 442
Déboursé total. ...	» »	9 693	» »	6 480
Bénéfice, 1|10 de la dépense.	» »	0 969	» »	0 648
Valeur de 2 m. superficiels.	» »	10 662	» »	7 128
Valeur d'un seul mètre.	» »	5 331	» »	3 564

2º. Des croisées en chêne.

27. Pour l'évaluation des croisées on observera les mêmes principes que pour les châssis. Du reste, les prix de chaque genre seront déterminés au bordereau ; leur estimation est établie d'après les bases ci-dessus.

ARTICLE QUATRIÈME.
PERSIENNES (1).

28. *Sous-détail d'une persienne à 2 vantaux de 2 m. 20 de hauteur sur 1 m. 30 de largeur, ou 2 m. 86 superficiels ; les bâtis de 0 m. 027 d'épaisseur, les autres bois ainsi que ces derniers, suivant les dimensions énoncées ci-après.*

Fournitures.	TOUT EN CHÊNE.				BÂTIS EN CHÊNE, LAMES EN SAPIN.				TOUT EN SAPIN.			
	fr.	m.	fr.	m.	fr.	m.	fr.	m.	fr.	m.	fr.	m.
4 battans de 2 m. 20 === 8,80 x 0,08 === 0,704												
6 traverses hautes et basses de 0 m. 65 == 3,90x0,12 == 0,468												
À 4 fr. 39 en chêne et à 2 fr. 00 en sapin 1,172	»	»	5	145	»	»	5	145	»	»	2	344
Déchet 1|8 en chêne et 1|9 en sapin.	»	»	0	643	»	»	0	643	»	»	0	260
Lames de 0 m. 011 à 0 m. 013 d'épaisseur.	»	»	»	»	»	»	»	»	»	»	»	»
50 lames de 0 53 == 26,50x0,05 == 1,325												
à 2 fr. 71 en chêne et 1 fr. 33 en sapin.	»	»	3	591	»	»	1	762	»	»	1	762
Déchet 1|8 en chêne et 1|9 en sapin.	»	»	0	449	»	»	0	196	»	»	0	196
Façon :												
Sciage droit du bâtis 8 m. 30 de 0 m. 027.	0	382	»	»	0	382	»	»	0	299	»	»
idem des lames 26 m. 50 de 0 m. 013.	0	530	»	»	0	424	»	»	0	424	»	»
Sciage de coupes droites du bâtis 20 de 0 m. 10 sur 0 m. 027 mil.	0	400	»	»	0	400	»	»	0	320	»	»
idem des lames 100 de 0 m. 05 sur 0 m. 013	1	000	»	»	0	700	»	»	0	700	»	»
Blanchissage du bâtis : 17 m. 60 de faces de 0 m. 08 sur 0 m. 027.	0	845	»	»	0	845	»	»	0	686	»	»
idem 17 m. 60 de rives de 0 m. 027.	0	317	»	»	0	317	»	»	0	246	»	»
idem des traverses 7 m. 80 de faces de 0 m. 12 sur 0 m. 27.	0	624	»	»	0	624	»	»	0	491	»	»
A reporter. ...	4	008	9	828	3	692	7	740	3	166	4	562

(1) Les détails des persiennes ci-dessus ne comprennent pas de dormants ; lorsqu'il y en aura, ils seront comptés à part selon leur force, leur genre et la nature du bois. Ces dormants ne devront jamais faire partie du prix des persiennes.

	TOUT EN CHÊNE.		BATIS EN CHÊNE LAMES EN SAPIN.		TOUT EN SAPIN.	
Report.	4 098	9 828	3 692	7 746	3 166	4 562
Blanchissage du bâtis : 7 m. 80 de rives de 0 m. 027	0 140	» »	0 140	» »	0 109	» »
idem des lames 53 m. 00 de faces de 0 m. 05 sur 0 m. 013.	0 530	» »	0 318	» »	0 318	» »
idem 53 m. 00 de rives obliques de 0 m. 013.	0 583	» »	0 530	» »	0 530	» »
12 assemblages ordinaires de 0 m. 12 sur 0 m. 027. (trav.)	2 340	» »	2 340	» »	1 872	» »
4 m. de dressage de rives obliques sur 0 m. 04 pour les 8 pentes des traverses.	0 144	» »	0 144	» »	0 120	» »
100 entailles de 0 m. 04 doublé, ou 8 m. 00 de rainures de 0 m. 013 à bois de travers pour lames.	0 192	» »	0 192	» »	0 152	» »
100 trous faibles pour les tourillons de 0 m. 020 m. de profondeur.	0 500	» »	0 500	» »	0 400	» »
20 m. 20 de replanissage des champs du bâtis de 0 m. 027.	0 242	» »	0 242	» »	0 222	» »
4 m. 00 id. de 0 m. 04 pour les pentes des traverses.	0 064	» »	0 064	» »	0 056	» »
17 m. 60 de replanissages de faces du bâtis de 0 m. 08.	0 563	» »	0 563	» »	0 458	» »
7 m. 80 idem. de traverses de 0 m. 12.	0 374	» »	0 374	» »	0 296	» »
53 m. idem. des lames de 0 m. 05.	1 060	» »	0 901	» »	0 901	» »
Montage des 50 lames, estimé pour 0 m. 50 de montage de joints ou pour 25 m. 00 de 0 m. 01.	0 175	» »	0 175	» »	0 150	» »
7 m. 00 de congés ou rainures de 0 m. 015 sur les rives extérieures du bâtis.	0 056	» »	0 056	» »	0 042	» »
4 m. 40 de rainures de 0 m. 015 pour la feuillure des battants du milieu.	0 035	» »	0 035	» »	0 026	» »
Baguette ou élégissements à l'extérieur des mêmes battants comme ci-dessus.	0 035	» »	0 035	» »	0 026	» »
53 m. 00 de congés ou rainures sur les rives des lames.	0 424	» »	0 318	» »	0 318	» »
Replanissage des rainures ci-dessus, des battants ensemble 15 m. 80 de 0 m. 03 de développement.	0 190	» »	0 190	» »	0 174	» »
Idem des rives des lames 53 m. 00 de 0 m. 02.	0 424	» »	0 424	» »	0 424	» »
POSE : Placement de 2 m. 86 superficiels de 0 m. 02 de développement.	0 967		0 967		0 772	
		13 136		12 200		10 832
Faux-frais, 1/10 de la main-d'œuvre.	»	1 314	»	1 220	»	1 053
Déboursé total.	»	24 278	»	21 166	»	16 147
Bénéfice, 1/10 de la dépense.	»	2 428	»	2 117	»	1 615
Valeur de 2 m. 86 superficiels.	»	26 706	»	23 283	»	17 762
Valeur d'un seul mètre non compris les dormants.	»	9 337	»	8 141	»	6 210

ARTICLE CINQUIÈME.

LAMBRIS, PORTES ET AUTRES OBJETS D'ASSEMBLAGES, COMPOSÉS DE BATIS ET PANNEAUX.

29. *Sous-détails de 10 mètres superficiels de lambris à glace, arasés ou à table saillante, à un seul parement vu, bruts au double (à un panneau par mètre) ; les bâtis de 0 m. 027 d'épaisseur, les panneaux de 0 m. 013.*

ÉLÉMENTS :

1°. — DÉTAIL DES BATIS.

	EN CHÊNE.		EN SAPIN.	
Fournitures : bois, battants, montants et traverses, ensemble 31 m. 00 sur 0 m. 107 de largeur prod. 3 m. 317 superficiels à 4 fr. 39 en chêne et à 2 fr. 00 en sapin	» »	14 562	» »	6 634
Déchet pour les coupes 1/10 en chêne et 1/11 en sapin.	» »	1 456	» »	0 603
FAÇON : Sciage droit, 31 m. 00 linéaires de 00 m. 027 d'épaisseur comptés pour 0 m. 03.	1 426	» »	1 116	» »
Blanchissage sur 1 face, 31 m. 00 linéaires de 0 m. 10 sur 0 m. 03.	1 984	» »	1 581	» »
À reporter.	3 410	16 018	2 697	7 237

	EN CHENE.		EN SAPIN.	
	fr. m.	fr. m.	fr. m.	fr. m.
Report. . . .	3 410	16 018	2 697	7 237
Idem sur les deux rives , 62 m. 00 linéaires de 0 m. 03.	1 116	» »	0 868	» »
26 assemblages ord. de 0 m. 10 sur 0 m. 03.	4 290	» »	3 432	» »
Embrèvements montés , 40 m. 00 lin. de 0 m. 03 d'épaisseur (panneaux).	1 480	» »	1 200	» »
31 m. 00 linéaires de replanissage de champs de 00 m. 10 de largeur.	1 240	» »	0 992	» »
62 m. 00 linéaires de replanissage de rives de 0ᵐ. 03 d'ép.	0 744	» »	0 682	» »
44 m. 00 id. de redressage de rives isolées au pourtour de 0 m. 03 (a été compté double à cause de l'affleurage des tenons).	0 264	» »	0 220	» »
22 m. 00 de feuillures replanies au pourtour, supposées de 0 m. 02 sur 0 m. 02.	0 858	» »	0 660	» »
Pose : 22 m. 00 de montage d'embrèvements de 0 m. 03.	0 418	» »	0 330	» »
Placement de 10 m. 00 superficiels de 0 m. 03.	3 380		2 700	
		17 200		13 781
Faux-frais 1|10 de la main-d'œuvre.	» »	1 720	» »	1 378
Déboursé total.	» »	34 938	» »	22 396
Bénéfice; 1|10 de la dépense.	» »	3 494	» »	2 240
Valeur de bâtis pour 10 m. superficiels de lambris.	» »	38 432	» »	24 636
Valeur pour un seul mètre.	» »	3 843	» »	2 464

2° — DÉTAIL DES PANNEAUX.

Fournitures :

	EN CHENE.		EN SAPIN.	
Bois, panneaux compris les joints, 7 m. 600 superficiels à 2 fr. 71 en chêne et à 1 fr. 33 c. en sapin.	» »	20 596	» »	10 108
Déchet pour les coupes, 1|10 en chêne, 1|11 en sapin.	» »	2 060	» »	0 919
Colle pour les 24 joints, ou 25 m. 00 linéaires de 0 m. 013 d'épaisseur, ou 0 m. 01.	» »	0 500	» »	0 500
Façon :				
Sciage droit, 10 , 00 lin. de 0 m. 01 d'épaisseur.	0 200	» »	0 160	» »
Blanchissage sur une face, 35 m. 00 linéaire de 0 m. 22 réduit sur 0 m. 01.	1 540	» »	1 400	» »
Blanchissage sur 2 rives, 70 m. 00 linéaire de 0 m. 01.	0 490	» »	0 420	» »
25 m. 00 linéaires de joints rainés, collés de 0 m. 01.	0 775	» »	0 600	» »
15 m. 00 linéaire de sciage à travers bois, de 0 m. 01 pour équarrir les panneaux.	0 600	» »	480 0	» »
15 m. 00 linéaires de redressage de rives isolées à travers bois , de 0 m. 01.	0 180	» »	0 180	» »
7 m. 50 superficiels de replanissage de surface unie.	2 250		1 800	
		6 035		5 040
Faux-frais, 1|10 de la main-d'œuvre,	» »	0 603	» »	0 504
Déboursé total,	» »	29 794	» »	17 071
Bénéfice, 1|10 de la dépense ,	» »	2 979	» »	1 707
Valeur de panneaux pour 10 mètres superficiels de lambris.	» »	32 773	» »	18 778
Valeur pour un seul mètre ,	» »	3 277	» »	1 878

APPLICATION.

	Tout en chêne.	Bâtis en chêne, panneaux en sapin.	Tout en sapin.
Valeur d'un mètre superficiel de bâtis comme ci-dessus.	3 843	3 843	2 464
Valeur d'un mètre superficiel de panneaux.	3 277	1 878	1 878
Valeur d'un mètre superficiel de lambris, comme il est dit plus haut.	7 120	5 721	4 342

ARTICLE SIXIÈME.

ESCALIERS.

30 *Sous-détail d'une échelle de meunier , sans contre-marches, avec limons et marches de
0 m. 20 de largeur , les limons de 3 m. 30 de longueur sur 0 m. 033 d'épaisseur, marches
de 0 m. 50 d'emmarchement entaillées, sur 0 m. 0 37 d'épaisseur , la rive inférieure
arrondie ou chanfreinée (1).*

ÉLÉMENTS.

1°.— DÉTAIL DES 10 MARCHES DONNANT ENSEMBLE 1 M⟨ᵗᵉ⟩ 10 SUPERFICIELS.

	EN CHÊNE.		EN SAPIN.	
	fr. m.	fr. m.	fr. m.	fr. m.
Fournitures :				
Bois, 10 marches de 0 m. 53 sur 0 m. 207 , 1 m. 096 superficiels, à 4 fr. 39 en chêne et à 2 fr. 00 en sapin , .	» »	4 816	» »	2 194
Déchet pour les coupes, 1ǀ9 en chêne et 1ǀ10 en sapin ,	» »	0 535	» »	0 219
clous ,	» »	0 700	» »	0 700
Façon :				
Sciage droit pour refente , 5 m. 30 linéaires de 0 m. 027 d'épaisseur ,	0 244	» »	0 191	» »
Blanchissage des 2 faces, 10 ᵐ. 60 de 0 ᵐ. 20 sur 0 ᵐ. 027.	1 526	» »	1 177	» »
idem des 2 rives, 10 m. 60 de 0 m. 027.	0 191	» · »	0 148	» »
Coupes droites sciées et dressées, 20 de 0 m. 027.	0 720	» »	0 580	» »
Chanfrain ou arrondi de la rive inférieure, dressage de rive oblique, 5 m. 30 lin. sur 0 m. 05 de développement.	0 265	» »	0 212	» »
20 montages d'assemblages à mi-bois de 0 in. 027, pour le montage et le clouage des marches (le 1ǀ3 des prix d'assemblages.)	1 400	4 346	1 120	3 428
Faux-frais, 1ǀ10 de la main-d'œuvre.	» »	0 435	» »	0 343
Déboursé total. .	» »	10 832	» »	6 884
Bénéfice, 1ǀ10 de la dépense. . .	» »	1 083	» »	0 688
Valeur des dix marches ou d'un mètre 10 superficiels.	» »	11 915	» »	7 572
Valeur d'un seul mètre.	» »	10 830	» »	6 858

[1] Les mains-courantes, les balustres, s'il en existe, et la pose des boulons d'écartement, s'il y a lieu,
seront comptés à part pour ce qu'ils valent. La fourniture de clous se trouve comprise dans le prix de détail.

On verra que j'estime séparément les marches des limons; on remarquera de plus que les prix de ces
ouvrages sont établis au mètre superficiel, au lieu de les évaluer à la marche comme on le fait ordinairement. De cette manière, le prix d'une épaisseur quelconque d'un même escalier pourra servir pour tous ceux
de même espèce, quelle que soit la largeur des limons, des marches, ou contre-marches. Il n'en est pas de
même lorsque les escaliers sont évalués à la marche, puisqu'il faudrait non seulement connaître le prix de
chaque épaisseur, mais encore celui de chaque largeur des limons et contre-marches, etc., pour évaluer
avec équité ces sortes de travaux; car il est évident que le prix d'un escalier établi ainsi, doit varier en
raison de la largeur des pièces de bois qui le composent.

2°. — DÉTAIL DES 2 LIMONS DONNANT ENSEMBLE 1 M^{re} 37 SUPERFICIELS.

	EN CHÊNE.		EN SAPIN.	
	fr. m.	fr. m.	fr. m.	fr. m.
Fournitures :				
Bois, 2 limons de 3 m. 30 sur 0 m. 207 ou 1 m. 366 à 5 f. 10 en chêne et à 2 fr. 43 en sapin.	» »	6 967	» »	3 319
Déchet, 1/9 en chêne et 1/10 en sapin.	» »	0 774	» »	0 332
Façon.				
Sciage droit pour refente , 6 m. 60 linéaires de 0 m. 033.	0 304	» »	0 238	» »
Blanchissage des 2 faces , 13 m. 90 linéaires de 0 m. 20.	1 901	» »	1 465	» »
id. des 2 rives , 13 m. 20 id. de 0 m. 033.	0 238	» »	0 185	» »
Élégissements des entailles des marches dans les limons , 20 de 0 m. 40 (doublé à cause des angles), ensemble 8 m. 00 lin., de 0 m. 027 de largeur sur 0 m. 015 de profondeur à bois de travers.	4 000	» »	2 640	» »
Pose :				
Coupes obliques sciées et dressées , pour l'extrémité des limons, 4 de 0 m. 15 réduit sur 0 m. 033.	0 212	» »	0 168	» »
Placement du tout 2,46 superficiels de 0 m. 33 d'épais. .	0 831	7 486	0 664	5 360
Faux-frais , 1/10 de la main-d'œuvre.	» »	0 749	» »	0 536
Déboursé total. . .	» »	15 976	» »	8 547
Bénéfice, 1/10 de la dépense. . .	» »	1 598	» »	0 955
Valeur des 2 limons ensemble de 1 m. 37 superficiels . .	» »	17 574	» »	10 502
Valeur d'un seul mètre superficiel. . .	» »	12 828	» »	7 665

DEUXIÈME SECTION.

PRIX DES OUVRAGES.

CHAPITRE UNIQUE.

PRIX D'APPLICATION.

Les prix qui forment le bordereau suivant , sont en partie le résultat des sous-détails précédents , en partie basés sur les principes de l'évaluation des ouvrages de ces mêmes sous-détails.

J'ai cru utile d'ajouter dans ce bordereau , une plus ou moins-value à la valeur des ouvrages , par chaque centime que le mètre superficiel de bois rendu à l'atelier coûterait en plus ou en moins des prix que j'ai adoptés. A l'aide de cette plus ou moins-value , il sera toujours facile, quand les prix différeront , de déterminer la VALEUR RÉELLE des ouvrages.

Il est à remarquer que les prix sur lesquels j'ai établi mes sous-détails , sont plus élevés que ceux des bois rendus à l'atelier. Cette différence provient de ce que j'ai tenu compte dans ces premiers prix , du 1er déchet du bois sur la largeur.

§ 1er.— Ouvrages au mètre linéaire.

(SUPPOSÉS EXÉCUTÉS EN BOIS DE CHOIX.)

	force des Bois.		En Chêne.		En Sapin.	
	Épaisseur en millimèt.	largeur en centimèt.	VALEUR des ouvrag.	Plus ou moins-value par centimèt. de largeur	VALEUR des ouvrag.	Plus ou moins-value par centimèt. de largeur
			fr. c.	fr. m.	fr. c.	fr. m.

ARTICLE PREMIER.

BARRES, FOURRURES, LAMBOURDES, POTEAUX et généralement toutes parties brutes, isolées, coupées, posées de niveau ou à-plomb et callées. .

Épaisseur	largeur	Chêne valeur	Chêne plus/moins	Sapin valeur	Sapin plus/moins
13	10	0 43	0 037	0 24	0 019
20	—	0 61	0 052	0 29	0 023
27	—	0 68	0 057	0 36	0 028
33	—	» »	» »	0 42	0 033
40	—	0 97	0 083	0 49	0 039
50	—	1 27	0 111	0 64	0 053
80	—	1 88	0 163	0 88	0 070

ARTICLE DEUXIÈME.

TRINGLES, CHAMPS, BARRES, TABLETTES, POTEAUX et tous objets sans assemblages, coupés, posés isolément, cloués s'il est nécessaire et blanchis, corroyés ou dressés à deux parements (une rive et une face) - - - - - - - - - -

Épaisseur	largeur	Chêne valeur	Chêne plus/moins	Sapin valeur	Sapin plus/moins
13	10	0 49	0 040	0 28	0 022
20	—	0 70	0 060	0 35	0 028
27	—	0 82	0 069	0 45	0 035
33	—	» »	» »	0 51	0 040
40	—	1 13	0 095	0 60	0 047
50	—	1 46	0 125	0 76	0 064
80	—	2 12	0 179	1 02	0 081

TRINGLES, etc., comme ci-dessus, mais à 3 parements (2 rives et 11 faces) - - - - - - -

Épaisseur	largeur	Chêne valeur	Chêne plus/moins	Sapin valeur	Sapin plus/moins
13	10	0 43	0 040	0 28	0 022
20	—	0 72	0 060	0 37	0 028
27	—	0 84	0 069	0 47	0 035
33	—	» »	» »	0 53	0 040
40	—	1 16	0 095	0 62	0 047
50	—	1 50	0 125	0 79	0 064
80	—	2 17	0 179	1 06	0 081

TRINGLES, etc., comme ci-dessus, mais à 4 parements - - - - - - - - - -

Épaisseur	largeur	Chêne valeur	Chêne plus/moins	Sapin valeur	Sapin plus/moins
13	10	0 52	0 042	0 30	0 024
20	—	0 77	0 066	0 41	0 033
27	—	0 92	0 078	0 53	0 042
33	—	» »	» »	0 58	0 047
40	—	1 24	0 104	0 68	0 054
50	—	1 58	0 134	0 85	0 071
80	—	2 25	0 188	1 12	0 088

ARTICLE TROISIÈME.

PLINTHES, BANDEAUX et tous objets blanchis, corroyés ou dressés sur 2 parements, ajustés avec traînées de compas sur une rive et posés d'onglet dans les angles - - - - - - - - -

Épaisseur	largeur	Chêne valeur	Chêne plus/moins	Sapin valeur	Sapin plus/moins
13	10	0 56	0 040	0 32	0 022
20	—	0 81	0 060	0 42	0 028
27	—	0 95	0 069	0 54	0 035
33	—	» »	» »	0 60	0 040
40	—	1 31	0 095	0 70	0 047
50	—	1 68	0 125	0 88	0 064
80	—	2 45	0 179	1 22	0 081

PLINTHES, etc., comme ci-dessus, mais à 3 parements - - - - - - - - - -

Épaisseur	largeur	Chêne valeur	Chêne plus/moins	Sapin valeur	Sapin plus/moins
13	10	0 56	0 040	0 33	0 022
20	—	0 82	0 060	0 43	0 028
27	—	0 97	0 069	0 56	0 035
33	—	» »	» »	0 62	0 040
40	—	1 33	0 095	0 73	0 047
50	—	1 72	0 125	0 92	0 064
80	—	2 50	0 179	1 26	0 081

PLINTHES, etc., comme ci-dessus, mais à 4 parements - - - - - - - - - -

Épaisseur	largeur	Chêne valeur	Chêne plus/moins	Sapin valeur	Sapin plus/moins
13	10	0 59	0 042	0 35	0 024
20	—	0 87	0 066	0 47	0 033
27	—	1 05	0 078	0 62	0 042
33	—	» »	» »	0 68	0 047
40	—	1 41	0 104	0 79	0 054
50	—	1 79	0 134	0 98	0 071
80	—	2 58	0 188	1 34	0 088

Suite des ouvrages au mètre linéaire.

force des bois.		En chêne.		En sapin.	
Epaisseur en millimèt.	largeur en centimèt.	VALEUR des ouvrag.	Plus ou moins-value par centimèt. de largeur	VALEUR des ouvrag.	Plus ou moins-value par centimèt. de largeur
		fr. c.	fr. m.	fr. c.	fr. m.

ARTICLE QUATRIÈME.

Valeur à ajouter à chaque tringle du 2e. article et par chaque rive raînée, pour obtenir le prix des alaises replanies d'un seul côté - - - - - - -

Epaisseur	largeur	chêne VALEUR	chêne Plus ou moins	sapin VALEUR	sapin Plus ou moins
13	»	0 11	» »	0 09	» »
20	»	0 13	-» »	0 11	» »
27	»	0 14	» »	0 12	» »
33	»	» »	» »	0 12	» »
40	»	0 16	» »	0 14	» »
50	»	0 18	» »	0 16	» »
80	»	0 24	» »	0 21	» »

Valeur comme ci-dessus, mais pour alaises replanies sur les 2 faces - - - - - - - - -

Epaisseur	largeur	chêne VALEUR	chêne Plus ou moins	sapin VALEUR	sapin Plus ou moins
13	»	0 16	» »	0 13	» »
20	»	0 17	» »	0 14	» »
27	»	0 19	» »	0 16	» »
33	»	» »	» »	0 16	» »
40	»	0 21	» »	0 18	» »
50	»	0 23	» »	0 20	» »
80	»	0 29	» »	0 23	» »

ARTICLE CINQUIÈME.

Batis et tous objets bruts, assemblés carrément à tenons et mortaises, ou à queue d'aronde sans feuillures - - - - - - - - - - -

Epaisseur	largeur	chêne VALEUR	chêne Plus ou moins	sapin VALEUR	sapin Plus ou moins
13	10	0 50	0 043	0 29	0 024
20	—	0 70	0 060	0 35	0 028
27	—	0 79	0 068	0 42	0 035
33	—	» »	» »	0 49	0 040
40	—	1 11	0 095	0 58	0 047
50	—	1 44	0 127	0 74	0 062
80	—	2 10	0 183	1 01	0 084

ARTICLE SIXIÈME.

Batis, huisseries, et tous objets blanchis, corroyés ou dressés à 2 parements, assemblés carrément à tenons et mortaises, ou à queue d'aronde, sans feuillures - - - ? - - - - -

Epaisseur	largeur	chêne VALEUR	chêne Plus ou moins	sapin VALEUR	sapin Plus ou moins
13	10	0 54	0 045	0 32	0 026
20	—	0 77	0 066	0 41	0 033
27	—	0 91	0 078	0 52	0 042
33	—	» »	» »	0 58	0 047
40	—	1 24	0 105	0 68	0 054
50	—	1 58	0 138	0 85	0 69
80	—	2 28	0 193	1 14	0 091

Batis, etc., comme ci-dessus, mais à 3 parem.

Epaisseur	largeur	chêne VALEUR	chêne Plus ou moins	sapin VALEUR	sapin Plus ou moins
13	10	0 55	0 045	0 33	026
20	—	0 79	0 066	0 42	0 033
27	—	0 93	0 078	0 53	0 042
33	—	» »	» »	0 59	0 047
40	—	1 27	0 105	0 70	0 054
50	—	1 62	0 138	0 88	0 069
80	—	2 35	0 193	1 18	0 091

Batis, etc., comme ci-dessus, mais à 4 parem.

Epaisseur	largeur	chêne VALEUR	chêne Plus ou moins	sapin VALEUR	sapin Plus ou moins
13	10	0 57	0 047	0 35	0 028
20	—	0 84	0 072	0 46	0 038
27	—	1 01	0 088	0 60	0 049
33	—	» »	» »	0 65	0 054
40	—	1 34	0 115	0 76	0 061
50	—	1 70	0 148	0 94	0 076
80	—	2 41	0 203	1 24	0 098

ARTICLE SEPTIÈME.

Valeur à ajouter aux bâtis ci-dessus, pour obtenir le prix de ceux avec

	Epaisseur	largeur	chêne VALEUR	chêne Plus ou moins	sapin VALEUR	sapin Plus ou moins
feuillures faibles de 0 m. 01 de prof. sur 0 m. 01 de largeur.	»	»	0 02	0 007	0 02	0 006
feuillures fortes de 0 m. 02 de prof. sur 0 m. 03 de largeur	»	»	0 06	0 013	0 05	0 011
feuillures fortes de 0 m. 03 de prof. sur 0 m. 03 de largeur.	»	»	0 10	0 022	0 08	0 018
feuillures fortes de 0 m. 04 de prof. sur 0 m. 03 de larg.	»	»	0 12	0 024	0 10	0 019

Suite des ouvrages au mètre linéaire.

ARTICLE HUITIÈME.

MOULURES, CIMAISES, BORDURES, BASES, CHAMBRANLES à MOULURES et tous objets blanchis sur les 4 faces, élégis de moulures et posés en coupe d'onglet jusqu'à 1¡2 assemblage par mètre courant; ceux en plus seront estimés à part, ou timbrés cadres moulurés si les coupes d'onglet sont plus nombreuses. (SIMPLE PROFIL). - - - - - - -

MOULURES comme ci-dessus, mais en **RICHE PROFIL**. - - - -

ARTICLE NEUVIÈME.

CADRES MOULURÉS, rapportés sur portes, lambris, etc., figurant cadres embrévés, avec feuillure au-dessous pour recouvrement sur le bâtis. (SIMPLE PROFIL). - - - - - - - - - -

CADRES MOULURÉS comme ci-dessus, mais en **RICHE PROFIL**. - - - - - - -

force des bois.		En Chêne.		En Sapin.	
Épaisseur en millimèt.	Largeur en centimèt.	VALEUR des ouvrag.	Plus ou moins-value par centimèt. de largeur	VALEUR des ouvrag.	Plus ou moins-value par centimèt. de largeur
		fr. c.	fr. m.	fr. c.	fr. m.
13	10	0 79	0 073	0 53	0 048
20	—	1 05	0 097	0 63	0 057
27	—	1 21	0 110	0 77	0 069
33	—	» »	» »	0 82	0 075
40	—	1 54	0 137	0 92	0 080
50	—	1 89	0 167	1 10	0 093
80	—	2 60	0 222	1 40	0 114
13	10	0 86	0 080	0 59	0 054
20	—	1 11	0 104	0 70	0 063
27	—	1 28	0 117	0 83	0 075
33	—	» »	» »	0 89	0 081
40	—	1 61	0 144	0 99	0 086
50	—	1 96	0 174	1 16	0 101
80	—	2 67	0 228	1 46	0 120
13	10	0 94	0 087	0 64	0 058
20	—	1 23	0 112	0 75	0 068
27	—	1 40	0 128	0 90	0 081
33	—	» »	» »	0 97	0 088
40	—	1 77	0 159	1 08	0 093
50	—	2 17	0 193	1 28	0 111
80	—	2 96	0 257	1 62	0 135
13	10	1 03	0 096	0 72	0 066
20	—	1 31	0 122	0 84	0 076
27	—	1 50	0 138	0 99	0 089
33	—	» »	» »	1 05	0 096
40	—	1 87	0 168	1 17	0 102
50	—	2 26	0 203	1 36	0 121
80	—	3 05	0 265	1 70	0 143

SUPPLÉMENT.

———

Plus ou moins-value à la valeur des ouvrages précédents (excepté à celles des feuillures), par centime que le mètre superficiel de chêne ou de sapin coûterait en plus ou en moins des prix énoncés au présent tableau - - - - - - - - -

ÉPAISSEUR DES BOIS en millimètres.	PRIX DU MÈTRE SUPERFICIEL		PLUS OU MOINS-VALUE.
	en Chêne.	en Sapin.	
	f. c.	f. c.	f. m.
13	2 59	1 27	
20	3 81	1 54	
27	4 22	1 90	
33	5 10	2 31	0 0013
40	6 29	2 77	
50	8 44	3 72	
80	12 59	5 13	

598   ÉVALUATION DE LA MENUISERIE.

§ 2e. **Ouvrages au mètre superficiel.**

	ÉPAISSEUR DES BOIS en millimètres.	VALEUR d'un mètre superficiel d'ouvrages		Plus ou moins-value par centime que le mètre superficiel de bois coûterait en plus ou en moins des prix portés au tableau précédent.
		en Chêne.	en Sapin.	
		fr. c.	fr. c.	fr. m.
ARTICLE PREMIER.				
Bois unis pour cloisons, revêtements, planchers en planches entières, tablettes, portes pleines, etc., et tous objets bruts, coupés de mesure, non dressés et posés jointifs, sans être affleurés ni replanis (1)	13	3 74	1 96	
	20	5 33	2 34	
	27	5 88	2 85	
	33	6 73	3 37	0 012
	40	8 53	3 99	
	50	11 33	5 25	
	80	16 77	7 21	
Bois unis, bruts comme ci-dessus, mais dressés sur les rives, coupés de mesure et posés jointifs, sans être affleurés ni replanis - - - - - -	13	3 92	2 08	
	20	5 62	2 51	
	27	6 25	3 09	
	33	7 14	3 62	0 012
	40	9 03	4 30	
	50	12 01	5 68	
	80	17 77	7 83	
Bois unis, bruts, comme ci-dessus, rainés et montés, non collés, coupés de mesures, sans être affleurés ni replanis - - - - - - - - -	13	4 11	2 18	
	20	5 83	2 62	
	27	6 47	3 20	
	33	7 39	3 75	0 013
	40	9 33	4 45	
	50	12 38	5 83	
	80	18 31	8 03	
Bois unis, bruts, comme ci-dessus, rainés, collés et coupés de mesure, sans être affleurés ni replanis.	13	4 27	2 33	
	20	6 06	2 81	
	27	6 73	3 45	
	33	7 65	4 00	0 013
	40	9 66	4 75	
	50	12 75	6 18	
	80	18 82	8 52	
Plus-value à ajouter à la valeur des ouvrages du présent article, pour bois unis — Blanchis sur un parement (2).	»	0 24	0 22	» »
idem sur 2 parements .	»	0 48	0 44	» »
Affleurés sur un parement, .	»	0 09	0 07	» »
idem sur 2 parements, .	»	0 18	0 14	» »
Replanis sur un parement, .	»	0 36	0 29	» »
idem sur 2 parements, .	»	0 72	0 58	» »
ARTICLE DEUXIÈME.				
Planchers à frises à l'anglaise, sur 10 à 11 centimètres de large (ceux en planches entières sont considérés bois unis), posés sur lambourdes ou poutrelles, assemblés à rainures et languettes et blanchis (1) - - - - - - - - - - - - - -	13	4 96	2 82	
	20	7 20	3 57	
	27	8 34	4 55	
	33	9 32	5 14	0 014
	40	11 53	5 96	
	50	14 84	7 52	
	80	21 43	10 09	
Plus-value à ajouter à la valeur des planchers ci-dessus, lorsqu'ils seront affleurés ou aplanis -	»	0 18	0 14	

(1) La pose de pointes ou clous est comprise dans les prix déterminés ci-dessus, mais la fourniture de ces mêmes pointes forme un article à part dépendant de la serrurerie. Cependant si on veut connaître approximativement la valeur de ces mêmes fournitures, on peut consulter le tableau, page 378.

(2) Comme on a dû le voir page 356, le blanchissage des faces varie selon l'épaisseur des champs, parce qu'on suppose qu'il faut établir ces faces d'équerre avec ces rives, et vice versa. Mais il n'en est pas de même pour les bois unis, puisqu'on peut les joindre sans être obligé de mettre ces deux parties d'équerre entr'elles ; c'est pour cette raison qu'on remarquera que le prix du blanchissage des faces, bien qu'établi sur 0 m. 013 d'épaisseur, est néanmoins applicable à toutes les forces de bois,

Suite des ouvrages au mètre superficiel.

ARTICLE TROISIÈME.

CHASSIS ET CROISÉES (1).

1°.—Châssis, parties hautes de portes et cloisons vitrés, élégis de moulures.

A grands carreaux ou 3 par mètre- - - - -

Plus ou moins-value (quelle que soit l'épaisseur des bâtis), par centime que le mètre superficiel de bois coûterait en plus ou en moins des prix énoncés au tableau page 397- - - - - - - - - -

A petits carreaux ou 9 par mètre - - - - -

Plus ou moins-value par centime que le mètre superficiel de bois coûterait en plus ou en moins des prix portés au tableau page 397 - - - - -

Force des bâtis.		En Chêne.		En Sapin.	
Épaisseur en millimèt.	largeur en centimèt.	VALEUR des ouvrag.	Plus ou moins-value par centimèt. de largeur	VALEUR des ouvrag.	Plus ou moins-value par centimèt. de largeur
	.	*fr. c.*	*fr. c.*	*fr. c.*	*fr. c.*
27	10	5 33	0 29	3 56	0 18
33	—	5 86	0 31	3 83	0 20
40	—	7 94	0 37	5 15	0 22
50	—	9 68	0 47	6 13	0 27
		f. m.		*fr. m.*	
»	»	0 004	» »	0 004	» »
		fr. c.		*fr. c.*	
27	10	6 35	0 29	4 13	0 18
33	—	6 79	0 31	4 39	0 20
40	—	9 28	0 37	5 96	0 22
50	—	11 26	0 47	7 05	0 27
		fr. m.		*fr. m.*	
»	»	0 005	» »	0 005	» »

2°.—Croisées à deux vantaux, ouvrant à noix et gueule de loup, avec dormants, jets d'eau et pièces d'appui.

A grands carreaux ou à glace - - - - -
A petits carreaux- - - - - - - -
A grands carreaux ou à glace- - - - -
A petits carreaux- - - - - - - -
A grands carreaux ou à glace - - - - -
A petits carreaux - - - - - - - -
A grands carreaux ou à glace - - - - -
A petits carreaux - - - - - - - -
A grands carreaux ou à glace - - - - -
A petits carreaux - - - - - - - -
A grands carreaux ou à glace- - - - -
A petits carreaux - - - - - - -

Plus ou moins-value (quelle que soit l'épaisseur des bois), par centime que le mètre superficiel de chêne ou de sapin coûterait en plus ou en moins des prix portés au tableau page 397.

	ÉPAISSEUR EN MILLIMÈTRES			VALEUR D'UN MÈTRE SUPERFICIEL DE CROISÉES	
	des appuis et jets d'eau.	des dormants.	des châssis.	en Chêne.	en Sapin.
	80	33	27	8 48	5 29
	80	33	27	10 51	6 75
	80	33	33	8 71	5 42
	80	33	33	10 82	6 92
	80	40	33	9 18	5 63
	80	40	33	11 29	7 13
	80	40	40	10 80	6 70
	80	40	40	13 59	8 67
	80	50	33	9 87	5 97
	80	50	33	11 98	7 47
	80	50	40	11 48	7 04
	80	50	40	14 27	9 01
Pour les appuis et jets d'eau.	»	»	»	0 001	0 001
Pour les dormants.	»	»	»	0 003	0 003
Pour les châssis.	»	»	»	0 003	0 003

(1) On entend par châssis toute partie de menuiserie fixé, sans dormants ni rejets d'eau, destinée à recevoir des carreaux de vitres pour éclairer les appartements. Il faudra éviter de confondre ensemble les châssis et les croisées, car les prix de ces croisées sont de beaucoup supérieurs à ceux des châssis.

Suites des ouvrages au mètre superficiel.

ARTICLE IV.

PERSIENNES (1).

	EPAISSEUR en millimètres		VALEUR d'un mètre superficiel de persiennes			Plus ou moins-value par cent. que le mètre superficiel de chêne ou de sapin coûterait en plus ou en moins des prix portés au tableau page 597.	
	des bâtis.	des lames.	tout en chêne.	avec bâtis en chêne et lames en sapin.	tout en sapin.	pour les bois des bâtis.	pour les bois des lames.
			fr. c.	fr. c.	fr. c.	fr. c.	fr. c.
A 2 vantaux	27	13	9 34	8 14	6 21		
	33	13	9 74	8 55	6 45	0 006	0 007
	40	13	11 73	10 53	7 61		
A 4 vantaux (pour se replier dans les tableaux de la fenêtre).	27	13	13 42	12 05	9 05		
	33	13	13 96	12 59	9 38	0 008	0 007
	40	13	17 18	15 81	11 40		

ARTICLE V.

LAMBRIS, PORTES ET AUTRES OUVRAGES D'ASSEMBLAGES, COMPOSÉS DE BATIS ET PANNEAUX.

Eléments.

	BOIS.		VALEUR DE BATIS pour un mètre superficiel de lambris.				VALEUR DE PANNEAUX pour un mètre superficiel de lambris.			
	épaisseur en millimètres.	prix du mètre superficiel.	à un panneau par mètre.	à 2 panneaux par mètre.	à 3 panneaux par mètre.	à 4 panneaux par mètre.	à un panneau par mètre.	à 2 panneaux par mètre.	à 3 panneaux par mètre.	à 4 panneaux par mètre.
1°. — Bâtis ou panneaux en chêne.		fr. c.	fr. c.	fr. c.	fr. c.	fr. c.	fr. c.	fr. c.	fr. c.	fr. c.
A un seul parement, bruts au double.	13	2 59	» »	» »	» »	» »	3 28	3 06	3 06	3 05
	20	3 81	» »	» »	» »	» »	4 84	4 53	4 46	4 40
	27	4 22	3 84	5 40	6 38	7 37	5 58	5 25	5 17	5 09
	33	4 93	4 13	5 80	6 83	7 87	6 24	5 85	5 74	5 64
	40	6 29	5 01	7 06	8 33	9 61	» »	» »	» »	» »
	50	8 44	6 22	8 78	10 33	11 89	» »	» »	» »	» »
A 2 parements.	13	2 59	» »	» »	» »	» »	3 74	3 51	3 52	3 52
	20	3 81	» »	» »	» »	» »	5 54	5 22	5 14	5 07
	27	4 22	4 23	5 93	6 98	8 04	6 53	6 19	6 08	5 98
	33	4 93	4 52	6 33	7 43	8 54	7 49	7 79	6 65	6 53
	40	6 29	5 40	7 59	8 93	10 28	» »	» »	» »	» »
	50	8 44	6 61	9 31	10 93	12 56	» »	» »	» »	» »
2°. — Bâtis ou panneaux en sapin.										
A un seul parement, bruts au double.	13	1 27	» »	» »	» »	» »	1 88	1 76	1 78	1 80
	20	1 54	» »	» »	» »	» »	2 43	2 28	2 27	2 29
	27	1 90	2 46	3 46	4 13	4 81	3 06	2 89	2 88	2 87
	33	2 31	2 63	3 70	4 40	5 11	3 45	3 25	3 22	3 19
	40	2 77	3 07	4 34	5 16	6 02	» »	» »	» »	» »
	50	3 72	3 72	5 27	6 27	7 28	» »	» »	» »	» »
A 2 parements.	13	1 27	» »	» »	» »	» »	2 27	2 14	2 16	2 18
	20	1 54	» »	» »	» »	» »	2 99	2 83	2 81	2 82
	27	1 90	2 77	3 88	4 60	5 34	3 80	3 62	3 58	3 55
	33	2 31	2 94	4 12	4 87	5 64	4 19	3 98	3 92	3 87
	40	2 77	3 38	4 76	5 65	6 55	» »	» »	» »	» »
	50	3 72	4 03	5 69	6 74	7 81	» »	» »	» »	» »
Plus ou moins-value par centime que le mètre superficiel de bois coûterait en plus ou en moins des prix énoncés dans la seconde colonne ci-dessus, quelle que soit l'essence et l'épaisseur du bois.	» »	» »	fr. m.	fr. m.	fr. m.	fr. m.	fr. m.	fr. m.	fr. m.	fr. m.
			0 004	0 006	0 006	0 007	0 009	0 008	0 008	0 008

(1) Les dormants ne sont point compris dans les prix déterminés ci-dessus. Lorsqu'il y en aura, ils seront comptés à part pour ce qu'ils valent. Ils ne feront jamais partie de la valeur des persiennes.

Suite des éléments de lambris.

___

3°.—Elégissement de moulures en chêne sur la rive des bâtis pour lambris à petits cadres.

Pour un seul parement.

4°.—Elégissement de moulures en sapin, comme ci-dessus.

Pour un seul parement.

5°.—Cadres en chêne embrevés.

A un seul parement.

A 2 parements.

6°.—Cadres en sapin embrevés.

A un seul parement.

A 2 parements.

Plus ou moins-value à la valeur des cadres embrevés, quelle que soit l'essence du bois, par centime que le mètre superficiel de chêne ou de sapin coûterait en plus ou en moins des prix énoncés dans la troisième colonne ci-dessus.

développement des moulures / largeur en millimèt.	BOIS — épaisseur en millimètres	BOIS — prix du mètre superficiel	VALEUR DE MOULURES et cadres embrevés, en profil simple, pour un mètre superficiel de lambris — à un panneau par mètre	à 2 panneaux par mètre	à 3 panneaux par mètre	à 4 panneaux par mètre	VALEUR DE MOULURES et cadres embrevés, en profil riche, pour un mètre superficiel de lambris — à un panneau par mètre	à 2 panneaux par mètre	à 3 panneaux par mètre	à 4 panneaux par mètre
		fr. c.	fr. c.	fr. c.	fr. c.	fr. c.	fr. c.	fr. c.	fr. c.	fr. c.
2	» »	» »	0 22	0 34	0 41	0 48	0 26	0 41	0 49	0 87
3	» »	» »	0 34	0 53	0 63	0 73	0 41	0 64	0 77	0 90
4	» »	» »	0 46	0 72	0 85	0 99	0 56	0 88	1 05	1 22
5	» »	» »	0 58	0 90	1 07	1 25	0 71	1 11	1 32	1 54
6	» »	» »	0 69	1 09	1 30	1 51	0 86	1 34	1 60	1 87
2	» »	» »	0 17	0 27	0 32	0 38	0 21	0 34	0 40	0 47
3	» »	» »	0 27	0 43	0 51	0 59	0 33	0 53	0 63	0 73
4	» »	» »	0 37	0 58	0 69	0 80	0 46	0 72	0 86	1 00
5	» »	» »	0 47	0 73	0 87	1 61	0 58	0 91	1 09	1 27
6	» »	» »	0 56	0 88	1 05	1 22	0 70	1 10	1 32	1 54
40	40	6 29	2 64	3 79	4 70	5 62	2 71	3 89	4 82	5 76
50	50	8 44	3 93	5 67	6 99	8 31	4 03	5 81	7 16	8 51
60	80	12 59	6 21	8 87	10 94	13 02	6 33	9 04	11 16	13 29
70	80	12 59	7 09	10 13	12 47	14 81	7 23	10 34	12 74	15 14
80	80	12 59	7 90	11 30	13 94	16 58	8 08	11 55	14 23	16 96
40	40	6 29	2 95	4 24	5 25	6 27	3 09	4 44	5 50	6 56
50	50	8 44	4 36	6 27	7 73	9 19	4 55	6 55	8 07	9 60
60	80	12 59	6 75	9 63	11 88	14 14	6 99	9 98	12 32	14 67
70	80	12 59	7 73	11 05	13 60	16 16	8 02	11 48	14 14	16 81
80	80	12 59	8 66	12 37	15 26	18 15	9 01	12 89	15 90	18 92
40	40	2 77	1 61	2 34	2 93	3 52	1 67	2 43	3 04	3 65
50	50	3 77	2 35	3 43	4 30	5 18	2 43	3 55	4 45	5 35
60	80	5 13	3 42	4 98	6 22	7 47	3 53	5 13	6 42	7 71
70	80	5 13	4 00	5 67	7 09	8 51	4 13	5 85	7 32	8 80
80	80	5 13	4 31	6 31	7 90	9 50	4 47	6 54	8 29	9 85
40	40	2 77	1 86	2 70	3 37	4 05	1 98	2 88	3 59	4 31
50	50	3 77	2 69	3 92	4 90	5 88	2 86	4 16	5 20	6 25
60	80	5 13	3 85	5 60	6 99	8 38	4 06	5 90	7 37	8 84
70	80	5 13	4 52	6 41	8 00	9 60	4 78	6 79	8 48	10 17
80	80	5 13	4 93	7 19	8 98	10 78	5 24	7 63	9 55	11 47
			fr. m.	fr. m.	fr. m.	fr. m.	fr. m.	fr. m.	fr. m.	fr. m.
40	40	» »	0 002	0 003	0 003	0 004	0 002	0 003	0 003	0 004
50	50	» »	0 002	0 003	0 004	0 005	0 002	0 003	0 004	0 005
60	80	» »	0 003	0 004	0 005	0 006	0 003	0 004	0 005	0 006
70	80	» »	0 003	0 005	0 006	0 007	0 003	0 005	0 006	0 006
80	80	» »	0 004	0 005	0 006	0 007	0 004	0 005	0 006	0 007

FORCE DES BOIS en millimètres. — **VALEUR D'UN MÈTRE SUPERFICIEL DE LAMBRIS.**

Applications. LAMBRIS, PORTES, ETC. (1).	épaisseur du bâtis.	épaisseur du panneau.	CADRES OU MOULURES. largeur.	CADRES OU MOULURES. épaisseur.	tout en chêne. à un panneau par mètre.	à 2 panneaux par mètre.	à 3 panneaux par mètre.	à 4 panneaux par mètre.	bâtis en chêne, panneaux en sapin. à un panneau par mètre.	à 2 panneaux par mètre.	à 3 panneaux par mètre.	à 4 panneaux par mètre.	tout en sapin. à un panneau par mètre.	à 2 panneaux par mètre.	à 3 panneaux par mètre.	à 4 panneaux par mètre.
					fr. c.	fr. c.	fr. c.	fr. c.	fr. c.	fr. c.	fr. c.	fr. c.	fr. c.	fr. c.	fr. c.	fr. c.
4° Lambris à glace, arasés ou à table saillante.																
A un seul parement, bruts au double.	27	13	»	»	7 12	8 46	9 44	10 42	5 72	7 16	8 16	9 17	4 34	5 22	5 91	6 61
A double parement.					7 97	9 44	10 50	11 56	6 50	8 07	9 14	10 22	5 04	6 02	6 76	7 52
2° Lambris à petits cadres.																
A un seul parement, bruts au double. (en profil simple.)	27	13	20	»	7 34	8 80	9 85	10 90	5 94	7 50	8 57	9 65	4 51	5 49	6 23	6 99
(en profil riche.)					7 38	8 87	9 93	10 99	5 98	7 57	8 65	9 74	4 55	5 56	6 31	7 08
A un parement; à glace, arasés ou à table saillante au double. (en profil simple.)					8 19	9 78	10 91	12 04	6 72	8 41	9 55	10 70	5 21	6 29	7 08	7 90
(en profil riche.)					8 23	9 85	10 99	12 13	6 76	8 48	9 63	10 79	5 25	6 36	7 16	7 99
A double parement. (en profil simple.)					8 41	10 12	11 32	12 52	6 94	8 75	9 96	11 18	5 38	6 56	7 40	8 28
(en profil riche.)					8 49	10 26	11 48	12 70	7 02	8 89	10 12	11 36	5 46	6 70	7 56	8 46
3° Lambris à grands cadres embrevés.																
A un seul parement, bruts au double. (en profil simple.)	27	13	40	40	9 76	12 25	14 14	16 04	8 36	10 95	12 86	14 79	5 95	7 56	8 84	10 13
(en profil riche.)					9 83	12 35	14 26	16 18	8 43	11 05	12 98	14 93	6 01	7 65	8 95	10 26
A un parement; à glace, arasés ou à table saillante au double. (en profil simple.)					10 61	13 23	15 20	17 18	9 14	11 86	13 84	15 84	6 66	8 36	9 69	11 04
(en profil riche.)					10 68	13 33	15 32	17 32	9 21	11 96	13 96	15 98	6 71	8 45	9 80	11 17
A double parement. (en profil simple.)					10 92	13 68	15 75	17 83	9 45	12 31	14 39	16 49	6 90	8 72	10 13	11 57
(en profil riche.)					11 06	13 88	16 00	18 12	9 59	12 51	14 64	16 78	7 02	8 90	10 35	11 83

(1) J'ai cru suffisant de ne donner qu'un exemple de la valeur de chaque genre de lambris pour une seule épaisseur, car au moyen des éléments précédents et des exemples ci-dessus, il sera facile de déterminer les prix de lambris dont les bâtis, les panneaux, les moulures et les cadres, auraient d'autres dimensions que celles portées dans ce tableau.

ARTICLE SIXIÈME.

ESCALIERS.

	BOIS.			VALEUR d'un mètre superficiel d'ouvrage	
		PRIX DU MÈTRE SUPERFICIEL			
épaisseur en millimètres.	en chêne.	en sapin	en Chêne.	en Sapin.	

1°. *Limons*.

Limons droits pour échelles de meunier sans contremarches.	33	4	93	2	31	12	83	7	66
	40	6	29	2	77	15	17	8	57
	50	8	44	3	72	18	52	10	17
Limons droits pour escaliers droits ou à quartier tournant.	33	4	93	2	31	13	68	8	84
	40	6	29	2	77	16	08	9	88
	50	8	44	3	72	19	72	11	79
Limons courbes pour quartier tournant (1). . .	40	9	63	4	27	33	94	22	81
	50	12	59	5	13	38	82	24	78

2°. *Marches*.

Marches droites, embrevées ou entaillées des 2 bouts dans les limons, avec rive de face arrondie, moulurée ou chanfreinée.	27	4	22	1	90	10	83	6	84
	33	4	93	2	31	11	70	7	40
	40	6	29	2	77	14	14	8	44
Marches dansantes, comme ci-dessus.	27	4	22	1	90	11	83	7	09
	33	4	93	2	31	12	97	7	78
	40	6	29	2	77	16	44	9	23
Plus-value à ajouter à la valeur des marches ci-dessus pour chaque bout contreprofilé, au lieu d'être entaillé dans les limons, ...	» »	»	»	»	»	1	00	0	70

3°. *Contremarches*.

Contremarches.	13	2	59	1	27	7	00	4	59
	20	3	81	1	54	8	57	4	94
Plus ou moins-value à la valeur des limons, des marches et contremarches, pour chaque centime que le mètre superficiel de chêne ou de sapin coûterait en plus ou en moins des prix portés dans les 2e. et 3e. colonnes ci-dessus. . . .	»	»	»	»	»	0	012	0	012

(1) Ces limons, bien que comptés pour 0 m. 050 de grosseur, sont pris dans du bois d'une plus forte épaisseur ; c'est pourquoi on remarquera que le prix du mètre superficiel de bois n'est pas le même pour cette force que pour celles correspondantes.

FIN DE L'ÉVALUATION DE LA MENUISERIE.

SIXIÈME CATÉGORIE.

SERRURERIE.

DES FOURNITURES.

La serrurerie se divise en deux genres de fournitures :

Le premier genre comprend tous les ouvrages peu façonnés qui se livrent au poids, ou à la pièce, ou en mesure linéaire, tels que les gros fers, les grilles, les rampes, les balcons, les grosses ferrures et tous les autres ouvrages extraordinaires forgés, mais non fabriqués.

Le second genre renferme tous les objets fabriqués qu'on trouve chez les quincailliers, et qu'on appelle pour cette raison ouvrages de quincaillerie.

Les articles de quincaillerie sont si multipliés et surtout si susceptibles de varier de prix d'un moment à l'autre, qu'il est impossible d'en présenter un tarif exact. Aussi pour l'évaluation de ces articles, il est indispensable de suivre le cours du commerce.

A l'appui de cette assertion, on remarquera que plusieurs auteurs ont présenté à diverses époques des tarifs de prix de serrurerie qui ne sont plus en rapport avec ceux actuels. Ainsi, par exemple, depuis que Morisot a terminé ses nouveaux détails sur cette catégorie du bâtiment, une partie de la quincaillerie a éprouvé une augmentation d'environ un quart, notamment les serrures et les becs de canne.

Des Fers.

Les fers se divisent en trois classes principales qui se subdivisent elles-mêmes, chacune en plusieurs échantillons, savoir : 1°. les fers en barres, plats ou carrés ; 2°. les fers à martinet ; 3°. les fers de fenderie et fers laminés.

Les fers en barres comprennent tous les fers carrés depuis 20 jusqu'à 70 mill. de grosseur ; les fers plats de 40 à 140 millimètres de large, sur 9 à 18 mill. d'épaisseur.

Les fers à martinet, sont : 1°. le fer carillon en barre de 16 à 18 mill. carrés ; le même, en botte de 9 à 16 mill. aussi carrés ; 2°. le fer platiné de 7 à 9 mill. d'épaisseur et de 32 à 40 mill. de large ; 3°. la bandelette de 11 à 34 mill. de large, sur 5 à 9 mill. d'épaisseur ; 4°. et les fers ronds, depuis 9 jusqu'à 34 mill. de diamètre.

L'échantillon des fers de fenderie se compose : 1°. du fer en verge et en botte, depuis 7 à 9 mill. de grosseur, jusqu'à 11 sur 27 mill. ; 2°. du fer aplati et en botte, appelé aussi fer coulé, qui a de 27 à 54 mill. de large sur 2 à 7 d'épaisseur ; 3°. du fer aplati en barre, aussi coulé, portant de 54 à 58 mill. de large, sur 9 à 14 mill. d'épaisseur.

Du Prix des Fers, Tôles, Fontes et du Charbon rendus en magasin, suivant le cours du commerce.

PRIX DU KIL.

1°.—FERS BONS LAMINÉS.	fr. c.
PREMIÈRE CLASSE.	
Fer carré, de 18 à 68 millimètres. Fer plat, de 27 à 40 millimètres de large sur 9 à 11 millimètres d'épaisseur.	0 44
DEUXIÈME CLASSE.	
Fer carré, de 16 à 81 millimètres. Fer rond, de 20 à 68 millimètr. de diamètre. Fer plat, de 27 à 40 millimètres de large sur 6 à 8 millimètres d'épaisseur.	0 46
TROISIÈME CLASSE.	
Fer carré, de 11 à 15 millimètres. Fer rond, de 16 à 90 millimètr. de diamètre. Fer plat, de 18 à 39 millimètres de largeur sur 6 à 8 millimètres d'épaisseur.	0 48
QUATRIÈME CLASSE.	
Fer carré, de 9 à 10 millimètres. Fer rond, de 13 à 15 millimètr. de diamètre. Fer plat, de 18 à 40 millimètres de large sur 4 millimètres d'épaisseur.	0 50
CINQUIÈME CLASSE.	
Fer carré, de 8 millimètres. Fer rond, de 10 à 12 millimètr. de diamètre. Fer plat, de 13 à 17 millimètres de large sur 4 millimètres d'épaisseur.	0 53

2°.—FERS DIVERS.	fr. c.
Fers feuillards, de 22 à 40 de largeur, sur 1 millimètre 1[4 d'épaisseur.	0 56
Fers spatés ou 1[2 feuillards, de 22 à 81 mill. de largeur sur 2 à 4 millim. d'épaisseur.	0 50
Fers aplatis, de 45 à 108 millimètres de largeur sur 4 à 7 millimètres d'épaisseur.	0 46
3°.—FERS CORROYÉS.	
Vitrage en tous échantillons.	0 64
Petits bois idem.	0 72
4°.—TOLES.	
Tôles en feuilles, première qualité.	0 80
idem. deuxième qualité.	0 70
5°.—FONTES (1).	
Fontes pour plaques et foyers de cheminée.	0 32
Idem pour tour creuse.	0 36
Fonte légère pour fourneaux avec ou sans leurs grilles en fonte.	0 45
Fonte pour tuyaux de descente.	0 43
Fonte pour poêle, bornes, etc.	0 40
Fonte douce pour lances de grilles.	0 62
Charbon de forge rendu à l'atelier.	1 80

(1) La fonte pour plaques ou tuyaux est la mine de fer mise en fusion, que l'on coule dans des creux, ou sur des mandrins.

Du prix de la main-d'œuvre.

Dans la serrurerie on emploie plusieurs sortes d'ouvriers, tels que forgerons, ajusteurs, ferreurs, poseurs, etc.

Le prix de la journée de 10 heures de travail effectif peut être déterminé de la manière suivante :

Prix de la journée du forgeron, non compris le dixième de bénéfice 3 00
Prix de la journée du garçon de forge (comme ci-dessus).   2 00
Prix de la journée des ajusteurs, ouvriers de lime, des ferreurs, etc. 2 50

Des Faux-Frais.

Les faux-frais de la profession de serrurier, sont : 1°. le loyer de l'atelier, 2°. les frais de patente, 3°. l'entretien du soufflet avec ses accessoires, et l'usure de tous les autres outils ; 4°. Les menues fournitures, telles que huile nécessaire pour la machine à forer, et pour tarauder ; chandelle et graisse pour étaux ; fournitures de clous d'épingle pour attacher divers ouvrages, perte de vis et clous lors de la pose ; 5.° enfin la rentrée en magasin des fers bruts, fontes et de tous les ouvrages de quincaillerie et clouterie, ensuite le transport de tous les objets façonnés au bâtiment, où ils doivent être posés.

Le montant de tous ces frais pour un atelier ordinaire, employant toute l'année un forgeron avec un garçon, et cinq autres ouvriers qui auront coûté 4,650 francs de main-d'œuvre, peut s'élever à 940 francs ; il en résulte que les faux-frais de la profession de serrurier sont au montant de la dépense de la main-d'œuvre à peu près comme un est à cinq, ou le cinquième de la paie des ouvriers, taux auquel j'ai fixé les faux-frais dans les sous-détails.

Du mesurage des ouvrages de Serrurerie.

§ 1ᵉʳ. DES OUVRAGES COMPTÉS AU POIDS.

Tous les gros fers de forge, tels que tirants, ancres, chaînes, harpons, plates-bandes, manteaux de cheminées, bandes de trémie, etc., seront comptés au poids et réunis dans une même classe sous la dénomination de gros fers, ainsi que tous ceux qui se rencontreront avoir la même analogie de main-d'œuvre ; la pose de tous ces fers sera toujours comprise dans le prix.

Les étriers et autres ouvrages semblables seront comptés séparément des gros fers ; le prix comprendra aussi leur pose ; les clous seront comptés dans leurs pesées.

Les barreaux et les grilles de croisée et de cour, ou de jardin et autres, seront estimés pour ce qu'ils valent, en indiquant le nombre de traverses ou sommiers qui les composent.

Enfin on observera pour tous les ouvrages de forge autres que ceux désignés ci-dessus, les principes déterminés au bordereau de prix.

Les scellements en plomb seront comptés séparément et au poids; ainsi que les ferrailles ou grains nécessaires à ce travail; le charbon et le temps pour faire ces scellements seront estimés pour ce qu'ils valent.

Toutes les fontes seront comptées au poids, en observant les principes du bordereau.

Tous les clous seront estimés au poids selon leur espèce, sans avoir égard à leur longueur.

§ 2.ᵉ DÉS OUVRAGES COMPTÉS EN LINÉAIRE.

Les espagnolettes seront comptées au mètre courant, en indiquant la grosseur de la tige; la poignée sera estimée pour 30 centimètres lorsqu'elle sera pleine; si elle est creuse, elle sera alors comptée séparément, en observant qu'elle est le modèle. Les lacets, goujons, les gâches nécessaires, le support à charnière, et tous les accessoires seront compris dans le prix de l'espagnolette.

§ 3.ᵉ DES OUVRAGES COMPTÉS A LA PIÈCE.

Toutes les serrures seront évaluées à la pièce; on indiquera leur longueur et leur espèce. Le prix comprendra les vis, l'entrée (!orsqu'elle n'aura pas été faite exprès, et qu'elle aura été fournie avec la serrure dans le prix d'acquisition), ainsi que les clefs , s'il y en a plus d'une. Les gâches seront ou non comprises dans le prix des serrures , suivant qu'elles seront ou non fournies avec la serrure dans le prix d'acquisition.

Lorsque les gâches ne feront point partie du prix de la serrure, il faudra alors indiquer leur nature et si elles sont destinées pour un ou plusieurs pènes.

En général tous les objets de quincaillerie ou les ouvrages de façon qui les remplacent, seront comptés à la pièce; les pièces accessoires seront presque toujours comprises dans le prix de l'objet principal. Enfin on observera pour tous ces ouvrages le mode d'acquisition et les conditions du commerce.

Sous-détails des ouvrages.

Je ne donnerai que quelques exemples de manière à faire suffisamment comprendre les moyens d'établir les sous-détails. Il serait inutile d'en présenter un plus grand nombre, puisqu'ils se forment tous de la même manière, à quelques exceptions près. Dans le bordereau je donnerai presque tous les prix des ouvrages qui peuvent se présenter dans la serrurerie.

§ 1er. — Ouvrages de forge.

1°. *Sous-détail de 100 kilogrammes de gros fers, pour chaînes, bandes de trémie, ancres, tirants, harpons, manteaux de cheminée, linteaux, etc.*

Fournitures.

	fr.	c.
Fer en œuvre, 100 kilogramm. de 1re classe.	44	00
Déchet, 1|33.	1	33
Charbon, un hectolitre.	1	80

Façon.

	fr.	c.
13 heures de forgeron et de son aide à 0 fr. 50 centimes l'heure.	6	50

Pose.

	fr.	c.
6 heures de poseur à 25 centimes l'heure.	1	50
Faux-frais, 1|5 de la main-d'œuvre.	1	60
Déboursé total.	56	73
Bénéfice, 1|10 de la dépense	5	67
Valeur du quintal métrique.	62	40
Valeur d'un kilogramme.	0	62

2°. — *Sous-détail de 100 kilogrammes de petit fer plat, pour étrier et autres ouvrages semblables faits en petites parties.*

Fournitures.

	fr.	c.
Fer en œuvre, 100 kilog. 2.e classe.	46	00
Déchet 1|25.	1	84
Charbon, 2 hectolitres	3	60

Façon.

	fr.	c.
16 heures de forgeron et de son aide	8	00

Pose.

	fr.	c.
16 heures de poseur	4	00
Faux-frais, 1|5 de la main-d'œuvre	2	40
Déboursé total.	65	84
Bénéfice, 1|10 de la dépense.	6	18
Valeur d'un quintal métrique.	72	42
Valeur d'un kilogramme.	0	72

3°. — *Sous-détail de cent kilogrammes de fer, pour grilles composées de barreaux à scellement ou non, avec une traverse au milieu seulement, le tout en fer carré.*

Fournitures.

	fr.	c.
Fer en œuvre, 100 kilog. de 1.re classe	44	00
Déchet, 1|25.	1	76
Charbon, 3 hectolitres	5	40

Façon.

	fr.	c.
36 heures de forgeron et de son aide	18	00
Faux-frais, 1|5 de la main-d'œuvre.	3	60
Déboursé total.	72	76
Bénéfice, 1|10 de la dépense.	7	28
Valeur d'un quintal métrique.	80	04
Valeur d'un kilog.	0	80

4°. — *Sous-détail de cent kilogrammes de fer, pour grilles semblables à celles-ci, mais avec un sommier haut et bas, plus la traverse du milieu.*

	fr.	c.
Fer en œuvre, 100 kilog. 1re. classe	44	00
Déchet, 1|20	2	20
Charbon, 6 hectolitres	10	80

Façon.

	fr.	c.
60 heures de forgeron et son aide	30	00
Faux-frais, 1|5 de la main-d'œuvre.	6	00
Déboursé total.	93	00
Bénéfice, 1|10 de la dépense.	9	30
Valeur du quintal métrique.	102	30
Valeur d'un kilogramme.	1	02

§ 2. — Ouvrages de fonte.

Sous-détail de 100 kilogrammes de fonte pour plaque et foyers de cheminée.

Fournitures.

	fr.	c.
Fonte en œuvre, 100 kilog.	32	00

Pose.

	fr.	c.
4 heures de poseur à 25 centimes	1	00
Faux-frais, 1|5 de la main-d'œuvre	0	20
Déboursé total.	33	20
Bénéfice, 1|10 de la dépense	3	32
Valeur du quintal métrique.	36	52
Valeur d'un kilog.	0	36

PRIX DES OUVRAGES.

§ 1er. Des ouvrages comptés au poids.

Prix du kil.

	fr.	c.
GROS FER, tels que chaînes, bandes de trémie, ancres, tirans, harpons, manteaux de cheminée, linteaux, barres d'appui, sans scellement, etc.	0	62
PETIT FER, pour étrier et autres ouvrages semblables faits en petites parties et coudées,	0	72

Prix du kil.

	fr.	c.
AUTRE FER PLAT OU CARRÉ, employé pour des cintres et autres ouvrages à plusieurs coudes ou soudures.	0	87
BARREAUX DE CROISÉE A PATTES OU A SCELLEMENT, et autres ouvrages semblables, en fer carré, de 20 mill. de grosseur.	0	64
GRILLES composées de barreaux à scelle-		

Prix du kil. *fr. c.*

ment ou non, avec une traverse au milieu seulement. — 0 80

LES MÊMES GRILLES, mais avec un sommier haut et bas, et une traverse au milieu. — 1 02

TRAVÉE DE GRILLES en fer rond, avec tenon, pour lances ou autres ornements par le haut, ponton par le bas et trois traverses à trous renflés. — 1 38

GRANDE GRILLE de cour ou de jardin, en fer carré, ouvrant à 2 ou 4 ventaux, composée de 3 à 4 traverses ou sommiers sur la hauteur, avec montant portant pivots et bourdonnières. — 1 57

GRANDE GRILLE de cour ou de jardin, en fer rond, ouvrant à 2 ou à 4 ventaux, composée de 4 traverses avec forts congés et frise pour le bas et montant portant pivots et bourdonnière. — 1 45

PETITE GRILLE de soupirail ou de puisard et autres, en fer carré. — 1 18

ARMATURE DE POMPE bien faite, toutes les pièces soudées, avec balancier, tringles, etc., faite en fer carré. — 1 66

EQUERRES ET PIVOTS pour ferrure de portes cochères, et fer plat. — 1 43

PENTURES A CHARNIÈRES, supposées de façon, garnies de gonds pour volets ou fortes portes brisées, faites à deux nœuds sur la longueur. — 2 37

GONDS DOUBLES à pâte en T, renforcés au congé, pour les pentures ci-dessus. — 2 85

PENTURES DE CAVES, supposées de façon, garnies de gonds, les fers non entaillés, le tout mis en place. — 1 22

CHEVILLETTES de charpentier en fer neuf. — 0 84

BOULONS CARRÉS, à tête d'un bout et à clavette de l'autre (sans rondelles).
de 14 millimètres de grosseur. — 1 08
de 18 — 1 00
de 22 — 0 80
de 27 idem et au-dessus. — 0 70

BOULONS carrés, à tête ou à clavette d'un bout et à vis garnie d'écrou de l'autre bout.
de 14 millimètres de grosseur. — 1 15
de 18. — 1 07
de 22. — 0 85
de 27 idem et au-dessus. — 0 75

BOULONS EN FER ROND, à tête d'un bout et à clavette de l'autre.
de 14 millimètres de diamètre. — 1 20
de 20. — 1 06
de 27. — 0 84
de 34 et au-dessus. — 0 80

BOULONS EN FER ROND, à tête ou à clavette d'un bout, et à vis garnie d'écrou de l'autre.
de 14 millimètres de diamètre. — 1 30
de 20. — 1 11
de 27. — 0 88
de 34 et au-dessus. — 0 84

RAMPE à barreaux droits, avec ou sans châssis. — 1 15

RAMPE à barreaux droits, à balustre dans toute leur longueur, comme ci-dessus. — 1 31

RAMPE à barreaux unis en arcade, comme ci-dessus. — 1 25

RAMPE à barreaux, à balustre, en arcade, comme ci-dessus. — 1 42

BALCON composé d'un châssis en haut et d'un châssis en bas, avec ou sans losanges. — 1 20

BALCON avec double châssis haut et bas, remplis de losanges et de parties circulaires. — 1 40

BALCON composé de double châssis haut et bas, remplis d'arcades, de parties circulaires ou autres ajustées. — 1 50

CLOUS.

Clous double-picard en fer fort. — 0 80
idem simple-picard. — 0 85
idem numéros 24 à 18. — 0 90
idem numéros 14 à 10. — 1 00
idem à voliges ou les 300, de 36 à 54 millimètres de long. — 0 80
idem à ardoises de 18 à 20 millimètres ou le mille. — 1 20
idem à latteaux de 54 de longueur, ou les 240. — 0 76
idem de 27 de longueur, ou les 580. — 0 86

CLOUS A PATTE de toutes longueurs. — 0 85

POINTES DE MENUISIER.

POINTES de toutes longueurs n° 15. — 0 87
n° 16. — 0 84
n° 17. — 0 80
n° 18. — 0 76
n° 19. — 0 73
n° 20. — 0 70

§ 2e. Ouvrages de fonte.

FONTE pour plaque et foyer de cheminée, compris transport de chez le marchand à l'atelier ou au bâtiment et la pose. — 0 36
Idem. pour tour creuse, compris, idem. — 0 41
Idem. pour tuyau de descente, idem. — 0 49
Idem. pour poêle, cloche ou borne. — 45

§ 3e. DES OUVRAGES A LA PIÈCE.

Des Vis et des Boulons.

Les vis et les boulons se vendent encore généralement à la douzaine ou la grosse de douze douzaines. Dans le tarif suivant, les prix de ces vis et de ces boulons sont établis par dizaines, tant pour faciliter la recherche des prix de l'unité ou de la pièce, que pour rentrer dans le système décimal que j'ai suivi exclusivement dans le reste de l'ouvrage.

Les prix de ce tarif sont ceux actuels ; mais on remarquera que les marchands font des remises sur ces prix de 30 pour cent et même plus.

	NUMÉROS de FORCE.	PRIX pour 100 millimètres de longueur.	PRIX des 10 millimètres.	
			au-dessous de 100 millimètres.	au-dessus de 100 millimètres.
		fr. c.	fr. c.	fr. c.
VIS.				
—	10 à 15	0 19	0 015	» »
	16 et 17	0 23	0 018	» »
	18 et 19	0 31	0 027	0 015
Prix d'une dizaine de vis à bois, à tête plate (1).	20 et 21	0 45	0 040	0 020
	22 et 23	0 61	0 062	0 029
	24 et 25	0 82	0 077	0 040
	26 et 27	1 07	0 103	0 051
	28 et 29	1 37	0 131	0 066
	30	1 60	0 156	0 078
BOULONS.				
—	22 à 24	0 94	0 047	» »
	25 et 26	1 10	0 064	0 045
Prix d'une douzaine de boulons à écroux,	27 et 28	1 38	0 090	0 058
à tête plate ou ronde.	29 et 30	1 69	0 122	0 074
	31 et 32	2 05	0 157	0 092
	33 et 34	2 44	0 197	0 111
	35 et 36	2 82	0 230	0 134

(1) Les vis à tête ronde se comptent de la même manière que celles à tête plate, et toujours d'un numéro de force au-dessus de leur véritable.

Les numéros de force suivent une progression croissante depuis le n° 1, qui a un demi-millimètre de grosseur, jusqu'au n° 30, qui en a 0 m. 010.

Les vis des n°ˢ 10 à 19 n'ont jamais 100 millimètres de longueur ; les prix déterminés pour cette dimension ne devront donc servir que de terme de comparaison.

SEPTIÈME CATÉGORIE.

PLOMBERIE ET ZINC.

DES FOURNITURES.

§ 1er. — DU PLOMB.

On distingue deux sortes de plomb : le plomb blanc et le plomb noir; le premier est sec, aride, sujet à se casser, et ne peut être employé qu'étant allié à d'autres métaux.

Le plomb noir ne présente pas les mêmes inconvénients que le plomb blanc; c'est aussi celui que les plombiers choisissent et emploient de préférence.

Le commerce nous fournit le plomb en saumons, en table et en tuyaux moulés. Les tuyaux soudés, appelés tuyaux physiqués, sont ordinairement fabriqués par les plombiers de province.

§ 2e. — DU ZINC.

Les feuilles de zinc employées pour le bâtiment ont presque toujours 2 mètres de longueur sur 50, 65 et 80 centimètres de largeur; elles se divisent en plusieurs numéros, qui représentent leur force ou leur épaisseur, ainsi qu'il est indiqué ci-dessous.

TABLEAU indiquant le n° de force, l'épaisseur et le poids du mètre superficiel des feuilles de zinc.	N^{os}. de FORCE.	ÉPAISSEUR des feuilles et de la plus-value.	POIDS du mètre carré.	
			kil.	*gr.*
Feuille la plus faible.	10	$0^m,00051$	3	450
Plus-value pour chaque numéro de force au-dessus de celui de 10, jusqu'au numéro 15 inclusivement. . .	»	$0^m,00009$	0	620
Feuille intermédiaire.	15	$0^m,00096$	6	550
Plus-value pour chaque numéro de force au-dessus de celui de 15 jusqu'au numéro 19 inclusivement. . .	»	$0^m,00013$	0	940
Feuille intermédiaire.	19	$0^m,00148$	10	300
Plus-value pour chaque numéro de force au-dessus de celui de 19, jusqu'au numéro 25 inclusivement. . .	»	$0^m,00018$	1	200
Feuille la plus forte et dernière.	25	$0^m,00256$	17	500

§ 3°. — DE LA SOUDURE.

La soudure est un alliage de plomb et d'étain que l'on fait fondre, que l'on écume de même que le plomb, et que l'on coule en saumons ou lingots de diverses grosseurs ; la dose de l'un ou de l'autre de ces deux métaux, dépend de la finesse de l'étain et de l'emploi que l'on doit en faire.

§ 4°. — DU PRIX DU PLOMB, DU ZINC, DE L'ÉTAIN ET DES JOURNÉES DE PLOMBIER.

	fr.	c.		fr.	c.
Vieux plomb, le kilogramme. . .	0	30	Etain fin, le kilogramme.	2	20
Plomb en saumons idem. . . .	0	50	Etain de vaisselle idem.	1	90
Plomb laminé en tables idem . . .	0	65	Journée de plombier, de 10 heures de		
Plomb en tuyaux moulés idem. . .	0	70	travail effectif, non comp. le 10°. .	2	50
Zinc en feuilles, idem.	0	75	Journée de garçon plombier idem. .	1	75

ANALYSE OU ÉVALUATION DES OUVRAGES.

§ 1er. MANIÈRE DE COMPTER LE PLOMB, LE ZINC ET LA SOUDURE.

1°. *Du Plomb.*

Le plomb sera divisé en trois classes et compté au poids.

La première classe comprendra le plomb employé en tables; la seconde celui employé en tuyaux moulés, et la trosième celui employé en tuyaux soudés ou physiqués.

Dans les deux premières classes, la soudure sera comptée à part ; dans la troisième, au contraire, la soudure sera comprise dans le prix du plomb.

On distinguera encore parmi ces diverses classes, le plomb qui aura été posé par les plombiers d'avec celui qui le serait par les couvreurs.

La pose de tous les tuyaux, cuvettes et ouvrages analogues, sera comptée séparément des fournitures et à la journée.

Les soudures seront divisées en trois classes et comptées au poids.

La première classe comprendra la soudure employée à l'atelier sur les tuyaux physiqués ou tous autres ouvrages.

La seconde, celle employée dans le bâtiment sur plomb neuf, soit en tables, soit en tuyaux, soit en cuvettes.

La troisième comprendra la soudure employée sur le vieux plomb, en réparations partielles. Dans celle-ci on ne tiendra point compte de l'emploi du temps avec la fourniture; mais il sera estimé séparément et à la journée. La fourniture du charbon sera aussi payée à part.

Le vieux plomb sera abandonné aux plombiers, y compris les soudures qui y seraient adhérentes, en échange du plomb neuf fourni, suivant le prix déterminé dans les détails ; on déduira sur leur poids quatre ou cinq kilogrammes au plus au cent pour le déchet que le plomb éprouve dans la refonte. L'entrepreneur sera indemnisé de toute main-d'œuvre nécessaire pour la dépose et pour le transport du vieux plomb.

2°. — *Du Zinc.*

Le zinc sera divisé en deux classes et payé au poids, et jamais au mètre superficiel ni au mètre linéaire.

La première classe comprendra le zinc employé en nappes ou en tables, soit en grandes ou en petites parties,

La deuxième comprendra celui employé en nochères ou gouttières volantes et autres ouvrages analogues, pose comprise.

Les crochets ne seront jamais compris dans le prix du zinc.

La soudure employée pour le zinc se comptera de la même manière que celle employée pour le plomb.

La manière d'estimer le zinc au mètre superficiel et au mètre linéaire, présente trop d'inconvénients pour être suivie; car outre qu'il faudrait établir un prix pour chaque numéro de force de zinc, il peut encore se faire que l'on emploie un numéro inférieur à celui que l'on serait convenu de fournir ; d'où il s'en suivrait que la personne qui ferait bâtir se trouverait lésée dans le prix et la solidité des ouvrages.

L'estimation du zinc au kilogramme prévient tous ces abus.

---

§ 2e. Sous-détails des ouvrages.

DE LA SOUDURE,

1°. — Sous-détail de cent kilogrammes de soudure de première qualité.

	fr. c.
Fournitures : 50 kilogrammes d'étain fin. .	110 00
50 kil. de plomb en saumons.	25 00
Déchet, 1¡25.	5 40
Frais de bois et d'ustensiles pour la fonte.	3 00
Déboursé total. .	143 40
Bénéfice , 1¡10 de la dépense. .	14 34
Valeur de 100 kilogrammes. .	157 74
Valeur intrinsèque d'un kilogramme de soudure en saumons. . .	1 43
Valeur d'un kilogramme de soudure en saumons , y compris le bénéfice et non le temps de son emploi.	1 58

2°.—Sous-détail de cent kilogrammes de soudures de 2°. qualité.

Fournitures : 50 kilogr. d'étain de vaisselle.	95 00
50 kil. de plomb en saumons.	25 00
Déchet, 1¡25.	4 80
Frais de bois et d'ustensiles pour la fonte.	3 00
Déboursé total. .	127 80
Bénéfice , 0¡10 de la dépense. .	12 78
Valeur de 100 kilogrammes. .	140 58
Valeur intrinsèque d'un kilogramme de soudure en saumons de 2°. qualité. . .	1 28
Valeur d'un kilog. de soudure en saumons de 2°. qualité , y compris le bénéfice et non le temps de son emploi. . . .	1 41

DU PLOMB.

3°. — Sous-détail de 1,000 kilogrammes de plomb laminé , employé en tables pour grandes ou petites parties, telles que faîtages , noues, arêtiers, piédroits , embases , &. (La soudure comptée à part).

	fr. c.
Fournitures : 1,000 kil. de plomb neuf (1).	650 00
Façon : Temps pour le débit et la pose des bandes , 70 heures de compagnon et de garçon plombier , à 425 mil. l'heure. .	29 75
Faux-frais pour transport , etc. , 1¡5 de la main-d'œuvre.	5 95
Déboursé total. .	685 70
Bénéfice , 1¡10 de la dépense. .	68 57
Valeur de 1,000 kilogrammes. .	754 27
Valeur d'un kilogramme. .	0 75

4°.—Sous-détail de 1,000 kilogrammes de plomb neuf , lorsque l'entrepreneur, en livrant celui-ci, reçoit la même quantité (déduction faite des quatre kilogrammes au cent) de vieux plomb qui , dans ce cas , n'offre plus qu'un détail de plomb pour façon et pose (non compris soudure).

Façon et faux-frais , comme au n°. précéd.	35 70
Bénéfice, 1¡10 de la dépense. .	3 57
Valeur de mille kilogrammes. . .	39 27
Valeur d'un kilogramme. .	0 04

5°.—Sous-détail de 1,000 kilogrammes de plomb , pour tuyaux moulés de tout diamètre (non compris la pose.)

Fournitures , 1,000 kilogrammes de plomb.	700 00
Bénéfice , 1¡10 de la dépense. .	70 00
Valeur de 1,000 kilogrammes. .	770 00
Valeur d'un kilogramme. .	0 77

6°. — Sous-détail de 1,000 kilogrammes de plomb employé à l'atelier pour tuyaux soudés ou phy-

---

(1) Il n'y a point de déchet à compter , puisque le poids du plomb est constaté avant sa mise en œuvre.

siqués, cuvettes et ouvrages semblables de tout diamètre, non posés.

—

	fr.	c.
Fournitures : 1,000 kilogr. de plomb neuf.	680	00
Soudure, 2e qualité, 39 kilogr. à 1 fr. 28 c.	49	92
Façon : Temps à rouler les tuyaux, les éta-mer et les souder, 100 heures à 425 mil-lièmes l'heure.	42	50
Faux-frais, 1|5 de la main-d'œuvre.	8	50
Déboursé total.	780	92
Bénéfice, 1|10 de la dépense.	78	09
Valeur de 1,039 kilogrammes.	826	01
Valeur d'un kilogramme.	0	80

7°.—Sous-détail de 100 kilogrammes de soudure employée au bâtiment pour ouvrages neufs en tables.

—

	fr.	c.
Fournitures : 100 kilogrammes de soudure de 2e. qualité.	125	00
Charbon et bois.	9	00
Façon : Temps pour l'emploi, 56 heures à 425 millièmes l'heure.	23	80
Faux-frais, 1|5 de la main-d'œuvre.	4	76
Déboursé total.	162	56
Bénéfice, 1|10 de la dépense.	16	26
Valeur de 100 kilogrammes.	178	82
Valeur d'un kilogramme.	1	79

DU ZINC.

8°. — Sous-détail de 100 kilogrammes de zinc, quel que soit le numéro, employé et posé en nappes pour grandes ou petites parties, telles que pour noues, chéneaux, arétiers, faîtages, &. (la soudure étant comprise à part).

	fr.	c.
Fournitures : 100 kilogrammes de zinc.	75	00
Façon : Temps pour le débit et la pose des feuilles, 15 heures des mêmes ouvriers qu'au n°. 3.	6	37
Faux-frais, 1|5 pour transport, etc., de la main-d'œuvre.	1	25
Déboursé total.	82	62
Bénéfice, 1|10 de la dépense.	8	26
Valeur de 100 kilogrammes.	90	88
Valeur d'un kilogramme.	0	91

9°.—Sous-détail de 100 kilogrammes de zinc, quel que soit le numéro, employé (non posé), en gouttières volantes et autres ouvrages du même genre.

	fr.	c.
Fournitures : 100 kilogrammes de zinc.	75	00
2 kil. de soudure de 1re qualité.	2	88
Façon : Temps pour le débit, le contour des feuilles et la soudure, 20 heures des mêmes ouvriers qu'au n°. 3.	8	50
Faux-frais pour transport, 1|5 de la main-d'œuvre.	1	70
Déboursé total.	88	08
Bénéfice, 1|10 de la dépense.	8	81
Valeur de 100 kilogrammes.	96	89
Valeur d'un kilogramme.	0	97

10°.—Sous-détail de 100 kilog. de soudure employée au bâtiment pour ouvrages neufs en tables.

	fr.	c.
Fournitures : 100 kilogrammes de soudure de première qualité.	143	40
Charbon et bois.	9	00
Façon et faux-frais, comme au n° 7.	28	56
Déboursé total.	180	96
Bénéfice, 1|10 de la dépense.	18	10
Valeur de 100 kilogrammes.	199	06
Valeur d'un kilogramme.	1	99

BORDEREAU DES PRIX DES OUVRAGES.

Soudure en saumons.

	Valeur d'un kil. fr.	c.
Soudure de 1re qualité en saumons, non employée.	1	58
idem de 2.e idem.	1	41

Plomb.

	Valeur d'un kil. fr.	c.
PLOMB NEUF LAMINÉ, employé en tables, pour grandes ou petites parties, telles que des faîtages, noues, arétiers, piédroits, embases, etc. (la soudure comprise à part).	0	75
PLOMB NEUF LAMINÉ, comme ci-dessus; l'entrepreneur, en livrant celui-ci, reçoit la même quantité (déduction faite des 4 kilogrammes au cent) de vieux plomb qui, dans ce cas, ne doit plus être payé que de la façon et de la pose.	0	04

	Valeur d'un kil. fr.	c.
TUYAUX MOULÉS de tout diamètre, non compris la pose.	0	27
TUYAUX SOUDÉS OU PHYSIQUÉS, cuvettes et autres ouvrages semblables, de tout diamètre, non posés.	0	80
SOUDURE employée au bâtiment pour ouvrages neufs en tables.	1	79

Zinc.

	Valeur d'un kil. fr.	c.
ZINC, quel que soit le numéro, employé et posé en nappes pour grandes ou petites parties, telles que pour noues, arétiers, faîtages, etc. *(soudure comprise à part).*	0	91
ZINC, quel que soit le numéro, employé *(non posé)*, en gouttières volantes et autres ouvrages du même genre.	0	97
SOUDURE employée au bâtiment pour ouvrages neufs en table.	1	99

HUITIÈME CATÉGORIE.

PAVAGE ET CARRELAGE.

DES FOURNITURES.

Les matières employées pour le pavage et le carrelage sont le sable, le mortier, les briques rouges du pays, les grès, les carreaux ou dalles en pierre de grès et en pierre bleue, et les carreaux de terre cuite à quatre pans ou carrés.

Ces matériaux, qui se trouvent en grande partie dans presque toutes les localités, sont assez généralement connus, pour me dispenser d'entrer dans aucune explication à ce sujet. Du reste, la plupart de ces matériaux ont déjà été traités dans l'évaluation de la maçonnerie.

DU PRIX DES MATÉRIAUX.

	PRIX d'acquisition.		PRIX adoptés (1).	
	fr.	c.	fr.	c.
Le mètre cube de sable.	0	50	3	00
Le mètre cube de mortier de chaux du pays et sable.	»	»	4	10
Le mille de briques rouges, du pays.	12	00	15	00
Le mille de pavés de grès de premier échantillon ou de 0 m. 18 à 0 m. 22 de côté.	180	00	200	00
Le mille de pavés de grès de deuxième échantillon ou de 0 m. 15 à 0 m. 18 de côté.	120	00	140	00
Le mille de petits pavés de grès de troisième échantillon ou de 0 m. 10 à 0 m. 14 de côté.	30	00	40	00
Le mètre courant de bordures, quel que soit l'échantillon.	1	80	2	00
Le mètre courant de bordures de trottoir de 0 m. 15 de largeur sur 0 m. 50 de queue.	2	90	3	00
Le cent de carreaux rouges en terre cuite, d'Englefontaine, grand module, ou de 0 m. 19 de côté et de 0 m. 03 d'épaisseur.	4	00	5	50
Le cent de mêmes carreaux, petit module, ou de 0 m. 16 de côté, et de 0 m. 025 d'épaisseur.	2	00	3	00
Le mètre superficiel de carreaux ou dalles en pierre bleue, taillées, soit d'Antoing, soit de Ghissignies, soit de Bazècles ou de tout autre endroit.	»	»	3	00
Le mètre superficiel de carreaux de grès plat du pays, taillés.	»	»	9	00

(1) Ces prix sont ceux des matériaux supposés rendus à pied-d'œuvre.

DE LA MAIN-D'OEUVRE.

Du prix des journées de 10 heures de travail effectif.

		fr.	c.
Journée du paveur de grès.		2	50
Idem du garçon paveur.		1	75
Idem du maçon ordinaire ou carreleur.		2	67
Idem du manœuvre.		1	84
Idem du jointoyeur.		2	13

FIXATION DES FOURNITURES POUR SOUS-DÉTAILS.

	QUANTITÉ en œuvre.	DÉCHET.	QUANTITÉ nécessaire.
1°. Pour un mètre carré de pavages en briques.			
Cube de sable, pour forme ou aire de 0 m. 10 d'épaisseur.	0 100	1/50	0 102
Plus ou moins-value pour chaque centimètre d'épaisseur en plus ou en moins qu'aurait la forme.	0 010	—	0 010
Nombre de briques, pour pavage debout, ou de 0 m. 24 d'épaisseur.	120	1/10	132
Idem de champ, ou de 0 m. 12 d'épaisseur.	60	—	66
Idem de plat, ou de 0 m. 06 d'épaisseur.	50	—	33
Cube de mortier, pour pavage de bout comme ci-dessus.	0 080	1/20	0 084
Idem de champ idem	0 036	—	0 038
Idem de plat idem	0 027	—	0 028
2°. Pour un mètre superficiel de pavages en grès.			
Cube de sable, pour forme de 0 m. 20 d'épaisseur.	0 200	1/50	0 204
Plus ou moins-value pour chaque centimètre d'épaisseur en plus ou en moins qu'aurait la forme.	0 010	—	0 010
Cube de sable pour le remplissage des joints et la couche du dessus.	0 030	—	0 031
Nombre de pavés de grès, de premier échantillon (moins les joints).	23	1/25	24
Idem du deuxième échantillon idem.	31	—	32
Idem du troisième échantillon idem.	58	—	60
3°. Pour un mètre linéaire de bordures.			
Cube de sable, pour forme de 0 m. 20 d'épaisseur.	0 032	1/50	0 033
Plus ou moins-value pour chaque centimètre d'épaisseur en plus ou en moins qu'aurait la forme de sable.	0 002	—	0 002
Cube de sable pour le remplissage des joints et la couche du dessus.	0 003	—	0 003
Le mètre courant de bordures.	1 00	—	1 02
4°. Pour un mètre superficiel de carrelage (1).			
Nombre de carreaux de terre cuite, grand module.	28	1/40	29
Idem idem petit module.	39	—	40
Surface de pavés de grès ou de pierre bleue.	1 00	1/50	1 02
Cube de mortier pour carrelage, quel qu'il soit.	0 020	1/20	0 021

FIXATION DE LA FAÇON DES OUVRAGES POUR SOUS-DÉTAILS.

	TEMPS NÉCESSAIRE.	
	heures.	min.
1°. Façon des ouvrages neufs.		
Temps nécessaire à un maçon et un manœuvre pour la pose d'un mètre carré de pavages en briques. { debout.	2	00
de champ	1	00
de plat.	0	30

(1) La forme en sable suit les mêmes principes que celle des pavages en briques.

	TEMPS NÉCESSAIRE.	
	heures.	min.
Temps nécessaire à un paveur et un manœuvre, pour la pose d'un mètre carré de pavage en grès. — de premier échantillon.	0	23
— de deuxième échantillon.	0	31
— de troisième échantillon.	0	40
Temps nécessaire à un paveur et un manœuvre, pour la pose d'un mètre linéaire de bordures en grès.	0	15
Temps nécessaire à un paveur pour le choix et l'épinçage de cent pavés pouvant être remployés.	2	00
Temps nécessaire à un carreleur et un manœuvre, pour la pose d'un mètre superficiel de carreaux en terre cuite. — Grand module.	0	56
— Petit module.	1	18
Temps nécessaire aux mêmes ouvriers, pour la pose d'un mètre superficiel de carreaux ou dalles en pierre bleue ou en grès.	1	00

2°. *Façon des ouvrages de démolition.*

	TEMPS NÉCESSAIRE.	
Temps nécessaire à un manœuvre de maçon, pour démonter un mètre carré de pavage en briques. — de bout.	0	15
— de champ.	0	10
— de plat.	0	05
Temps nécessaire à un manœuvre de paveur, pour le démontage d'un mètre carré de pavage en grés, bordures comprises.	0	15
Temps nécessaire à un maçon et un manœuvre, pour le démontage d'un mètre carré de carrelage, le choix, le décrottage et le rangement des vieux matériaux propres à être remployés. — en carreaux de terre cuite.	0	15
— en dalles de pierre bleue ou de grès.	0	20

DES FAUX--FRAIS.

Les faux-frais de la profession du paveur et de celle du carreleur, consistent dans la location d'un dépôt ou d'un magasin, dans les frais de patente, dans ceux d'équipages et autres; mais non dans les frais de transport des matériaux, qui doivent être comptés à part. Le montant total de toutes ces dépenses peut être porté, de même que pour la couverture et la maçonnerie, au 20° de la paie des ouvriers ou de la main-d'œuvre.

ANALYSE OU ÉVALUATION DES TRAVAUX.

§ 1er. MÉTRAGE DES OUVRAGES.

Tous les ouvrages de pavage et de carrelage, vieux ou neufs, seront mesurés et comptés en superficie, excepté les bordures en grès, ainsi que les briques, les carreaux ou dalles employés en recherche. Tous vides quelconques seront déduits. On indiquera l'échantillon, la qualité et les dimensions des pavés, des dalles et des carreaux; on fera connaître aussi l'épaisseur de la forme ou aire de sable, la manière dont le pavé sera scellé, de même que l'espèce et la qualité du mortier employé à cet usage.

Les bordures de pavés seront toujours mesurées ou payées en linéaire.

La dépose du vieux pavage ou du vieux carrelage sera comptée séparément du prix de la repose ou du remaniement.

Les grès, les briques, les carreaux et les dalles posés en recherche, seront comptés au mille, au cent ou à la pièce, et jamais en superficie.

La main-d'œuvre sera comptée à part d'après des notes prises à cet effet.

Toutes les parties de pavage ou de carrelage, dans les recherches qui contiendront plus d'un mètre superficiel, seront mesurées et estimées en surface.

La forme en sable, le remplissage des joints et la couche du dessus feront toujours partie du pavage et du carrelage, que l'ouvrage soit en matériaux neufs ou vieux.

L'enlèvement des gravois et autres parties provenant des ouvrages neufs ou vieux sera payé séparément, suivant des attachements pris à cet effet.

Le décrottage des briques, lorsqu'il aura lieu, sera compté avec les démolitions.

§ 2e. — SOUS-DÉTAILS DES OUVRAGES.

Au moyen du prix des matériaux et de la main-d'œuvre, de la fixation des fournitures et de la façon des ouvrages que j'ai donnés précédemment, et à l'aide de quelques sous-détails que je vais développer, chacun pourra établir tous les prix des ouvrages dont il pourra avoir besoin, puisqu'il suffira de substituer à ces exemples, selon les circonstances et les différents cas, la valeur des matériaux, la quantité de fournitures et la façon des ouvrages autres que ceux énoncés dans les sous-détails ci-après. Du reste, je donnerai dans le bordereau les prix de tous les ouvrages de ces deux professions qui peuvent se présenter dans la construction.

1°. *Sous-détail d'un mètre carré de pavage en briques debout ou de 0 m. 24 d'épaisseur, posées sur forme de sable de 0 m. 18 de hauteur, et scellées en mortier de chaux grasse du pays et sable de plaine.*

	fr. mill.
Fournitures :	
Sable, 0 m. 102 cubes à 3 francs. . . .	0 306
Briques, 132, à 15 francs le mille. . . .	1 980
Mortier, 0 m. 084 cubes, à 4 fr. 10 c. . .	0 344
Façon :	
Temps pour faire l'aire et poser les briques, 2 h. de maçon et de manœuvre à 451 mill.	0 902
Faux-frais :	
1/20 de la main-d'œuvre.	0 045
Déboursé total. .	3 577
Bénéfice. 1/10 de la dépense. .	0 358
Valeur d'un mètre superficiel. .	3 935

2°. *Sous-détail d'un mètre superficiel de pavage en grès de 1er. échantillon, posés sur forme de sable de 0 m. 20 d'épaisseur.*

Fournitures :	
Sable pour la forme, le remplissage des joints et la couche du dessus, 0 m. 235 cubes à 3 francs.	0 705
Grès, 24, à 200 francs le mille. . . .	4 800
Façon.	
Temps pour faire la forme, poser les pavés et les damer, 23 minutes de paveur et de manœuvre, à fr. 425 millièmes l'heure.	0 163
Faux-frais :	
1/20 de la main-d'œuvre.	0 008
Déboursé total. .	5 676
Bénéfice, 1/10 de la dépense. .	0 568
Valeur d'un mètre superficiel. .	6 244

3°. *Sous-détail d'un mètre linéaire de bordures.*

	fr. mill.
Fournitures :	
Sable pour la forme, etc., 0 m. 036 cubes.	0 108
Bordures, 1 m. 02 courant, à 2 francs. .	2 040
Façon :	
Temps pour faire la forme, poser et damer les bordures, 15 minutes de paveur et de manœuvre, à 425 millièmes l'heure. .	0 106
Faux-frais.	
1/20 de la main-d'œuvre.	0 005
Déboursé total. .	2 259
Bénéfice, 1/10 de la dépense. .	226
Valeur d'un mètre superficiel. .	2 485

4°. *Sous-détail d'un mètre superficiel de carrelage en carreaux de terre cuite, grand module, posés et scellés comme au n°. 1er.*

Fournitures.	
Sable, comme au n°. 1er.	0 306
Carreaux, 29, à 5 francs 50 le cent. . .	1 595
Mortier, 0 m. 021 cubes à 4 fr. 10 c. . .	0 086
Façon.	
Temps pour faire l'aire et poser les carreaux 56 minutes de carreleur et de manœuvre à 451 millièmes l'heure.	0 421
Faux-frais.	
1/20 de la main-d'œuvre.	0 021
Déboursé total. .	2 429
Bénéfice, 1/10 de la dépense. .	0 243
Valeur d'un mètre superficiel. .	2 672

5°, *Sous-détail d'un mètre superficiel de dallage, en dalles de pierre bleue ou de grès, posées et scellées comme au n°. 1er.*

Fournitures.

	fr. mill.
Sable, comme au n°. 1er.	0 306
Dalles, 1 m. 02 superficiels, à 3 francs.	3 060
Mortier, comme au n°. 4.	0 086

Façon.

Temps pour faire l'aire et poser les dalles,

	fr. mill.
Report.	3 482
1 heure de carreleur et de manœuvre, à 451 millièmes l'heure.	0 451

Faux-frais.

1/20 de la main-d'œuvre.	0 023
Déboursé total.	3 926
Bénéfice, 1/10 de la dépense.	0 393
Valeur d'un mètre superficiel.	4 319

PRIX D'APPLICATION.

§ 1er. — pavages neufs.

ARTICLE PREMIER.

Pavages en briques neuves, au mètre carré, posées sur forme de sable de 0 m. 10 d'épaisseur, et scellées en mortier de chaux grasse du pays et sable (1).

Valeur des ouvrages.

	fr. c.
1°. Pavage en briques debout.	3 93

Plus ou moins-value pour chaque franc que coûterait en plus ou en moins
- de 4 francs 10 le mètre cube de mortier. — 0 09
- de 3 f le m. c. de sable. — 0 11
- de 15 f. le mille de briq. — 0 15

	fr. c.
2. Pavage en briques de champ.	2 12

Plus ou moins-value pour chaque franc que coûterait en plus ou en moins
- de 4 francs 10 le mètre cube de mortier. — 0 04
- de 3 f. le m. c. de sable. — 0 11
- de 15 f. le mille de briq. — 0 07

	fr. c.
3°. Pavages en briques de plat.	1 27

Plus ou moins-value pour chaque franc que coûterait en plus ou en moins
- de 4 francs 10 le mètre cube de mortier. — 0 03
- de 3 francs le mètre cube de sable. — 0 11
- de 15 francs le mille de briques — 0 04

Réduction à opérer par mètre carré, sur les prix des numéros 1 à 3, quand il n'y aura point de forme de sable sous le pavage. — 0 34

ARTICLE DEUXIÈME.

Pavage en grès, posés sur forme de sable de 0 m. 20 d'épaisseur, épinçage, battage de pavé et régalement de sable compris (2).

1°. Pavage en grès 1er echantill., le m. carré.	6 24
2°. idem. de 2e. idem.	5 96
3°. idem. de 3e. idem.	3 74

Plus ou moins-value pour chaque franc que coûterait en plus ou en moins
- de 200 fr. le mille de grès de 1er échantil. — 0 026
- de 140 f. id. de 2e. id. — 0 038
- de 040 f. id. de 3e. id. — 0 066
- de 3 fr. le mètre cube de sable. — 0 258

Réduction à opérer par mètre carré, sur les prix des n°s 1 et 3, quand il n'y aura point de forme de sable. — 0 67

4°. Bordures au mètre linéaire.	2 48

Plus ou moins-value pour chaque franc que coûterait en plus ou en moins le mètre linéaire de bordures. — 1 12

Réduction à opérer sur la valeur d'un mètre linéaire de bordures, quand il n'y aura point de forme de sable. — 0 12

5°. Épinçage et choix de cent pavés de grès susceptibles d'être remployés. — 0 98

§ 2. — Carrelages neufs.

ARTICLE PREMIER.

Carrelage en carreaux de terre cuite, au mètre carré, posés sur forme de sable de 0 m. 10 d'épaisseur, et scellés en mortier de chaux grasse du pays et sable.

1°. Carrelage en carreaux, grand module.	2 67
2°. idem. petit module.	2 45

Plus ou moins-value aux prix des numéros 1 et 2, pour chaque franc que coûterait en plus ou en moins
- de 4 fr. 10 le mètre cube de mortier. — 0 02
- de 5 fr. 50 le 100 de carreaux, g. module. — 0 32
- de 3 fr. le 100 de carreaux, petit module. — 0 44
- de 3 francs le mètre cube de sable. — 0 11

Réduction à opérer par mètre carré, sur les prix des n°s 1 et 2, quand il n'y aura point de forme de sable. — 0 34

---

(1) Si l'on veut obtenir le prix des ouvrages, scellés en mortiers, autres que celui sur lequel j'ai établi mes sous-détails, il suffira d'ajouter ou de diminuer à la valeur de ces ouvrages la plus ou moins-value, autant de fois qu'il y aura de différence entre les deux espèces de mortier.

On trouvera tous les détails et tous les prix possibles de jointoiements et rejointoiements relatifs aux ouvrages de pavage en briques, dans l'évaluation de la maçonnerie pages 111, 138, 221 et 276.

2°. Il est très-important de s'assurer du prix de revient des grès rendus à pied-d'œuvre, car il faut remarquer que ces matériaux peuvent varier de 20 à 40 francs au mille, et même davantage, tant en plus qu'en moins. Il peut résulter de cet état de choses une différence notable dans le prix du pavage au mètre carré.

NOTA. Pour les ouvrages en recherche, on ne devra compter que la valeur des fournitures seulement, la main-d'œuvre devant être estimée à part suivant des notes prises à cet effet. Pour connaître cette valeur, il suffira d'ajouter le dixième de bénéfice aux produits de la fixation des fournitures par le prix des matériaux (pages 415 et 416.)

ARTICLE DEUXIÈME.

Dallage en dalles de pierre bleue ou de grès, au mètre carré, posées sur forme de sable et scellées en mortier comme à l'article précédent.

—　Valeur des ouvrages.

		fr.	c.
1°. En dalles de pierre bleue, polies. . .		4	32
Plus ou moins-value pour chaque franc que coûterait en plus ou en moins	de 4 fr. 10 le mètre cube de mortier. .	0	02
	de 3 francs le mètre cube de sable .	0	11
	de 3 francs le mètre carré de dalles. .	1	12
2°. En dalles de pierre de grès, taillées. .		11	05
Plus ou moins-value pour chaque franc que coûterait en plus ou en moins	de 4 fr. 10 le mètre cube de mortier. .	0	02
	de 3 francs le mètre cube de sable. .	0	11
	de 9 francs le mètre carré de dalles. .	1	12

§ 3.—Démolition.

ARTICLE PREMIER.
Démolition de pavages.

Valeur des ouvrages.

		fr.	c.
1°. Démontage d'un mètre carré de pavage en briques	debout. . . .	0	05
	de champ . .	0	04
	de plat . . .	0	02
2°. Démontage d'un mètre carré de pavage en grès, bordures comprises.		0	05

ARTICLE DEUXIÈME.
Démolition de carrelage.

		fr.	c.
Démontage d'un mètre carré de carrelage, choix, décrottage et rangement des vieux matériaux susceptibles d'être remployés	En carreaux de terre cuite. .	0	13
	En dalles de pierre bleue. . . .	0	17
	Idem de grès. .	0	17

NEUVIÈME CATÉGORIE.

PEINTURE.

DES FOURNITURES.

Dans l'art de la peinture d'impression , on ne connaît que sept couleurs primitives, savoir : les blancs , les rouges , les jaunes , les verts , les bleus , les bruns et les noirs.

Le blanc est la base essentielle de toutes les autres couleurs ; c'est au moyen de cette couleur que l'on peut combiner le plus grand nombre de celles que l'on appelle secondaires ou composées , et qu'on en peut varier les nuances à l'infini.

La valeur des ouvrages de peinture d'impression , se compose : 1° du prix des matières ; 2°. du prix de la main-d'œuvre ; 3°. les faux-frais ; 4°. le bénéfice.

Les matières sont : 1° les diverses substances qui forment les couleurs et les tons ; 2° les liquides propres à les broyer et à les détremper.

Des couleurs.—Les couleurs s'emploient dans leur état de nature ou étant composées.

Les couleurs naturelles se désignent sous le nom de couleurs primitives.

Celles qui sont composées, sont connues sous le nom de couleurs secondaires.

Des liquides.—Les liquides qui servent à broyer et à détremper les couleurs, sont : l'eau , l'essence , l'huile , la colle et le vernis. Ceux propres à broyer sont : l'eau , l'essence de térébenthine et l'huile. Ceux propres à détremper sont : la colle , l'huile , l'essence de térébenthine et le vernis.

Le vernis et la colle s'appliquent ou s'étendent encore sur les couleurs , lorsqu'elles sont couchées , pour en conserver la fraîcheur et leur donner plus de durée.

Des articles accessoires a la peinture. — Les articles accessoires à la peinture sont : 1°. L'eau seconde ; 2° le bronze ; 3° la mine de plomb ; 4° l'encaustique ; 5° la pierre ponce ; 6° les éponges.

L'eau seconde sert, soit à détruire les anciens vernis , soit à dégraisser les fonds à l'huile

54.

qui doivent être repeints de même , ou bien à la colle ; elle sert aussi à laver toutes peintures à l'huile ou à la colle qui sont vernissées.

Le bronze s'emploie soit à couvrir toute la surface de divers sujets , tels que ferrures , grillages , etc. , ou bien seulement par frottis : tel est l'usage qu'on en fait pour imiter le bronze antique ; dans ce cas , les fonds sont préparés d'un ton analogue.

La mine de plomb n'est ordinairement employée qu'à un seul usage ; c'est pour noircir les contre-cœurs de cheminées ou des tôles.

La cire jaune , le savon blanc ou noir et le sel de tartre se marient tous trois ensemble pour faire un liquide qu'on nomme encaustique. Cette encaustique sert à donner du luisant , après avoir été frottée , aux diverses couleurs où il conviendra de le faire.

La pierre-ponce s'emploie pour poncer les fonds d'apprêt, avant que de coucher les teintes.

Les éponges servent à divers usages , tels que pour laver et essuyer l'eau sur les fonds lessivés , et pour laver des peintures vernies et des carreaux grattés.

OBSERVATIONS. — Les combinaisons infinies , les détails et les expériences qu'exige l'appréciation des travaux de peinture , font naître à chaque instant des obstacles si difficiles à surmonter , que pour remplir complètement la tâche que je me suis imposée en entreprenant la publication de ce traité , et pour appliquer convenablement les prix actuels de ces sortes de travaux , j'ai cru devoir adopter les principes suivis par Morisot *dans ses tableaux détaillés des prix* de tous les ouvrages de bâtiment.

PRIX DES MATIÈRES PREMIÈRES.

1º. Des couleurs primitives.

DES BLANCS. — Prix du kil. (fr. c.)

	fr. c.
Blanc de plomb en écailles.	1 00
Blanc de céruse de première qualité.	0 80
Blanc de craie.	0 10
Blanc de Bougival.	0 06
Blanc de plomb en trochisques.	5 00

DES ROUGES.

Ocre rouge ,	0 30
Rouge brun d'Angleterre ,	0 50
Beau rouge de Prusse ,	0 60
Minium ou mine rouge ,	0 80
Mine orange ,	2 00
Vermillon ,	16 00
Cinabre naturel, broyé une prem. fois,	16 00
Laque fine, belle qualité, non carminée,	20 00
Laque fine , deuxième qualité ,	14 00

DES JAUNES.

Ocre jaune ,	0 30
Ocre de rut ,	0 70
Stil de grain de Paris ,	1 60
Stil de grain de Hollande ,	2 60
Jaune de Naples, en grains, première q.	5 00
Orpin ,	6 00
Jaune minéral ,	2 00
Terra-merita en poudre ,	1 60
Graine d'Avignon , en grains ,	2 50
Safran bâtard ou safranum en feuilles,	6 00

DES VERTS. — Prix du kil. (fr. c.)

Vert de gris en poudre ,	3 20
Vert américain ,	0 80
Terre de chrôme ,	2 40
Terre verte , belle qualité ,	3 00
Cendre verte ,	10 00
Vert de vessie ,	5 00
Vert de Mortagne ,	6 00
Terre verte commune ,	1 60

DES BLEUS.

Tournesol en pains ,	7 00
Bleu de Prusse , belle qualité ,	12 00
id. deuxième qualité ,	7 00
Indigo ,	20 00
Cendre bleue , première qualité ,	14 00
id. deuxième qualité ,	4 00
Bleu liquide ,	2 50

DES BRUNS.

Terre d'ombre ,	0 60
Stil de grain brun d'Angleterre ,	20 00
Terre de Cologne , belle qualité ,	2 40
id. commune ,	0 80
Terre de Sienne , calcinée ,	2 40

DES NOIRS.

Noir d'ivoire ,	1 40
Noir de pêche ,	5 00
Noir de charbon fin ,	0 60
id. commun.	0 40
Noir de fumée ,	0 60
Noir de Paris ,	3 20

2°. Des liquides.

DES HUILES.	Prix du lit. fr. c.	Prix du kil. f. c.
Huile de lin , bonne qualité , .	0 94	1 00
Essence de térébenthine , . .	0 87	1 00
Huile grasse , ...	1 50	1 60

DES VERNIS.

	Prix du lit. fr. c.	Prix du kil. f. c.
Vernis à l'esprit-de-vin, 1re qual.	5 00	5 43
id. id. 2e. qual.	3 00	3 26
Vernis dit à bois , ...	2 00	2 17
Vernis gras , deuxième qualité.	5 00	5 43
Vernis gros-Guyot , . . .	1 20	1 30
Vernis à l'essence dit de Hollande,	1 20	1 38
Eau seconde , ...	0 60	0 58

3°. Des siccatifs.

Litarge , ...	1 00
Couperose blanche , ...	1 20
Huile grasse , ...	1 60

4°. Des articles accessoires à la peinture.

	Prix du kil. fr. c.
Eau de seconde (v. les liquides ou vernis)	» »
Bronze cuivre pour les bronzes antiques.	40 00
Bleu d'émail des quatre feux.	6 00
Mine de plomb ou mine noire.	0 80
Cire jaune.	4 00
Savon blanc , ...	1 20
Savon noir	0 60
Sel de tartre , ...	2 40
Ponce choisie , ...	0 80
Eponges , ...	20 00
Colle brute de beau parchemin , . . .	2 00
Colle brute de cuir de lapin , ...	1 40

DE LA MAIN-D'ŒUVRE.

Prix de la journée du peintre de 10 heures de travail effectif (non compris le dixième de bénéfice). . . . . , ... 2 fr. 50 c.

Prix de la journée du garçon broyeur, comme ci-dessus. . . . . , . 1   75

DE LA FIXATION DES FOURNITURES, DE LA FAÇON DES OUVRAGES ET DU PRIX DES COULEURS BROYÉES POUR SOUS-DÉTAILS.

TABLEAU de la quantité nécessaire de liquides, calculée au poids , du temps propre pour écraser, infuser et broyer à l'eau et à l'huile, et du prix de revient d'un kil. de chacune des couleurs primitives.

	POIDS DES LIQUIDES pour infuser et broyer.		TEMPS pour infuser et broyer		VALEUR d'un kilogramme de couleurs broyées	
	Eau.	Huile.	à l'eau.	à l'huile.	à l'eau.	à l'huile.
DES BLANCS.	kil. gr.	kil. gr.	h. min.	h. min.	fr. c.	fr. c.
Blanc de Bougival (1).	0 500	0 420	» »	1 42	0 06	0 54
idem de craie.	0 342	0 209	3 25	3 25	0 70	0 75
idem de céruse.	0 187	0 092	1 01	2 44	0 98	1 26
idem de plomb en écailles.	0 170	0 164	1 42	8 12	1 30	2 24
idem de plomb en trochisques. . . .	0 156	0 122	1 22	3 45	5 23	» »
DES ROUGES.						
Ocre rouge.	0 312	0 303	2 54	9 13	0 81	1 69
Rouge brun d'Angleterre.	0 439	0 398	4 37	9 13	1 31	1 87
idem de Prusse.	0 500	0 420	3 04	8 42	1 13	1 79
Minium ou mine rouge.	0 061	0 031	2 54	3 35	1 31	1 41
Mine orange.	0 187	0 107	3 35	4 37	2 63	2 64
Vermillon.	0 217	0 107	6 40	5 38	17 17	15 44
Cinabre naturel, broyé une première fois. .	0 031	0 045	0 41	1 32	16 12	15 60
Laque de belle qualité, non carminée. . .	1 078	0 500	3 35	8 12	20 63	14 63
idem de deuxième qualité.	1 078	0 500	3 35	8 12	14 63	10 63

(1) Ce blanc ne se broie à l'eau dans aucun cas , mais seulement il s'écrase et très-facilement.
L'emploi du temps, au lieu d'être compté ici, le sera avec celui qu'exige la façon des blancs ou des teintes et celui mis à les détremper et les passer au tamis.

	POIDS DES LIQUIDES pour infuser et broyer.		TEMPS pour infuser et broyer		VALEUR d'un kilogramme de couleurs broyées.	
	Eau.	Huile.	à l'eau.	à l'huile.	à l'eau.	à l'huile.
DES JAUNES.	kil. gr.	kil. gr.	h. min.	h. min.	fr. c.	fr. c.
Ocre jaune.	0 594	0 420	2 54	7 10	0 81	1 37
idem de rut.	0 564	0 500	3 35	11 06	1 32	2 09
Stil de grain de Paris.	0 273	0 357	2 03	4 06	1 96	1 97
idem de grain de Hollande.	0 273	0 357	2 03	4 06	2 96	2 71
Jaune de Naples.	0 125	0 295	3 25	4 06	5 59	4 64
Orpin.	0 342	0 389	4 37	5 38	6 81	5 31
Jaune minéral.	0 053	0 068	4 37	5 07	2 81	2 77
Jaune brillant, composé de stil de grains de Hollande et de jaune de Naples (1).	» »	» »	» »	» »	3 62	3 19
idem comme ci-dessus, mais composé jaune minéral.	» »	» »	» »	» »	2 92	2 72
DES VERTS.						
Vert-de-gris ou verdet.	0 469	0 312	5 18	5 38	4 12	3 42
Vert de montagne.	0 312	0 389	2 44	5 07	6 48	5 25
Terre verte, belle qualité.	0 281	0 351	1 32	2 03	3 26	2 74
Cendre verte.	0 264	0 312	2 03	4 37	10 36	8 47
Terre verte commune.	0 310	0 375	2 03	3 35	1 96	1 88
DES BLEUS (2).						
Tournesol.	0 877	0 625	9 44	13 19	8 70	6 12
Bleu de Prusse, première qualité.	1 189	0 916	11 37	17 05	14 03	8 30
idem de deuxième qualité.	1 189	0 916	11 37	17 05	9 03	5 68
Indigo.	1 189	0 783	11 16	16 24	21 97	13 27
Cendre bleue, première qualité.	0 295	0 217	2 34	2 34	14 45	12 05
idem deuxième qualité.	0 295	0 217	2 34	2 31	4 45	3 83
DES BRUNS.						
Terre d'ombre.	0 845	0 767	9 03	11 37	2 18	1 92
Terre de Cologne, belle qualité.	0 640	0 531	2 34	6 09	1 65	1 84
idem commune.	0 531	0 420	6 50	8 12	2 00	1 87
Stil de grain brun d'Angleterre.	1 017	1 064	22 02	30 45	23 86	12 81
Terre de Sienne calcinée.	1 078	1 228	18 27	27 10	5 63	3 76
DES NOIRS.						
Noir d'ivoire.	0 439	0 586	7 41	8 53	2 74	2 21
idem de pêche.	0 375	0 439	5 07	7 31	5 89	4 69
idem de charbon fin.	0 281	0 828	4 37	9 13	1 41	1 67
idem de charbon commun.	0 281	0 828	4 37	9 13	1 21	1 55

EXEMPLES D'OPÉRATIONS, qui ont servi à former la valeur d'un kilog. des couleurs broyées à l'eau ou à l'huile , indiquées au tableau précédent.

Détail d'un kilogramme de blanc de craie broyé à l'eau.

—   Valeur d'un kil.

Fournitures :   *fr. c.*

Blanc de craie , 1 kilog. à 10 cent. le kilog.   0 10

Façon :

Temps pour broyer, 3 heures 25 minutes de garçon broyeur , à 175 millièmes l'heure.   0 60

Valeur d'un kil. , comme au tableau précéd.   0 70

Détail d'un kilogramme de blanc de craie broyé à l'huile.

—   Valeur d'un kil.

Fournitures :   *fr. c.*

Blanc de craie , comme ci-dessus. . . .   0 10

Huile de lin , 209 grammes à 1 franc le kil.   0 21

Temps pour broyer , 3 heures 25 minutes comme ci-dessus 0 60

Déboursé total. .   0 91

Le poids de la couleur et de l'huile étant de 1 kilogramme 209 grammes , le kilogramme de cette couleur broyée revient , comme au tableau précédent , à.   0 75

(1) Pour avoir des jaunes qui réunissent la solidité à l'éclat , il faut ajouter à trois parties ou à trois kilogrammes de stil de grain de Hollande, une partie ou un kilogramme de jaune de Naples ou de jaune minéral.

(2) Le bleu liquide ne se broie pas à l'eau et ne s'emploie pas à l'huile.

NOTA. On remarquera sans doute avec étonnement que le prix des couleurs broyées à l'huile est quel-

Mélange du blanc de céruse avec les autres blancs communs, à la colle et à l'huile, et du prix auquel revient le kilogramme de ces blancs ainsi mélangés.

Peinture en détrempe. — Détail pour un kilogramme.

Blanc de Bougival mélangé avec de la céruse.

Valeur d'un kil.

	fr. c.
Blanc de Bougival, infusé, 1 kilog. à 6 cent.	0 06
Blanc de céruse, broyé à l'eau, 375 grammes à 0 franc 98 centimes le kilogramme.	0 37
Déboursé total.	0 43

Le poids de ces deux espèces de blanc réunis étant de 1 kilogramme 375 grammes, le kil. de blanc, ainsi mélangé, revient à. 0 31

Peinture à l'huile.

Blanc de céruse mélangé avec le blanc de craie.

Blanc de céruse, broyé à l'huile, 1 kilogramme à 1 franc 26 centimes.	1 26
Blanc de craie idem, 4 kilogrammes à f. 75.	3 00
Déboursé total.	4 26

Le poids de ces 2 espèces de blanc réunies étant de 5 kilogrammes, le 1 kilogramme de blanc, ainsi mélangé, revient à. 0 85

Blanc de céruse mélangé avec le blanc de Bougival.

Valeur d'un kil,

	fr. c.
Blanc de céruse, broyé à l'huile, à 1 franc 26 centimes le kilogramme.	1 26
Blanc de Bougival, broyé à l'huile, 4 kil. à 54 centimes le kilogramme.	2 16
Déboursé total.	3 42

Le poids de ces deux espèces de blanc réunies étant de 5 kilogrammes, le kil. de blanc, ainsi mélangé, revient à. 0 68

NOTA. La main-d'œuvre, les faux-frais et le bénéfice de ces articles seront compris dans les prix d'application.

De la valeur de la colle réduite en liquide et prête à être employée.

Détail de 25 kilogrammes de colle brute, de cuir de lapin, cuite en temps frais.

Fournitures :

25 kilog. de colle, à 1 fr. 40 le kilogramme.	33 00
Bois pour la cuisson, estimé.	3 30
Temps pour la faire cuire et recuire, 12 heures de garçon broyeur, dont 4 seulement employées à cet objet, le surplus consommé à broyer, à 175 millièmes l'heure.	0 70
Déboursé total.	39 00

Le résultat du poids de colle figée étant en moyenne pour toute l'année de 93 kil., le kilogramme de cette colle prête à être employée revient à. 0 42

Les peintres ne pouvant, dans les temps de chaleur, renouveler assez souvent la liquéfaction de la colle, sont exposés à en perdre par la corruption ; pour compenser cette perte, il est nécessaire d'ajouter environ 1/9 au prix de revient de la colle. De cette manière, au lieu de 42 centimes le kilogr., la colle se trouvera portée dans les détails à 47 centimes, ci. 0 47

Colle propre à faire les encollages à froid, avant de vernir les peintures, se fait avec 3/4 moins de colle brute ; elle exige aussi 3/4 moins de temps, et donne cependant le même poids de colle figée, qui alors, au lieu de 42 centimes, ne revient plus qu'à 10 centimes le kilogramme, ci. 0 10

NOTA. La colle de belle brochette suit les mêmes principes et donne le même rendement et le même prix que celle précédente.

Quant à la colle de beau parchemin, elle rend davantage que les deux précédentes, mais elle coûte aussi beaucoup plus cher, ce qui porte le kilogramme de cette colle au même prix que celle de cuir de lapin.

quefois inférieur à celui des couleurs broyées à l'eau. Cela provient de ce que les premières, mélangées avec de l'huile dont le prix est souvent moins élevé que celui de ces couleurs, ne sont pas ressuyées, et que augmentant par conséquent de volume, la valeur doit naturellement diminuer dans les proportions du mélange. Les autres couleurs broyées à l'eau, au contraire, étant ressuyées, conservent le même poids, sans diminuer de prix.

De la combinaison des couleurs primitives matérielles pour obtenir un ton donné, et du prix de revient d'un kilogramme de couleurs secondaires toutes détrempées, soit à la colle, soit à l'huile coupée d'essence, enfin prêtes à être employées.

1°. Des couleurs détrempées à la colle, destinées à des couches de teinte.

	COMBINAISON.		Prix de revient d'un kilogr. de couleurs détremp.
	Quantité de couleur.	Quantité de colle pour détremper	
	kil. gr.	*Kil. gr.*	*fr. c.*
DES GRIS.			
Gris commun.			
Blanc de Rougival mêlé de céruse.	1 000	0 500	0 37
Noir de charbon commun, broyé.	0 014		
Gris de perle.			
Blanc de Bougival, mêlé de céruse.	1 000	0 500	0 43
Bleu de Prusse, 1re qualité.	0 008		
Gris de lin.			
Blanc de Bougival, mêlé de céruse.	1 000	0 625	1 11
Noir de charbon fin.	0 092		
Laque, première qualité.	0 061		
DES ROUGES.			
Rose.			
Blanc de Bougival, mêlé de céruse.	1 000	0 625	1 82
Laque, première qualité.	0 125		
Lilas.			
Blanc de Bougival, mêlé de céruse.	1 000	0 752	2 11
Bleu de Prusse, première qualité.	0 061		
Laque, première qualité.	0 125		
DES JAUNES.			
Couleur pierre.			
Blanc de Bougival pur.	1 000	0 416	0 27
Ocre jaune broyé.	0 250		
Jaune chamois.			
Blanc de Bougival, mêlé de céruse.	1 000	0 625	0 86
Stil de grain de Hollande, mêlé de jaune de Naples.	0 250		
Mine orange.	0 061		
Jaune paille.			
Blanc de Bougival, mêlé de céruse.	1 000	0 564	0 62
Stil de grain de Hollande comme c.-d.	0 125		
Couleur nankin.			
Blanc de Bougival, mêlé de céruse.	1 000	0 752	0 47
Ocre jaune.	0 375		
Ocre de rut.	0 031		
Rouge de Prusse.	0 031		
DES VERTS.			
Vert d'eau tendre.			
Blanc de Bougival, mêlé de céruse.	1 000	1 000	2 22
Stil de grain de Hollande, comme c.-d.	0 500		
Bleu de Prusse, première qualité.	0 250		
Vert pomme.			
Orpin.	1 000	0 686	4 90
Bleu de Prusse, première qualité	0 125		
Vert saxe.			
Jaune minéral.	1 000	0 500	2 94
Bleu de Prusse, première qualité.	0 125		
DES BLEUS.			
Bleu azur ou bleu de ciel.			
Blanc de Bougival mêlé.	1 000	0 689	1 31
Bleu de Prusse, première qualité.	0 125		
Bleu barbeau			
Blanc de Bougival mêlé.	1 000	1 755	4 03
Bleu de Prusse, première qualité.	1 000		
Violet.			
Blanc de Bougival mêlé.	1 000	0 939	3 21
Laque, première qualité.	0 250		
Indigo, première qualité.	0 061		
DES BRUNS.			
Ardoise claire.			
Blanc de Bongival mêlé.	1 000	0 877	0 74
Bleu de Prusse, deuxième qualité.	0 061		
Noir de charbon fin,	0 250		

Suite des couleurs détrempées à la colle.

	COMBINAISON.		Prix de revient d'un kilogr. de couleurs détremp.
	Quantité de couleur.	Quantité de colle pour détremper.	
	Kil. gr.	*Kil. gr*	*fr. c.*
Café au lait.			
Blanc de Bougival mêlé,	1 000	0 814	0 69
Terre d'ombre,	0 375		
Bois de chêne			
Ocre de rut,	1 000	1 000	1 43
Blanc de Bougival mêlé,	0 250		
Stil de grain brun d'Angleterre.	0 061		
Bois de noyer.			
Terre d'ombre,	1 000	1 000	1 81
Blanc de Bougival mêlé,	0 250		
Stil de grain brun d'Angleterre,	0 061		
Chocolat.			
Terre d'ombre,	1 000	1 189	2 09
Blanc de bougival mêlé,	0 375		
Stil de grain brun d'Angleterre,	0 115		
Fond de bronze antique.			
Stil de grain de Hollande, mêlé de jaune de Naples,	1 000	0 877	4 47
Indigo, première qualité,	0 250		

2°. Des couleurs secondaires détrempées à l'huile, coupées d'essence, pour couches de teinte.

	COMBINAISON.		Prix de revient d'un kilogr. de couleurs détremp.
	Quantité de couleur.	Quantité d'huile coupée d'essence	
	Kil. gr.	*Kil. gr*	*fr. c.*
DES GRIS.			
Gris ordinaire.			
Blanc de plomb pur,	1 000	0 312	1 94
Noir de charbon commun,	0 014		
Gris de perle.			
Blanc de céruse, première qualité,	1 000	0 312	1 33
Bleu de Prusse, première qualité,	0 014		
Gris de lin.			
Blanc de céruse pur,	1 000	0 439	1 72
Noir de charbon commun,	0 092		
Laque, première qualité,	0 061		
DES ROUGES.			
Rose.			
Blanc de céruse pur, première qualité,	1 000	0 439	2 25
Laque, première qualité,	0 125		
Lilas.			
Blanc de céruse pur, première qualité,	1 000	0 564	2 37
Bleu de Prusse, première qualité,	0 061		
Laque, première qualité,	0 125		
DES JAUNES.			
Couleur pierre.			
Blanc de céruse pur, première qualité,	1 000	0 439	1 21
Ocre jaune,	0 250		
Jaune chamois.			
Blanc de céruse pur, première qualité,	1 000	0 500	1 50
Stil de grain de Hollande, mêlé de jaune de Naples,	0 250		
Mine orange,	0 061		
Jaune paille.			
Blanc de céruse pur, première qualité,	1 000	0 406	1 34
Stil de grain de Hollande, comme ci-dessus,	0 125		
Couleur nankin.			
Blanc de céruse pur, première qualité,	1 000	0 500	1 26
Ocre jaune,	0 250		
Ocre de rut,	0 125		

Suite des couleurs secondaires détrempées à l'huile.

	COMBINAISON.		Prix de revient d'un kilogr. de couleurs détremp.
	Quantité de couleur.	Quantité d'huile coupée d'essenc.	
	Kil. gr.	*Kil. gr.*	*fr. c.*
DES VERTS.			
Vert d'eau tendre.			
Blanc de céruse pur, première qualité,	1 000		
Stil de grain Hollande, comme ci-dessus,	0 500	0 814	2 23
Bleu de Prusse, première qualité,	0 250		
Vert pomme.			
Blanc de céruse pur, première qualité,	1 000		
Orpin,	0 500	0 877	2 75
Bleu de Prusse, première qualité,	0 312		
Vert saxe.			
Jaune minéral,	1 000		
Bleu de Prusse, première qualité,	0 125	0 375	2 79
DES BLEUS.			
Bleu azur ou bleu de ciel.			
Blanc de céruse pur, première qualité.	1 000		
Bleu de Prusse, première qualité,	0 125	0 469	1 73
Bleu barbeau.			
Blanc de céruse pur, première qualité,	1 000		
Bleu de Prusse, première qualité,	0 022	1 503	3 14
Violet.			
Blanc de céruse pur, première qualité,	1 000		
Laque, première qualité,	0 250	0 814	3 37
Bleu de Prusse, première qualité,	0 250		

Suite des couleurs secondaires détrempées à l'huile.

	COMBINAISON.		Prix de revient d'ad kilogr de couleurs détremp.
	Quantité de couleur.	Quantité d'huile coupée d'essenc.	
	Kil. gr.	*Kil. gr.*	*fr. c.*
DES BRUNS.			
Ardoise claire.			
Blanc de céruse pur, première qualité,	1 000		
Noir de charbon commun.	0 250	0 625	1 35
Bleu de Prusse, deuxième qualité,	0 061		
Café au lait.			
Blanc de céruse pur, première qualité,	1 000		
Terre d'ombre,	0 384	0 564	1 31
Bois de chêne.			
Ocre de rut,	1 000		
Blanc de céruse pur, première qualité,	0 250	0 814	1 83
Stil de grain brun d'Angleterre,	0 061		
Bois de noyer.			
Terre d'ombre,	1 000		
Blanc de céruse pur, première qualité,	0 250	0 814	1 79
Stil de grain brun d'Angleterre,	0 061		
Chocolat.			
Terre d'ombre,	1 000		
Blanc de céruse pur, première qualité,	0 384	0 845	2 06
Stil de grain brun d'Angleterre,	0 125		
Fond de bronze antique.			
Stil de grain de Hollande, mêlé de jaune de Naples,	1 000	1 314	3 49
Bleu de Prusse, première qualité,	0 747		

EXEMPLE D'OPÉRATIONS qui ont servi à trouver le prix de revient d'un kilogramme de couleurs secondaires détrempées, soit à la colle, soit à l'huile coupée d'essence, d'après la combinaison des couleurs primitives ; comme il est indiqué au tableau précédent.

Détail d'un kilogramme de gris commun, les couleurs détrempées à la colle.

Blanc de Bougival mélangé de céruse, 1 kilogramme à 31 cent. 0 31
Noir de charbon commun, broyé, 14 grammes, à 1 fr. 21 le kilog. 0 02
Colle pour détremper, 500 grammes, à 47 centimes le kilog. 0 23
                                                Déboursé total. . . 0 56

Le poids total étant de 1 kilog. 514 grammes, le kilogramme de cette couleur revient comme au tableau précédent à , ... 0 37

Des Faux-Frais.

Les faux-frais de la profession de peintre consistent : 1°. dans la location d'un magasin ; mais non dans celle de l'habitation de l'entrepreneur ; 2°. dans les frais de patente ; 3°. dans les dépenses d'outils, tels que brosses, fers à gratter, éponges, ponces, marmites, chaudières, échelles cordages, pierres, mollettes, etc. Ces faux-frais peuvent être évalués au septième du prix de la main-d'œuvre.

Analyse ou évaluation des travaux de peinture.

§ 1er. DU MÉTRAGE DES OUVRAGES.

Tous les ouvrages concernant la peinture d'impression seront comptés en superficie, excepté quelques parties qui se compteront en linéaire, ou à la pièce, ainsi qu'il sera expliqué ci-après.

Dans le mesurage comme au timbre , on indiquera : 1°. Si les ouvrages sont en détrempe ou à l'huile ; 2°. Le nom des couleurs , et si la peinture est d'un seul ton ou de plusieurs ; 3°. Le nombre de couches de fond ou de teinte ; 4°. Dans les ouvrages de détrempe , on expliquera si le ponçage a eu lieu , et comment il a été fait ; 5°. Désigner le nombre de couches de vernis ; 6°. Enfin, indiquer , autant que possible , la qualité de marchandises qui auront été employées pour composer des teintes.

Lorsque les cadres de lambris seront réchampis d'un autre ton que la boiserie, on ne les mesurera pas séparément , mais on indiquera au timbre le nombre de tons.

Les lavages , les grattages et les lessivages , pour ouvrages de préparations sur d'anciens fonds , seront comptés en superficie ; on indiquera leur genre et leur espèce , et sur quoi ils auront été faits.

Les rebouchages faits sur bois neufs ou vieux , ou sur murs , seront comptés à la journée et jamais en superficie ; les fournitures de mastic et de papier seront payées à part.

Les époussetages , nettoyages et grattages partiels exécutés sur murs , boiseries , plafonds ou sur fers , seront aussi comptés à la journée.

Dans les surfaces , toutes les épaisseurs seront comptées , mais non pas développées à la fois dans la hauteur et la largeur de la partie que l'on mesurera.

Tous vides quelconques seront déduits, excepté pour les châssis et les croisées à carreaux au-dessous de 30 centimètres carrés ; ceux-ci ne se déduiront pas , pour compenser les rives intérieures des petits bois qui remplissent une partie du vide , et pour tenir compte de la plus grande main-d'œuvre du réchampissage qu'exigent les petits bois. Mais dans le cas de non-déduction , on ne comptera pas les épaisseurs des dormants , jets d'eau , pièces d'appui, etc., qui seront abandonnés pour le surplus des vides.

Dans les croisées à grands carreaux , dites à glaces , les carreaux seront déduits en diminuant de leur mesure réelle 4 centimètres sur chaque sens de vitres , eu égard à l'épaisseur des bois et à la plus grande main-d'œuvre. Ces croisées étant comptées ainsi , toutes les épaisseurs des dormants , jets d'eau , etc. , seront alors développées et comptées pour ce qu'elles seront.

Les treillages , rampes , balcons et tous les autres ouvrages à jour, seront comptés en superficie , sans augmentation pour des compensations de sujétion. Mais ces ouvrages seront timbrés particulièrement, pour y appliquer un prix relatif , afin de tenir compte de la plus grande main-d'œuvre et du plus grand emploi de matières.

Pour les sculptures, on ajoutera une plus-value à la surface réelle , en rapport aux difficultés qui se présentent, pour tenir compte du plus grand emploi de matières , de la main-d'œuvre qui devient plus difficile et beaucoup plus longue pour ces sortes d'ouvrages que pour ceux ordinaires.

Les persiennes peintes de toutes faces seront comptées à trois faces pour les deux , leur développement donnant effectivement cette surface.

Les petites moulures et les filets seront comptés en mesure linéaire , en observant les principes déjà cités et les détails des prix suivants.

Les ferrures seront payées à la pièce.

Les bronzes , lorsqu'ils seront faits en grandes parties , tels que pour des portes , seront comptés en superficie ; et lorsqu'ils seront faits sur cadres ou parties analogues , ils seront comptés en mesure linéaire : dans ce dernier cas , on indiquera la largeur des cadres.

§ 2e. ÉLÉMENTS ET PRIX DES OUVRAGES.

Les prix suivants ne sont établis que pour une seule couche. Pour obtenir la valeur des ouvrages à plusieurs couches, il suffira d'ajouter à ces prix la valeur des teintes qui recouvriront la première.

Des couleurs détrempées à la colle.	Quantité de couleur détrempée ou colle. Kil. gr.	Façon. h. m	Valeur d'un mètre superficiel de peinture. fr. c.
DES BLANCS.			
Blanc de plafond.			
Blanc de Bougival, infusé à l'eau,	0 208	0 05	0 06
Colle pour détremper,	0 032		
Encollage.			
Blanc de Bougival, idem,	0 104	0 09	0 14
Colle pour détremper,	0 160		
Blanc d'apprêt (1).			
Blanc de Bougival, idem,	0 096	0 08	0 12
Colle pour détremper,	0 128		
DES GRIS (2).			
Petit gris commun, en couleur détrempée.	0 176	0 12	0 14
Gris de perle, idem,	0 176	0 12	0 15
Gris de lin, idem,	0 168	0 12	0 28
DES ROUGES.			
Ocre rouge pour 1re couche sur carreaux.			
Ocre non broyée, mais infusée,	0 080	0 03	0 07
Colle pour infuser,	0 056		
Rouge vif pour 2e et 3e couches des mêmes carreaux.			
Rouge de Prusse, infusé,	0 064	0 03	0 08
Colle pour infuser,	0 040		
Rose, couleur détrempée,	0 168	0 12	0 42
Lilas, idem,	0 152	0 12	0 43
DES JAUNES.			
Ton de pierre, couleur détrempée,	0 192	0 06	0 09
Jaune chamois, idem,	0 160	0 12	0 22
Jaune paille, idem,	0 168	0 12	0 18
Couleur nankin, idem,	0 160	0 12	0 15
DES VERTS.			
Vert d'eau tendre, couleur détrempée,	0 136	0 12	0 41
Vert pomme, couleur détrempée,	0 100	0 12	0 62
Vert saxe, idem,	0 168	0 12	0 64
DES BLEUS.			
Bleu azur ou bleu de ciel, coul. détrempée,	0 136	0 12	0 27
Bleu barbeau, idem.	0 080	0 12	0 43
Violet, idem,	0 128	0 12	0 54
DES BRUNS.			
Ardoise claire, couleur détrempée,	0 144	0 08	0 19
Café au lait, couleur détrempée,	0 128	0 12	0 16
Bois de chêne, idem,	0 176	0 06	0 32
Bois de noyer, idem,	0 160	0 06	0 37
Chocolat, idem,	0 128	0 09	0 37
Fond de bronze, idem,	0 144	0 12	0 72
Ouvrages de 2 tons en réchampissage.			
Les panneaux supposés café au lait et les champs supposés chocolat.			
Couleur détrempée pour les panneaux,	0 080	0 29	0 35
Idem pour les champs,	0 056		
Peinture avec pann. lilas, et champs violet.			
Couleur détrempée pour panneaux,	0 084	0 29	0 55
idem pour les champs,	0 032		
Ouvrages de 3 tons.			
Avec panneaux chamois, champs bleu azur et cadres ou moulures en blanc de céruse.pur.			
Couleur détrempée pour panneaux,	0 096		
Idem pour champs,	0 024	1 02	0 48
Idem pour cadres,	0 024		
Peinture avec panneaux rose, champs lilas et cadres blancs.			
Couleur détrempée pour panneaux,	0 088		
Idem pour champs,	0 048	1 02	0 63
Idem pour cadres,	0 024		

Des couleurs broyées à l'huile et détrempées à l'huile coupée d'essence.	Quantité de couleur détrempée ou d'huile. Kil. gr.	Façon. h. m	Valeur d'un mètre superficiel de peinture. fr. c.
DES GRIS (3).			
Gris blanc, couleur détrempée,	0 096	0 08	0 25
Gris de perle, idem,	0 096	0 09	0 19
Gris de lin, idem,	0 096	0 09	0 23
DES ROUGES.			
Rouge de Prusse en 2e couche sur carreaux			
Rouge de Prusse broyé,	0 064	0 07	0 20
Huile coupée d'essence,	0 032		
Ocre en 2e couche.			
Ocre sans mélange,	0 072	0 11	0 25
Huile de lin,	0 048		
Rose, couleur détrempée,	0 096	0 09	0 28
Lilas, idem,	0 088	0 09	0 28
DES JAUNES.			
Ton de pierre, couleur détrempée,	0 096	0 09	0 18
Jaune chamois, idem,	0 096	0 09	0 21
Jaune paille, idem,	0 096	0 09	0 19
Nankin, idem,	0 096	0 09	0 18
DES VERTS.			
Vert d'eau tendre, couleur détrempée,	0 088	0 09	0 27
Vert pomme, idem,	0 088	0 09	0 32
Vert saxe, idem,	0 096	0 09	0 35
DES BLEUS.			
Bleu azur ou bleu de ciel, couleur détrempée,	0 088	0 09	0 22
Bleu barbeau, idem,	0 080	0 09	0 33
Violet, idem,	0 080	0 09	0 35
DES BRUNS.			
Couleur ardoise, couleur détrempée,	0 096	0 09	0 19
Café au lait, idem,	0 096	0 09	0 19
Bois de chêne, idem,	0 096	0 11	0 26
Bois de noyer, idem,	0 096	0 11	0 26
Chocolat, idem,	0 088	0 09	0 25
Fond de bronze, idem,	0 080	0 09	0 36
DES NOIRS.			
Noir de charbon fin.			
Couleur broyée,	0 048	0 12	0 19
Huile coupée,	0 032		
Ouvrages de 2 tons. (4)			
Les panneaux café au lait, et les champs chocolat.			
Couleur détrempée pour les panneaux,	0 060	0 25	0 30
idem pour les champs,	0 036		
Peinture avec panneaux lilas et champs violet.			
Couleur détrempée pour les panneaux,	0 060	0 25	0 31
idem pour les champs,	0 032		
Ouvrages de 3 tons. (4)			
Avec panneaux chamois, les champs gris de lin et les moulures réchampies en blanc de céruse.			
Couleur détrempée pour panneaux,	0 060		
idem pour champs,	0 028	0 58	0 48
idem pour cadres,	0 014		
Peinture avec panneaux rose, les champs lilas et les cadres réchampis en blanc.			
Couleur détrempée pour panneaux,	0 060		
idem pour champs.	0 024	0 58	0 54
idem pour cadres·	0 014		

(1) Ce blanc se couche sur le précédent encollage pour recevoir les couches de teintes à faire sur des murs ou parties unies.

(2) Tous les ouvrages suivants sont pour des couches de teintes faites avec des couleurs secondaires, ou avec des couleurs primitives et qui servent à couvrir les blancs qui précédent.

(3) Toutes les couleurs suivantes sont des couches de teinte et conséquemment des 2e. ou 3e., appliquées sur des blancs de 1re. ou de 2e. couche.

(4) Ces ouvrages servent d'exemples à l'évaluation de ceux de ce genre.

Exemple d'analyse de la valeur des ouvrages ci-dessus.

SOUS-DÉTAIL D'UN MÈTRE CARRÉ DE BLANC DE PLAFOND EN COULEUR DÉTREMPÉE A LA COLLE.

	Valeur.
	fr. c.
Fournitures : Blanc de Bougival infusé à l'eau,	
208 grammes à 6 cent. le kilogramme,	0 012
Colle pour détremper, 32 grammes à 47 c. le kil.,	0 015
Déchet dans l'emploi, 1/20 de ces deux quantités,	0 001
Façon : Temps pour écraser le blanc et étendre la	
teinte, 5 m. de peintre à 250 mill. l'heure,	0 024
Faux-frais, 1/7 de la main-d'œuvre,	0 003
Déboursé total,	0 052
Bénéfice, 1/10 de la dépense,	0 005
Valeur d'un mètre superficiel	
comme au tableau précédent,	0 06

NOTA. — L'évaluation des autres peintures suit exactement les mêmes principes.

Ouvrages de décor, non compris les couches de fond (1).

Pierre feinte sur fonds en détrempe, avec lits et joints à 1 filet, le mètre carré,	0 50
Idem à 2 filets le mètre carré,	0 60
Idem à 3 filets idem,	0 70

DES MARBRES A L'HUILE.

Imitation de marbre granit, le mètre superficiel,	1 45
Idem marbres veinés, tels que les Languedoc, etc. id.	2 50

DES BOIS.

Imitation de bois d'acajou, bois satinés, veinés et autres, le mètre carré,	2 25

DES BRONZES.

Imitation de bronze antique, le mètre carré,	0 97
Moulures bronzées de 7 cent. de développement, y compris le rechampissage des 2 couches de fond, le mètre linéaire,	0 19

DES VERNIS.

Vernis blanc, n°. 1, une couche, le mètre carré,	0 32
Idem, n° 2, idem,	0 21
Vernis dit à bois, idem,	0 19
Vernis à l'essence, dit de Hollande, idem,	0 11

ENCOLLAGE A LA COLLE FIGÉE.

Cet encollage, qui s'emploie ordinairement avant de vernir ces détrempes, vaut le mètre carré,	0 04

Du ponçage des fonds et du réparage des moulures.

Ponçage commun pour fonds unis, le mètre carré,	0 05
Ponçage fait sur boiseries, le mètre carré,	0 08
Ponçage soigné, sur des fonds devant recevoir des détrempes vernies,	0 14

De la mise en couleur des parquets.

Parquet mis en couleur avec terre d'ombre et ocre de rut infusés à l'eau, le mètre carré,	0 08
Encaustique employée séparément de la couleur, sur parquets comme sur carreaux,	0 05

DES MENUS OUVRAGES.

Mine noire ou mine de plomb pour contre-cœur de cheminée, le mètre carré,	0 75
Panneaux, cadres, cimaises et autres moulures feintes de 4 cent. environ de profil, ombrées et éclairées, mais non repiquées.	
Valeur d'un mètre linéaire sur détrempe,	0 20
Idem sur huile,	0 30

FILETS.

Filets simples ou à une teinte, le mètre linéaire,	0 15
Filets doubles ou à deux teintes, le mètre linéaire,	0 25

PEINTURE DES FERRURES.

Ferrures peintes au noir de fumée, ou au minium, la pièce,	0 03

LETTRES OU CHIFFRES PEINTS A L'HUILE.

De 0 m. 10 de hauteur et au-dessous, la pièce,	0 05
De 0 m. 11 à 15 idem.	0 07
De 0 m. 16 à 20 idem.	0 10
De 0 m. 21 à 25 idem.	0 12
De 0 m. 26 à 30 idem.	0 15

Des préparations à faire sur les ouvrages anciennement peints, pour les disposer à recevoir de nouvelles impressions.

LAVAGE ET GRATTAGE DES CARREAUX ET PARQUETS.

Carreaux et parquets vieux ou neufs, grattés et lavés à l'éponge pour en enlever la peinture ou les taches, le mètre carré,	0 03

DES LESSIVAGES A L'EAU SECONDE AU MÈTRE CARRÉ.

Lessivage simple, ou lavage sur d'anciens vernis pour faire revivre les couleurs seulement,	0 06
Lessivage pour dégraisser d'anciennes huiles et en recevoir de nouvelles,	0 09
Lessivage pour dégraisser d'anciennes huiles, afin de recevoir de la détrempe,	0 14
Lessivage pour enlever d'anciens vernis,	0 15

NOTA. — Les peintures faites à l'encaustique ne peuvent s'enlever au moyen de l'eau seconde ; on doit faire usage d'eau bouillante pour dissoudre la cire. Ce travail doit être estimé à part.

Des grattages au mètre carré.

Grattage de détrempe peu collée, sur murs ou sur plafonds.	0 06
Grattage de détrempe fortement collée et chargée sur murs et plafonds.	0 11
Grattage de détrempe bien collée, mais non chargée sur lambris.	0 16
Grattage sur boiseries de détrempe ordinaire, fortement collée et chargée, couchée sur d'anciennes huiles.	0 27

Des mastics pour rebouchages. Au kilogramme.

Mastic fait au blanc de bougival et à la colle pour les ouvrages en détrempe.	0 20
Mastic fait au blanc de Bougival détrempé à l'huile pour les rebouchages sur huile.	0 25

NOTA. — Dans les prix de ces 2 espèces de mastics, ne sont pas compris les frais de main-d'œuvre pour les fabriquer, ce temps faisant ordinairement partie de celui que l'on compte à faire les rebouchages.

---

(1) Les prix des ouvrages de décor et tous les suivants comprennent les fournitures, la façon, les faux-frais et le bénéfice.

FIN DE L'ÉVALUATION DE LA PEINTURE.

DIXIÈME CATÉGORIE.

VITRERIE.

DES FOURNITURES.

Cette catégorie comprend la fourniture, la pose et le nettoyage des diverses sortes de verre employé dans le bâtiment, ainsi que l'entretien et la réparation des mastics.

La vitrerie emploie quatre principales sortes de verre :

1°. Le verre simple qui a 0 m. 004 à 0 m. 0015 d'épaisseur.

2°. Le verre double qui a deux fois l'épaisseur du verre simple ; il vaut aussi le double du prix du verre simple.

3°. Le verre dépoli, en verre simple, ou en verre double, qui vaut 35 pour cent en sus des prix du verre simple et du verre double.

4°. Le verre de couleur.

Les trois premières sortes de verre se divisent en trois choix différents.

Le verre de couleur se divise en plusieurs nuances. Cette sorte de verre s'emploie rarement, et lorsqu'on en fait usage, ce n'est qu'en petites parties et souvent dans des formes irrégulières ; de manière que le temps de l'emploi et la quantité des déchets étant susceptibles de beaucoup de variations qu'on ne peut prévoir à l'avance, je pense qu'il serait superflu d'en donner aucun détail.

PRIX DES MATIÈRES PREMIÈRES.

		PRIX d'acquisition.		PRIX adoptés.	
		fr.	c.	fr.	c.
Le mètre carré de verre simple, transparent. . . .	1er choix	3	11	3	20
	2e choix	2	70	2	80
	3e choix	2	40	2	50
Le mètre carré de verre double, transparent. . . .	1er choix	6	22	6	40
	2e choix	5	40	5	60
	3e choix	4	80	5	00

		PRIX d'acquisition.		PRIX adoptés.	
		fr.	c.	fr.	c.
Le mètre carré de verre simple, dépoli	1er choix	4	20	4	32
	2e choix	3	65	3	78
	3e choix	3	24	3	37
Le mètre carré de verre double, dépoli	1er choix	8	40	8	64
	2e choix	7	30	7	56
	3e choix	6	48	6	75
Le kilogramme d'huile de lin		1	00	1	00
Le kilogramme de petites pointes ou les 4720 environ (1)		2	00	2	00
Le kilogramme de blanc de Bougival ou de craie (2)		0	10	0	10

DE LA MAIN-D'ŒUVRE.

Prix de la journée du vitrier, de 10 heures de travail effectif. 2 50

FIXATION DES FOURNITURES POUR SOUS-DÉTAILS.

	quantité en œuvre.	Déchet.	quantité nécessair*
1° *Pour composition de 10 kilog. de mastic.*			
Blanc de craie, 5⟋6 du poids total,	8 333	1/20	8 750
Huile de lin pour détremper le blanc de craie, 1⟋6 du poids total, ou	1 667	1/20	1 750
2°. *Pour verre neuf au mètre superficiel.*			
Surface du verre, quels que soient la sorte, le choix et la dimension des vitres.	1 000	1/20	1 02
Poids du mastic en grammes pour petits carreaux (3).	0 600	»»	0 600
idem. pour grands carreaux.	0 470	»»	0 470
idem. pour grandes pièces de verre.	0 340	»»	0 340
3° *Pour vieux verre à la pièce.*			
Poids du mastic en grammes pour un petit carreau.	0 060	»»	0 060
idem. pour un grand carreau.	0 090	»»	0 090
idem. pour une grande pièce de verre.	0 120	»»	0 120

FIXATION DE LA FAÇON DES OUVRAGES.

Composition de 10 kilogrammes de mastic.

	heur.	min.

Temps pour pétrir et battre le mastic. 4 00

Pose de verre neuf au mètre superficiel.

Temps pour la pose de petites vitres à plus de 9 carreaux par mètre carré.. . . 1 40
      idem   des grandes vitres à moins de 9 et à plus de 3 carreaux par mètre. 1 20
Temps pour la pose de grandes pièces de verre à 3 par mètre et moins. 1 00

---

(1) Cette fourniture, étant de très-peu d'importance, n'est pas comprise dans les détails; elle fait partie des faux-frais.

(2) Dans la composition du mastic, on a quelquefois fait usage du blanc de céruse ou de litharge, et cela dans la vue de le faire mieux et plus promptement durcir; mais aujourd'hui on ne le compose plus qu'avec du blanc de Bougival ou de craie et de l'huile de lin; encore souvent n'emploie-t-on que des fèces, dépôt qui se forme au fond des barriques d'huile.

(3) L'expérience a démontré qu'un kilogramme de mastic bien employé remplissait 20 mètres linéaires de feuillures pour calfeutrement au pourtour des verres.

heur.   min.

Pose de vieux verre, à la pièce.

Temps pour la pose d'une petite vitre ou carreau, comme ci-dessus. 0   10
Temps pour la pose d'une grande vitre ou carreau, comme ci-dessus. 0   15
Temps pour la pose d'une grande pièce de verre, comme ci-dessus. 0   20

Dépose, retaille et repose de vieux verres à la pièce.

Démasticage, retaille et repose d'un petit carreau. 0   25
    idem   d'un grand carreau. 0   37
    idem   d'une grande pièce de verre. 0   50

NETTOYAGE DE VIEUX VERRES EN PLACE, SUR LES DEUX FACES, A LA PIÈCE.

1°. *Nettoyage de vitres salies par la boue, l'eau et la poussière.*

Temps nécessaire pour un petit carreau. 0   05
  idem   pour un grand carreau. 0   07
  idem   pour une grande pièce de verre. 0   09

2°. *Nettoyage de vitres salies de peinture.*

Temps nécessaire pour un petit carreau, ... 0   10
  idem.   pour un grand carreau, ... 0   14
  idem.   pour une grande pièce de verre. 0   18

DES FAUX-FRAIS.

Les faux-frais de la profession de vitrier comprennent la location d'un magasin, les frais de patente, la fourniture des pointes destinées à fixer les carreaux, l'acquisition et l'entretien de quelques outils, tels que le diamant pour la coupe du verre, les règles, les crochets, les marteaux, les pinces, les échelles, etc. Le tout est de peu d'importance, tant pour la dépense primitive que pour l'entretien: Ces faux-frais, pour un atelier occupé par le maître et un compagnon, ce qui est assez général dans cette partie, peuvent s'élever moyennement au tiers du montant de la dépense de la main-d'œuvre, y compris la perte de temps occasionnée par les déplacements multipliés que nécessite cette profession.

Les déchets de verre n'ont lieu qu'accidentellement, et sont causés soit par la casse des feuilles dans leur transport ou lors de leur mise en œuvre; soit enfin lorsqu'il se trouve des feuilles bouges; mais comme l'on peut quelquefois tirer partie des morceaux, ce déchet peut être fixé au 20°. du verre en œuvre.

ANALYSE OU ÉVALUATION DES OUVRAGES.

§ 1er.—Du mesurage de la vitrerie.

Le verre neuf sera compté au mètre superficiel, en indiquant s'il est posé à grandes pièces de verres, à grands ou à petits carreaux (1), s'il est en verre simple ou en verre double, transparent ou dépoli. La mesure des carreaux droits sera prise dans le fond des feuillures, sans rien y ajouter; celle des carreaux courbes sera prise au carré, de manière à compenser les déchets qui tombent pour former la partie circulaire; ces déchets n'étant point compris dans ceux des détails, il est évident qu'on doit tenir compte de cette perte de matière dont le vitrier ne peut tirer aucun parti.

____

(1) On entend par grandes pièces de verre, celles à 3 par mètre et au-dessous; on appelle grands carreaux, lorsqu'il y en a moins de neuf par mètre carré, et petits carreaux lorsqu'il y en a plus de neuf.

Les carreaux posés , ceux déposés et reposés par le vitrier , mais dont le verre ne serait point fourni par lui , seront comptés à la pièce , en distinguant les grandes pièces de verre , les grands et les petits carreaux. Le prix comprendra la fourniture du mastic , le temps de la dépose , celui de la retaille du verre et celui de la repose.

Le nettoyage des vitres sera , de même que les carreaux précédents , compté à la pièce et suivra les mêmes principes. On distinguera de plus les carreaux salis par la poussière de ceux qui le seraient par les peintures faites sur le bois qui les encadre.

Toutes réparations et fourniture de mastic faites sur les vieux verres seront comptées séparément des nettoyages , en observant toutefois de porter le mastic dans un article , et le temps de son emploi dans un autre , suivant la durée qu'il aura exigée.

§ II. — Sous-détails des ouvrages.

On fixait autrefois beaucoup de vitres avec des pointes , et on les calfeutrait au moyen de bandes de papier ; aujourd'hui on les scelle avec des pointes et du mastic , excepté toutefois celles des portes-peintes en détrempe , pour lesquelles il faut encore se servir de papier, parce que l'huile s'étendrait sur la détrempe et tacherait la peinture.

1°. *Sous-détail de 10 kilogrammes de mastic fait avec du blanc de craie et de l'huile de lin.*

Fournitures.
Blanc de craie , 8 kilogrammes 750 grammes
à 10 centimes le kilogramme. 0 875
Huile de lin , 1 kilogramme 750 grammes,
à 1 franc le kilogramme. 1 750
Façon.
Temps pour faire le mastic , 4 h. à 25 c. l'h. 1 000
Faux-frais.
1/3 de la main-d'œuvre (pour pointes , etc). 0 533
Dépense totale ou valeur de 10 kilogrammes
de mastic sans bénéfice. 3 958
Bénéfice , 1/10 de la dépense. . 0 396
Valeur de 10 kilogr. de mastic,avec bénéfice. 4 354
Valeur d'un seul kilogramme , sans bénéfice. 0 40
Valeur d'un kilogramme , avec bénéfice. . 0 44

2°. *Sous-détail d'un mètre superficiel de verre simple , transparent , premier choix , posé en petits carreaux et scellés en mastic.*

Fournitures.
Verre, 1 m. 02 superficiels à 3 f. 20 le mètre. 3 264
Mastic , 600 grammes à 40 centimes le kilog. 0 240
Façon.
Pose , 1 heure 40 minutes à 25 cent. l'heure. 0 417
Faux-frais.
1/3 de la main-d'œuvre. 0 139
Dépense totale. . 4 060
Bénéfice , 1/10 de la dépense. . 0 406
Valeur d'un mètre superficiel. . 4 466

3°. *Sous-détail de la pose d'un petit carreau en verre vieux, quel qu'il soit (non fourni par le vitrier) , fourniture de mastic comprise.*

Fournitures.
Mastic , 060 grammes à 40 centim. le kilogr. 0 024
Façon.
Pose , 10 minutes à 25 centimes l'heure. . 0 042
Faux-frais.
1/3 de la main-d'œuvre. 0 014
Déboursé total. . 0 080
Bénéfice , 1/10 de la dépense. . 0 008
Valeur de la pose d'un petit carreau , fourniture de mastic comprise. 0 088

4°. *Sous-détail de la dépose , de la retaille et de la repose d'un petit carreau en verre vieux, quel qu'il soit , fourniture de mastic comprise.*

Fournitures.
Mastic , commé au n°. 3. . . . . . . 0 024
Façon.
Démasticage , retaille et repose , 25 minutes
à 25 centimes l'heure. 0 104
Faux-frais.
1/3 de la main-d'œuvre. 0 035
Déboursé total. . 0 163
Bénéfice , 1/10 de la dépense. . 0 016
Valeur d'un petit carreau. . 0 179

5°. *Sous-détail du nettoyage de vieux verre en place , sur les deux faces , pour une petite vitre salie par la boue , l'eau et la poussière.*

Façon.
Temps nécessaire , 5 minutes à 25 c. l'heure. 0 024
Faux-frais.
Pour fourniture de blanc , chiffons , etc. , le
1/3 de la main-d'œuvre. 037
Déboursé total. . 0 028
Bénéfice , 1/10 de la dépense. . 0 003
Valeur d'un petit carreau. . 0 031

ARTICLE PREMIER.

MASTIC AU KILOGRAMME.

Prix du mastic, sans bénéfice. 0 40
Prix du mastic, avec bénéfice, ... 0 44

ARTICLE DEUXIÈME.

VERRE NEUF AU MÈTRE SUPERFICIEL, SCELLÉ EN MASTIC.

1°. Verre simple, transparent.

1er choix, posé { en petits carreaux. . . . 4 47
en grands carreaux. . . 4 29
en grandes pièces de verre. 4 11

2e. choix, posé { en petits carreaux. . . . 4 02
en grands carreaux. . . 3 84
en grandes pièces de verre. 3 66

3e. choix, posé { en petits carreaux. . . . 3 68
en grands carreaux. . . 3 50
en grandes pièces de verre. 3 32

2°. Verre double, transparent.

er. choix, posé { en petits carreaux. . . 8 06
en grands carreaux. . . 7 88
en grandes pièces de verre. 7 70

e. choix, posé { en petits carreaux. . . 7 16
en grands carreaux. . . 6 98
en grandes pièces de verre. 6 80

3e choix, posé { en petits carreaux. . . 6 49
en grands carreaux. . . 6 30
en grandes pièces de verre. 6 13

3°. Verre simple, dépoli.

1er choix, posé { en petits carreaux. . . 5 75
en grands carreaux. . . 5 54
en grandes pièces de verre. 5 36

2e. choix, posé { en petits carreaux. . . 5 12
en grands carreaux. . . 4 94
en grandes pièces de verre. 4 76

3e. choix, posé { en petits carreaux. . . 4 66
en grands carreaux. . . 4 48
en grandes pièces de verre. 4 30

4°. Verre double, dépoli.

1er choix, posé { en petits carreaux. . . 10 57
en grands carreaux. . . 10 38
en grandes pièces de verre. 10 21

2e choix, posé { en petits carreaux. . . 9 36
en grands carreaux. . . 9 18
en grandes pièces de verre. 9 00

3e. choix, posé { en petits carreaux. . . 8 45
en grands carreaux. . . 8 27
en grandes pièces de verre. 8 09

Plus ou moins-value aux prix de l'article 2e, pour chaque centime que le mètre superficiel de verre coûterait en plus ou en moins des prix adoptés pages 431 et 432.   0 0112

Plus ou moins-value aux prix de l'article 2e, par centime que le kilogr. de mastic reviendrait en plus ou en moins de 40 centimes. {
Pour les petits carreaux . . 0 0066
Pour les grands carreaux . . 0 0052
Pour les grandes pièces de verre. 0 0037

ARTICLE TROISIÈME.

POSE DE VIEUX VERRE A LA PIÈCE, QUELLE QUE SOIT L'ESPÈCE OU LE CHOIX (FOURNITURE DE MASTIC COMPRISE).

Prix pour un petit carreau. 0 09
Prix pour un grand carreau. 0 14
Prix pour une grande pièce de verre. . . 0 17

ARTICLE QUATRIÈME.

DÉPOSE, RETAILLE ET REPOSE DE VIEUX VERRE A LA PIÈCE, QUELLE QUE SOIT L'ESPÈCE OU LE CHOIX (FOURNITURE DE MASTIC COMPRISE).

Prix pour un petit carreau. 0 18
Prix pour un grand carreau. 0 26
Prix pour une grande pièce de verre. . . 0 36

Plus ou moins-value aux prix des articles 3 et 4, par cent. que reviendrait en plus ou en moins de 0 fr. 40 cent. le kilogr. de mastic. {
Pour les petits carreaux. . . 0 0007
Pour les grands carreaux. . . 0 0010
Pour les grandes pièces de verre. 0 0013

ARTICLE CINQUIÈME.

NETTOYAGE DE VIEUX VERRE EN PLACE, SUR LES DEUX FACES, A LA PIÈCE, QUELLE QUE SOIT L'ESPÈCE OU LE CHOIX.

1°. Pour nettoyage de vitres salies par la boue, l'eau et la poussière.

Prix pour un petit carreau. 0 03
Prix pour un grand carreau. 0 04
Prix pour une grande pièce de verre. . . 0 06

2°. Pour nettoyage de vitres salies de peinture.

Prix pour un petit carreau. 0 06
Prix pour un grand carreau. 0 08
Prix pour une grande pièce de verre. . . 0 11

FIN DE L'ÉVALUATION DE LA VITRERIE.

PESANTEUR SPÉCIFIQUE
de divers matériaux et substances employés dans les bâtiments.

PRÉLIMINAIRE.

Il est nécessaire, aussi bien pour l'entrepreneur et pour toutes les personnes qui font bâtir, comme pour l'architecte, de connaître le poids très-approximatif des MATÉRIAUX et SUBSTANCES qu'on emploie dans la construction, soit pour les transporter d'un lieu dans un autre, soit pour calculer le degré de compression ou de poussée de ces matériaux, afin de leur opposer des résistances convenables.

Ces pesanteurs, quoique ayant été établies avec la plus grande exactitude, ne sont cependant qu'approximatives, comme il vient d'être dit, parce que ces différentes matières varient en raison : 1° de l'homogénéité plus ou moins parfaite des substances qui les composent ; 2° de la composition et de la fabrication de quelques-uns de ces matériaux, tels que briques, carreaux, tuiles, etc.

PREMIER TABLEAU.
POIDS SPÉCIFIQUE D'UN MÈTRE CUBE DE DIVERSES SUBSTANCES RELATIVES A LA CONSTRUCTION.

	POIDS du mètre cube en kilogr.		POIDS du mètre cube en kilogr.
EAU.		**BOIS.**	
Eau distillée.	1000	Cerisier.	729
Eau de pluie.	1007	Chêne vert.	1079
Eau de source.	1001	Chêne sec.	829
Eau de rivière.	1009	Frêne.	785
TERRES.		Hêtre.	785
Terre douce et sablonneuse.	693	Noyer de France.	642
Terre ordinaire.	1250	Orme et aune ou aulne.	800
Terre forte graveleuse.	1675	Peuplier d'Italie.	392
Argile mêlée de tuf.	1990	Peuplier de Hollande.	576
Terre grasse mêlée de cailloux.	2290	Pommier.	778
ROCS.		Poirier.	685
Roc mêlé de terre.	1650	Sapin commun	542
Roc tendre.	2022	Sapin jaune aurore.	671
Roc calcaire très-dur.	2415	Tilleul.	578
CHAUX.		**VERRE.**	
Chaux vive.	829	Verre blanc.	3200
Chaux éteinte en pâte ferme.	1378	Verre commun	2600
PLATRE.		**MÉTAUX.**	
Plâtre cuit, battu.	1213	Plomb fondu.	11352
Plâtre cuit, tamisé.	1250	Fer à l'état. { d'acier non écroui.	7816
MORTIERS.		{ de fer forgé ou fer en barre.	7788
Mortiers de chaux et sable.	1899	{ de fer fondu ou fer de fonte	7207
Mortiers de chaux et de ciment.	1684	{ de fonte grise.	7670
PIERRES.		{ de fonte blanche	7600
Pierre tendre à bâtir.	1427	Cuivre rouge fondu.	8788
Pierre dure à bâtir, à ardoises.	2500	Cuivre jaune fondu.	8543
idem. de grés.	2600	Cuivre jaune laiton.	8400
Marbres.	2837	Etain fondu.	7291
		Zinc fondu.	6861

DEUXIÈME TABLEAU.
POIDS SPÉCIFIQUE D'UN MILLE DE DIVERS MATÉRIAUX ET AUTRES EMPLOYÉS DANS LA CONSTRUCTION.

PIERRES FACTICES CUITES.	Poids du mille en kilogr.	SUBSTANCES.	Poids du mille en kilogr.
		ARDOISES DE FUMAY ET DE RIMOGNE.	
Briques rouges ordin. *dites* du pays.	2450		
Briquettes rouges.	650		
Carreaux rouges, grande module.	1960	Ardoises dites blocs.	250
idem. petit module.	980	Idem. le grand Saint-Louis.	343
Tuiles ou pannes plates.	1960	Idem. flamandes.	235
idem. creuses.	2280	Idem. communes.	172
idem. faitières.	1470		

FIN DU VOLUME.

PEINTURE.

VITRERIE.

FIN DE LA TABLE.

ADAM D'AUBERS, imprimeur rue des Procureurs, 12, à Douai. (Octobre 1848).

Errata.

Page 26, chapitre II, de la valeur des opérations simples, lisez : *des opérations simples.*

page 28, dernière ligne de la 1re et de la 2e banquettes, 3e colonne du 3e cas, 1 pelletage, lisez : *2 pelletages.*

Page 29, dernière ligne de la 1re et de la 2e banquettes, 3e colonne du 4e cas, 1 pelletage, lisez : *2 pelletages.*

Page 34, 1re ligne, observations générales sur la valeur des opérations simples, lisez : *observations générales sur les opérations simples.*

Page 98, onzième colonne, en regard de libages durs de Queraucamps et de Bazècles, 15 francs, lisez : *30 francs.*

Page 111, dans toute la page, au lieu de jointements et rejointements, lisez : *jointoiements et rejointoiements.*

Page 111, douzième et treizième tables, quatrième colonne du titre, au lieu de : nécessaire pour un mètre cube, lisez : *nécessaire pour un mètre carré.*

Page 126, cinquième ligne, paragraphe quatrième, de la pose, au lieu d'un peseur, lisez : *d'un poseur.*

Page 300, titre, au lieu de : évaluation de la maçonnerie, lisez : *évaluation de la charpente.*